U0381980

本书得到如下基金支持：

①教育部人文社科研究规划基金项目“深化市政公共服务监管体制改革研究”（批准号：11YJA810017）；

②深圳市哲学社科规划项目“深圳市政公用事业发展模式研究”（批准号：SZ2019D017）

深圳大学城市治理研究院
国际城市治理比较研究丛书

主编 / 陈文

精明监管与利益共赢

——英国城市水政发展的历程与经验

唐娟 著

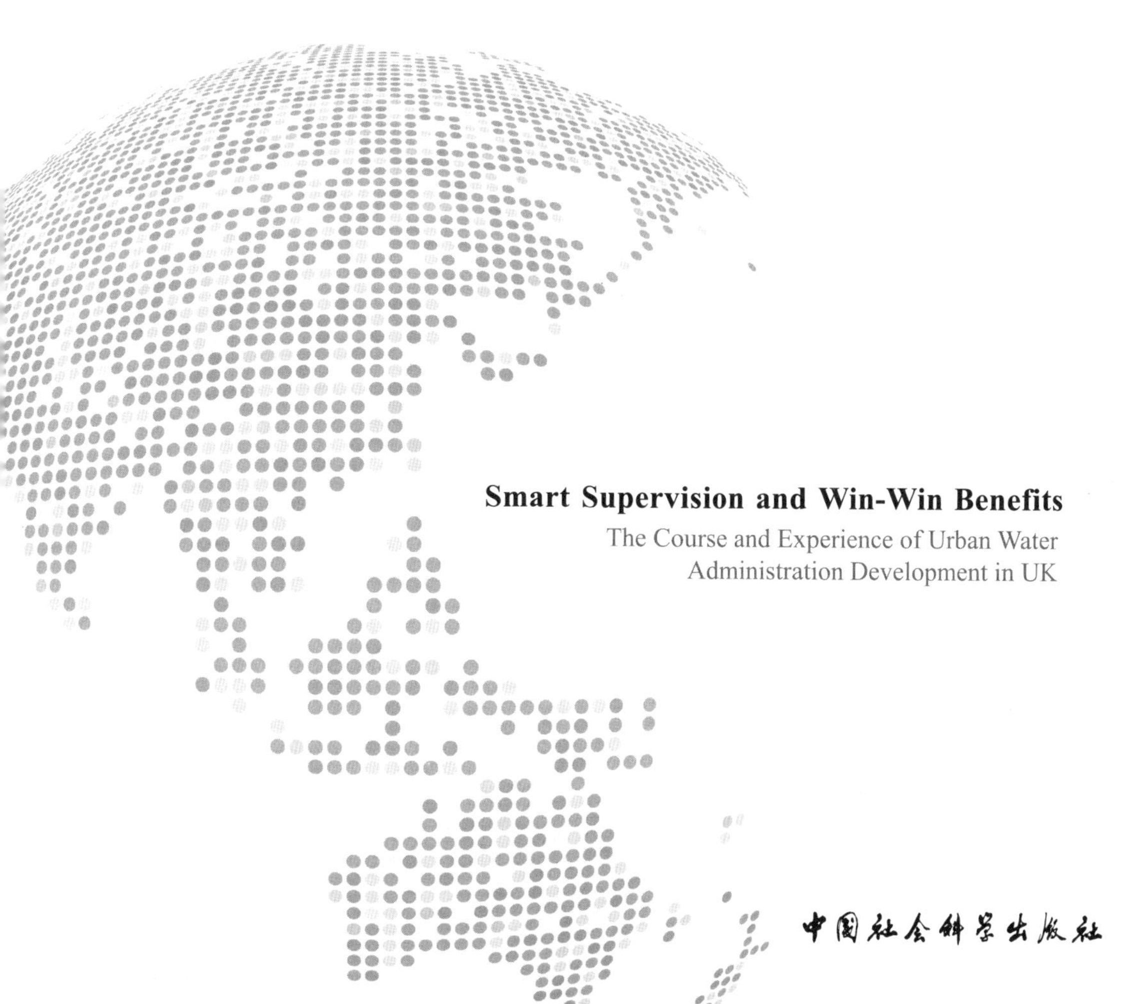

Smart Supervision and Win-Win Benefits

The Course and Experience of Urban Water Administration Development in UK

中国社会科学出版社

图书在版编目（CIP）数据

精明监管与利益共赢：英国城市水政发展的历程与经验／唐娟著.—北京：中国社会科学出版社，2019.11

（深圳大学城市治理研究院国际城市治理比较研究丛书）

ISBN 978－7－5203－5307－6

Ⅰ.①精…　Ⅱ.①唐…　Ⅲ.①城市用水—用水管理—研究—英国　Ⅳ.①TU991.31

中国版本图书馆 CIP 数据核字（2019）第 221830 号

出 版 人　赵剑英
责任编辑　朱华彬
责任校对　张爱华
责任印制　张雪娇

出　　版　中国社会科学出版社
社　　址　北京鼓楼西大街甲 158 号
邮　　编　100720
网　　址　http://www.csspw.cn
发 行 部　010－84083685
门 市 部　010－84029450
经　　销　新华书店及其他书店

印刷装订　北京市十月印刷有限公司
版　　次　2019 年 11 月第 1 版
印　　次　2019 年 11 月第 1 次印刷

开　　本　710×1000　1/16
印　　张　29.75
插　　页　2
字　　数　475 千字
定　　价　168.00 元

深圳大学城市治理研究院
国际城市治理比较研究丛书

丛书支持单位

深圳大学城市治理研究院

深圳大学创新型城市建设与治理研究中心

深圳大学当代中国政治研究所

深圳大学党内法规研究中心

深圳大学社会管理创新研究所

总　序

联合国经济和社会事务部发布的《2018 年世界城市化趋势》显示：2018 年全球城市化率已经达到 55%，其中北美洲为 82%、亚洲为 54%、非洲为 43%；预计到 2050 年，全球城市化率有望达到 68%，其中近 90% 的城市化增长来自亚洲和非洲，且高度集中在少数几个国家，印度、中国和尼日利亚三个国家将占此期间世界城市人口预计增长的 35%。未来国家之间的竞争，很大程度上是城市与城市、城市群与城市群之间的竞逐。

而城市本身，作为一个集合了人、财、物、科技、信息等一系列资源为一体的复杂综合体，如何维系其健康、有效、可持续地运转和发展本就是个艰巨的课题。由于城市构成的复杂性、资源分布的密集性，其相较于农村更为脆弱，治理的系统风险隐聚。在这个精密运转的空间内，各个系统各司其职，看似完善，但任何一个环节出现差错都可能导致城市治理的系统性问题。可以说，在 21 世纪，城市治理是一个全球性难题。

自改革开放以来，我国经历了世界历史上规模最大、速度最快的城市化进程，城市发展成就举世瞩目。城市发展带动了我国整个经济社会发展，城市建设成为现代化建设的重要引擎，推进国家治理体系和治理能力现代化必然要建立在城市治理体系和治理能力现代化的基础之上。但是，近年来越来越多的城市患上了难以治愈的"城市病"，城市安全事故、交通拥堵、环境污染、房价高企、人口膨胀、土地资源紧缺等问题日益凸显，伴随着城市社会群体的利益分化和城市公共事务的不断增加，城市管理者面临更为复杂和严峻的形势。因此，时隔 37 年，中央于 2015 年再次专门召开中央城市工作会议，从国家发展战略的高度强调要贯彻创新、协调、绿色、开放、共享的发展理念，坚持以人为本、科学发展、改革创新、依法治市，转变城市发展方式，完善城市治理体系，提高城市治理能力，着力解决城市病等突出问题，不断提升城市环境质量、人民生活质量、城市竞争力，建设和谐宜居、富有活力、各具特色的现代化城市。

中国目前城市化进程中遇到的问题，其他国家或地区亦曾遇到过，从伦敦烟雾事件、洛杉矶光化学烟雾事件、日本的水俣病等这些震惊世界的环境公害事件，到切尔诺贝利核电站泄漏、墨西哥湾油污污染、福岛核电站泄漏等这些心有余悸的生态破坏事件，再到美国、欧洲等地区此起彼伏的邻避冲突事件；从城市的大拆大建，到城市的文化保护；从城市的高速发展，到城市的质量发展；从城市公众为温饱而焦虑，到城市民众为幸福而打拼；从城市的空间不正义，到城市的空间正义。总之，世界上的城市虽然千差万别，却都经历了“城治”困境。探寻国际城市的发展轨迹和教训，总结全球城市的治理经验，不但有利于解决当下城市治理的现实问题，亦有利于探究从“城治”到“国治”的规律和举措。

他山之石，可以攻玉。研究国际城市治理的变革历程，借鉴发达国家在城市发展进程中的治理经验，对推进中国城镇化进程有着十分重要的意义。城市治理研究兴起于20世纪中期，旨在解决欧美国家在城市发展中所遇到的各类问题，无论是城市政体理论、大都市治理理论、公共选择理论、新区域主义理论或是地域重划与再区域化理论，其实质都是要让城市走上一条可持续发展的道路。让城市能永续承载人类的文明，走向更为光明的未来。纵观国际城市问题研究，城市治理学和城市政治学已经在英美等一些发达国家得到长足发展，出版了一系列经典著作。如精英主义理论的代表性人物亨特（Hunter）基于美国亚特兰大市的系统研究，撰写了《社区权力结构：决策者研究》（Community Power Structure：A Study of Decision Makers）；多元主义理论的代表性人物达尔基于对纽黑文市的深入调研，撰写了《谁统治：美国城市中的民主和权力》（Who Coverns：Democracy and Power in the American City）。可见，国外诸多学者非常重视立足具体城市治理案例以小见大地开展学理研究，并提出了诸多经典理论。因此，对于经历了快速城市化变迁的当代中国，对国际上某些代表性国际城市开展系统研究和学理探讨是非常必要的，或许我们能从中窥见世界城市治理的逻辑与趋势，为找寻中国新时代城市治理的路径与方向提供重要启示。

深圳是中国高速城市化的奇迹和结晶。经历了40多年波澜壮阔的改革开放，在国际国内环境发生深刻变化的时代背景下，2019年8月18日中共中央、国务院发布了《关于支持深圳建设中国特色社会主义先行示范区的意见》（以下简称《意见》），这对深圳未来的城市发展有着重大的历史意义和时代意义。一是升级了战略定位，回答了“特区如何特”的特区之问。改革开放初期，设立“经济特区”的目的是在社会主义国家探索市场经济改革的路径与方式，为中国改革开放“摸着石头过河”和“杀出一条血路”；在新时代，《意见》将深圳定位为高举新时代改革开放旗帜，建设中国特色社会主义先行示范区，从发展中国特色社会主义的道路自信和制度自信的战略高度，推动深圳从“经济特区”向“先行示范区”全面升级，期望深圳成为高质量发展高地、法治城市示范、城市文明典范、民生幸福标杆、可持续发展先锋，在更高起点、更高层次、更高目标上推进改革开放，形成全面深化改革、全面扩大开放的新格局。二是明确了改革方向，回答了“改革开放如何改”的时代之问。《意见》明确了坚持全面深化改革，坚持全面扩大开放的时代方向，其中“改革”和“开放”分别被提及了28次和12次之多，并提出了“六个坚持”：坚持和加强党的全面领导，坚持新发展理念，坚持以供给侧结构性改革为主线，坚持全面深化改革，坚持全面扩大开放，坚持以人民为中心。三是突出了全球标杆，回答了“中国向何处去”的世界之问。在中国日益走近世界舞台中央、努力实现中华民族伟大复兴的伟大历史进程中，深圳再次被委以重任，《意见》中的近期、中期和远期目标都强调了建设全球标杆城市的定位和要求，“国际”“全球”和“世界”等词汇共出现了28次之多。如到2025年，深圳经济实力、发展质量跻身全球城市前列，研发投入强度、产业创新能力世界一流，文化软实力大幅提升，公共服务水平和生态环境质量达到国际先进水平，建成现代化国际化创新型城市。到2035年，深圳高质量发展成为全国典范，城市综合经济竞争力世界领先，建成具有全球影响力的创新创业创意之都，成为我国建设社会主义现代化强国的城市范例。到21世纪中叶，深圳以更加昂扬的姿态屹立于世界先进城市之林，成为竞争力、创新力、影响力卓著的全球标杆城市。这就要求深圳必须用全球城市的标准加快推进全面改革创新，不但要在经济实力和发展质量方面跻身全球城市前列，也要在提升文化软实力、公共服务水平和生态环境质量方面达到国际先进水平，更要在现代城市治理的体制机制改革方面先行先试，为打造全球标杆城市提供高效和持续的支撑。

然而，不能忽视的是，作为中国快速城市化典型缩影的深圳，在城市治理方面也具有问题先发、矛盾先遇等特点。为了以全球眼光，“在地”开展城市治理研究，深圳大学专门组建“深圳大学城市治理研究院”，作为直属于深圳大学的相对独立研究机构，希望通过学科交叉以“学术集团军”的形式大力推进城市治理研究，立足深圳经济特区、“珠三角”城市群和粤港澳大湾区，主要围绕现代城市的党建创新、政府创新、社会创新、文化创新和技术创新等五大领域开展研究。研究院整合了广东省高校人文社科重点研究基地“深圳大学当代中国政治研究所”（中国地方政府创新研究中心）、广东省协同创新重点平台“创新型城市建设与治理研究中心”、校级重点研究机构“社会管理创新研究所”等机构，后来又孵化出广东省高校人文社科重点研究基地“深圳大学党内法规研究中心”、深圳市重点研究机构和深圳市廉政研究基地“深圳大学廉政研究院”。

作为在全国较早成立的城市治理研究机构，深圳大学城市治理研究院将以坚持研究对象的“本土化”特色和争取研究成果的“全球化”意义为主要特点，关注全球城市治理中具有重大现实意义的理论问题和具有重大理论意义的现实问题，致力于打造城市理论与实践研究的学术高地，为中国的城市治理体系和治理能力现代化提供理论支撑和政策供给。我们把这方面的研究成果以“国际城市治理比较研究丛书”呈现出来，希望得到同行方家批评指正。

深圳大学城市治理研究院执行院长

陈　文

2019年10月　深圳

目　录

导　论

一　研究缘起

水是人类最基本、最必不可少的资源。自古以来，水都具有政治意义，是战略性的经济社会资源，直接关系着国家的经济安全和社会秩序，与治国理政密不可分。各国对水的治理，具化为各有特色的水政制度模式。这里的“水政”一词，可理解为“水政治”“水行政”。“水政治”概念多用来描述因对水的竞争性利用而引发的政治社会关系，既指国际河流流域国之间因水而生的利益关系，也指在一个国家中不同利益群体之间因水而生的利益关系。“水行政”则指主权国家或地区政治经济共同体对水事务的管理，包括水法、水政策的制定与实施，水务行政管理组织的设置，水资源权利配置和水资源环境保护，水事纠纷的调解与裁决，水务工程的建设与管理，城乡水服务供给及其运营监管、水价制订等。一国的“水行政”在本质上受既定的政治、历史、社会、经济、自然环境等因素的影响，因此“水行政”体系并非仅狭义的行政系统，而是与政治法律体系密不可分。

本书的研究角度是“水行政”。而“水行政”同样是一个外延广泛的概念，毕一时之力难以求全。因此，笔者主要以市政自来水服务体制为研究对象，考察其背后的政治行政逻辑。

在现代社会，自来水服务行业属于典型的网络型市政公用事业。市政公用事业是城市发展的载体，直接关系城市经济社会生活质量和可持续发展。一般而言，市政公用事业包括城市供排水及污水处理、供气、供热、供电、城市公交、通信网络、清扫保洁、垃圾处理、园林绿化等。其中，供排水及污水处理、供气、供热、供电、城市公交又被称为网络型公用事业，其特质是需要固定的物理网络来传输服务。网络型公用事业具有自然垄断特征，一方面，投资巨大且具有沉淀性，一旦网络建立起来，讨价还价的优势就从投资者向消费者倾斜；另一方面，网络型公用事业的自然垄断性为其拥有者提供了掠夺消费者的潜在能力，因为消费者不能够轻易地选择网络。[①] 正是由于这一特性，网络型公用事业在一国经济结构中拥有举足轻重的基础性地位，必须在国家规定的条件约束下运营。

20 世纪 80 年代以来，世界范围内的网络型公用事业都开始了不同程度的结构重组。就水政而言，鉴于水权管理、供排水体制改革、水价调整等问题都对社会影响巨大，因此更加引发广泛的关注。不过，市政水务行业的自然垄断特性使其不适合存在过多竞争，而国家垄断的水服务也未必可以确保该行业能够克服种种困境。因此，在国家垄断和自然垄断之间寻找合适的空隙、进行适度重组并引入适当的竞争，似乎成为各国水政体制改革的不约而同的出路。

20 世纪 80 年代以来，英国是国际上最早实行水政体制改革的国家。目前，联合王国内共有四种模式：英格兰实行私有水务企业经营和政府监管分离的模式；在威尔士，实行非营利社会企业型的水务公司与营利型私有水务公司共存并与政府管理分离的模式；在苏格兰，实行政府企业市场化运营和政府监管分离的模式；在北爱尔兰，实行政府企业垄断经营和政府监管分离的模式。数种水政模式共存于一国之内，虽然形式各异，可每种模式下都建立了一套多元主体合作的监管体系，水务经营主体都在财务和经济、环境影响、服务质量等关键领域内受政府或政府指定的组织的严格监管。最重要的是，产业体制和监管体制改革为英国水务发展提供了新

---

① ［英］戴维·M. 纽伯里：《网络型产业的重组与规制》，何玉梅译，人民邮电出版社 2002 年版，第 3 页。

的契机和动力，政府部门、私人水务部门和消费者都从这一制度变迁中获得了一定的正效应。

然而值得注意的是，即使在这种相对完善的监管体系下，水务市场还是出现了一系列问题。例如，在英格兰和威尔士水务私有化后，从 1989 年到 1995 年水费上涨 106%，私有水务公司的利润在此期间增加了 692%，因不能按时交费而遭停水的用户增加了 50%，[①] 引起了民众的不满。此后在政府强力、科学的管控下水价涨幅才趋于平稳。这表明，如果缺乏一个公正有效的公共监管体系，水务行业私有化必然引发一些痼疾，如水价不断上涨而引发纠纷，企业为追求利润而缩减成本，财务不透明，事故频发，甚至有可能吞噬水资源作为公共物品的属性。也正因为如此，当今世界上水务私有化并没有坚实的社会基础。全球性民意调查研究机构"国际环境事务研究所"（International Institute for Environmental Affairs，IIEA）在 1999—2003 年间，对 16—20 个国家公用事业部门进行了有关私有化问题的调查，结果显示对水务行业私有化的支持率是最低的。[②]

对于中国来说，国际上无论成功还是失败的案例，都有可借鉴之处。在中国民生基础设施领域，水务和环保行业最早向民营和外资企业开放门户。早在 1981 年，以广州市对自来水厂实施"以水养水"的政策为标志，自来水行业迈出了市场化改革的第一步。2002 年之前，英国泰晤士水务、法国通用水务、中法水务、香港汇津集团、香港亿威集团、美国金洲集团、美国汉氏等国际水务集团，对中国内地水务市场跃跃欲试并开始参与经营，城市水务行业投资多元化的竞争格局初步呈现。2002 年之后，中国水务市场化快速升温。从 2002 年到 2006 年，全国城市 50% 以上国有水厂出让股权，到 2007 年底全国已经有 1/3 的省会级城市的水务行业进行了快速的市场化改革。2007 年以后，进入了水务市场化的二次改革期，其他 2/3的省会级城市紧锣密鼓地招商引资，而先行进入水务市场的企业开始加速市场扩张。2011 年以来，水务行业 BOT、TOT、PPP 及 PFI 等投融资

---

① 卢雁：《水价上涨调查：谁的水资源?》，《时代周报》2009 年 8 月 6 日。

② ［加拿大］杜奇·米勒：《全球供水行业私有化没有掌声鼓励》，万五一译，中国网（http://www.h2o-china.com/news/18366.html）。

模式并举，进入了拼比技术和资金实力的新阶段，有雄厚技术和资本势力的龙头企业正在通过并购来提高市场占有率。根据国家统计局的数据，2012—2016 年的五年间，全国规模以上水的生产和供应企业分别为 1259 家、1376 家、1495 家、1621 家、1754 家。[①] 这标志着，中国水务行业正在经历着前所未有的快速重塑。而国际相关经验表明，水务行业市场化与相应的公共监管制度的完善必须同步进行。

本书的主旨是通过理论研究，为中国水务市场化提供国际经验。英国是国际上水务市场化、多元化的一个典范样本，水务私有制和公有制并存，是一个非常有价值的分析对象，同时其监管经验独特而珍贵。英国水务行业模式注重过程监管与成效监管的结合、经济性监管和社会性监管的结合、当前利益与未来利益的结合、普通消费者利益与特殊困难群体利益的结合，体现了水政治的本质和水行政的宗旨。本书所涉及的问题包括：英国水政制度建立和发展的历史基础和演变过程是怎么样的？目前水政总格局是什么？在英格兰和威尔士两地的水务行业私有化过程中，英国中央政府和两地的地方政府监管体系是如何构建起来的？其运行规则是什么？其运行过程和运行绩效如何？苏格兰和北爱尔兰两地的水务公有制又有着怎样的变革历程和时代特色？历史和政治因素是如何影响着水务行业的体制变革？英国中央政府和地方政府在三十年来的水务改革发展中所积累的监管经验是什么？这些经验对中国的适用性在哪里？

二　相关研究简顾

对包括城市水务在内的网络型公用事业市场化问题的研究，是近年来政策研究的热点和焦点之一。而单纯对市场化问题的研究则可追溯到 20 世纪 90 年代，是在政府管理体制改革尤其是在国有企业改革中兴起的。总起来讲，此时期学者的思路重点集中在论证市场化的合理性和必要性上，认为市场化是国有企业改革的当务之急，认为民营经济的发展支撑着市场体

① 数据来源：国家统计局（http://data. stats. gov. cn/easyquery. htm？ cn = C01）。

制的形成和经济的增长，同时也创造出国有经济得以改革的更有利的条件，因而也是市场化得以有效实施的条件。

进入21世纪以后，有关市场化的争论开始热闹起来，经济学、公共管理学、法学、政治学等领域的学者们相继参与了这个话题。更多讨论是把注意力集中在市场化的条件、动力、进程、差别及原因等微观层面的问题上，同时还以政府治理改革为背景，讨论与公共服务市场化相关的政府职能转变及相应的法律问题。此外也十分注重对公用事业具体部门如电力、铁路、电信、燃气、自来水等的个别研究。

就对城市水务行业市场化改制的研究状况而言，最早的论文大约出现于2000年。截至2019年9月，以“水务市场化”“水务民营化”“水务PPP”为主题的论文已近千篇。有一些研究机构把水务行业市场化作为自己重要的研究课题或专门课题，如清华大学环境系水务政策研究中心、中国社会科学院规制与竞争研究中心、天则经济研究所公用事业研究中心、江西财经大学产业组织与政府规制研究中心、东北财经大学产业组织与企业组织研究中心等学术机构，水利部发展研究中心、国务院发展研究中心、国家发改委、建设部政策研究室等政府智库，都纷纷关注水务市场化问题。

从研究目的看，可分为价值倡导、政策主张、监管制度改革等。早期的文献注重价值倡导性研究，重点在于政策宣传和对水务市场化必要性的论证和倡议上，从而为公用事业市场化寻找理论支持。如天则经济研究所的学者认为，公用事业市场化、民营化改革会提高中国公用事业的整体水平，而完善政府管制制度、强化和提升政府管制水平是解决市场化、民营化负面影响的关键。近年来学者们更注重在政策建议、监管制度上下功夫，如在分析水务市场化特征的基础上，具体分析水务运行机制中政府和市场作用的关系。[①] 此外，也有很多关于对市场化方式如BOT、TOT等的具体操作、市场化中融资等问题的研究，探索从制度上解决政府监管中的

① 王亦宁：《政府和市场的关系：城市水务市场化改革透视》，《水利发展研究》2014年第3期。

一系列实践问题，其中包括政府监管的绩效问题。[①]

也有一些学者对国外公用事业市场化和政府监管经验进行分析和介绍。其中专门研究英国水务体制改革的文章已逾百篇，还有少量专著介绍，如王俊豪的《英国政府管制体制改革研究》、廖进球和张孝锋的《自来水务民营化——以英国为例的实证研究》、中国华禹水务产业投资基金筹备工作组的《英国水务改革与发展研究报告》，努力从国际经验中为中国市场化改革寻找可资借鉴之处。从研究内容看，这些论著介绍了英格兰和威尔士水务私有化的过程、经验和启示，为本研究奠定了基础。

在国际学术界，对水务部门的既有研究成果，从观念上区分，有如下三种：一是积极支持水务行业的市场化；二是对水务市场化持非常谨慎的保留态度；三是明确反对水务市场化。

支持水务市场化的观点主要是从市场化可减轻政府财政负担、引进竞争机制、提高服务效率的角度进行论证的。在这方面，世界银行扮演了重要的角色。自20世纪90年代以来，世界银行一直对包括水务行业在内的基础设施市场化问题进行密切关注和深入研究，并持积极的支持态度。世界银行支持水务行业市场化的理由是：通过市场机制的引进，吸纳私人资本投入水务行业基础设施建设，弥补政府资金匮乏之虞或分担政府的财政负担，减少政府对水务的补贴，使各国水务经营更有效率，同时也有助于引进新的技术与管理，提高供水普及率，促使国民更加珍惜稀缺的水资源。世界银行建议，一个国家的水务由私人企业拥有及经营、由政府负责依法管制，是最佳的选择模式。

在学术界，一些学者也积极地为水务行业市场化寻找理论支撑，如瑞曼达（V. V. Ramanadham）[②]、巴塔切亚（A. Bhattacharyya）和帕克（E.

① 邹东升、包倩宇：《城市水务PPP的政府规制绩效指标构建——基于公共责任的视角》，《中国行政管理》2017年第7期；郭蕾、肖有智：《政府规制改革是否增进了社会公共福利——来自中国省际城市水务产业动态面板数据的经验证据》，《管理世界》2016年第8期；郭蕾、冯佳璐：《契约规制：城市水务产业规制革新的应然逻辑》，《宏观经济研究》2016年第12期。

② 参见如下著作：V. V. Ramanadham ed.，1993，*Constraints and Impacts of Privatization*，London：Routledge. V. V. Ramanadham，1994，*Privatization and After*：*Monitoring and Regulation*，Bristol：Policy Press。

Parker)[①]、艾德劳维奇（E. Idelovitch）和瑞斯考格（K. Ringskog)[②] 等学者从企业经济效率的角度出发，强调将私人资本引入水务行业后可减轻政府支出，加速水务基础设施建设，通过市场机制促进竞争，以提高水务行业服务质量。

持保留态度的学者，主要是从水务行业的公益性、私人企业追逐最大化利润的特质、公用事业引进市场竞争机制的前提条件出发进行分析。具体地说，他们认为水务行业具有强烈的公共性，而私人水公司是以追求利润最大化为目标的，是否能够善用水资源并优先考虑公共利益和社会发展需求还有待证明。市场化的主要目的之一在于希望通过市场竞争以提高营运绩效，但当垄断事业在缺乏竞争性配套措施的情况下转为市场化，将造成政府购买公共服务的来源仍为单一，公共服务的成本或绩效仍无法得到改善。而且，国营水务企业的所有权移转到私人手中，并不必然是提高绩效的唯一选择。国营水务企业经营绩效不佳的主要原因不在于所有权归属问题，而在于其本身的结构安排问题，即企业负担了过多的来自政府非经济性的要求与政策。因此，政府应将经营水务行业的社会政治目标与商业目标分离，在经营上依据商业原则，而在社会利益分配上可利用经营所得的利润来实现政府的社会和政治目标。同时，政府应该在对国营水务行业的监管与放松监管之间把握平衡，通过提供良好的制度环境来促进产业竞争，如提供激励与约束，赋予职业经理人更大的权力，而不是直接介入经营。

还有一些学者对水务行业市场化所衍生的问题进行了深入的实证考察，并坚决反对水务市场化，其理由包括：一是水务市场化依然缺乏竞争。非但本国的私营水务公司间缺乏市场竞争，即使原国营水务市场对国际资本开放之后，也多由属于英、美、法等国的跨国水务集团掌控经营。

---

① A. Bhattacharyya, E. Parker, K. Raffiee, 1994, "An Examination of the Effect of Ownership on the Relative Efficiency of Public and Private Water Utilities", *Land Economics*, Vol. 70, No. 2, pp. 197 - 209.

② E. Idelovitch, K. Ringskog, 1995, *Private Sector Participation in Water Supply and Sanitation in Latin America*, The World Bank Publications: Washington D. C., pp. 1 - 64.

二是水务市场化导致水价高涨。三是水务市场化导致私人垄断。虽然市场化合同均定有经营期限，但由于法律保护与行政介入，即使私营水务公司经营绩效极差，特许合同也可能不被终止。这种现象，在西班牙、匈牙利及阿根廷等国均有发现。四是水务市场化绩效并不明显。例如，在波多黎各、匈牙利等国均发现在与跨国水务集团签订合同之后，该集团未依约履行投资、改善供水设施及提高普及率的义务，产生了许多社会问题。五是水务市场化导致投资转移。跨国水务集团将经营利润用于补贴其他多元化经营事业的亏损，从而延缓了应使用于水务设施改善的过程。六是水务市场化后依然需要政府补贴。跨国水务集团依仗其庞大经济实力，经常以各种名目要求政府补贴，包括建设阶段的现金注入、经营阶段的一段免税期及低利贷款等。七是水务市场化还可能导致腐化贪污。由于出现了监管者对私营水公司无法有效监管的问题，甚至由于制订合同及审核时的灰色地带，在英、法、菲律宾等国家都出现了官员贪污渎职的案例。八是水务市场化会使导致水权的不平等。私人水公司将水视为一种商品，重视其商业价值，这将造成用水成为富人的专利。

因此，这些学者认为，水务市场化所需要的苛刻的条件及其可能衍生的问题，说明水务市场化的主要目标之一——促进竞争是难以达到的，所以还是选择公营模式为佳。公营模式有如下优点：政府为选举考虑，会极力提高供水普及率；公营水务企业的财务报告是公开的，不会以财务秘密为理由隐瞒；公营水务企业会普遍顾及公共利益，不会只重视股东的权益；公营水务企业因为不需要分配红利给股东及考虑利润，因此水价会较私人经营便宜；水务行业公营有助于推动减轻弱势群体负担的政策，并为其提供工作机会。①

从上述文献可以看出，国外有关水务行业市场化的研究，分歧并不在于如何进行市场化和如何改革监管体制，而在于要不要市场化。从一定意义上说，这是意识形态上的争论，它植根于政治经济领域的自由主义和保

---

① 张孝锋在其博士论文中对这部分理论主张做出了很好的归纳。参见张孝锋《城市自来水的业市场化改革及规制重构》，博士学位论文，江西财经大学，2008 年。

守主义之争。

本书与前期研究的不同之处在于就事论事，考察水务行业在一个国家既已发生的变迁事实。首先，注重英国水务制度的历史继承性与时代创新性的关联。特别对水务制度的历史变迁进行了比较细致的考察，从百年发展的历程入手思考其当代体制变革的路径依赖，从而发现制度创新性与历史继承性有机结合的特性。其次，注重英国政治体系、社会基础与水务制度变革的关联。考察了其议会政治、法律传统、政党政治、地方自治、社团参与等政治社会属性对水务体制变革的影响，尤其是对其一国之下多种所有制模式及趋同性监管体制的影响。最后，注重对英国四个地区不同水务模式的全方位考察，而非仅仅观察英格兰和威尔士，虽然这两个地区为重点观察对象。

三 研究资料与框架

基于前期研究的成果，根据本书研究目的，笔者在研究方法上立足于对历史、统计、法律政策、业绩总结、理论研究等文献资料的综合分析和运用。包括如下三类：一是英国中央政府和地区政府有关水务行业管理的法律，尤其是有关市场化的议会立法，政府水务监管部门和机构发布的法规、法令、指南和各种年度报告；二是英国主要水务公司的年度报告，包括价格和财务报告、水质报告、环境报告和水务基础设施投资报告等；三是学术界既有研究成果。

除了导论外，本书共分为11章。第一章的任务是分析有关水务行业市场化的理论基础。在这一部分，笔者探索了三个问题：一是水务行业的经济和技术属性及其政治社会属性；二是市场化的概念界定、形式类别和笔者的使用角度；三是有关公共监管的理论。第二章系统地整理了英国近现代水务行业经营管理体制的变迁过程及不同时代的制度特征，其中包括对水务市场化动因和措施的分析。第三章描述和分析了监管的现实基础也即水市场体系，重点叙述了目前英格兰和威尔士的水资源供求现状、水务公司发展格局、水务市场中的第三部门等情况。第四章叙述了英国水务立法的状况，梳理了议会立法和行政立法，及其他相关规范体系和特点，同时分析了国际水法和欧盟水法对英国水法的影响。第五章叙述了英格兰和威尔士的水务行政管理，尤其是水务执法体制，重点分析了中央政府和地区政府的内阁部门、独立监管机构和广大消费者及其他社会力量在水务监管体系中各自所扮演的角色和功能。第六、七、八章分别分析了英格兰和威尔士水务监管的内容，包括经济性监管和社会性监管两部分。第九、十章分析了苏格兰和北爱尔兰水务发展的政治基础、变迁历程、变革动因及最新的经营监管模式。第十一章全面梳理总结了英国水政制度发展的特色与趋势，并结合中国水务市场化的政策过程和实践过程，对出现的问题进行反思，并对英国水政模式的可资借鉴的启示进行讨论。

第一章　水务市场化与监管改革的理论基础

本章的任务是分析城市水务市场化和监管改革的理论基础。主要分析三部分内容：一是水务行业的经济和技术特征及政治社会属性；二是分析市政公用事业市场化的基本理论，包括其术语由来、内涵界定、基本形式等；三是分析监管理论，主要包括经济监管和社会监管两部分内容。

一　城市水务的属性

（一）水务的经济技术属性

1. 资源性和基础性

水是生命之源、生产之要、生态之基，[①] 是人类赖以生存和发展的基础性和战略性自然资源。作为人类生存和发展离不开的自然资源，水既具有经济、技术属性，也具有政治社会属性，具体体现为“显著的基础性、先导性、公用性、地域性和自然垄断性等特征”[②]。

水首先具有自然资源属性，是人类社会生存和发展所需的各种资源中不可替代的一种重要资源，密切关联、决定着社会经济的可持续发展。而

① 夏军：《水是生命之源　生产之要　生态之基》，《科学时报》2011 年 2 月 15 日。

② 王俊豪：《城市水务监管体制研究》，《浙江社会科学》2017 年第 5 期。

在当今世界，水资源又是稀缺的，水资源问题已成为举世瞩目的重要问题之一。众所周知，地球表面约有70%以上面积为水所覆盖，其余约30%的陆地也有水存在，但只有2.53%的水是供人类利用的淡水，而且目前人类较易利用的淡水资源仅占全球淡水资源的0.3%，仅占全球总储水量的十万分之七。[①] 随着经济的发展和人口的增加，世界用水量也在逐年增加。联合国预计，到2025年世界将近一半的人口会生活在缺水的地区，水资源危机已经严重制约了人类的可持续发展。[②] 对此，加拿大人委员会主席莫德·巴洛（M. Barlow）曾在其著名的《蓝金》一书中指出：水是蓝金，非常宝贵；在不久的将来，我们将看到一种围绕着地球淡水资源的商业化，就像今天的石油问题一样，21世纪人们争夺的将是淡水资源。[③] 在资源稀缺的条件下，建构公平、公正的资源配置制度就尤其重要，明确水权并合理安排水服务体系和水管理机制，成为水政治、水行政、水治理的核心内容。

其次，水务行业必须依附于水资源而存在，水资源的形态（地表水或地下水）和分布总量的大小、质量的高低，均会对水务行业的生存和发展产生直接而深远的影响。水务行业则是国家基础设施行业的“基础”，是可持续发展之本，是支撑经济社会建设的命脉，也是生态环境改善不可分割的保障系统，具有其他物质不可替代的特性。其中，城市水务基础设施，包括城市供水、排水、防洪、水资源保护、污水处理与回用、水土保持等是城市生存和发展的基础。城市水务的基础性特征，需要政府对它的建设和提供负有最终保证责任。

2. 网络性和自然垄断性

水务的发展既以水的自然循环为基础，也以水的社会循环为基础，前者形成水利工程，而后者可概括为供（取）水、用（耗）水、排水（处

---

① 中国数字科技馆：《全球水资源分布现状》，http://amuseum.cdstm.cn/AMuseum/diqiuziyuan/wr0_3.html。

② 中国水利学会：《世界水资源状况》，http://www.ches.org.cn/ches/kpyd/szy/201703/t20170303_879732.html。

③ ［加拿大］莫德·巴洛、［加拿大］托尼·克拉克：《蓝金——向窃取世界水资源的公司宣战》，张岳、卢莹译，当代中国出版社2004年版，第1页。

理）与回用四个子系统。其中，供（取）水系统是社会水循环的始端；用（耗）水系统是社会水循环的核心，是社会经济系统“同化”攫取水的各种价值及使水资源价值流不断耗散的一整套流程；污水处理与回用系统是伴随社会经济系统水循环通量和人类环境卫生需求而产生的循环环节，是构建健康良性的社会水循环的关键；排水系统是社会水循环的“汇合”及与自然水循环的联结节点。[①] 社会水循环系统的运转，需要依托特定的、专用的管网输配系统才能进行，而且这种管网系统是全程全网的、不可分割的有机整体。管网的这种特殊联系决定了即使它们的产权隶属不同的主体，也须视作统一的有机整体进行统筹管理。

社会水循环所依托的管网系统存在着较高的固定成本和较低的边际成本，由于固定成本的专营性会造成其中的大部分成为沉没成本，所需要的投资规模巨大、沉淀性强、回收期长，所以在一定范围内由一家企业来提供产品和服务往往更具有规模效益。这种自然垄断性特点，要求保持城市水务行业的垄断性市场结构。因此，在现代城市水务行业诞生后，一定范围内的垄断经营一直是主导模式。

3. 有限竞争性和可赢利性[②]

城市水务行业在存在着自然垄断性的同时，也具有一定的竞争性。

从供给方看，社会水循环过程中具体产品的生产或服务环节存在着较强的竞争性，主要表现为如下三种形式：一是水务行业的网络一般是地区性而不是全国性的，在存在地区性自来水输送网络的情况下，水务企业可能运用公共管网设施开展争夺顾客的竞争；二是水务企业在供应边界地带为争夺新的顾客而开展竞争，水务企业越多，这种竞争就越有可能；三是

① 王浩、龙爱华、于福亮、汪党献：《社会水循环理论基础探析Ⅰ：定义内涵与动力机制》，《水利学报》2011 年第 4 期；程国栋：《虚拟水——中国水资源安全战略的新思路》，《中国科学院院刊》2003 年第 4 期。

② 在讨论公共部门与私人部门行为的区别时，人们常常用“营利”与“非营利”、“赢利”与“非赢利”、“盈利”与“非盈利”几组词语来表达，但是常常将之混为一谈。这里简单做以区分：“营利”的含义为“谋利”，以赚钱为目的，但未必能赚到钱；“赢利”指赚到了钱，但可能亏本，也可能盈余；“盈利”指扣除成本之后有盈余，即真正赚到了钱。市政公共服务不以营利为目的，也未必能盈利。因此用“赢利”概念来概括其经济效益的常态特征比较恰当。

水务企业为争夺大用户而开展直接竞争。[①] 不过，水务企业的这种竞争性受其规模经济特点的制约，虽然其竞争的强度随企业数量的增加而相应提高，但却会因企业缩小业务范围而影响规模经济效益。正因为如此，水务行业中的竞争只是有限度的竞争。

从消费方看，水务行业既具有一定程度的非排他性和非竞争性，也具有一定程度的可排他性和竞争性。其主要特点在于具有“拥挤性”，即在水服务的消费中，当消费者数量从零增加到某一个可能是相当大的正数时，就达到了“拥挤点”，新增加的消费者的边际成本开始上升，当最后达到容量的极限值时，增加额外消费者的边际成本就趋于无穷大。尤其是当政府免费提供或只是象征性收费时，消费者必然无控制地过度消费或浪费，导致政府供给的边际成本也将随之增大，[②] 因此必须采取价格等办法限制消费者过度消费的行为。不过，水服务的定价不能完全采用市场法则，这是由城市水务的公益性所决定的。

城市水务虽然具有公益性的一面，同时也是个不完全的经济市场，具有重要的内部收益和显著的外部收益。内部收益是指水务行业投资经营者的直接的经济效益，外部收益是指水务行业对社会各类事业的发展所产生的基础性、支撑性效益，简言之即社会效益。城市水务不同于其他行业的以营利为目的的生产经营方式，主要表现在：供水企业因产品生产上的稳定性和人们消费上的不可缺性，因而拥有市场用户群固定、非讨价还价等特点，保证其获得稳定的收入，从而形成良好的资金流。除了水的销售收入外，水务企业还有工程安装收入及客户报装收入等。不过，为了达到经济效益，企业必须把社会效益放在重要位置，在社会效益第一的前提下才能够寻求经济效益的增长。也就是说，对于水务企业而言，社会公益性目标是优先的。

（二）水务的政治社会属性

城市水务的政治社会属性主要体现在它的公益性、福利性和权利性三

① 王跃：《城市供水企业财务状况分析与对策》，《公用事业财会》2008 年第 2 期。

② 宁立波、徐恒力：《水资源自然属性和社会属性分析》，《地理与地理信息科学》2004 年第 1 期。

个方面。

城市水服务行业作为公用事业，其发展水平是城市治理水平的体现。尤其是洁净、卫生、安全的自来水供应的普及程度，是衡量现代城市文明发展程度的重要标志。城市水务行业服务链条及其基础设施网络都具有明显的正外部性，这要求水务企业须能够满足用户需求的水量、合理的水价、优良的水质，稳定安全地提供服务。同时，自来水服务的准公共物品属性也表明，它既可以由国有企业经营生产，也具备由私人企业经营生产的可能性；如果私人企业不愿或不能生产、提供，它就成为政府义不容辞的责任。由于水务行业的特殊性和重要性，无论是对于私人企业来说，还是对于政府企业来说，都决定了其生产经营需要承载双重目标：一是社会公益目标，包括提供普遍的、安全的、稳定的、质量优良的、价格合理的、数量充足的水；二是企业利润目标，即合理的投资回报，保障企业维持生产和扩大再生产能力。为了使这两个目标之间达成平衡，必须建构公正的公共监管体制。

水服务的社会福利性首先体现为它是一种普遍服务。所谓普遍服务，指政府为维护全体国民的基本权益，缩小贫富差别，通过制定法律和政策，保证全体国民无论收入高低、无论居住在本国的任何地方，都能以普遍可以接受的价格，获得某种能够满足基本生活需求的服务。普遍服务主要出现在与公众生活密切相关的公益性和垄断性行业，自来水服务就是其中一种。作为一种普遍服务，水服务行业主要包括四方面的福利性特征：服务对象的普遍性，即必须是针对所有的（或者绝大部分）用户；接入的平等性，即普遍服务的价格是绝大多数用户都可以接受和承受的，这表明水价的确定必须具有社会福利性质，无论对居民用户，还是对水务企业，政府都予以一定补贴；对于生活困难的居民，政府还要把他们纳入社会保障体系，对他们的用水消费给予特定的补助；普遍服务是有一定的质量保证的。

而水资源的权利性则是指人人都享有使用水的权利，换言之，享有基本生活用水已经构成人类的基本人权。而且水资源的权利性不仅体现为要满足当代人类能够普遍地享有基本生活用水，还体现为必须维持代际均衡，要满足今后若干代人的需要，保证后代生存和发展的权利。因此，“各类水问题的本质，已不仅仅是单纯的经济问题或者社会问题而成为不能回避的政治问题”①。水的政治约束决定了水法是以国家为本位的、以保障基本水权利为目标的、以国家干预为主要手段的制度体系，水的政治性要求国家主导的水法体系建设必须实现规范调整功能和可持续发展社会功能的和谐统一。②

总之，水已经不再仅仅是自然水，而是“生命水、政治水、经济水”。水务市场因交易物即水资源的自然和社会属性，使其市场机制不同于一般商品的市场机制。③ 换言之，水务行业所具有的经营形式的自然垄断性、投资的低回报性、政策的高风险性、经营回报的高稳定性、资本的高沉淀性，以及由于政府价格管制造成的低需求弹性、公益性、社会福利性和权利性等特征，要求政府和公众在水务市场化后必须共同发挥对水务企业的监督责任，以达成水权资源配置的公正和公平。

二 市政公用事业市场化理论归纳

（一）市场化概念

一般认为有两种含义的市场化。一是指建立国家调节的市场经济体制并由此形成统一的市场运行机制和市场体系；二是指用市场经济体制取代双轨过渡体制的改革过程。后一种含义自20世纪80年代以来尤为盛行，它专指用市场作为解决社会、政治和经济问题等基础手段的一种状态，意味着政府对经济的放松管制。

但即使对后一种含义，理论界对其外延的界定也各有千秋。例如，文森特·瑞特（V. Wright）和鲁萨·帕若谛（L. Perrotti）列举了市场化的特质，表现在七个方面：一是总的理念认同：相信市场的优越性；二是市场

---

① 许圣如：《全民水政治》，《南风窗》2009年第8期。

② 徐金海：《水政治、水法与水法体系建设》，《水利发展研究》2012年第9期。

③ 谭海鸥、林鑫：《水务市场运行机制与功能分析》，《水利发展研究》2015年第2期。

价值的肯定：竞争、成本、顾客、收益等价值取向出现在公共部门的运行之中；三是市场纪律及市场激励的建立与作用发挥：市场中风险与收益并存，参与者必须遵守其运行规则并独自承受优胜劣汰的竞争结果；四是市场机制的引入：竞争、多样化、用脚投票等机制在公共部门中的使用；五是市场技能的借鉴：借鉴私人企业的管理方法来改造公共部门；六是市场主体的介入：让私营企业、非营利组织、志愿者参与到公共服务中来，如合同外包等；七是市场资源的利用：以特许经营等方式借助市场资本，包括以人力资本提供公共服务。① 皮埃尔（J. Pierre）列举了市场化的三个特质，即：利用市场标准去配置公共资源、评估公共服务生产者和供给者的效率；作为新公共管理的一部分，强调借鉴私营部门的管理经验，注重结果导向；个体可以在不同的服务供给者之间进行选择。②

国内学者对市场化概念也进行了广泛讨论。有些学者结合中国特色，对“市场化”做出了具有本土意义的解释，将之概括为“转轨国家资源由计划配置向市场配置的经济体制转变过程”③；有些则从一般意义上解析，认为市场化是对公共服务中“提供什么”“提供多少”和“如何提供”这三个基本问题的重新诠释，市场化的表现形式包括政府内部改革（如引入企业管理方法、营造准市场环境、改变宏观政策手段、权力下放）、政府委托授权（如政府间协议、合同外包、特许经营、补助、凭单、法令委托）、政府撤资（如出售、无偿赠与、清算）、政府淡出（民间补缺、撤出、放松管制）。④

可见，“市场化”是一个广阔的概念，私有化、民营化、公私伙伴关系都可以看作是市场化的形式。在中国，市场化有特定的发生背景，它是

① 句华：《公共服务中的市场机制：理论、方式与技术》，北京大学出版社 2006 年版，第 8 页。

② J. Pierre, 1995, “The Marketization of the State: Citizens, Consumers, and the Emergence of Public Market”, in B. G. Peters and D. Savoie ed., *Governance in a Changing Environment*, McGillQueen's University Press, p. 55.

③ 林海涛：《中国市场化改革与市场化程度研究》，《当代经济》2013 年第 11 期。

④ 句华：《公共服务中的市场机制——理论、方式与技术》，北京大学出版社 2006 年版，第 57 页。

相对于计划经济体制和机制而言的。在这里，市场化就是用市场机制代替原有的政府计划和行政干预，以竞争为手段，以价格机制为基础，以效率为目标，来调节行业资源（包括资本、人才、市场等在内的广义资源）。具体到公用事业行业，根据建设部出台的《关于加快市政公用行业市场化进程的意见》（2002），所谓走“市场化”道路，就是指让供求、竞争、价格、风险和利益等诸多市场机制在市政公用事业的建设、运营等资源配置中发挥越来越大的作用。

与“市场化”紧密相关的概念很多，其中最重要的是“私有化”和“民营化”。“私有化”“民营化”都是市场化的形式和路径，但这两个概念还是有区别的，而且由于多种原因，这一术语在不同的国家、不同的时期有不同的含义。

（二）“私有化”概念及其发展

彼得·德鲁克（P. F. Drucker）在其1969年出版的《不连续的时代》中创造了“私有化”（privatization）这个术语，用以描述政府放弃国有公司和工厂的做法。具体有两种形式，一种是把国有企业归私人所有；另一种是让私人承包者来接管公共服务设施，从而“把政府从做事者转变为提供者，由政府以外的承包商按照政府规定的标准去承担一个活动”①。显然，这里的私有化，不仅涉及国有资产所有权，而且包括公共服务的经营权。

在理论界，很长一段时期内，人们都把私有化等同于非国有化，即把国有企业资产的所有权出售给私人部门，这是在最狭义的角度对私有化概念的理解。随着时间的推移，私有化被赋予更为广泛的含义。人们把各种经营活动由原来的公共部门转移到私人部门都归属于私有化范畴，有的甚至把运用竞争机制以提高公共部门绩效的任何活动也称为私有化。这样，私有化不仅包括把国有资产出售给私人部门，而且包括：向社会公众发行股票；对基础设施行业放松政府管制，引入竞争机制；通过特许投标、合

---

① ［美］彼得·德鲁克：《新现实》，刘靖华等译，中国经济出版社1989年版，第57页。

同外包等形式鼓励私人企业提供公共服务等。随着私有化进程在各国展开，理论上正式出现把私有化区分为所有权私有化和经营权私有化的说法。同时，各国学者及政府从自己的立场出发，开始对私有化进行多种不同界定。

在英国，撒切尔夫人在1979年最早提出私有化政策，一开始它就意味着所有权的私有化，即通过出售国有资产或国有股份给私人部门的途径实现这一政策目的。从1989年到1999年的十年间，英国政府拥有的企业从12%降至2%。因此，英国多数学者使用的是狭义的私有化概念，认为私有化是以削弱国家作用来加强市场的政策过程，目的是借此改善效率，凡是将50%以上的国有股权出让给私人投资者，即可称之为“私有化”。不过，英国公用事业改革实践中的私有化与理论中的私有化还是存在着差异的，即超越了狭义私有化的界域，采取了三种主要形式：第一种是出售国有资产，主要形式是通过向社会公众发行股票的方式，实现国有资产从公共部门向私人部门的转移；第二种是放松政府管制，打破国家对行业垄断的格局，取消新企业进入行业的行政法规壁垒，这既可以在出售国有资产的情况下实现，也可以在不出售国有资产的情况下实现；第三种是通过特许投标、合同承包鼓励私人部门提供可市场化的产品或服务，它不涉及资产所有权的转移。[①] 具体选择哪种形式，取决于政府的目标和行业特点等因素。因此，一些英国学者开始拓展私有化的外延，如斯蒂芬.J. 贝利（S. J. Bailery）就认为，私有化可被看作是通过政府资产出售来界定政府活动范围的手段，然而就更为主要的形式而言，私有化也涉及特定的用于刺激私人部门供应商品和劳务的各种形式，而这些商品和劳务过去是单独或主要由公共部门来供应的。[②]

俄罗斯是在狭义上使用私有化概念的。《俄罗斯联邦国家资产私有化和市政资产私有化原则法》（1997）规定，“国有资产和市政资产的私有

---

① 金三林：《公用事业改革的国际经验及启示》，《中国城市经济》2008年第6期；张春虎：《公用事业改革的国际经验及借鉴》，《管理观察》2009年第3期。

② ［英］斯蒂芬·J. 贝利：《公共部门经济学》，白景明译，中国税务出版社2005年版，第276页。

化，应理解为把属于俄罗斯联邦、俄罗斯联邦主体或市政机构所有的财产有偿转让，变为自然人和法人所有制”[①]。这意味着，俄罗斯的私有化就是把国家所有制或市政所有制的企业、财产综合体、房屋、设施和其他财产转让，变成公民和法人的私有制。俄罗斯将改革所形成的新的所有制形式，包括集体企业和股份公司全部划入私有制范畴，这接近英国政府在20世纪八九十年代早期的做法。

在美国，私有化概念更多的是在广泛的意义上使用的。斯蒂夫·H. 汉克（S. H. Hanke）将私有化定义为“资产或服务功能从公有制到私人拥有或控制的转移，它包括从出售国有企业到把公共事业发包给私人承包者的一系列做法”[②]。实践中，美国政府甚至把诸如特许经营、放松政府管制、强化市场竞争等行为也认为是私有化。魏伯乐（E. U. Von Weizsacker）、奥兰·扬（O. R. Yong）和马塞厄斯·芬格（M. Finger）在其合作的《私有化的局限》一书中，也是在最广泛的含义上对私有化进行了解释，将之概括为“通过减少或限制政府当局在使用社会资源、生产产品和提供服务中的职责来增加私营企业在这些事务中的职责的一切行为和倡议。它通常通过将财产或财产所有权部分或全部由公共所有转为私人所有来实现；但也可以通过安排政府向私营供货商购买产品或服务来实现，或者通过用许可证、特许权、租赁或特许合同等方式，将资产使用或融资权或者服务提供权移交给私营企业，尽管从法律上说所有权还保留在公共部门手中；甚至还可以包括诸如‘建造——经营——移交’合同这样的情形，在这种情形中，私营企业建造一项资产在经营一段时间后将其移交为公共所有”[③]。

著名的 E. S. 萨瓦斯（E. S. Savas）也是从广义和狭义上界定私有化的。他认为，就广义而言，私有化可界定为更多依靠民间机构，更少依赖政府来满足公众的需求，它是在产品服务的生产和财产拥有方面减少政府

---

① 许新：《俄罗斯联邦国有资产私有化和市政资产私有化原则》，《东欧中亚市场研究》1997年第11期。

② ［美］斯蒂夫·H. 汉克：《私有化与发展》，管维立译，中国社会科学出版社1989年版，第1页。

③ ［德］魏伯乐、［美］奥兰·扬、［瑞士］马塞厄斯·芬格：《私有化的局限》，王小卫、周缨译，上海三联书店、上海人民出版社2006年版，第5页。

作用、增加社会其他机构作用的行动；从狭义上看，私有化是指一种政策，即引进市场激励以取代对经济主体的随意的政府干预，从而改进一个国家的国民经济。这意味着政府取消对无端耗费国家资源的不良国企的支持，从国企撤资，放松管制以鼓励企业家提供产品和服务，通过合同承包、特许经营、凭单等形式把责任委托给在竞争市场中运营的私人公司和个人。私有化的一种更为专门的形式旨在改善政府作为服务提供者的绩效，包括打破不必要的政府垄断，在相关公共服务供给中引入竞争。在这里，私有化概念的核心在于更多地依靠民间机构，更少依赖政府来满足公众的需求。这种解释既包括了非国有化的要求，也包括了开放市场、引入竞争机制、鼓励民间投资等公私合作方式，解释范围更宽。

在东欧、中亚的国家，私有化在狭义和广义上也同时被采纳，并进行具体分类处理。狭义上是指通过变卖将国有企业全部或部分资产转变为私人所有；广义上是指将国有企业部分产权转让给个人、法人和非国有部门等。同时，根据企业所处市场竞争程度的高低，把私有化具体分为三种情况：第一，在竞争性行业中，私有化指将国有企业完全转变为私人所有；第二，在垄断行业中，私有化指开放市场、引入竞争，政府出让、转售部分国有股权甚至全部股权，主动变成小股东或者全面退出；第三，在其他公共部门，将业务区分为垄断性和竞争性两大部分，私有化是指将公共企业中的竞争性部分开放，允许私人部门进入。

鉴于种种不同的说法，我国有学者从宏观和微观两个层次来解释私有化。所谓宏观上的私有化，指由于政府关于投资和企业的政策发生变化，使私人投资在国民经济中的比重越来越大；宏观私有化的特征是国民经济中国有经济存量保持不变或以正常速度增长，但相对份额下降，或者说国有经济增量投资所占比例下降。所谓微观层次的私有化，指国有企业（所有权与经营权）的私有化。并认为所有权的私有化是“政治上的倒退”；经营权的私有化并不是政治上的倒退，而是经济发展的需要，是改善国有经济的措施。①

① 林光彬：《私有化理论的局限》，经济科学出版社2008年版，第2页。

本书所采用的私有化概念，是狭义上的含义，即通过向社会公众发行股票等方式出售国有资产，实现国有资产所有权从公共部门向私人部门的转移。所采用的市场化概念的外延，要大于私有化概念，还包括了在不涉及国有资产所有权转移的情况下引入私人资本、合同外包、特许私人经营等机制。

（三）“民营化”与“公私伙伴关系”

在非西方国家，由于私有化概念容易引起政治意识形态的争执，人们更多地使用“民营化”的概念以代替私有化概念。日本较早使用了民营化一词，当国有企业私有化浪潮波及日本后，日本人将之称作公共企业民营化。但通观理论界，对民营化的理论解释比对私有化的解释更复杂。在国内，许多学者都干脆把 privatization 直接翻译成“民营化”，如对 E. S. 萨瓦斯理论的译介。

民营化与私有化的确有共同之处，各国改革实践的推进也赋予这两个概念越来越多的共同含义。主要表现在三个方面：第一，公共法人通过组织变更而转化为股份公司形式，并将部分政府资本逐步出售给私人；第二，公共法人通过组织变更而转变为民间所有的法人；第三，公共法人或股份公司形式的公共企业通过组织变更而成为私人企业。显然，上述解释包含的内容和方式，主要是对已有的国有企业（国有存量资本）进行调整，减少或完全放弃国家所持有股份，即非国有化。民营化与私有化也有区别，即它的焦点不在所有权上，而在引入竞争机制上。

但是，由于民营化脱胎于私有化，常常容易引起人们的私有化联想，进而引起政治价值观的纷争，所以自世纪之交以来，人们开始更喜欢使用另一个更加中性的术语——公私伙伴关系（PPP）。从实践上看，用公私伙伴关系概念代替私有化、民营化概念，核心在于更加强调引入竞争机制、合作机制和监管机制。具体到水务行业，就不仅指水务企业所有制的转变，还包括引进私人投资和经营服务、建立公共监管体系等行业链上的整个过程的改革。

近年来，公私伙伴关系已经成了一个热词，对它的研究也成为显学。

研究者从各自的学科背景出发，探讨了公私合作伙伴关系模式的理论内涵、本质、功能、表现形式及不足。从其最广意义上讲，公私伙伴关系指政府与私人部门共同参与生产和提供物品与服务的任何协议和安排，是公共部门和私人部门之间的合作博弈。公共部门拥有提供公共服务的垄断权力，私人部门拥有高效的生产及管理技术，这分别是双方的特质性资源。这些资源在相互结合时将产生一个“租”，“租”的大小由私人部门生产成本和双方的交易成本决定，双方对“租”的分配进行讨价还价，并达到纳什均衡。[①] 作为治理工具，公私伙伴关系是政府、社会资本和第三方专业机构之间的一种风险分担和收益共享的共赢机制，通过引进社会资本与政府合作共同承担国家责任，并形成更充分的公众参与，使公共服务更具回应性、更惠民，从而可以更好地实现公共利益。[②]

笔者以为，公私伙伴关系的核心特质是政府职能的重新定位，政府仅成为公共服务提供的制度安排者，而公共服务的直接生产则由市场来完成，从而建立起政府与供应商之间的合作关系，改变传统上由政府或国有企业直接“生产”公共物品和服务的做法。因此，从更深层次上看，公私部门在保持距离基础上的合作关系是通过供应商之间的竞争建立起来的。

（四）水务改革模式的理论归纳

通过对上述概念的辨析，至少可以在理论上将当今世界水务市场化改革的实践模式归纳为五种，包括：第一，组织民营化，即通过长期存在的私法性质的独立水务公司提供水产品服务，水务仍然属于公共行政的范畴；第二，职能民营化，即采取商业化经营的方式，为国民提供水服务，但是履行公共服务的责任仍然最终归属于政府；第三，任务的民营化，即将公共任务本身私法化，政府将提供水服务的任务通过特许经营等方式，

---

① 潘禄璋、刘振坤：《地方政府业务外包机制研究——公私协力视角下的理论分析》，《法制与社会》2012 年第 12 期。

② 欧纯智、贾康：《PPP 在公共利益实现机制中的挑战与创新——基于公共治理框架的视角》，《当代财经》2017 年第 3 期；刘薇：《PPP 模式理论阐释及其现实例证》，《改革》2015 年第 1 期。

转让给独立企业承担，但是政府通常保留回收的权利；第四，联合投资，即准许私人投资入股水务行业，政府和私人双方按照一定的比例投资，政府通常保持控股权；[1] 第五，所有权私有化，即通过出售国有水务资产的形式，把公共企业转化为私人企业，政府只保留经济和社会监管权力。

以英国为例，第一种模式和第五种模式在20世纪的英国都存在。前者只是指历史悠久的法定私人供水公司，它们在国有化时代也一直存在；后者是指国有化了的水务（同时负责供水和污水处理业务）企业被私有化的过程。20世纪80年代末之后的英格兰和威尔士水务行业改革措施，即可概括为这种“市场开放+国家公司私有化”的模式[2]；但苏格兰则在公有制占主导地位的前提下谨慎地采取引入民间资本和竞争机制的做法。

在中国，目前市政公用事业市场化的总体制度安排主要体现在如下两大方面：一方面是实行特许经营制度；另一方面是股权多元化。而不同城市采取的水务市场改革模式大致上也有两种：一种是水务一体化改革；另一种是政府购买服务条件下的两权分离式改革。水务一体化改革涉及整个水务行业的改革发展、水资源的优化配置、资产整合、国有资产经营、基础设施融资和城乡统筹等多重内容，改革过程中存在协调难度大、操作复杂的问题，许多改革被迫中断或结果不尽人意。政府购买服务的两权分离式改革方式，则使政府重新承担起对水务设施的责任，明确政府对民生工程的投资主体责任。

显然，尽管存在着国情和具体改革形式的差异性，但全球范围内水务行业改革实践也不乏共性，主要体现在政府、企业与公众的关系上。其中，政府是城市供水设施的投资人、所有者或特许人及监管人；供水企业作为运营商，既可以由国有资本控股、参股，也可以是完全的私有股份制企业；公众则能够通过新机制参与对水务运营商的选择和对其服务质量的监督。

---

① 陈晶晶：《水务市场化中的政府风险》，《法制日报》2004年10月27日。

② 周其仁：《价格机制与垄断产业》，“电信经济专家委员会第二期双月论坛主题发言”，2004年6月25日。

三 监管理论

（一）监管的含义与类别

所谓监管，是指为了纠正市场失灵引起的资源配置效率低下的问题，政府监管机构依据相关法律法规，通过行业进出许可、资格认定和质量检查等手段，对企业的垄断和竞争、进入和退出、价格、服务范围和质量等有关活动及外部性行为进行直接控制或间接干预的行为。竞争是市场经济的核心，监管是为了在市场机制存在缺陷的情况下维护竞争及对竞争有局限性的行业如自然垄断行业，采用法律、政策等措施对其活动进行限制，防止资源配置的无效率，解决市场经济条件下的公共物品分配不公、经济增长波动、外部不经济等，其核心是要解决信息不对称和市场失灵的问题。

针对公用事业的市场化，政府监管的实质在于，在以市场化机制为基础的经济条件下，政府为了矫正和改善市场化机制内部的不完善问题而对经营主体的活动进行限制和干预。“独立性、规则与程序明晰、监管机构职能完备、可预见、公众参与、透明、可问责，是保障监管绩效的必备条件。”① 这要求监管机构必须具有独立性、高效性、可问责性、法制化、集中化、透明性、公正性，而且国家须通过立法赋予它相当程度的规章制度制定权和自由裁量权，同时从立法、行政及司法监督三个层面上，对政府监管行为设置事前程序和事后补救的羁束制度。

依据监管性质的不同，可分为经济性监管与社会性监管两大类。② 经济性监管主要是指在自然垄断和存在信息不对称的领域，为了防止资源配置低效率和确保公民的各项正当权利，政府运用法律手段，通过许可、认可和质量监督的方式，对企业的进入、退出、价格、服务的范围和质量、

① 刘树杰：《论现代监管理念与我国监管现代化》，《经济纵横》2011 年第 6 期。
② 马英娟：《政府监管机构研究》，北京大学出版社 2006 年版，第 27—28 页。

投资、财务会计等有关行为加以限制和监督。[①] 经济性监管的重点在于如下两大方面：一是通过发放许可证、实行审批制、制定较高的进退门槛等手段，对企业进退、市场结构和规模进行监管，以确保规模经济效益，提高生产效率并保证公共服务持续供给，防止过度竞争及资源浪费；二是对服务定价进行监管。基础行业既具有自然垄断性，同时又具有一定的可竞争性。就其垄断性而言，如果不存在外部约束，垄断经营者为了获得利润就可能制订出大大高于边际成本的价格，其结果必然扭曲分配效率，导致生产效率和分配效率相背离，从而又导致经济效率的降低。就其一定程度的可竞争性而言，私人企业为了争取顾客，也可能采取低价策略，同时为了保证盈利，也可能在服务质量、资源环境保护等方面降低投资，导致行业公益性受损。在这两种情况下，政府的价格干预都不可或缺，而且政府的价格管制还应科学合理，既刺激企业优化生产要素组合、努力实现最大生产效率，又保障社会福利。

社会性监管的主要目的是保障消费者的安全、健康、卫生和保障公民享受服务的基本权益，增进社会福利，防止负外部性及企业与消费者之间信息不对称所造成的消极影响。社会性监管最重要的是对产品质量进行管制，这是由于企业和公众之间存在着信息不对称，消费者对产品质量很难把握，必须由监管机构对产品和服务的质量进行监管。同时，公共服务和产品是所有公民共同享有的福利，即使是贫困群体也有权利享有普遍服务。而企业为追求私人利益最大化，会选择产品和服务的供给范围以保证费用的收取率和收取额度。为此，政府还必须对公用事业企业提供普遍服务的义务进行监管。

在公用事业市场化过程中，政府首先是政治责任的承担者。为此，政府对公众承担了满足公用事业需求的义务，市场化从根本上看也是这种政治责任的结果。市场化不是这种责任的减少，而是增加了政府的责任，即监管市场的责任。其次，政府是规则的制定者，政府须通过积极的市场化

---

① ［日］植草益：《微观规制经济学》，朱绍文、胡欣欣等译，中国发展出版社 1992 年版，第 25—26 页。

政策与法律措施、合理的战略规划部署，去促进市场化的发展。当然，在强化政府责任的同时，强化公众对监管过程的参与也是必不可少的。

（二）水务行业监管

在水务行业领域，政府的监管涉及两大方面：一是以市场体制为核心和基础，以相关法律法规为依据，以规划、标准和相关政策制定为主要手段，对供排水和污水处理回用、价格、垄断和竞争等实施监管；二是非市场机制的内容，包括公益性的防洪、抗旱和农业灌溉等。政府对水务行业实施监管的实质，是通过一定的法律与强制性监管措施，制约水务企业的经济行为，使之在追求特定经济效益的同时与社会整体经济效率、社会公共利益的发展方向保持一致。为此，构建相对完善的监管体系是非常必要的，其中监管机构必须具备专业性、透明性、责任性、可信性、独立性，有效行使监管权力。

在这些要素中，独立性最为关键。从国际经验看，水务行业监管机构的独立性体现在如下方面：监管机构在结构上与政府部门分开，独立执行监管政策；监管机构接受政府最高行政人员领导并得到立法机关承认；监管机构不是由一个人来负责，而是由委员会这样的合议机构来集体领导，委员应由行业技术、经济或法律等方面的人员担任；监管机构有人事权，既可录用政府公务员，也可招聘非公务员。监管机构的各种特点是相互联系的，具备透明性与专业性才能保证其独立性，具备独立性才能保证其可信性。①

对于市场化之后的水务市场，政府监管的任务主要分为三个领域：市场准入监管、市场运营监管与普遍服务监管。

市场准入监管体现在取水许可、运输许可、管网经营许可、水产品经营许可等过程中。市场准入监管一般分为两类：一是特殊许可，即监管机构在符合进入标准的企业中挑选一个或少数几个给予进入市场的资格；二是普通许可，即所有符合进入标准的申请者都能获得进入市场的权利。市

---

① 曹远征：《基础设施商业化与政府监管》，《经济世界》2003 年第 4 期。

场准入的关键在于投资者资格和投资环境的监管，确保投资者机会公平。

运营监管包括对水资源环境和取水行为、成本和价格、水质、服务质量、企业垄断兼并或竞争破产、水务资产和基础设施完好性，以及运行安全等的监管，这是一个全方位的监管。运营监管的核心在于反垄断和价格监管，后者尤为重要。价格监管以促进效率与公平为基本目标，具体体现在五个方面：确保企业向消费者收取合理的服务价格；促使企业有效率地提供服务；制定合理的价格水平和定价结构；提供有效的激励以吸引其他资本进入水务部门并维持现有的资本存量；实现收入分配目标。价格监管须遵循一些基本原则，如被监管企业有效率且可持续运营、公平负担、兼顾社会政策目标、便于理解和执行等。①

包括水务行业在内的自然垄断行业所提供的服务，往往涉及社会公众的基本生活，表现为每个人应当享有的基本权利，而且这些行业容易发生所谓的“撇奶油”问题，② 即优质资源围绕着少数人服务，大多数中低收入者的受益水平下降，从而导致基本公共服务体系公平性下降。因此，在公用事业市场化的同时，必须要求企业履行普遍服务义务。政府对企业履行普遍服务义务监管的目的，就是保证人们特别是低收入家庭和偏远地区家庭都能够获得为满足生存所需要的、包括自来水服务在内的基本公共服务，“并且不会因此而承担不合理的成本负担”。从内容上看，政府对企业普遍服务义务监管的条款包括平等接入、持续供应、质量与安全、合理计费四个方面。③ 其中，统一的价格约束，即向所有消费者提供同样的定价条件的义务，可以保证社会福利水平的提高。④ 此外，在政府监管的过程中，监管者所掌握的各方面信息对其监管质量具有决定性的意义，因此必须克服监管者与被监管者之间的信息不对称，填补公众与监管行业之间的

① 刘树杰：《价格监管的目标、原则与基本方法》，《经济纵横》2013 年第 9 期。

② 肖林：《自然垄断行业的进入管制悖论》，《东南大学学报》（哲学社会科学版）2010 年第 3 期。

③ 骆梅英：《通过合同的治理——论公用事业特许契约中的普遍服务条款》，《浙江学刊》2010 年第 3 期。

④ J. C. Poudou, M. Roland, 2017, “Equity Justifications for Universal Service Obligations”, *International Journal of Industrial Organization*, Vol. 52, No. 5, pp. 63 - 95.

信息真空。

总之，水务市场化改革的目标在于达到经济、生态和社会的全面发展，[①] 涉及的利益关系复杂，如何维护和促进公共利益，如何平衡私人部门和公共利益之间的平衡是市场化的重点和难点。经验表明，没有有效的监管体制，就无法想象市场化的社会结果。

① 袁卓异：《基于城市水务市场化改革：模式、绩效及深化选择》，《财经界》（学术版）2015 年第 6 期。

第二章　历史基础：英国城市水政制度的变迁过程

本章以英格兰和威尔士为主，描述了英国城市水政制度发展的历史过程。将以19世纪以来英国城市水务经营和管理模式的变迁为历史基础，分析其水务私有化改革的背景和过程。从整体上看，自工业革命和城市化以来，英国各个地区的城市水服务行业已经有300年的发展历史，但到20世纪晚期却走上了不同的经营管理模式，其背后的政治过程引人瞩目。在英格兰和威尔士地区，城市水务经营模式经历了一条循环式的发展路径，即私有私营——分散经营——相对集中公营——私有私营；从政府监管模式上看，经历了从地方分散监管到流域统一监管再到中央政府对水资源统一管理的转变；从政府在水务领域的角色和作用来看，经历了三个阶段，一是弱监管与弱服务阶段；二是监管与服务合二为一阶段；三是强监管与服务分离阶段。

一　私人经营模式：16—19世纪中期

（一）早期私人供水企业兴起的背景

历史上，英国因内陆水源丰富、雨量充沛而长期遭受排水而非供水之困扰，水资源似乎取之不竭。早在15世纪，虽然乡村地区的居民用水直接取自井水、河流、泉溪等，而在大城市里已经有少数居民开始享受着管道供水了，不过直到18世纪晚期，管道供水对于绝大多数民众来说才成为可及之物。从16世纪到19世纪的四百年间，英国逐渐发展起一整套给水、净水、排水、污水处理的工程和技术。到20世纪早期，大城市中的大多数居民都已能享受到管道供水和相应的卫生设施。

就供水体制而言，在19世纪及其之前，英国各地一直奉行私人经营模式。这一模式基于三大背景：一是河岸权制度；二是自由主义理念；三是工业革命时期城市的快速发展。

1. 河岸权制度

河岸权（Riparian Rights）是水权的一种。英国自15世纪起就开始对水的分配问题进行立法干预，逐渐形成一套河岸权体系，并长期奉行。所谓河岸权，是指根据自然法，天然河流沿岸土地所有者有权使用天然河流，享有取水用水权（包括捕鱼权）并且可以继承。这就是说，天然河流、溪流中的水不存在私人所有权，而是属于所流经地方的土地所有者公共所有；但在私有土地范围内积聚的地表水，包括天然降水自然积聚而成的湖泊、用人工方法汇集而成的池塘、水库可以归私人所有，土地所有者可以占有、使用，同时土地所有者对于其土地之下的地下水也适用先占原则，“拥有地表的人可以对土地进行挖掘，并对所发现的东西按自己的目的任意地加以利用，也有权取用”①。不过，虽然土地所有人有权获取、使用地下水，却无权阻止相邻土地所有人抽取地下水。

河岸权规定了只有与水体相连的土地的所有者才能获得用水的权利，这种权利不能与土地分离而单独转让（除非与土地一并转让），并且河岸权之间不存在优先顺序，即无论上游还是下游的河岸权人的用水权都是平等的。这表明，河岸权的本质属性是规定流域水权属于沿岸的土地所有者并且依附于地权，地权发生转移，水权随之转移。② 作为土地开发初期自然存在并发展起来的一种水权形式，河岸权不是对水的所有权，它仅仅保

① 李晶等：《水权与水价》，中国发展出版社2003年版，第77—81页；崔建远：《水权与民法理论及物权法典的制定》，《法学研究》2002年第3期；王小军：《水权概念研究》，《时代法学》2013年第4期。

② 雷玉桃：《国外水权制度的演进与中国的水权制度创新》，《世界农业》2006年第1期。

护了河岸土地所有者对地表水和地下水正常使用的相关权利，此外这种权利也远不具备与所有权相同的排他性。

河岸权体系最初起源于英格兰，英格兰之所以将水资源纳入土地权属中而没有将它独立地作为所有权的客体，原因主要表现在三个方面：

（1）水资源丰富。所有权的基础是稀少性，若是一种东西预期会非常丰裕，人人可以取得，不必请求任何人或者政府的同意，它就不会成为任何人的财产。英格兰全境具有温和多雨、河流众多的地理特点，在工业革命和城市化之前，经济社会也不发达，水资源的使用主要限于人畜的生活用水和航运，大规模的农田灌溉和工业用水尚未开始，城市数量较少而且规模不大。因此，相对于社会对水的需求来说，水资源的供给是充裕的，在当时条件下可以毫不费力地自由取得，无须建立独立的排他性的所有权。全球经验也证明，河岸权主要适用于气候温和多雨的国家和地区。

（2）农业经济为主的时代土地所有权更受重视。而水资源的作用主要体现在耕种土地这一经济价值方面，在其他方面的价值还远未凸显并为人们所认同。据此，立法只要解决了私人之间水资源与土地的利用关系，就足以解决水的问题。

（3）排水而非取水纠纷曾经是英格兰长期的社会矛盾。历史上，英格兰长期面临的问题主要是建设排水系统而非供水系统，由此引起无数纷争，英格兰法庭有关水的案例大多是解决邻里之间因排水而引发的纠纷。为此，自中世纪起英格兰各地就建立了地方土地排水委员会（Local Land Drainage Board），该委员会有权为排水和防洪征收财产税，这反映出土地排水和防洪对农业居住区的重要性。在这种背景下，就逐渐形成了沿岸所有权制度。

19 世纪初，英格兰法庭把河岸权纳入普通法，到 19 世纪中期该制度日臻成熟并为全国普遍采用。这一水权体系为近代英国私人供水模式奠定了历史基础。

2. 自由主义传统

自由主义是随着商业资本主义的兴起而产生的一种哲学、一种思维、一种情绪，它的存在，主要是为商业文明中的私有制提供意识形态上的辩护。[①] 在英国，自由主义于 17 世纪全面兴起，到 18 世纪已经大功告成，这与约翰·洛克（J. Locke）、亚当·斯密（A. Smith）等思想家的努力密不可分。正是从洛克开始，自由主义逐渐成为一套真正的理论体系。洛克在其代表作《政府论》《论宗教宽容》中，第一次系统地阐述了自由主义思想，主张保护人的生命权、自由权和财产权是政府存在的唯一目的，政府的权力必须受到限制。自由经济则是斯密整个经济学说的中心，他认为在商品经济中，每个人都以追求自己的利益为目的，在"看不见的手"即市场机制的自发调节下，各人为追求自己利益所做的选择自然而然地使社会资源获得最优配置，因而主张限制政府的职能，把政府的作用仅限于为个人追求利益的行为提供外部环境和秩序。大卫·休谟（D. Hume）、大卫·李嘉图（D. Ricardo）和约翰·斯图亚特·密尔（J. S. Mill）同样是英国自由主义的杰出代表，极力倡导经济自由、契约自由、竞争自由，反对政府干预经济生活。

英国自由主义的理论建构，一开始就肩负着为私有财产辩护的任务，成为近代英国市场经济发展的理念基础，强调市场竞争机制的作用，关注政府应以何种方式介入经济，强调一切营业性事物都绝不宜由政府来办。

自由主义在英国兴起的时代，不存在由公共手段提供水服务或水产品的现象。这一方面是由于水资源丰富，居民取水的主要途径是从河流或泉源中直接取水、贮存雨水、从私有的或公共的地表浅井中取水；另一方面随着城市化的进程，私人供水商开始在城市出现，居民用水可以从私人供水商那里购买。因此，社会理念普遍认为，城乡居民取水、用水和供水纯粹属于私域事务，不需要政府过多干预。

3. 工业化后城市的发展

在近代英国，水成为商品以及营利性私人供水商的兴起，与工业革命前后城市的快速发展具有直接的因果关系。以伦敦为例，从 16 世纪中期到

---

① ［英］H. J. 拉斯基：《欧洲自由主义的兴起》，林冈、郑忠义译，中国人民大学出版社 2012 年版，第 1 页。

20世纪初，伦敦人口一直处于持续增长状态，虽然期间发生过几次大的瘟疫导致人口大批死亡，但并没有中断人口的增长趋势，见表2-1。

表2-1　1560—1900年伦敦人口增长情况

单位：万人

年份	人口	年份	人口	年份	人口	年份	人口
1560	9	1750	67	1845	250	1900	658.1
1600	20	1800	95	1850	268.1		
1700	45	1805	100	1880	476.7		

资料来源：根据刘景华《城市转型与英国的勃兴》（中国纺织出版社1994年版）中有关数据整理所得。

可见，工业资本主义兴起后，英国迈入了乡村社会向城市社会的转型时期，开始了不可逆转的城市化过程。“在长达200多年的城市化进程中，英国城市管理的职能发生了巨大变化，经历了从无到有、从弱到强、从‘守夜人’到管理者”的转变；“同时，城市公共管理边界的演进过程，也完整地体现着西方国家公共管理思想的发展脉络，并引导着西方发达国家城市管理的制度发展”①。城市化将生产、服务、居住和消费等集中在同一地域，这种聚集经济产生了前所未有的巨大经济效应和社会效应，其中人口的增长不但成为私人供水企业兴起的动因，也成为后来政府介入水务领域的关键变量。

（二）私人供水商的兴起、发展与特点

1. 私人供水商的兴起与发展

私人水务行业伴随着城市化和人口的膨胀而兴起。以伦敦为例，自16世纪末和17世纪初开始，私人企业主开始以各种形式向伦敦市民供水。这些私人供水商经历了如下两个大的发展阶段：第一个阶段大致是在1582—1850年间，发展起沟漕工程，为伦敦提供了新的供水系统即自来水系统。

① 徐林、傅莹：《英国城市公共管理边界不断变化》，《中国社会科学报》2014年7月21日。

这一期间，政府奉行放任主义政策，供水业处于私人自由竞争状态。但大约从17世纪后期起，城市政府开始发展起水务特许经营制度，审核供水商的业务申请并颁发经营许可；第二个阶段是在1850—1900年间，发展了污水处理系统。污水处理系统的发展是由于城市生活环境的恶化，为了处理居民生活污水，一些私人供水商开始尝试进行排污业务，政府对水务行业的直接介入也是随着对污水的治理需要而开始的。

（1）第一阶段。直到16世纪晚期，伦敦人日常用水来源主要是从浅水井中直接汲取的，伦敦的地理位置及其地质地貌特点导致地下水位较浅，从而为市民提供了这种便利，拥有房屋及地权的市民可以随意汲取、使用地下水。但随着城市人口的渐渐增加，伦敦的用水需求开始快速增长，而当时的贮水和配水系统不能与此需求保持同步发展，浅水井供水量开始相对不足，同时由于污水坑和排水沟也相应增多，浅水井的水质受到影响并开始恶化，改善伦敦的供水条件逐渐变得迫切起来。对此，麦吉尔大学（McGill University）研究员莱斯利·托莫里（L. Tomory）指出，自1580年开始，伦敦开始出现一些供水公司，竞相通过木制管网直接向市民售水，到17世纪，这一新兴的水业一直繁荣昌盛，为大约7万户市民家庭提供供水服务；到18世纪后期，超过80%的伦敦市民家庭都享受到了这一服务，因为无论从法律上，还是商业上抑或技术上，使供水管网设施遍布伦敦都已经成为可行的事情；到19世纪，伦敦水业成功的经验迅速向欧洲各大城市传播、扩展，城市供水设施建设也推动了其他市政工程的建设，其中包括排水设施建设。①

如在1582年，工程师皮特·莫瑞斯（P. Moryce）在伦敦桥边建造了一个利用潮汐做动力的水车，并在地势较高的地方铺设铅制管道接引泰晤士河水入户，这是第一个机械供水体系，同时也可能是英国近代水务史上第一个BOO工程（建设—拥有—运营）。这一装置成功后，莫瑞斯又沿河增建了一些水车，并成立了自己的供水企业“莫瑞斯水站”（Moryce's Works）。1594

① L. Tomory, 2017, *The History of the London Water Industry*: 1580 - 1820, Baltimore: Johns Hopkins University Press, pp. 13 - 151.

年，伦敦人比维斯·巴墨（B. Bulmar）在泰晤士河边的布鲁肯瓦夫（BrokenWharf）建造了一个大型的以马匹拉动的发动机，从河中抽水并用铅制管道运送到城里，大约四年后他又建造了水塔用来贮存河水。所有这些小型供水工程都是私人以营利为目的而投资兴建，部分沟漕和蓄水塔直到今天仍然在使用中。[①] 到19世纪中后期，工业革命所产生的技术创新如蒸汽工程、铸模铁管等对于提高供水能力具有积极的意义，自来水管道技术有了很大发展，经营饮水买卖成为有利可图的事业，私人供水公司纷纷兴起，出现了一个私人投资建设水厂、水塔、蓄水库的高潮，表2-2显示了17—19世纪初期伦敦主要的私人水厂。

表2-2　17—19世纪初期伦敦主要的私人水厂

公司名称	成立年份
新河公司（New River Company）	1610
约克大厦自来水公司（York Building Waterworks Company）	1691
肯特自来水公司（Kent Waterworks Company）	1701
切尔西自来水公司（Chelsea Waterworks Company）	1723
伯勒自来水公司（Borough Waterworks Company）	1765
兰贝斯自来水公司（Lambeth Wateworks Company）	1785
沃克斯豪尔自来水公司（Vauxhall Waterworks Company）	1805
西米德尔塞克斯自来水公司（West Middlesex Waterworks Company）	1806
东伦敦自来水公司（East London Waterworks Company）	1807
大章克兴自来水公司（Grand Junction Waterworks Company）	1810

资料来源：本书作者根据维基百科有关“自来水和环境卫生史”有关资料整理而成。

除了这些公司外，1820—1870年间，私人供水公司之间还不断竞争兼并，诞生出一些较有规模的企业。著名的有伦敦桥自来水公司（London-Bridge Waterworks Company）、南华克供水公司（Southwark Water Company）、南伦敦自来水公司（South London Waterworks Company）、南华克和沃克斯豪尔供水公司（Southwark and Vauxhall Water Company）、普拉姆斯特

① L. Tomory, 2015, “Water Technology in Eighteenth-Century London: the London Bridge Waterworks”, *Urban History*, Vol. 42, No. 3, pp. 381-404.

德和伍尔维奇供水公司（Plumstead & Woolwich Water Company），等等，共同活跃在伦敦的水务市场。到1865年，伦敦主要的私人供水公司已经初具规模，它们的业务能力和资产情况见表2－3。

表2－3　1856年伦敦主要私人供水公司的经营情况

	蒸汽机总动力	最大日供水量	所供寓所数目	供水管长度	水塔最大贮水水平	投资额	其他成本
新河公司	1674	26830000	102299	490	454	£ 1519958	691639
东伦敦自来水公司	840	17718000	69400	331	122	£ 675000	296687
西米德尔塞克斯自来水公司	835	6895368	27987	178	276	£ 506300	162990
大章克兴自来水公司	1360	722500	17221	117	149	£ 412912	227903
切尔西自来水公司	700	6914000	25030	198	130	£ 300000	472324
南华克和沃克斯豪尔供水公司	1065	10756000	46500	432	140	£ 423600	217510
兰贝斯自来水公司	680	6990000	28541	206	353	£ 213680	301633
肯特自来水公司	500	3587786	16077	124	226	£ 219674	30122
普拉姆斯特德和伍尔维奇供水公司	70	570000	2900	16	140	—	5000
总计	7724	87486154	335955	2092	1990	£ 4271124	2450808

资料来源：R. W. Mylne，1856，*Map of the Contours of London and Its Environs*，London：Edward Stanford。

说明：（1）蒸汽机动力单位为马力；（2）最大供水量单位为加仑；（3）供水管道是铁制管道，长度单位为英里；（4）水塔贮水单位为英尺，从水塔基面算起；（5）“投资额”计算的是1852年仲夏时的额度，其中兰贝斯自来水公司的投资额计算的是1848年中期；（6）“其他成本”计算的年度是1856年，并且按每天16马力的动力量计算；（7）所有公司的全部支出，包括汉姆斯特德水站（Hampstead Works）的支出，总计为£ 6866387。

在伦敦私人供水企业兴起和发展的同时，英国其他城镇私人供水企业也在逐渐兴起。例如，一份19世纪时的调查描述了当时英格兰东部艾塞克斯（Essex）县的海滨小城哈威奇（Harwich）的供水体系建立的过程。该资料表明，“直到19世纪四五十年代，哈威奇居民的生活用水完全来自于雨水和地表井水，雨水被储存在贮水池里中，含盐的井水散发着令人恶心的味道，无法饮用和烹饪，只能用于洗衣或清洁，贮水池中的雨水是从屋顶流下而被收集起来的，如果不过滤，水色发黑，尝一下呛人，稠密的、污浊的沉淀物积聚在池底”①。1853 年，哈威奇小城开始关注并寻求解决供水问题的方法。一位名叫彼得·布拉夫（P. Bruff）的工程师向市政当局提出申请，希望为小城居民开辟合适的公共水源，条件是获得该城独家供水权，权利期限为 75 年。在得到市政当局批准的 11 年后，彼得·布拉夫在布鲁克曼农场（Brookman's Farm）和多佛庭院（Dover court）两个地方寻找到水源，并开始为居民供水。尽管水质很硬而且含盐，水量时多时少，但对于当地居民来说已经是天佑之福。1884 年在居民要求改善水量水质的压力下，哈威奇市议会通过了一项法案，允许建立了藤德汉自来水公司（Tendring Hundred Waterworks Company），为哈威奇和沃尔顿（Walton）两个小城供水。

在莱斯特（Leicester）市，市民在 1847 年之前一直依靠井水和泉水。1847 年的市议会法案特许成立私人供水公司。到 1854 年莱斯特已经建成了桑顿蓄水库（Thornton Reservoir）及其水处理厂、分水管道；1866 年建成科普斯顿蓄水库（Cropston Reservoir）；1896 年建成斯威兰德蓄水库（Swithland Reservoir）。

在苏格兰，爱丁堡、格拉斯哥等大城市也开始出现具有商业性质的私人供水商，其中最大的是爱丁堡自来水厂和格拉斯哥水站，它们在获得市政府特许令之后，向市民家庭提供用水。当时著名的工程师詹姆斯·瓦特（J. Watt）、托马斯·特尔福德（T. Telford）对苏格兰城市供水系统的建设做出了突出贡献。②

到 19 世纪中期，其他城镇也纷纷建立起自己的供水体系，私人供水企业已经在英国城镇普遍发展起来，供水市场进入激烈的自由竞争阶段。

2. 早期私人供水商的经营特点

早期英国城市对私人供水商的管理及经营具有如下特点：

第一，依法设立，投资、建设、运营和收益都由私人公司承担。城市

① “The History of the Tendring Hundred Water Services Ltd”, In *The Developmental Report of Tendring Hundred Water Services*, http://www.dooyoo.co.uk/utility-services/tendring-hundred-water/.

② L. Turner, 2013, “Let's Raise A Glass of David Denny: A Brief History of the Glasgow Water Works”, *History Scotland Magazine*, Vol. 13, No. 5, p. 50.

议会颁布法律特许这些公司成立，当时许多公司的成立和解散都由议会立法规定，因此这些私人供水企业也可以称为法定供水公司（Statutory Water Company），只提供供水服务，其中有一些至今尚存。

第二，公司的供水方式一般是从河里泵水，输送到居民家庭，按户收费。各个公司根据自己的实力采用不同的动力设备，有的用风车，有的用马力发动机，有的用蒸汽动力。一般公司都建有蓄水库，用砂滤法对河水进行净化处理。铺设铁制管道①直接接通水塔和用户家中，并按固定水费收费，用户用水不受限制。也有一些规模较小的私人供水商把经过砂滤后的净水用车装载送至用户家中，每车水费按照路程远近计算。

第三，各个供水公司均有自己一定的服务区域。如，约克大厦自来水公司为皮卡迪利（Piccadilly）和白厅（Whitehall）等城区供水；切尔西自来水公司向威斯敏斯特（Westminster）地区供水；肯特自来水公司向格林威治（Greenwich）和德特福德（Deptford）两个地区供水，西米德尔塞克斯自来水公司向肯辛顿（Kensington）供水，东伦敦自来水公司向肯辛顿以西的地区供水，大章克兴自来水公司向帕丁顿（Paddington）地区供水。

第四，竞争激烈。私人供水企业为扩张势力范围，相互竞争激烈，兼并淘汰时有发生。如 1822 年伦敦桥自来水公司依据议会立法解散，其供水许可证卖给了新河自来水公司，不久伦敦桥自来水公司的老板约翰·爱德华·沃恩（J. E. Vaughn）又把许可证买了回来，成立了新的供水公司——南华克供水公司。1845 年，南华克供水公司和南伦敦自来水公司合并成一个新公司，即南华克和沃克斯豪尔供水公司。

第五，私人供水公司的服务对象主要是富人。当时伦敦已经集中了全国 1/6 的人口，但这么多自来水公司的存在并不表明自来水供水系统已经普及开来，实际情况是它们主要为富人区服务，大部分普通居民是从伦敦的八口公共浅井和泰晤士河中挑水，而不从水务市场上购买水。同时还有少数市民自己打井，自给自足。

---

① 铁制管道于 1810 年左右兴起，替代了过去的铅制或木制水管，19 世纪后期钢制管道取代了铁制管道。

二　政府对水务行业的管制介入：19 世纪 40 年代—20 世纪 20 年代

（一）政府介入水务行业的背景：公共卫生危机

1. 河流污染危机

英国政府介入水务行业意味着近现代水行政的兴起，这是因污水和环境卫生治理问题而导致的。可以说，人口的增长及由此产生的公共卫生问题，是近代英国城市水务经营模式变迁和政府干预介入的直接动因。人口的增长不但对现有的供水条件产生了很大的压力，同时也意味着污水和垃圾的大量产生，供水污染不断引发公共卫生事件，这在 19 世纪 30 年代以后日趋严重。[①] 严重的公共卫生危机成为英国城市化进程的代价，[②] 伦敦的情况更为明显，集中体现为泰晤士河的污染危机。

在 19 世纪 50 年代之前，包括伦敦在内的英国城市居民家中还没有出现室内抽排水技术和系统，[③] 几乎家家户户都在居所旁边建造粪坑，1805 年时伦敦共有 150000 个粪坑。普通家庭一般都把粪坑与露天排水沟连通在一起，粪水未经任何处理直接从露天排水沟流向泰晤士河。到 1857 年时，每天流入泰晤士河的人类排泄物大约达 250 吨。[④] 同时，随着工业化的进程，许多工厂主为了取水、排污方便，沿岸而建了大量的屠宰厂、制革

---

① M. S. R. Jenner, 2007, "Monopoly, Markets and Public Health: Pollution and Commerce in the History of London Water 1780 - 1830", in M. S. R. Jenner, P. Wallis ed., *Medicine and the Market in England and its Colonies*, *c*. 1450 - *c*. 1850, London: Palgrave Macmillan, pp. 216 - 237.

② 胡常萍：《十九世纪中后期英国城市改造的启示——以公共卫生体系建立为中心的考察》，《上海城市管理》2008 年第 5 期；舒丽萍：《19 世纪英国的城市化及公共卫生危机》，《武汉大学学报》（人文科学版）2015 年第 5 期。

③ 在 16 世纪 90 年代时，一个叫 Harington 的人已经发明了第一个室内厕所，但是没有被普及，原因是没有冲刷排水系统。大约到 1700 年，一个叫 Bramah 的人装置了第一个可以冲水的厕所，不过这还只是富人的游戏。

④ L. E. Breeze, 1993, *The British Experience with River Pollution: 1865 - 1876*, New York: Peter Lang Publishing Inc, pp. 4 - 10.

厂、造纸厂、肥皂厂等，大量工业废水被排入泰晤士河，河岸、街道和广场普遍成了垃圾倾倒场，较浅的水井也被地表污物和污水污染。不仅流入泰晤士河的地表污水未经任何处理，而且各种动物的尸体顺流而下直至腐烂。泰晤士河这一令英国人自豪的“母亲河”“高贵的河流”，成为公共污水沟。[①] 虽然从 1829 年起伦敦就成立了第一个污水处理厂，但由于污水处理技术上的障碍，最终泰晤士河在短短三四十年内由一条清澈的、渔业资源丰富的河流变成一条臭河、死河，河水的含氧量已经为零。在受到如此严重的污染之后，河水又被抽取，用沙或漂白粉过滤消毒后，再输入伦敦，供居民使用。

对此种境况，朝野上下舆论纷纷、坐立不安。社会学家亨利·梅休（H. Mayhew）在其 1851 年结集出版的《伦敦劳工和伦敦穷人》中写道：我们用泰晤士河的水烧菜炖肉，煮咖啡沏茶，我们将自己的家畜的内脏三番五次地扔进河中，而这种水又回到我们嘴里，被我们饮用。[②] 化学家法拉第（M. Faraday），这位最早呼吁人们重视环境保护的先驱者，亲自对那些被严重污染的河流进行了实地考察，发现这些河流之所以被污染，都是因为城市污水排放所导致的，天然的河流成为城市生活排污沟。1855 年，他给《泰晤士报》写了一封信，描述了他乘船经过泰晤士河时所见到的景象：整条河变成了一种晦暗不明的淡褐色液体，气味很臭，实际上就是一道阴沟。[③] 法拉第呼吁议会建立公共下水道，设立污水处理厂，居民排放的污水经集中处理后才能排进泰晤士河。

1858 年夏天，伦敦爆发了严重的“大恶臭”事件（Great Stink on The Thames），以至于滨河的英国国会大厦的窗户都用浸过消毒剂的床单挡上，但恶臭仍然使议员们无法正常工作。1878 年，“爱丽丝公子”号游轮在泰晤士河上因故沉没，640 名游客遇难，调查结果表明，大部分遇难者不是

---

① 梅雪芹：《英国环境史上沉重的一页——泰晤士河三文鱼的消失及其教训》，《南京大学学报》，2013 年第 6 期。

② H. Mayhew, V. Neuburg, 1965, *London Labour and the London Poor*, Oxford: Oxford University Press, pp. 164 – 184. 此文最早发表于 1851 年。

③ L. E. Breeze, 1993, *The British Experience with River Pollution*: 1865 – 1876, New York: Peter Lang Publishing Inc, p. 10.

因溺水而死，而是因河水之毒。[①]

由此，泰晤士河的污水危机成了伦敦的耻辱，对河流污染的治理不得不纳入政府的议程。

2. 霍乱危机

地表水和地下水源受到严重污染，导致霍乱、痢疾、伤寒等传染病多次大规模的暴发和蔓延。尤其是在1831—1832年、1839年、1848—1849年、1853—1854年、1866年间，英国霍乱大流行，共夺去了大约4万市民的生命。[②]

在1839年的霍乱流行期间，伦敦每周死亡人数多达2000人。伦敦医生约翰·斯诺（J. Snow）和威廉姆·法耶（W. Farr）在伦敦索霍区（Soho）金色广场的宽街公用水井（Broad Street Public Well in Golden Square）周围进行调查，发现该水井已经被附近的下水道所污染，宽街死亡病例标点地图表明病例的分布与该水井供水范围分布一致。斯诺建议附近居民停用该井水。因为他发现停用被污染的井水或井水经净化后，传染即可平息，而一旦重新启用被污染的水源，病例再度猛增。随后，斯诺逐一调查伦敦的供水企业及其水质情况。1854年伦敦再度暴发霍乱，斯诺再度分析了伦敦不同地区霍乱死亡人数，发现由两个不同的供水公司供水区霍乱死亡率相差悬殊。据此，斯诺认为霍乱肆虐与饮水水源污染有直接关系，而

---

① 关于泰晤士河的污染，不少中外环境史学者都予以记述。A. Hardy, 1987, "Pollution and Control: A Social History of the Thames in the Nineteenth Century", *Medical History*, Vol. 31, No. 2, pp. 233 - 234; A. Hardy, 2001, "The Great Stink of London: Sir Joseph Bazalgette and the Cleansing of the Victorian Capital", *Medical History*, Vol. 45, No. 1, p. 129; S. Halliday, 2006, "The Great Stink of London: Sir Joseph Bazalgette and the Cleansing of the Victorian Metropolis", *Science of the Total Environment*, Vol. 360, No. 1, pp. 328 - 329；梅雪芹：《"老父亲泰晤士"——一条河流的污染与治理》，《经济社会史评论》2008年第1期；尹建龙：《从隔离排污看英国泰晤士河水污染治理的历程》，《贵州社会科学》2013年第10期；苏禾：《泰晤士河百年治污启示录》，《看世界》2015年第10期；苏禾：《1858年的"伦敦大恶臭"》，《国家人文历史》2016年第23期；大河：《伦敦下水道："工业奇迹"的传奇与困顿》，《中国国家地理》2011年第9期。

② 毛利霞：《疾病、社会与水污染——在环境史视角下对19世纪英国霍乱的再探讨》，《学习与探索》2007年第6期；梅雪芹：《水利、霍乱及其他：关于环境史之主题的若干思考》，《学习与探索》2007年第6期。

不是当时普遍认为的是由空气中恶臭的水汽引起的。[①]

约翰·斯诺的报告使英国社会开始对公共卫生问题重视起来。在诸多公共卫生问题中，又以水的供应、垃圾及污水处理最为迫切。同时，英国政府也认识到单独依靠私人力量无法达到清洁和保护水源的目的，也无法达到水行业服务的最佳提供水平，政府必须改善城市状况，介入供水、排水、净水和水资源保护事宜，承担起对水行业服务实施监督和直接提供洁净水、处理污水的责任。总之，“城市生活质量的低劣与政府在公共服务中的缺位，引发了民众的强烈不满，迫于社会各方的压力，英国政府逐步将城市管理事项纳入政府预算议程”[②]。到 19 世纪中后期，英国城市管理的边界扩大到了住宅、卫生、绿地、环保、供水等基础设施在内的各领域。

（二）政府干预水务行业的进程：1840 年代到 1920 年代

1. 最早的水法和公共健康法

1839 年霍乱之后，英国内阁任命爱德华·查德威克（E. Chadwick）为英国第一任国家首席卫生官，负责在全国开展公共卫生运动。1842 年，查德威克主持调查并发表了《关于英国工人阶级健康状况的报告》，指出了公共卫生、工人健康、社会贫困、政府济贫压力之间的逻辑演变关系，首次建议政府要在各地设立单一的公共卫生主管机构，负责有关排水、净水、供水等工作。[③] 查德威克的报告促使英国政府制定了最早的水法和公共卫生法，即《1847 年水务工程条款法》和《1848 年公共卫生法》。其中，《1848 年公共卫生法》的颁布是城市供水体制变革的催化剂，为英国

---

① L. Ball, 2009, “Cholera and the Pump on Broad Street: The Life and Legacy of John Snow”, *History Teacher*, Vol. 43, No. 1, pp. 105 – 119; J. M. Eyler, 2008, “The Strange Case of the Broad Street Pump: John Snow and the Mystery of Cholera”, *Journal of Interdisciplinary History*, Vol. 39, No22, p. 2532 – 2533; E. Parkes, 2013, “Mode of Communication of Cholera by John Snow”, *International Journal of Epidemiology*, Vol. 42, No. 6, pp. 1543 – 1552.

② 徐林、傅莹：《英国城市公共管理边界不断变化》，《中国社会科学报》2014 年 7 月 21 日。

③ 蒋浙安：《查德威克与近代英国公共卫生立法及改革》，《安徽大学学报》2005 年第 3 期；冯娅：《英国公共卫生之父——查德威克》，《世界文化》2012 年第 5 期。

现代供水和污水处理体系的建立提供了动力。它促使地方政府当局承担起水务经营和监管责任，并首先把供水和污水处理分开，开挖下水道，铺设排水管，保证每一栋房子都有卫生装备。该法律还规定在伦敦成立“都市下水道委员会”（Metropolitan Commission of Sewers），专门负责排污管理。根据该法律，还设立了国家卫生委员会，授权地方成立卫生管理当局。该委员会命令在伦敦进行了一次有关污水排放现状的调查，发现伦敦的露天排水沟是泰晤士河污染的罪魁祸首，必须尽快修建地下排水道系统，建立定期收取垃圾的制度。①

1850 年，议会修改《1848 年公共卫生法》，规定所有废水废物都必须流入下水道，并在不到 150 平方公里的伦敦市区建设了 150 公里长的封闭的下水道和 330 公里敞口的污水沟。泰晤士河的支流，如富力特河（Fleet River），也被当作污水口，用来排放污水。不过，所有这些污水都未经任何处理直接排入泰晤士河。显然，这一措施使泰晤士河流水质状况更加恶化，泰晤士河穿过市区的河段及其下游河段都被废水污染了。

同时，由于查德威克在推行《公共卫生法》的过程中显示了中央集权化的倾向，这遭到了地方社会保守势力的抵制，他们以“不喜欢家长主义的政府”为理由反对《1848 年公共卫生法》，声称宁愿忍受霍乱也不愿忍受查德威克，结果导致国家卫生委员会被迫解散，查德威克也被迫提前退休。这场斗争的实质是地方自治传统与中央集权趋势的冲突，“地方权力对中央的激烈抵制成为导致查德威克失败的最现实的因素”②。

2. 第一个政府水务局

1854 年伦敦再度暴发霍乱，政府不得不再次采取治理行动。曾经与查德威克并肩作战的约翰·西蒙（J. Simon）继任国家首席卫生官，继续推动公共卫生事业向前发展，发起了治理霍乱、加强供水卫生等运动。为了治理供水和污水问题，英国议会又通过了《1855 年都市管理法》和《1855

---

① D. Fraser, 1984, *The Evolution of the British Welfare State: A History of Social Policy since the Industrial Revolution*, London and Basingstoke: The Macmillan Press Ltd, pp. 55 - 66.

② 杨婧：《19 世纪英国公共卫生政策领域的中央与地方关系》，《衡阳师范学院学报》2008 年第 1 期。

年有害物质祛除和疾病防治合并修正法》，对饮用水抽取和净化、水源的保护等进行法律规制。主要规定了如下措施：建造和推广砂滤净化系统；浅水井和其他的露天蓄水池必须被遮蔽起来；确保水井和蓄水池避免靠近下水道出口；禁止把泰晤士河感潮河段的水作为饮用水源，抽水只能在特丁顿水闸（Teddington Lock）的上游作业；对那些以工业废水污染河道的工厂主处以罚款；建立“都市工程委员会”（Metropolitan Board of Works）取代财政吃紧的“都市下水道委员会”。

当时，都市工程委员会首席工程师约瑟夫·巴扎格特（J. Bazalgette）提出了一个污水拦截方案，以解决污水排水和河水污染问题。该方案主张在泰晤士河两岸各建设一个大型的地下截水渠，拦截住流向泰晤士河的污水并把污水导向伦敦东部的泻湖中，在那里，污水被滞留、沉淀9个小时，然后随退潮排入大海。但由于工程成本问题，约瑟夫·巴扎格特的方案被否决。1857年，英国成立了第一个流域性质的政府水务局——泰晤士河管理局（Thames Authority），开始把泰晤士流域作为一个整体，统一管理河流水资源的量与质。泰晤士河管理局的成立标志着水务市政体制的建立，英国政府正式把水务管理纳入职能范围。

1858年是伦敦的“巨臭之年”，促使英国首相本杰明·第斯瑞利（B. Disraeli）采取紧急行动，很快批准了约瑟夫·巴扎格特的污水拦截方案，并敦促都市工程委员会筹集工程资金，开始施工。污水拦截工程到1874年才建造完成，投入作业。不过，它们的作用是把污染问题转嫁给下游地区。因为这些工程将城市下水道或污水渠的污水拦截下来，并将它们输送到下游，直至上面所提到的排污口，这些污水未经处理，在退潮时排入河口。

1859年，在伦敦市政府的监督下，泰晤士河管理局开始尝试进行污水处理探索。在此期间，许多城市政府开始着手改善集中式排水系统和垃圾处理，并将其纳入城市规划中。英国议会也颁布了新的《1866年公共卫生法》，明确规定：没有下水道的住房、过于拥挤的住房、没有保持清洁和良好通风状况的工厂，都将被处罚。因此，到19世纪60年代中期，新建的住房和家庭都配备了自来水供应和下水道系统。

3. 水务法律体系的发展和水务国营化

19 世纪 50 年代后期到 19 世纪末，英国议会相继通过了一系列公共卫生法律和城市水法，对供排水和公共卫生问题进行治理和监管。仅 1847 年之后到 20 世纪之前通过的相关法律就多达 30 多部，其中最有影响的法律如表 2-4 所示。

表 2-4　19 世纪英国主要的城市水务法律

《1847 年水务工程条款法》（Waterworks Clauses Act 1847）
《1848 年公共卫生法》（Public Health Act 1848）①
《1855 年有害物质祛除和疾病防治合并修正法》（Nuisances Removal and Diseases Prevention Consolidation and Amendment Act 1855）
《1855 年都市管理法》（Metropolis Management Act 1855）
《1871 年都市水法》（Metropolis Water Act 1871）
《1876 年河流污染防治法》（The Rivers Pollution Prevention Act 1876）
《1878 年公共卫生（水）法》（Public Health〔Water〕Act 1878）
《1885 年水费确定法》（Water Rate Definition Act 1885）
《1897 年都市水法》（Metropolis Water Act 1897）
《1897 年区议会（供水设备）法》（District Councils〔Water Supply Facilities〕Act 1897》
《1897 年公共卫生（苏格兰）法》（Public Health〔Scotland〕Act 1897）

资料来源：英国议会网（http://www.parliament.uk），英国政府立法网（http://www.legislation.gov.uk）。

上述法律对英国当时的水务制度发展产生了划时代的意义，主要表现在：

第一，城市供水从私人事务转变为地方公共事务。这些法律规定地方政府必须负责保证充足且令人满意的自来水供应，这改变了英国长期奉行的私人性质的水务经营模式，供水成为政府义不容辞的责任，各地方政府从此开始对私人供水企业进行赎买整合，并纷纷成立新的供水单位，正式建立起水行业的市政所有制。这可以看作是英国市政公用事业国有国营化的第一波浪潮。

需要指出的是，在对水务公司国有国营化的过程中，政府并不是没收或侵占私有企业，而是本着市场经济的原则，采取赎买的办法获得所有

① 该部《公共卫生法》自首次制定发布到第二次世界大战前，正式修订了 6 次。

权，支付了大笔的资金来购买私人公司，为此不少市政府不得不向银行举借大笔贷款或发行债券。[①] 对于不愿出售所有权的私人公司，地方当局也给予尊重和保护，未经同意不介入私人公司供水服务区域，但对其卫生状况负有监督管理职能。整体上，从19世纪中晚期开始，英国各地方政府依靠借贷或发行债券逐渐成为水服务行业投资经营和管理的主体，到20世纪的前十年，80%的自来水公司都是公有公营企业。地方政府不但是水行业的经营主体，同时也担当着行业管理的重任，这种以国有国营和政府监管合一的水务模式一直持续到20世纪80年代。

第二，建设水利基础设施成为政府责任的重要体现。政府的作用除了体现在建造排污工程、监督水质之外，还体现在修建大型的水坝、水库、引水工程。如1898年，莱斯特（Leicester）市联合诺丁汉（Nottingham）、谢菲尔德（Sheffield）和德贝（Derby）共同成立了德文特河谷水利委员会（Derwent Valley Water Board），随后还相继建造了霍登和德文特水库（Howden and Derwent Reservoirs）、雷第波水库（Ladybower Reservoir）。诺丁汉市议会在1845年时就通过了一项法律，规定把所有的私营小供水公司合并成公营的诺丁汉水务公司（Nottingham Waterworks Company），该公司从1850—1880年负责建造了3个抽水站和5个水库。伯明翰市政府于1876年成立了一个调查委员会，对未来的供水和排水问题进行调查，随后购买了71平方英里的土地，动用了50000个劳动力，投资660万英镑，历时12年，修建了3个水坝。[②] 各地建造的水库水坝为20世纪英国的水行业发展奠定了坚实的基础。

第三，水环境治理纳入制度化轨道。《1871年都市水法》规定了家庭抽水的标准及与之相关的政府监管措施，任命了第一个饮用水检查官（Water Examiner），这是英国历史上第一个职业水务监管者。《1875年公共卫生法》又将此前30多年的数十个互不协调的卫生法案综合起来，涉及

---

① 陆伟芳：《英国城市公用事业的现代化轨迹》，《扬州大学学报》2004年第6期；陆伟芳：《英国公用事业改制的历史经验与启示》，《探索与争鸣》2005年第4期。

② 参阅 "The History of Nottingham Waterworks Company", in *The Developmental Report of Nottingham Waterworks Company*, http://www.nwl.co.uk。

住房、通风、污水排放、饮水供应、传染病防治等许多公共卫生问题，成为当时世界上最有效、最广泛的公共卫生体制的支柱。《1876 年河流污染防治法》历时十年之久终于出台，更具有划时代意义，这是英国第一部防治河流污染的国家法律，也是世界历史上第一部水环境保护法，规定污染河流是违法行为。到 19 世纪 70 年代末，所有建立了污水处理系统的城区，人口死亡率已经明显下降。

第四，排污和污水处理技术取得了长足进步。到 20 世纪第一个十年间，英国的水务产业在供水技术、排污和污水处理技术、水利基础设施建设、私人水务公司国有化方面已经取得了明显的成绩：不锈钢管代替了以往的铁制水管，采用氯化技术对水进行消毒处理，继而双重过滤净化技术又被发明出来；1887—1891 年，贝克顿（Beckton）和科罗斯尼斯（Crossness）排污口采用了化学沉淀法（石灰和铁盐），以减少污染物负荷量，这是污水处理技术的重要进步；到 1909 年，活性污泥的污水处理技术问世。供水和污水处理业务也分别经营，各司其职。

三　分散公营模式：20 世纪 20—60 年代

（一）分散公营模式的产生和发展

1. 产生渊源

实际上，近代英国水行业的发展模式与其他大多数欧洲国家相似。即由地方当局从 19 世纪末开始接管，建立起以地方政府企业为主、间以其他类型企业的混合体系[①]。而地方政府的行为是各自为政、分散进行的。之所以采取这种分散公营管理体制，源于如下两个“路径依赖”，即排水委员会制度和地方自治制度。

第一，排水委员会制度。英国长期实行的河岸权制度，使得不同的河

① 其中夹杂着少数私有的供水公司，这些公司仅仅负责供水服务。其利润被严格地控制，所能得到的最大回报率为 5%。

流及同一河流的不同河段实行分别管理，其中最重要的管理机构是排水委员会。自中世纪起，英国几乎各个地方都设立了排水委员会，与河岸权制度相辅相成。到 19 世纪后期，排水委员会制度更加发扬光大。1861 年英国议会首次立法，通过了《1861 年土地排水法》（Land Drainage Act 1861），规定英格兰和威尔士各地通过选举成立土地排水委员会。到 19 世纪和 20 世纪之交，英格兰和威尔士共建立了 361 个分散的排水委员会，各自负责本地区低洼地区的排水事务和河流管理。《1920 年土地排水委员会法》（The Land Drainage Board Act 1920）确认了这些地方排水委员会的存在。但经过调整，到 1930 年，这些排水委员会已经减少到 214 个。

随着人口的增长，供水公司对扩张水源地的需求也日益增长，供水公司之间、地方当局之间经常发生冲突，分散的体制无力解决这一问题，这需要创建一批对某个主要河流拥有全权并全面负责任的流域委员会。在此背景下，在中央层面设立了一个特定的皇家委员会（Royal Commission）负责调查水务中的重大问题并提出决策建议，内阁中的贸易委员会之下设立了水力资源委员会，[①] 负责水力工业的发展；在地方层面，则设立了一批“地区咨询水务委员会”（Regional Advisory Water Committees），负责协调供水计划，成为中央政府和地方供水机构之间的纽带。英国议会还出台了《1930 年土地排水法》（Land Drainage Act 1930），继续确认了 214 个排水委员会的合法存在，新建了 47 个流域委员会（Catchment Board），分别负责主要河流的保护和管理，为地方获取河流管理方面的利益提供了法律依据。

第二，地方自治制度。从中世纪起，英国就形成了地方自治的传统。虽然在英国封建化的过程中，法律传统慢慢从分散的地方习惯法发展为通行全国的普通法，国王利用普通法对地方社会进行管理，但同时地方公共权威在处理地方公共事务上一直享有较高程度的独立性。这些自治传统一直延续到近现代英国社会。这又可分为两个层次的自治，一是政治层面的

---

① 被称作“贸易委员会水力资源委员会”（the Board of Trade Water Power Resources Committee）。

地区自治；二是市政自治。

众所周知，英国是由英格兰、威尔士、苏格兰和北爱尔兰四个地区构成的，由于历史、地理和政治的原因，保留着一定的民族传统和相对独立性，即使当代英国议会的法律，也大多只适用于英格兰和威尔士。19 世纪后期地方政府对供排水和污水处理事务的介入，自然而然地以行政区划为基础，因此四个行政区域各自管理所辖地区的水务工作。

市政自治是地区自治的构成部分，也是英国悠久的传统。16—19 世纪 400 年间各地水务产业的逐渐兴起，首先发生在城市中，因此到 19 世纪末，在地方政府介入水务领域、兴建各种供排水工程时，也首先是以城市设置为管理基础的。各地方、各城市主要根据当时当地的经济技术条件，为满足当地的生产发展和居民需要而进行单目标开发，如生活用水、工业发展用水、内河航运、水产养殖、防洪等，其决策的依据也常限于某一地区、某一城市的直接利益，很少进行以整条河流或整个流域为目标的开发利用规划。

进入 20 世纪之后，英国水务制度的演进依然带着明显的传统色彩，在 1973 年以前，一直实行以行政区域为建制和分权基础、以地方政府为经营管理主体的分散管理模式。

2. 形成与发展

从 20 世纪 30—60 年代，为了满足人口增长和“二战”后国民经济发展对供水的需求，英国各地都加快建设本地的供排水服务系统。

在英格兰和威尔士，形成了上千家水务单位并存的局面；而在苏格兰则由 100 多个地方当局负责水务。例如，1945 年，英格兰和威尔士的供水单位超过 1000 家，其中 86% 都是地方政府①直接经营管理的企业（或称水务局），只有少数几个是根据议会的特殊法成立的法定的私人供水公司

---

① 英国地方政府构成十分复杂，并且不断变动。根据 2005 年英国选举产生的地方政府情况，第一层为郡、大都市、大伦敦地区政府，数量为 66 个；第二层为郡属区、城市区政府，数量为 848 个；第三层教区和城镇议会，这一层比较弱，数量约 10000 个。在基于地方自治的基础上，对于各级政府的关系而言，地方是平等的自治体，之间不存在行政隶属关系，各自只对本范围的选民负责。

（参见表2－5）。另外，还有大约1400家污水处理企业（仅仅在伦敦就有189个污水处理企业），属于单个地方政府所有和经营，或两个以上地方政府共同所有和共同经营，承担了全部的污水处理业务。地方政府不但通过创办政府企业的方式直接担负着供水、排水和污水处理业务，同时也是水务行业的管理者。

表2－5　1954年英格兰和威尔士的供水企业结构

企业类型	地方政府企业	股份企业	合资企业	私人企业
数量（个）	906	98	43	7
企业总数（个）	1054			

数据来源：J. Foreman-peck，R. Millward，1994，*Public and Private Ownership of British Industry 1820—1990*，Oxford University Press，p. 280。

此时期，水资源规划也是高度分散的地方性工作，无论在国家层面还是在地区层面都缺乏协调，供水公司之间或地方当局之间因争夺水源地而频发冲突。高度分散不但造成英国各地区、各地方供排水的服务水平参差不齐，而且在水资源规划使用上只强调公共投资，却没有适当的风险分析，即几乎没有考虑到水资源的保护，也没有对上游开发和下游影响之间的关系进行评价。同时，随着经济社会的发展，工商业用户的用水需求迅速增加，而当时的立法依然把政府对水务的职能限定在公共卫生领域，限定在对家庭用户供水的卫生监管上。为了解决众多水务当局在取水问题上的矛盾以及水资源管理分散所产生的风险，英国议会颁布了一系列法律对此进行规范（见表2－6）。这些法律为20世纪上半叶英国的水务体制及其项目建设提供了依据。其中，最重要的是水法、河流委员会法和水资源法。

表2－6　20世纪上半叶英国主要水务法律

《1934年供水（例外短缺命令）法》（Water Supplies〔Exceptional Shortage Orders〕Act 1934）
《1936年疗养地和用水场所法》（Health Resorts and Watering Places Act 1936）
《1944年乡村供水和污水处理法》（Rural Water Supplies and Sewerage Act 1944）
《1945年供水和污水处理法（北爱尔兰）》（Water Supplies and Sewerage Act〔Northern Ireland〕1945）

续表

《1945 年水法》和《1948 年水法》（Water Act 1945，1948）
《1946 年水（苏格兰）法》《1949 年水（苏格兰）法》《1967 年水（苏格兰）法》Water〔Scotland〕Act 1946，1949，1967）
《1948 年河流委员会法》（River Boards Act 1948）
《1963 年水资源法》《1968 年水资源法》（Water Resources 1963，1968）

资料来源：英国议会网（http://www.parliament.uk），英国政府立法网（http://www.legislation.gov.uk）。

表2－6中，《1945年水法》是英国历史上第一部综合性水法，它汇集了早期的水务立法，首次明确地使用了“国家水政策”的概念，首次规定供水商应向非家庭用户提供供水服务，并认识到中央政府有必要监督法定供水商并解决供水问题，更重要的是，它虽然没有对取水许可证进行界定，但明确规定政府有权控制从指定保护区含水层中提取地下水的活动，凡拟抽取地下水的法定供水公司，必须先向部长申请取水许可证。

该法还初步包含了其他一些重要的水资源管制机制如水资源调查、水资源论证等，它授权当时的内阁卫生部长主管水资源事务，规定部长有责任促进英格兰、威尔士的水资源保护和适当使用，对提供公共供水的法定供水公司进行监督和指导，确保其有效执行国家水政策。该法赋予卫生部长拥有如下权力：设置中央咨询水务委员会（Central Advisory Water Committee），协助部长决策；制定相关法规和法令；审批拟成为“水务承办商”（Water Undertaker）的申请、或相关权利的延期申请；审查土地转让协议，确认与之相关的水权；审批地方当局、水务承办商抽取地表水的申请；审批各阶层人士建造水井、地孔等抽取地下水的水务工程或扩大此类工程以额外抽取地下水的申请。申请者只有获得部长授予的正式许可证或者部长同意之后，才能采取行动。其中，有关土地转让的协议都涉及水权问题，受让者可以根据协议获得从溪流或其他水源取水的权利，但此类协议必须获得部长的同意，否则无效。地方当局或法定水务承办商申请从天然河流中取水，部长要根据河流流量、特征、未来的用途及其他公共目的等具体情况，来决定是否同意。此外，部长还有权要求地方当局或法定水务承办商就其辖区内的水资源状况经常进行调查并呈交调查报告，有权规定任何人从任何水源取水都须记录取水的数量和质量（为家庭生活目的取水除外）。对于违反上述规定者，有权给予法律制裁。

接着出台的《1948 年河流委员会法》，对《1945 年水法》做了一些修改和完善。例如，重新定义了法定水务承办商的外延，规定任何地方当局或法定水务承办商为举办水务目的而购置土地，经向卫生部长申请，部长可授权他们在拟购买的土地上先行勘测水资源；正式规定以河流流域为基础建立综合性管理机构。据此，英格兰和威尔士创建了 29 个河流委员会（River Board），取代了根据《1930 年土地排水法》成立的流域委员会，承接了流域委员会的土地灌溉排水、渔业、防治河流污染的职能，同时还承接了地方当局有关主要河流的防洪职能。早先成立的泰晤士河流域委员会、利河流域委员会保持原名称和职能，加上“不列颠水路委员会”（British Waterway Board），共组建起 32 个负责河流管理的新机构。每个河流委员会主管某一片流域区，被称作是“河流委员会区域”。

《1963 年水资源法》继续了创建水资源综合管理结构的过程，为确立英国当代水资源管理框架做出了巨大的贡献。该法首次提出“水资源”概念并清晰地界定了其内涵和外延，创建了一个全国性的水资源委员会（Water Resources Board）和 27 个河流管理局（River Authorities）。其中，水资源委员会是一个独立于中央政府的全国性组织，委员会主席由内阁主管部门部长任命，委员会的职责是收集数据、研究和规划，通过谈判影响河流管理局的行动。它在 1966 至 1971 年期间开展了三次水资源调查，并于 1974 年首次提出了关于英格兰和威尔士未来 25 年水资源保护的战略；河流管理局则是过去的河流委员会的替代品，反映了政府实质性管制程度的增强，它们负责保护、重新分配和增加其地区的水资源，监测水质、防止污染，确保水资源在当地的适当使用或输送给其他河流管理局。《1963 年水资源法》实施后，当时英国内阁主管水资源的住房和地方政府部随即制定发布了《水资源（许可证）条例》（The Water Resources〔Licences〕Regulations 1965）、《1969 年水资源（继承许可证）条例》（The Water Resources〔Succession to Licences〕Regulations 1969），正式施行取水许可证制度。

在苏格兰，则根据《1967 年水（苏格兰）法》，将之前分散的水务当局整合为 12 个地区和岛屿委员会，负责供水和污水处理服务；北爱尔兰地区则由北爱尔兰内阁发展部负责。

（二）分散公营管理模式效果

不过，虽然通过成立河流管理机构的办法来实施流域综合监管，但总的来说分散的特征依然十分明显。上千家供水企业和污水处理企业、数十个河流管理机构及其他水务管理机构共存的状况，说明了一个事实：公营性和分散性是此时期英国各地水务体制的显要特征。

该模式的效果具体表现为如下四个方面：首先，在水资源保护和取水方面，实行许可证管理方式。地方政府凭借污染许可证制度和取水许可证制度，掌控着对各种经济社会主体取水用水权利进行配置的权力。其次，以行政区划为基础，各个地方政府分别在所管辖的区域内对水行业实施管理，虽然管理体系是分散的，但每一个地方政府管理的内容却是相同的。再次，各个地方政府在所管辖的行政区域内直接承担投资经营的任务，通过建立众多的政府企业提供供排水和污水处理服务，管理职能与服务职能合一。最后，对于农村地区的排水和供水设施，政府承担着财政补贴的责任。地区不同，补贴数额也有所差别。如根据英国各地区的乡村发展补贴计划，在英格兰和威尔士，农场排水设备费用的50%由政府补助，安装供水设备可得到25%—40%的补贴。而在苏格兰，对修建排水和供水设施的补贴总共为50%。

显然，在水务这样的基础设施领域，政府企业占据主导地位，直接承担起服务供给任务，有助于实现社会公平和福利水平的提高。不过这种分散监管模式也产生了另外的效果，一方面，因水务企业规模太小以至于效果不好；另一方面，各地方政府为了满足公众对水服务的需求又必须大规模投资。

四　流域一体化公营模式及初步改革：1973—1987年

（一）地区水务局的成立及其角色功能

为了克服分散监管模式的不足、实现规模经济和提高效率，同时又能符合分散化管理和环境保护的要求，一些地方政府于20世纪70年代初期开始对供水企业进行整合。例如，在英格兰和威尔士，至1974年之前企业数目从1054家减少到198家，其中64个是各个地方政府经营的企业，101个是两个以上的地方政府联合所有和经营的企业，33个是经政府批准的私人企业，[①] 到20世纪70年代中期，分散管理模式正式被以流域为基础的统一管理模式替代了。为上述行动提供法律保障的，是英国议会通过的《1973年水法》（Water Act 1973）。

《1973年水法》的出台，标志着英国朝着统一的水政模式又迈出了一大步，其关键内容在于中央政府创建了一个单一的统一机构——国家水务委员会（National Water Council），取代了之前的全国水资源委员会，承担起全部水务决策功能。同时规定，不再按照行政区域设置水务经营管理机构，而是以江河流域为划分依据，批准对英格兰和威尔士水务单位进行重组，设置了10个国家控制下的地区水务局（Regional Water Authority）（参见表2－7），接管了27个河流管理局的职能。后来的水务体制改革，即以这10个地区水务局为基础。

表2－7　根据1973年水法在英格兰和威尔士设立的10个水务局

盎格鲁水务局（Anglian Water Authority）
威尔士水务局（Welsh Water Authority）
诺森伯兰水务局（Northumbrian Water Authority）
西北水务局（North West Water Authority）
塞文垂水务局（Severn Trent Water Authority）
南方水务局（Southern Water Authority）
西南水务局（South West Water Authority）
泰晤士河管理局（Thames Water Authority）
威塞克斯水务局（Wessex Water Authority）
约克郡水务局（Yorkshire Water Authority）

其中，英格兰共成立了九个水务局，威尔士成立了一个，取代以往的29个河流管理局。各地方政府把供水厂、污水处理厂、地下管网等水务资

① 王俊豪：《英国政府管制体制改革研究》，上海三联书店1998年版，第251页。

产所有权以及调节、管理、经营服务的职能移交给各个水务局。地区水务局综合了政府对水务的管理权力，职能包括水资源保护、水域污染控制、城市供水和排污、节约用水和开发水源、水上娱乐管理等，水务局长由相关国务大臣指派。

不过，地区水务局不是政府职能部门，而是集水事行政管理和水服务提供的政府企业，供水、污水处理和水质环境保护是各地区水务局的中心职责，并服从政府的公共管理目标，也受制于公共财政的控制，它们的成立标志着以往的分散公营管理体制的结束。一方面，地区水务局具有行政垄断性和法律的授权，行使水务监管权，对本流域内水资源和水服务全面负责，统一管理；另一方面，拥有水务资产所有权、经营权，自负盈亏、高度自主，所提供的水量占英格兰和威尔士总供水量的75%，而且承担100%的污水处理服务。

各地方政府对地区水务局拥有一定程度的控制权，具体体现在：第一，地方政府通过向水务局董事会委派代表的形式实施对水务局的控制。水务局董事会的多数成员都来自地方政府的委派。第二，政府环境部门为水务局制定明确的工作目标和效率标准。第三，在新的投资项目上，水务局必须实现政府财政部门规定的5%的实质目标回报率；至于原有的资产，需要赚取的目标回报率则较低。第四，在对外贷款方面，水务局不能超过政府规定的外部融资限定的数额，任何超过规定数额的投资都必须由水务局从自己的盈余中去支付。第五，在经营成本方面，水务局的营运开支不能超过政府指定的目标，而且还要根据指定目标而递减。地方政府在人事和财务方面对地区水务局的控制，在某种程度上是19世纪末以来建立的市政传统的遗风。

除了10个地区水务局之外，英格兰和威尔士还有19个私人拥有的供水公司，负责其余25%的供水服务，它们只负责供水但不负责污水处理业务。对于私人供水公司，地方政府只负责监管它们的红利分配、拨入公司储备的数目以及历年累计盈余，私人供水公司在上述规限之下，可以自由地调整水费。

英国水务公有公营的体制之所以在20世纪30年代之后加速形成、到

20 世纪 70 年代达到高峰，至少有如下三方面的推动力量，它们是包括水务在内的公用事业国有国营体制建立、运行的基础。

第一，与工党长期执政有着密不可分的因果关联。“在工党的百年历史发展中，选举的需要始终是其政治战略的出发点。”[①] 工党于 1923—1924 年和 1929—1931 年两次短期执政，1945 年大选至 1951 年组成了两届内阁，1964 年至 1970 年、1974 年至 1979 年，工党又先后成立了 4 届内阁。实现国有化、举办国有企业、建立福利型国家，致力于公共设施、社会福利和社会保障、公民教育等领域的改革和建设以实行社会公平等政治纲领，是英国工党的承诺，也正是包括水务在内的市政设施国有化的政治背景。工党政府曾在 1967 年和 1978 年发布过两份白皮书，即《国有化产业：经济和财政目标的评价》《国有化产业》，都表明了工党政府对国有企业监管框架的变迁，是一个试图不断完善国有企业的公共利益目标的过程，它是以假定政府部门都是追求经济福利最大化为前提的。[②]

第二，与凯恩斯主义的诞生和兴盛密不可分。1929—1933 年发源于美国的经济危机几乎波及了整个西方国家，使英国的工业生产倒退到 1897 年的水平。在这种背景下，英国经济学家凯恩斯（J. M. Keynes）提出了国家干预经济的主张，建构了凯恩斯主义理论体系。凯恩斯主义主张，国家应采取赤字财政政策和膨胀性的货币政策，增加公共投资、扩大政府支出以弥补私人投资的不足，降低利息率以刺激消费，从而提高就业率，促进经济增长。“凯恩斯理论在第二次世界大战中得到了充分的验证，通过国家的有效干预，英国稳定了物价，工资收入上升，人民营养状况得到了提升，日常生活用品变得更实用、更有效，市场竞争受到政府的有效限制。”[③] “二战”后，政治自由民主、混合经济、福利国家、凯恩斯主义经济学和平等信念就成为英国工党标志性的政策和政治主张。[④]

---

① 林德山：《坚持实用主义路线的英国工党——工党保持大党地位的历史经验》，《当代世界》2013 年第 11 期。

② 王俊豪：《英国政府管制体制改革研究》，上海三联书店 1998 年版，第 68、71 页。

③ 魏亚光：《论凯恩斯主义的施行对英国福利国家制度的影响》，《学理论》2014 年第 21 期。

④ 周琪：《凯恩斯主义对英国工党社会民主主义理论的冲击》，《欧洲研究》1985 年第 3 期。

第三，与“二战”后英国国民经济的高速发展密不可分。“二战”后，像其他国家一样，英国国民经济开始逐步复苏。1951—1973 年更是英国经济增长和繁荣的黄金期，政府有大量的资金可以进行公共支出。其中，政府投资中有 80% 集中在基础设施领域，国有企业垄断了全部的自来水、电力、煤气、交通、邮政、电信等网络型产业，英国迅速成为“二战”后西方国家中拥有国有企业最多的国家。

不过，即使在国有化浪潮中，一些持有特许令的小型私人水务公司也一直保持其私有产权不变。它们历史悠久，大部分可追溯到维多利亚时代，在 20 世纪 50—70 年代的国有化浪潮中拒绝被赎买。它们只负责向特定范围内的用户提供供水服务，不具有排污处理服务的职能，因此被称作“只供水公司”（Water Only Company），它们的供水业务大约占家庭用户市场的 1/4。

（二）地区水务局的角色冲突和投资困境

由于地区水务局集服务和监管职能于一身，内在的角色冲突是不可避免的。这种冲突主要体现在四个方面：

第一，大型、综合性水务局的成立引起了政治上的争议。保守党认为工党政府把这些政企合一的“怪胎”当作其实现政治目标的工具，它们的建立意味着清除了地方民主的根基，而加强了官僚机构脱离民众的趋势。公众既没有选择公共服务的权利，也没有拒绝公共服务的权利。同时，地区水务局仅广泛控制水文循环方面的事务，几乎没有尝试对水土问题进行统一管理，而是将其交给基层当局。

第二，尽管是沿水文边界成立的地区水务局，但实际上地区水务局体现的是一种倒退，是在上一个时期开发出的资源管理办法和河流流域办法的基础上的一种倒退。国家水务委员会提出的主要观点被削弱，此外，没有给予地区水务局对土地排水和防洪的控制权，这削弱了水资源问题统一管理的基础。

第三，把监管和服务职能纳入同一个机构导致了一个更为严重的缺陷。地区水务局缺乏激励机制促使自己从事监管控制方面的工作，尽管取得了一些收获，但污染程度在20世纪80年代再一次提高。

第四，水务局的投资、信贷和经营都受到政府的限制。政府本来希望通过制定指标以及逐步收紧投资和对外贷款的数目，以提高水务局的经营效果。但是，由于对外贷款受到限制，水务局需要不断增加水费去应付新增的投资。其结果是水务局的资本投资急剧下降，工作人员减少，固定资产老化（大多数都是19世纪兴建的），导致更新改造投资和新工程投资短缺。同时，欧盟有关较高水质标准的压力日益增加，也需要加大对污水处理厂的投资，于是投资成为主要的问题。

在上述压力下，英国议会于20世纪80年代初又颁布了新的水法即《1983年水法》（Water Act 1983），宗旨是重组水务管理体系，本着商业运作和成本效益的原则去提高它们的内部效率。具体规定是：废除国家水务委员会，组建国家河流局；缩小英格兰和威尔士地区水务局董事会规模，成员由相关国务大臣任命；在每个地区水务局管辖范围内都建立若干“水务消费者委员会”（Consumer Council for Water，CCWater），其成员从地区水务局邀请的社会各界人士中产生，地区水务局在每个水务消费者委员会中都至少有一名代表。

《1983年水法》的上述规定，是使英格兰和威尔士的地方政府对地区水务局的控制权向中央政府手中转移的第一步。如今看来，这也是把水行业监管职能和服务职能实施分离的一个必要的步骤，中央政府监管权力和责任进一步统一化，而地区水务局则按照商业运作和成本效益原则具体经营各种业务，致力于提高内部效率。

然而，《1983年水法》并没有消除地区水务局内在的角色冲突及其他问题。其中的焦点问题在于，地区水务局作为公共服务企业，一系列弊端如机构臃肿、官僚主义盛行、激励不足、效率缺乏等在需求下滑的环境中开始暴露。一方面，内阁大臣和地方政府可以直接干预、控制其日常管理和生产经营活动，特别是内阁大臣不仅享有人事任免权，还能够就涉及国家利益和国家安全的事项颁布一般性的政策指令，企业涉及资本账户上的任何实体性费用支出计划都需要事先得到大臣的允许，大臣还通过许多其他非正式的途径影响企业的经营决策和日常事务;[①] 另一方面，这种政企合一模式因为承担着社会福利最大化的责任，导致其无法按照效益最大化的目标组织生产，内部运营连年亏损；再一方面，地方政府无力追加投资，使各个地区水务局面临着资金短缺窘况。

实际上，20 世纪 70 年代中期以后到整个 20 世纪 80 年代，英格兰和威尔士 10 个地区水务局获得的外部资金的确每况愈下（参表 2 - 8）。而当时在欧盟的压力下，必须对水务基础设施进行更新改造，以满足欧盟制定的水质标准，这都需要大笔的资金投入，英国政府为此背着沉重的财政负担。

表 2 - 8　1981—1989 年英格兰和威尔士地区水务局获得外部资金的情况

单位：百万英镑

1981—1982	1982—1983	1983—1984	1984—1985	1985—1986	1986—1987	1987—1988	1988—1989
280	291	350	286	208	107	34	6

资料来源：J. Dunkerley, P. Hare, 1991, "Nationalized Industries", in N. F. R. Crafts and N. W. C. Woodward (ed.): *The British Economy Since* 1945. Oxford University Press, p. 410。

造成如此格局的原因，可能正如布里斯托大学（University of Bristol）的托尼・普罗瑟（T. Prosser）教授所说："公有制在很多方面都迥异于先前的规制体制。首先，它很少关注制度设计问题。既然公用企业或者（在极少数情形下）政府股权并购是产业运营的基本结构形式，为什么再尝试其他只能使政府任务复杂化的体制形式呢？其次，与上述理由类似，既然企业和政府之间的关系在很大程度上由法外因素决定，这些因素使政府在干预企业经营权问题上享有很大程度的灵活性，也使得更为具体的规制手段被忽视。当部长能够并且的确进行直接干预，为什么要复杂的价格、利润控制公式来徒增烦恼呢？"[②] 投资不足所导致的结果，除了经济效率、社会效益受损外，还包括供排水设施运行维护的水平较差，给水系统漏损率

---

① 骆梅英：《基于权利保障的公用事业规划》，博士学位论文，浙江大学，2008 年。

② 转引自高俊杰《"二战"后英国公用事业改革评述及其启示》，《行政法论丛》2015 年第 1 期。

高达30%—40%，[①] 浪费了水资源。而且因一些污水处理工程未达到排污许可要求，欧盟对英国政府不遵守其环境方面的指导条款发出了质询。

面对投资愈益不足的窘境及其他存在的问题，为了减轻自身的财政负担，撒切尔政府于1986年公布了一份白皮书，即《环境部：英格兰和威尔士的水务局私有化》（Department of the Environment：Privatisation of the water Authorities in England and Wale，1986），这是首次正式提出的水务私有化计划。这份最初的计划提出的改革建议是，在维持原有的流域一体化管理原则以及地区水务局业务结构、组织形式和功能的情况下，对英格兰和威尔士的10个地区水务局进行私有化改革。当时，撒切尔政府提出的私有化的理由是，水务局私有化将使水务局的顾客和雇员——实际上是全体国民——获得利益。但实际上，私有化的最重要的现实理由是政府财政和地区水务局的财务吃紧问题，撒切尔政府担心较高的价格会带来政治后果，因此更愿意将较高的价格归因于私营公司。1998年，英国环境运输和地区事务部公布的一份报告中列举了10个私有化的理由，证明了这一点（参见表2－9）。

表2－9　20世纪80年代末英格兰和威尔士水务私有化的理由

1）水务公司将免受政府对日常管理的干涉以及免受波动不定的政治压力的影响。
2）水务公司将从公有制强加给财务的约束中解放出来。
3）进入私有资本市场将使得这些公司更容易为削减成本和改进服务标准执行有效的投资策略。
4）金融市场将能对各个水公司的业绩进行互相比较以及将水公司的业绩与其他经济部门的业绩进行比较。这将为提高业绩提供财务刺激。
5）将设计经济监管的技术援助系统，以保证更高效率的收益能以本应有的较低水价和较好的服务的方式有计划地回报给客户。
6）将引入一些措施以便为水环境保护提供一个更明确的战略框架。
7）私营水务公司将会有更大的积极性去了解顾客的需求和喜好，并据此提供恰当的服务、收取恰当的费用。
8）私营水务公司在提供各种商业服务方面，尤其是在海外咨询方面，能有较好的竞争力。
9）私营水务公司将能够更好地从其他私营部门吸引高素质的管理者。
10）雇员和当地用户将有大量持股机会。通过使雇员持有股票将使大多数雇员更紧密地团结在企业周围并积极地确保企业成功。

① 李伟、左晨：《英国水务公司的漏损控制》，全国管道漏损控制研讨会会议论文，2011年11月1日。

但是，1986 年白皮书中提出的政策建议并没有落实，英国政府放弃了有关流域一体化管理原则和维持水务局原有结构的观点，认为让牟利的私人公司负责管理水质污染的做法并不可行，这也许是近代私人水务公司兴起时漠视水质问题的历史教训所致。因此，必须在重组监管体制、重建监管规则的前提下对地区水务局进行私有化改造。

在此思路下，英国政府根据《1983 年水法》规定，于 1987 年正式组建了国家河流管理局（National Rivers Authority，NRA），把英格兰和威尔士 10 家地区水务局的水资源管理和调查、水质污染监督和控制、取水许可证发放、土地灌溉、渔业及防洪等职能转移给国家河流管理局，这标志着英国中央政府对英格兰和威尔士地区水务行业进行统一管理的模式初步建立。而英格兰和威尔士 10 家地区水务局的监管职能被剥离后，只剩下了提供商业性服务的功能，这就为正式的私有化铺平了道路。

（三）国内外政治因素的影响

当然，包括水务行业在内的城市公用事业在 20 世纪 80 年代走向私有化，除了上述经济原因外，还有重要的政治背景。

从国际政治背景看，私有化是两次石油危机的副产品。1973 年 10 月，第四次中东战争爆发，引发了第一次石油危机。石油输出国组织（OPEC）为了打击对手以色列及支持以色列的国家，宣布石油禁运，暂停出口，造成油价上涨。1974 年 1 月，油价从此前的每桶 22 美元飙升至 52 美元，此状况持续了三年。石油危机触发了第二次世界大战之后最严重的全球经济危机，对欧美等发达国家的经济造成了严重的冲击，引发了普遍的经济衰退。而这场经济危机，首先从英国开始，从此陷入了长达 10 年的滞涨。1971—1980 年间，相较于西德和法国，英国是三个国家中年均增速最慢的国家，而在政府每年的开支中，平均有 40 多亿英镑的净支出是用来维系国有企业的生存的。[①] 1976 年 9 月，英国不得不向国际货币基金组织申请紧急援助，获得了 23 亿英镑的贷款。但是作为条件，国际货币基金组织要求

---

① 陈维权：《赴英国考察报告英国国有企业改革的个案分析》，《管理评论》1996 年第 3 期。

英国政府进行包括削减公共开支在内的一系列改革。

灾难还没有结束。1978 年底，伊朗爆发伊斯兰革命，亲美并支持英国的温和派国王巴列维（M. R. Pahlavi）下台，这一政治剧变引发了第二次石油危机。两伊战争也在此时爆发，全球石油产量剧减，油价又暴涨，使英国已经衰退的经济雪上加霜，国际收支状况不断恶化，国家竞争力严重受损、下滑。

此时期，美国政府正发起放松监管运动，在民航、公路、石油化工、天然气、电信等领域都开始放松监管，以图减少政府规模、强化市场地位。对于一贯追随美国言行的英国而言，美国的放松监管运动立即对英国产生了示范效应。

从国内政治背景看，因经济滞涨导致失业率攀升，工人罢工潮威胁着国家的政治社会稳定，工党政府成为一系列问题的买单者，在 1979 年、1983 年、1987 年和 1990 年的四次大选连遭失败，英国迎来保守党上台连续执政 18 年（1979—1997 年）的时代。保守党的主流思想是实行有限政府和有竞争的自由市场经济，建立可以维系不同社会利益团体、等级和谐共处的制度。

与此相呼应的是，在意识形态领域，国有企业的低效、经济滞涨引发了理论界对凯恩斯主义的批判，产权经济学因此焕发了新的生机。新产权经济学的代表科斯（R. H. Coase）提出了交易成本理论，并以此界定政府干预的成本边界、期限边界和范围边界，主张“政府干预的经济合理性是建立在效率标准上的。政府干预的必要性在于它能否补偿市场失败所造成的效率损失”①。交易成本理论为合理判断政府干预与市场调节之间的关系提供了理论指导，其导向是缩小政府边界，退回到市场。

在上述背景下，1979 年大选前选民对工党政府投了不信任票，撒切尔夫人领导下的保守党上台，立即启动了私有化进程。1979—1983 年间，撒切尔政府将那些属竞争行业、亏损不太严重甚至仍可获利、实际上已按照市场经济模式进行商业运作的国有企业如英国石油公司、英国航空公司，以现有形式出售给私人部门；1984—1994 年间，将自来水、天然气公司、航空、电信、电力、机场、公共汽车等公用事业行业的国有企业，或其他

① 王俊豪：《英国城市公用事业民营化改革评析》，《中国建设报》2004 年 3 月 19 日。

亏损严重的国有企业如钢铁企业、造船企业，以股份制改革、公开上市、职工持股方式进行了私有化。由此，可以看出，由撒切尔政府主导的市政公用事业私有化改革，无论是水务行业，还是电力、天然气行业、铁路行业等的市场重构，都不是孤立的事件，都是在政治推动下的经济重构，是撒切尔政府持续推进以私有化和自由化为核心内容的改革的重要组成部分。[①] 而将国有产权剥离、出售国有资产，是英国公用事业私有化的主要形式，也是最彻底的私有化模式。出售国有资产的途径包括：通过在股票交易所上市向公众发行股票；出售给企业职工；整体出售给一家私人企业；整体出售给投资者集团。同时，议会和政府通过立法、建立独立的监管机构等方式，确保私有化后的企业能够在市场上公平竞争。

总之，英国水务体制在20世纪80年代后期走向私有化，具有复杂的政治经济缘由。政府高昂的财政赤字使其无力继续对包括水务在内的市政公用事业继续投资、国际性的放松监管运动、政治意识形态领域的变化，这些都在客观上推动着水务私有化时代的到来。在很大程度上，私有化作为撒切尔执政的保守党达到政治目标的决策手段而逐步出现的。保守党政府提出，将国有部门私有化不仅可以获得收入、改善收支状况，而且可以通过私有化后形成的新公司为今后的项目融资，减轻政府负担。由此，执政后，它比其他任何举措更能清楚地指示经济哲学方向上的变化。[②]

五　水务私有化的实践：1989年的质变及其后的完善举措

（一）英国议会有关水务私有化的立法

如同历史上的每次水务体制转型时先行立法的做法一样，20世纪80

① 邓郁松：《英国天然气市场重构的历程与启示》，《国际石油经济》2017年第2期；钟红、胡永红：《英国国企改造对中国国企改革的启示》，《企业经济》2005年第12期。

② ［英］戴维·M. 纽伯里：《网络型产业的重组与规制》，何玉梅译，人民邮电出版社2002年版，第8页。

年代末水务私有化转型也是首先制定法律、然后依据法律来具体实施的。从 1988 年到 21 世纪初，英国议会制定了 16 部涉及水务体制私有化改革、水资源保护和水环境污染控制、水市场秩序监管的法律，其中有 11 部直接与水务私有化改革及其后市场监管体制相关，这些法律成体系地为英格兰和威尔士水务私有化及其后的逐步完善提供了一套严密的规范。其中，《1988 年公用事业移交和水费法》（Public Utility Transfers and Water Charges Act 1988）、《1989 年水法》（Water Act 1989）、《1991 年水工业法》（Water Industry Act 1991）和《1991 年水资源法》（Water Resources Act 1991）四部法律，对于 1989 年的水务行业质变起着决定性作用。

《1988 年公用事业移交和水费法》就水务局、电力委员会的资产和职能移交给其他机构的程序进行规范，并就水务承办商的收费问题做出规定。《1989 年水法》是水务私有化的大法，该法的重要规定包括：重建水务经营体系，解散原有的地区水务局，改组成新的水务公司并进行登记，使其为英格兰和威尔士各地区供排水业务的承担者，规定了水务公司的责任和权利、供水的执行标准、对控制水污染和保护水资源所负有的义务；重建水务行政体系，包括宏观调控部门和独立的水务监管机构，新建立水务办公室（Office of Water Services，Ofwat），设立水务总监（Director General of Water Services）职位，授权水务办公室和水务总监对水务行业进行经济监管，授权内阁环境大臣全权负责饮用水质量监管、农业大臣调控农业用水，授权国家河流管理局承担水环境监管职责；保护消费者利益；此外，还有关于苏格兰的条款，内容涉及苏格兰的水质和水污染控制，但不涉及苏格兰的水务管理体制改革。

《1991 年水工业法》则根据《1989 年水法》确立的原则，立足于利益相关方对涉水事务的共同治理，明确各方在水务事业上各自承担的责任和职能，为包括水务监管机构、供排水公司、只供水公司重新设定了权力和职责，明确促进各方利益平衡的基本原则，明确各重大事项和业务的操作流程和规则。

对于早期历史上形成的私人性质的法定水务公司，英国议会专门制定了适用性的《1991 年法定水公司法》（Statutory Water Companies 1991），规定现存的法定私人水务公司须按照《1985 年公司法》登记，在服务运营流程、水质和服务标准、水资源保护义务等方面同样受制于新的水务监管体制。

此外，《1991 年土地排水法》和《1991 年水资源法》再次对国家河流管理局的职能进行规设，前者将以前由地方水务局负责的土地排水权转移至国家河流管理局；后者再次明确了国家河流管理局的职能并首次引入了水质分类标准和目标。

1989 年，英国正式对英格兰和威尔士地区水务行业实施全行业的私有化，并在整个 20 世纪 90 年代不断调整行业管理体制，巩固私有化的成果。所采取的水务私有化核心举措可概括为如下两大方面：一是建立代表公共利益的新的监管体系和市场规则，分离政府监管的角色和功能，平衡和保证水务投资者和服务承担者、消费者的利益，充分保护水资源环境；二是水务资产重估和上市，以实现国有资产从公共部门向私人部门的转移。

（二）水务私有化的过程与举措

1. 建构水务行政体系

如前所述，1987 年英国政府组建了国家河流管理局，接管原来的地区水务局的水行政职能。在此基础上，根据上述法律特别是《1989 年水法》，搭建起一套适应水务私有化的新的水政体系，确立了 20 世纪 90 年代以来英格兰和威尔士地区整个水行业统一进行宏观调控和监管执法的新架构。

新的水政体系包括如下三部分重要的主体（见图 2 – 1）：

英国奉行“议会至上”的原则，议会制定法律，负有立法监管的重责。所有的改革都必须秉持立法先行、依法行动的原则。内阁部门则按照与内阁关系的紧密程度，分为内阁部门、非内阁部门、执行机构及其他公共机构等几类。[①] 图 2 – 1 中，环境大臣执掌环境运输和地区事务部（Department of the Environment，Transport and Regional Affairs，DETRA），在水

① 辛群：《英国反垄断执法监管情况报告（一）》，《中国价格监管与反垄断》2014 年第 5 期。

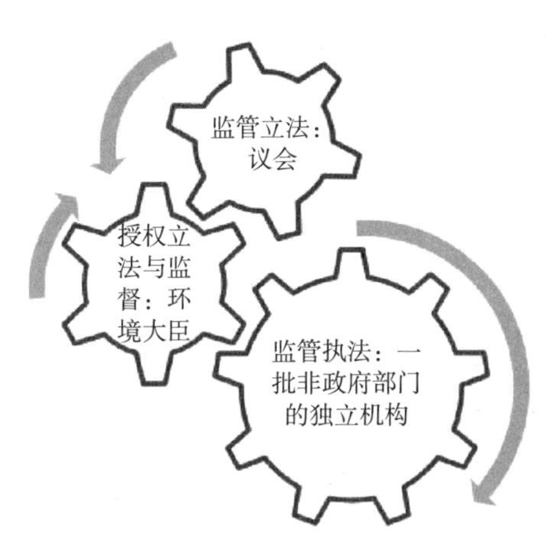

图2－1 1989年英格兰和威尔士水务宏观调控和监管执法体系

务领域，代表水务行业监管机构接受议会和内阁的询问，发布相关行政法规和法令，具体负责水法、海洋法等的起草，审查独立监管机构所制定的规则是否符合法律规范，制定和发布水质标准，指导水质保护，管理防洪、海运和河运等事宜。此外，农业渔业和食品部（Department of Agriculture，Fisheries and Food，DAFF）大臣对农业用水负有调控职责；威尔士事务大臣对威尔士地区的水务行业管理和发展负有相应责任。

1989年水务行业管理体制改革中最重要的内容和最突出的特点，是与当时英国的行政体制改革紧密结合在一起的。1988年2月18日，撒切尔夫人向议会宣布文官部门改革计划，将内阁各部的执行性事务剥离出去，交由新设立的执行局承担，各部则专司政策制定。作为新公共管理运动的一项重要内容，英国将行政决策与执行分离的改革举措，深刻地影响了英国中央政府的组织结构、管理方式和文化。[①] 就水务行业管理而言，其新的特点就是设置了一批执行局和公共实体（Agencies and Public Bodies），它们作为专职专责的独立监管机构对水务市场进行经济监管和社会监管。在1987—1991年间，新成立的最重要的监管机构是国家河流管理局（National Rivers Authority，NRA）、水务办公室（Office of Water，Ofwat）、客户服务委员会（Customer Service Committees，CSC）、饮用水督察署（Drink-

① 车雷：《英国执行局化改革之二十年：回顾与启示》，《行政法学研究》2013年第3期。

ing Water Inspectorate，DWI）。这些机构、组织共同构成私有化后对水务行业实施监管执法的独立执行体系（见图2－2）。

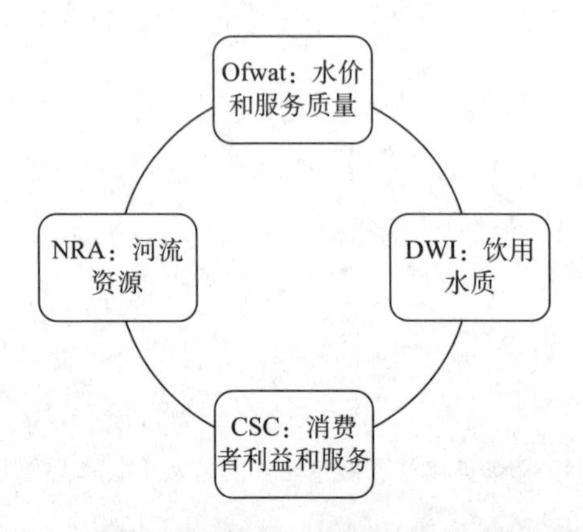

图2－2　1989年建立的英格兰和威尔士水务监管机构

图2－2中，NRA负责河流资源调查与污染控制，Ofwat负责水价、企业交易和服务质量监管，DWI负责饮用水质量监管。它们不受其他政府部门的干预和支配，独立地行使监管组织法职权。CSC的前身水务消费者委员会（CCWater），是代表水务消费者利益的公共社团，不但协助保护和监管水源地生态环境、自来水质和供水服务质量，而且在五年一次的水价规划制定中代表消费者的利益参与定价。还有其他一些部门或执行机构对水务市场上企业竞争、兼并、垄断等行为担负着一定的监管责任。其中重要的机构是垄断和兼并委员会（Monopolies and Mergers Commission，MMC）、公平贸易总监（Director General of Fair Trading，DGFT）及其下属机构公平贸易办公室（Office of Fair Trading，OFT）①。

这套调控和监管体系自1989年确立后又持续得以微调，议会后续出台的法律逐渐完善了这套体系。例如，1996年，根据《1995年环境法》规定，撤销了国家河流局，成立了一个新的独立执行机构——环境署（Environment Agency），将原国家河流管理局的职能并入环境署，具体负责环境保护方面的监管；2001年6月，成立了环境、食品与乡村事务部（Depart-

① 垄断和兼并委员会、公平贸易办公室都于1973年成立，公平交易办公室只是依附于总监而存在，对总监的工作提供行政支持，没有独立的法人资格，不拥有独立的权力。

ment for Environment, Food and Rural Affairs，习惯上简称 Defra)，全面负责自然资源、自然环境的保护和管理；2014 年，撤销垄断和兼并委员会、公平贸易办公室，其职能并入新成立的竞争与市场管理局。

（二）水务资产重估和上市

英格兰和威尔士 10 个地区水务局的行政职能被剥离后，进行了清产核资，组建起 10 个大型的水务集团公司，全部为股份制企业，同时都建立了集团有限责任公司的治理结构，建立起新的市场竞争和经营规则。流域性是 10 个大型水务公司的明显特征，即 10 大水务公司按照原来各自的流域划分服务区域，可以成立子公司，各母公司则成为供排水“纵向一体化的流域垄断者”，众多的子公司具体承担着从取水、净水、送水到废水的收集、处理、回用等系列服务，自主经营，自负盈亏。同时，历史上传承下来的小型私营水务公司继续存在。

1989 年 12 月，经过对水务资产进行估值之后，10 个大型水务公司的股票在证券交易所上市交易，通过发行股票出售国有资产。之所以如此，是因为水务企业规模庞大，难以找到有足够资金实力的买主，而挂牌上市、发售股票可以使股东相对分散化，吸纳社会资本。为了防止个人或单个公司控股超过 15%，维护水务行业的稳定性，英国政府还保留了“黄金股”(Golden Share)，持有期为 5 年。[①] 剩余股份全部公开发售，其中普通股对英国公众发行，特殊股只售给机构投资者。同时，也向其他国家出售特殊股，最终有 3.06 亿股出售给了外国投资者，占 14.5% 股权。[②] 为了提高水务公司的盈利能力，撒切尔政府在私有化前注销了水务公司的所有债务，还给水务公司提供了一笔称作“绿色嫁妆”的财政补贴。

当时，对 10 个水务公司资产的估值超过了 350 亿英镑，但政府将全部股份出售时获得的最终净收益并不高。有三份数据证明了这一点：一份显

---

① 1995 年 1 月起，英国政府出售了其持有的水务公司股票。

② 金海、孙笑春：《英国水行业私有化案例研究》，《中国水利》2003 年第 7 期。

示为36亿英镑，[①] 一份显示为52亿英镑；[②] 另一份则是21.83亿英镑。[③] 无论哪个数据，都可以说明估值350亿的国有水务资产最终售出收益并不高。除了在拍卖过程中的各种成本、新公司老总的讨价还价等漏损外，上市时股票定价偏低（股票定价为2.4英镑，当天交易结束时收盘价为2.8英镑）也是其因。为了推行全民股份所有权、鼓励全国公民购买股票，政府采取了降低股价、简化购股程序的优惠措施。但股票上市价格偏低所造成的国有资产流失，并不会被一般民众注意到，虽然这一损失最终是由纳税人来承担的。

不过，撒切尔政府执政期间，英国股票市场处于前所未有的牛市状态（参见图2－3）。

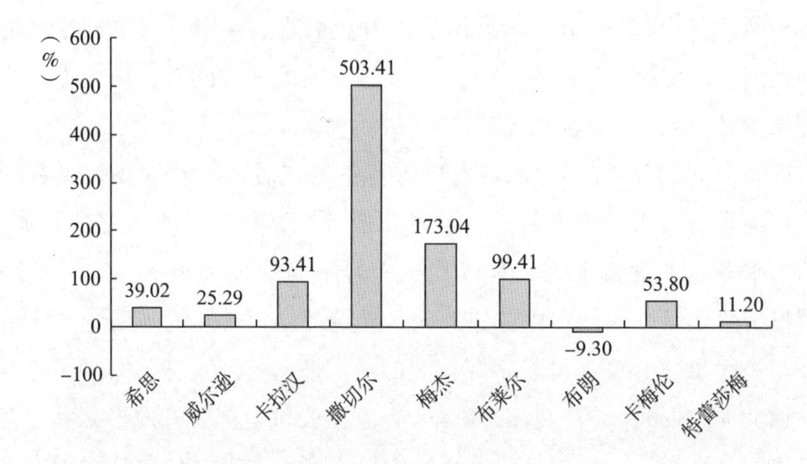

图2－3　20世纪70年代以来英国每任首相治下股票市场的涨跌情况

数据来源：《一张图告诉你前9任首相治下的英国股市状况》，（香港）FX168财经网2017年5月15日。

图2－3是知名投资公司"富达国际"（Fidelity International）所总结的20世纪70年代以来每任首相治下英国股票市场的涨跌情况。从中可以看出，撒切尔夫人执政期间，英国股市曾大幅上涨超过500%，之后在梅

① 金海、孙笑春：《英国水行业私有化案例研究》，《中国水利》2003年第7期。

② ［英］戴维·M. 纽伯里：《网络型产业的重组与规制》，何玉梅译，人民邮电出版社2002年版，第24页。

③ 王俊豪：《英国政府管制体制改革研究》，上海三联书店1998年版，第85页。

杰（Sir John Mojor）领导下的保守党执政期间，股票大涨超过 170%。因而似乎造成了这样的事实，即私有化这段时期股价高低变动和保守党在大选中是否获胜有着密切关系，保守党获胜，股价维持高涨，股票持有者成为保守党的拥趸。当然，保守党撒切尔并非这一时期市场繁荣的唯一直接原因，全球范围内金融去监管和经济指数上升也是重要因素。不过，无论缘由如何，整个股市大涨，水务公司的股票也不会被拉下，股东的回报率每年约为 25%，水务公司的利润回报率在 1989—1995 年间增加了 692%。[①] 1995 年，英国政府还出售了其掌握的水务“黄金股”。这不但把政府从沉重的财务负担中解脱出来，而且使水务公司能够集聚起一定的资金投入到基础设施改造更新中。从这个意义上看，似乎也为保守党政府的私有化举措之正确性提供了佐证。

但是，到 20 世纪 90 年代后期，水务私有化引发的质疑越来越多，焦点集中在水价问题上。根据《1989 年水法》及相应的水价监管政策，水务公司获准每年根据通货膨胀率来调整水费。因此进入 20 世纪 90 年代以后，英格兰和威尔士的水价一直飙升，在 1990—1995 年的第一个价格周期内，水价上涨了 106%，这对英格兰和威尔士的家庭用户而言成为灾难性问题。“私营供水公司关闭了 2.1 万户的用水，提出了 90 万个诉讼，其中一半按司法程序审理，有许多关闭病人和老年人用水的情况”[②]。这些纠纷，导致了公众的反感和社会舆论的谴责。可另一方面，年久失修的供排水管网亟待改善和更新，需要投入的资金缺口短时间无法抹平，使得许多水务公司负债累累，坚持要求水价上调，但 Ofwat 为了平息社会舆论和保护用户的利益，要求水价必须下降。到 2000 年第三个价格周期开始时，水价平均削减幅度为 12% 以上，[③] 从而逆转了自 1989 年私有化以后水价的上升趋势，却又导致了水务公司在财政上的困难。

撒切尔夫人的执政后期，也认识到对水务行业采取简单卖掉的路子存

① 娜拉：《世界水务民营化改革的教训与启示》，《科技管理研究》2015 年第 14 期。

② 陈云卿：《英国的水费欠款》，《管理观察》1996 年第 4 期。

③ Ofwat, 1999, *Future Water and Sewerage Charges* 2000 - 05, http://webarchive.nationalarchives.gov.uk/20150603222823/http://www.ofwat.gov.uk/pricereview/pr99/det_pr_fd99.pdf.

在较大的弊端。即使是私有水务部门中也开始出现异议。如泰晤士水务公司的经理比尔·亚历山大（B. Alexander）在2003年3月举行的第三届世界水论坛大会上说："从我们的观点来看，实际上提倡供水私有化是一个原则性的错误，而且会阻碍生产力，因为政府将不得不把公共资源的一部分让给私有公司。"① 因此，英国议会又修订、完善了若干法律或出台新的法律，旨在修正这一改革路径，并继续推进水务市场发展，保障和促进利益相关各方的权益。进入21世纪后，政府的主要任务是为水务行业并购、重组、投资等行为保驾护航，并施以恰当的监管。不少水务公司也都走上了多样化经营、国际化、垂直非一体化（vertical de-integration）经营的道路，而这势必引起产权结构的再度变化。有些水务公司如威尔士水务（Welsh Water）已经将其资产整体打包出售给了一家非营利机构，因而重新成为公共资产，该公司实质上也已经成为一家社会企业，宣称不以营利为目的。可以预见，未来英格兰和威尔士的水务产权将会出现一种多样化的趋势。

六　小结

考察英格兰和威尔士城市水务行业300年来制度发展的过程，可以发现其轨迹是循环性的，即从私有私营模式到公有公营模式再到私有私营模式。具体呈现三个轨迹：一是对水资源和水服务的地方政府分散监管转向中央政府的统一监管，从地区性单一目标监管转向流域性综合目标监管；二是由政府的监管职能与服务职能不分转向二者分离，水服务业务由公共部门行政性操作转向私人部门的市场化操作；三是政府对水资源的社会监管和对水服务的经济监管由合一状态转向分开监管。

在这个老牌市场经济国家，水务私有化引起了极大的争议。许多人对由私营公司接管水服务并从中获利的政策持强烈反对意见。不过，人们也同时发现，在历史上以及在国有化时代，水工业部门中存在着不少私营企

① 《第三届世界水论坛：部长与论坛代表对话》，（日本）《京都讯》2003年3月21日。

业也是一个不容辩驳的事实，即使在国有化时代，英格兰和威尔士地区也有 25% 的家庭用户使用着由法定的当地垄断性私营公司提供的自来水，同时商业和工业场所的大部分用水也来自私人供应，淡水取水量中的一半由私营公司拥有、运营。这一情况，是撒切尔政府水务私有化政策得以实施的一个不可忽视的历史基础。

不管反对和赞同私有化的理由如何，英格兰和威尔士的水务经营和管理体制在经历了大半个世纪的公营化发展后，又回归到其历史上曾存在过的私人经营模式。但 20 世纪 80 年代对私有私营模式的回归却充满了现代性特征，这已经不是简单的回归，因为长期的制度发展已经造就了一个比较合理的产业和治理结构。在水资源保护、供排水、污水处理等水务产业的重要结构要素方面，新的私有化体制显示了不同于其历史先祖的特色，即政府与私人水务公司职责和义务都十分明确，水市场体系和政府监管体系日趋健全。

第三章　现实基础：英国的水资源与水市场

保护水资源可持续利用，维持水市场运行公平有序，是水务监管的根本任务。水资源如江河湖泊、地下水等；水市场有广义和狭义之分，广义上包括水产品市场和水资源市场两类，而狭义的水市场仅指水资源市场。水资源市场一般包括水资源存量和质量、水权体系、供排水服务供求体系三个变量，这些构成了水务产业结构的原水资源，是水务产业经营和管理的经济基础，也是水务监管的现实基础、事实基础。本章以上述三个关键变量为线索，对英国水资源市场体系的整体状况进行描述和分析，重点放在水市场的供给与需求体系。

一　水资源和水权体系

（一）英国水资源存量

所谓“水资源”的概念，最早是由美国地质调查局（United States Geological Survey，USGS）于1894年开始使用的。长期以来，人们根据水资源不同的存在方式及其开发利用程度、不同的学科角度，对该概念进行了多种界定（如表3－1所示）。其中，根据联合国教科文组织（UNESCO）的界定，水资源在内涵上包括水量和水质，在构成上包括天然降水、地表水和地下水，在可利用程度上不仅包括目前人类已经可资利用的水源，而且包括未来有可能被利用的水源。

此处采用联合国教科文组织的定义，但为了分析的方便，仅仅把水资源界定在目前可资利用的水量和水质上。

表 3-1 有关“水资源”的主要定义

水资源的定义	来源
地表水和地下水的统称	美国地质调查局
可以被利用的水源，具有足够的数量和可用的质量，并能在某一地点/区为满足某种用途而可被利用。	《水资源评价活动——国家评价手册》（联合国教科文组织与世界卫生组织编写）
地球上存在的不论哪种形态（即气态、液态或固态）的、对人类有潜在用途的水体。	《不列颠百科全书》
地球表层可供人类利用的水，包括水量（质量）、水域和水能资源，一般指每年可更新的水量资源。	《中国大百科全书》（大气科学·海洋科学·水文科学卷）
自然界的各种形态（气态、液态或固态）的天然水。	《中国大百科全书》（水利卷）
地球上目前和近期人类可直接或间接利用的水。	《中国大百科全书》（地球卷）
水资源包括地表水和地下水。	《中华人民共和国水法》（2016）

英国位于北纬50°—60°之间，大西洋暖流为英国带来了温和湿润的海洋性气候，降雨量充足，西、北部山区降水量较大，平均超过1000毫米，最高可达4000毫米，而东南部在六七百毫米之间。岛国内河流湖泊和人工水库众多，河川多年平均径流总量约为1590亿立方米，海岸线总长约1.15万公里。因此，英国的地表水和地下水资源相对来说比较丰富。根据英国国家统计局估计，全英国淡水资源的大约估值为395亿英镑。①

首先从降雨量的数据看，自19世纪中期至今，英国降雨量在年度和地区分布上都比较均衡。总体上，威尔士的年降雨量稍高于英格兰。但与苏格兰和北爱尔兰比较，英格兰和威尔士的年均降雨量少200毫米左右。英国的降雨量有以下五个主要特征：一是降水充足。大部分地区年降水量为

① Office for National Statistics, 2017, *UK Natural Capital: Ecosystem Accounts for Freshwater, Farmland and Woodland*, https://www.ons.gov.uk/economy/environmentalaccounts/bulletins/uknaturalcapital/landandhabitatecosystemaccounts#ecosystem-accounts-for-freshwater.

600—1500毫米，明显多于同纬度其他地区。西部降水多于东部、北部多于南部、高地多于低地。英格兰东部和东南部低地，年降水量在750毫米以下，自此向西、向北，降水量逐渐增多，苏格兰是英国降水量最多的地区。二是降水量超过蒸发量。由于气温偏低加上多云多雨，英国各地的蒸发量普遍较少，全年平均在350—500毫米之间。蒸发量的地区分布与降水量恰好相反，英格兰东南部蒸发量最大，一般在500毫米以上，愈向西北、地势愈高，蒸发量愈少，在苏格兰西北部普遍少于400毫米。三是季节分配比较均匀。春季降水最少，占全年18%—21%；秋季降水较多，占全年28%—30%。四是雨日多。英国通常采用每昼夜降水不少于2.5毫米作为雨日的标准。泰晤士河口及其周边为英国雨日最少的区域，每年雨日也达160—170天。苏格兰高地西部为雨日最多的区域，每年雨日达260天以上。五是年际变化小。

其次，英国的地表水资源比较丰富，境内河网密致，内陆江河和湖泊面积达3200多平方公里，泰晤士河（River Thames）和塞文河（River Severn）是最主要的两大河流。泰晤士河（River Thames）是英国最大的河流，全长402公里，水网复杂，支流众多，横贯伦敦与沿河的10多座城市，流域面积13000平方公里，其主要支流有彻恩河（River Churn）、科恩河（River Colne）、科尔河（River Kole）、温德拉什河（River Windrush）、埃文洛德河（River Evenlode）、查韦尔河（River Cherwell）、雷河（River Ray）、奥克河（River Ock）、肯尼特河（River Kennet）、洛登河（River Loddon）、韦河（River Wey）、利河（River Lea）、罗丁河（River Roding）以及达伦特河（River Darent）等。塞文河发源于威尔士中部，流经英格兰中西部，全长355公里，流域面积11266平方公里，主要支流有科伯姆河（River Cobham）、萨奇戈河（River Sachigo）以及福恩河（River Fawn）等。此外，迪河（River Dee）、塔夫河（River Taff）也是威尔士和英格兰境内重要的河流。位于英格兰西北部、威尔士北部的著名的旅游胜地"湖区"（the Lake District），既是英格兰和威尔士地区极其重要的地表水资源，也是最大的国家公园，这里分布着16个湖，面积共约2250平方公里。

苏格兰以其丰富和纯净的淡水而闻名，英国90%的淡水集中在苏格兰。在苏格兰境内，大大小小的湖泊超过 30000 个，长长短短的河流超过 10000 条，河流湖泊覆盖了领土的 2%；供水来源中，93% 来自地表水，7% 来自地下水。① 其中重要的河流包括泰河（River Tay）、克莱德河（River Clyde）、福斯河（River Forth）、尼斯河（River Ness）；著名的罗蒙湖（Loch Lomond）、尼斯湖（Loch Ness）、奥尔湖（Loch Awe）、马里湖（Loch Moray）、谢尔湖（Loch Shiel）、莫勒湖（Loch Morar）、泰湖（Loch Tay），则是苏格兰境内比较重要的湖泊，其中莫勒湖也是欧洲最深的湖泊之一。

在北爱尔兰，境内大约有 7% 的土地被地表水体覆盖，同时海洋水域对北爱尔兰的工业、娱乐业等发展也具有非常重要的作用。境内总共拥有约 3200 条河流和 1700 个湖泊，② 其中主要河流是班恩河（River Bann），主要湖泊包括内伊湖（Lough Neagh）、厄恩湖（Lough Earn），其中内伊湖既是北爱尔兰境内最大的湖泊，也是英国最大的湖泊，面积为 396 平方公里，居民饮用水的 50% 源于此湖。全境供水来源中，55.95% 来源于湖泊和河流，44% 来源于水库，只有 0.05% 来源于地下水。③

除了上述河流湖泊之外，目前英国境内大约有 2600 多座水库，其中约 80% 以上用于拦河蓄水，约 50% 由水务公司、水力发电公司、环保部门等单位拥有。这些水库主要用于提供居民生活用水和工业用水，也有的用于发电和防洪。④ 英国的淡水供给中，约有 3/4 采自湖水、水库蓄水以及河流。

再次，英国拥有丰富的地下水（groundwater）资源，全国淡水供给中约有 1/4 来自地下水。地下水就是埋藏在地面之下、岩石和土壤缝隙中的水。地下水储存在可透水的岩石层，由降雨和地面水入渗到地下水位来补

---

① Scottish Natural Heritage, 2001, *Natural Heritage Trends* 2001 *Scotland*, http://www.snh.org.uk/pdfs/strategy/trends/snh_trends.pdf—2002, *Fresh Waters*, http://www.snh.org.uk/futures/Data/pdfdocs/Fresh_waters.pdf.

② S. J. Christie, 2011, *UK National Ecosystem Assessment Northern Ireland Summary*, http://uknea.unep-wcmc.org/LinkClick.aspx?fileticket=mYewbZ5ifj0%3D&tabid=82.

③ Northern Ireland's Environment Agency, 2013, *From Evidence to Opportunity: A Second Assessment of the State of Northern Ireland's Environment*, http://www.doeni.gov.uk/niea/stateoftheen-vironmentreport-fornorthernirelandwater.pdf.

④ 王正旭：《英国的水库安全管理》，《水利水电科技进展》2002 年第 4 期。

注。[①] 地下水是一个可再生但有限的资源，其可用量取决于地下水补注量和分布情形及地下水层储存量，若长时间过量抽取，地下水位将会下降。地下水也是英国宝贵的自然资源，英国地下含水层主要分布在英格兰东南部的石灰岩区域，这里提供约60%的地下水抽取量，英格兰西南部和中部、威尔士北部的砂石岩层区域，可提供25%的抽取量。根据联合国环境规划署（UNEP）于2003年6月发布的《地下水及其对环境退化的敏感性：全球地下水评估及其管理抉择》报告显示，伦敦是全球严重依赖地下水的12个大城市之一。

地下水的使用横跨整个英国，是提供城乡居民公共用水、农业和工业用水的来源之一，在城乡用水供给总量中所占比例达1/3。其中，英格兰和威尔士的供水中有35%来自地下水，英格兰东南部的公共用水水源中，地下水所占比例更大，超过70%；在塞文垂盆地、英格兰西部、泰晤士河谷、威塞克斯地区，地下水在公共供水中所占比例达40%—50%。在苏格兰，公共用水来自地下水的比例约为3%，北爱尔兰则为7%。在许多偏远的乡村地区，从水井或浅层钻孔抽出的地下水是农村社区的唯一供水来源。就英国全国而言，年度地下水抽取量约为24亿立方米，与整个英国的地表水库总储水量相当。[②]

（二）英国的水权体系

水权，即水资源产权，是指水资源稀缺条件下人们有关水资源权利分配的一套制度安排，包括对水资源的所有权、经营权、使用权和收益权。就水权的性质而言，当今国际上大致存在着河岸权、占有权、惯例权等制度安排；而根据水权的用途，又可分为家庭用水水权、市政用水水权、工业用水水权、农业用水水权、水力发电用水水权、航运用水水权、河道内

---

① 周长瑚：《地下水资源概念及评价》，《工程勘察》1981年第2期；H. 科布斯、郑丰：《地下水管理问题》，《水利水电快报》1998年第13期；陈坦：《地下水，不珍惜就是泪水》，《大自然》2017年第4期。

② UK Groundwater Forum, 2018, *Groundwater Resources*, http://www.groundwateruk.org/downloads/groundwater_resources.pdf.

用水水权、生态环境用水水权等。[①]

英国实行国家自然资源综合统一管理框架下的水资源流域综合管理制度，形成了一整套水资源管理的成文法。目前，英格兰和威尔士实行水资源所有权与使用权相对分离的产权管理制度，将水资源所有权收归国有，实现了水资源的初始配置，对水资源的使用权则实行申请、许可、登记制度。[②] 虽然从理论上和现有制度安排看，历史上的河岸权制度已经让位于一系列水资源管理的成文法，但在本质属性上，这套水权制度依然属于河岸权体系，因为土地依然是所有资源管理的根本依托，水资源管理不能脱离土地管理，而必须与其一起进行综合管理，才能实现流域生态系统的健康发展。

因此也可以说，时至今日河岸权依然是英格兰和威尔士制定水务法律法规和政策的基础。这主要体现在以下两个方面：首先，水的所有权。根据英国现有水资源法律规定，溪流、河流及天然河道中的水、已划定界限的渠道范围内的地下水，都已经不存在私人所有权和财产权，而属于国家所有，但在私有土地内由天然降水积聚的水塘、水库等中的水可以归私人所有。其次，获得水的方式。无论是对地表水还是地下水，使用权都优先归于水所依附的土地的占有者所有。同时此块土地的占有者只要是为了家庭日常生活或农业和绿化之目的、每天汲取的水量不超过 20 立方米，就不需要事前取得取水许可证，便可直接取水用水。土地占有者死亡或由于其他原因导致其终止对整个土地的占有权，继承者在继承土地所有权的同时有权继承取水权。不过，权利人更换须禀告政府主管机构，即环境署和水务办公室（以下简称 Ofwat）。除此之外，任何从地表水或地下水中每天取水超过 20 立方米者，都必须向环境署申请获得取水许可证。

在苏格兰和北爱尔兰，主要实行水务企业公有制，水资源更是国有的，目前也采取了取水许可证制度。原因主要有二：第一，近年来两个地区都开始实行政企分开体制，水务监管体系与水务运营体系已经分开，水

---

① 张仁田、童利忠：《水权、水权分配与水权交易体制的初步研究》，《中国水利报》2002 年 6 月 26 日。

② 刘丽、陈丽萍、吴初国：《英国自然资源综合统一管理中的水资源管理》，《国土资源情报》2016 年第 3 期。

务监管体系是水资源的保护者和管理者，公有水务运营体系主要承担的是日常供水和废水处理服务的提供，其服务提供以获得监管体系颁发的取水许可为前提；第二，两个地区都存在着历史上形成的法定私人“只供水公司”，同时偏远地区还存在着家庭用户自我供水的情况，这些私人供应行为同样受到政府的监管和控制。

总之，在当今英国，绝大多数情况下任何主体对任何水源的取水都必须经过政府当局的批准并登记注册。在用水权优先顺序方面，家庭用水及公共用水被放在优先地位，而对其他用水权只做概括性的规定，这一制度为水资源的合理分配使用提供了良好的保证。

二　需用水现状及面临的挑战

（一）英国需用水现状

从英国现状需用水构成的角度，可以将其划分为民用水、市政用水、农业用水、渔业用水、工业和矿业用水、航运用水、其他公共用水七大类。其中，民用水包括土地占有者的家庭生活用水，法定水务公司向消费者提供的生活用水；市政用水包括道路用水、公园用水、娱乐用水、供排水管道清洁用水、垃圾处理用水等；农业用水包括灌溉和牲畜饮用水；渔业用水包括内陆鱼塘或其他养鱼场所用水，这里不包括海洋渔业；工商业和矿业用水指工业生产、商业服务、矿业开采所需用水；航运用水主要指对可通航的水域、水道的利用，这里不包括海洋航运；此外，还有其他一切为了公共目的的用水。

将航运用水除外，从水务企业服务对象的角度，可将其他用途概括为两大类，即居民家庭生活用水和工商业用水，两者各占全部用水量的50%左右。目前，英国水务市场上共有5344.4万个家庭用户和非家庭用户或称商业用户，[①] 其中英格兰和威尔士拥有5000万用户，苏格兰拥有265.6万

① 其中，“商业用户”包括所有企业、公共部门组织和慈善机构。

用户，北爱尔兰拥有 84 万用户。[①] 另外，全英国还有大约 2%—3% 的人口日常用水依靠自己供应。

英国居民家庭用水的测量方式有两种，一是对未安装水表的居民家庭采取估定水量方法；二是对安装水表的居民家庭根据水表计量。按照前一种方式测量，目前英国居民家庭日均用水总量超过 220 万立方米；[②] 按照后一种方式测量，用水量则减少 5%—15%。同时，还有另外几组数据显示了英国居民家庭用户的用水量情况。

一是根据全球著名的市场统计公司 Statista 公布的数据，英国不同规模的居民家庭日均用水和人均用水情况见图 3－1 所示。

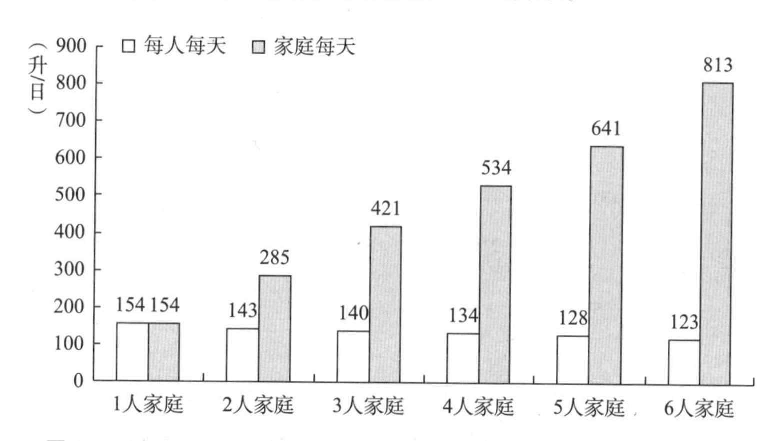

图 3－1　2010—2012 年英国不同类型居民家庭用水及每人用水情况

来源：Statista, 2013, *Water Consumption in the United Kingdom* (*UK*) *from* 2010 *to* 2012 (*per head and household*), https://www.statista.com/statistics/321380/water-consumption-per-head-and-household-united-kingdom-uk/。

二是根据水务消费者委员会（CCWater）对英格兰和威尔士居民家庭用水量做出的估算，不同规模的家庭年度用水情况如表 3－2、表 3－3 所示。

---

① Ofwat, 2018, *Water Sector Overvie*, https://www.ofwat.gov.uk/regulated-companies/ofwat-industry-overview/; SW, 2017, *Annual Report and Accounts* 2016/2017, http://www.scottishwater.co.uk/business/-/media/About-Us/Files/Key-Publications/SWAR2014.pdf? la = en; NIW, 2017, *Annual Report* 2016/2017, https://www.niwater.com/about/.

② R. Smithers, "Daily Showers Account for Biggest Water Use in UK Homes: Figures Show", *The Guardian*, 4 July 2013.

表3－2　目前英格兰和威尔士居民家庭（未安装水表）年度用水情况

单位：立方米

居家人口数	低	平均	高	居家人口数	低	平均	高
1人	45	66	100	4人	110	165	210
2人	55	110	136	5人	136	182	245
3人	82	136	175	6人	155	200	265

来源：https://www.ccwater.org.uk/households/using-water-wisely/averagewateruse。

表3－3　目前英格兰和威尔士居民家庭（安装水表）年度用水情况

居家人口数	年度用水量（单位：立方米/年）	日均用水量（单位：升/日）
1	54	149
2	101	276
3	134	367
4	164	450
5	191	523
6	216	592
7	239	655

来源：同表3－2。

三是在苏格兰，根据苏格兰水务公司（Scottish Water）的统计，居民家庭日均用水量情况如表3－4所示；在北爱尔兰，每人日均用水为145升。[①]

表3－4　目前苏格兰居民家庭（未安装水表）用水情况

单位：升/日

居家人口数	用水量	居家人口数	用水量
1	347.4	5	885.1
2	481.8	6	1019.5
3	616.2	7	1153.9
4	750.6		

来源：http://www.scottishwater.co.uk/you-and-your-home/your-home/water-efficiency/water-calculator。

① 来源：https://www.niwater.com/sitefiles/resources/pdf/home-water-audit.pdf。

英国居民家庭最大的用水比例是洗澡（包括盆浴、淋浴），其次是洗碗机系列、洗衣机系列、饮用水及其他用途（见图3－2）。其中家庭餐饮用水仅占3%，但仅此一项，全国6560多万人口就需要每日提供至少12亿升的饮用水。①

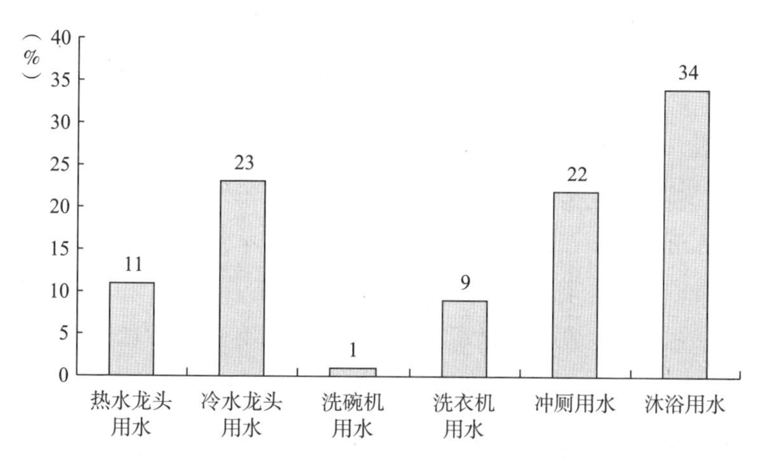

图3－2　2010—2014年英国居民家庭用水类别及其占比

来源：Statista，2010，*Estimated Split of Household Water Consumption by Use in the United Kingdom*（*UK*）*from* 2010 *to* 2014，https://www.statista.com/statistics/321368/water-consumption-by-use-in-the-united-kingdom-uk/。

与其他一些国家相比，应该说英国人均用水量并非最高。例如，根据Statista在2013年对25个国家的统计调查，英国人均年用水量在人均用水国别排行榜中位于第22位（见表3－5）。

表3－5　2013年世界人均年度用水一览

单位：立方米

国家	用水量	国家	用水量	国家	用水量	国家	用水量
美国	1583	荷兰	640	德国	404	英国	129
爱沙尼亚	1227	日本	639	波兰	295	斯洛伐克	118
新西兰	1191	澳大利亚	629	瑞典	287	丹麦	117
加拿大	1025	比利时	572	瑞士	249	卢森堡	80

① Temi Odurinde，2015，*UK Household Water Consumption* 2015：*Facts & Figures*，https://www.hopespring.org.uk/uk-household-water-consumption－2015－facts-figures/.

续表

国家	用水量	国家	用水量	国家	用水量	国家	用水量
西班牙	809	斯洛文尼亚	554	以色列	176		
墨西哥	690	匈牙利	509	爱尔兰	167		
土耳其	642	法国	472	捷克共和国	157		

来源：statista，2013，*Annual Water Consumption Per Capita Worldwide in 2013 by Select Country (in cubic meters)*，https://www.statista.com/statistics/263156/water-consumption-in-selected-countries/。

但最近几十年来，英国人均用水在明显增长。例如，1978年，英国著名研究机构“水研究中心”（Water Research Centre，WRc）对全国居民饮用水量情况首次进行专门调查，结果显示人均饮用自来水0.955升；[①] 1994年，英国饮用水督察署委托著名的研究机构M.E.L研究所（M.E.L. Research）对英格兰和威尔士居民饮用水情况进行评估，结果显示人均饮用自来水1.138升。[②] 目前，两个地区人均每天全部生活用水量为141升，全国人均每天全部生活用水量为150升—163升，人均年用水205立方米，如果考虑到“虚拟水”（virtual water），则多达4645升。[③] 由于英国人所食用的肉类、大豆、油籽、大米、咖啡、茶叶和可可粉等，是从巴西、法国、爱尔兰、加纳和印度等国进口的，因此其“虚拟水”中的62%转嫁给了这些国家。[④]

在产业用水方面，英国作为一个老牌市场经济国家，水一直是其产业景观的重要组成部分，在电力、制造业、石油、天然气、化工、农业、服务业等各个领域都有广泛的应用，产业用水约占总用水量的70%。英国环境食品与乡村事务部（以下简称Defra）提供的两份统计数据透视了这一点，其中一份是英格兰和威尔士地区2006/2007年度产业用水数据（见表

① S. M. Hopkin, 1980, *Drinking Water Consumption in Great British: A Survey of Drinking Habits with Special Reference to Tap-water Based Beverages*, Empire House Centre, p. 2.

② M. E. L. Research Environmental Management Unit, 1996, *Tap Water Consumption in England and Wales: Findings from 1995 National Survey*, http://dwi.defra.gov.uk/research/completed-research/reports/dwi0771.pdf.

③ 1993年，英国学者Tony Allan提出了“虚拟水”的概念，用于计算食品和消费品在生产及销售过程中的实际用水量。参见F. Lawrence, 2008, *Revealed: the Massive Scale of UK's Water Consumption*, https://www.theguardian.com/environment/2008/aug/20/water.food1。

④ F. Lawrence, 2008, *UK Adds to Drain on Global Water Sources*, https://www.theguardian.com/environment/2008/aug/20/water.food.

3 -6、表3 -7），另一份是2018 年英格兰的产业用水数据。表3 -6 显示，英格兰和威尔士地区2006/2007 年工商业用水量约有65 亿立方米，其中能源、废物处理、供水和废水处理业用水约有46.12 亿立方米，占产业总用水的71%；淡水养鱼业用水量占产业总用水的16%，制造业用水量占产业总用水的9%。而2018 年发布的统计报告显示，2001 年英格兰地区从非潮汐地表水和地下水中的取水峰值为116 亿立方米，2011 年则为82 亿立方米，2016 年为97 亿立方米，2011—2016 年的五年间增加了18%；这五年间取水量的骤增主要是电力部门所驱动，其在2011—2016 年用水量从14 亿立方米增加到27 亿立方米，占总取水量的约20%；公共供水用水一直比较稳定，约占取水总量的55%，其他所有行业用水约占30%。[①] 相对而言，在如今的MEDC 国家中，英国工商业发展对水的需求和依赖程度并非最高，而是居于中间位置，农业用水更是仅占很小的比例。

表3 -6 2006/2007 年英格兰和威尔士产业部门用水情况

产业部门	用水情况（单位：百万立方米）	
	对公共供水的使用量	直接抽水量
农业、林业和渔业	144	1143
能源、废物处理、供水和废水处理业	29	4612
教育、卫生和社会工作	153	4
食品饮料业	109	64
旅馆和餐馆	118	8
制造业	215	528
公共和商业服务	217	14
渗漏	1248	0
其他	301	152
总计	2534	6525

来源：Defra，2008，*Water Use by Industry in England and Wales*（200620/07），https://data. gov. uk/dataset/water-use-by-industry-in-england-and-wales -2006 -07。

① Defra，2018，*Water Abstraction Statistics*：*England*，2000 *to* 2016，https://assets. publishing. service. gov. uk/government/uploads/system/uploads/attachment_ data/file/679918/Water_ Abstraction_ Statistics_ England_ 2000_ 2016. pdf.

表3－7的背景是，在2007年和2010年，产业部门中食品饮料业用水量最大，其中2007年的用水量为412万立方米，2010年的用水量约为347万—366万立方米。虽然统计口径存在差异，但英国产业用水的情况可略见一斑。

表3－7　2010年英国食品饮料行业用水情况（单位：百万立方米）

	制造	零售	批发	医院和食品服务	总计
英格兰	125.5	7.1	1.2	135.6	269.3
威尔士	7.2	0.4	0.1	5.8	13.6
苏格兰	51.0	0.8	0.1	11.5	63.6
北爱尔兰	6.9	0.3	0	3.3	10.6

来源：Waste and Resources Action Programme，2010，*Water Usage in the UK Food and Drink Industry*，http://www.wrap.org.uk/node/15637。

（二）英国水需求所面临的挑战

英国现有水资源基本上能满足居民生活和产业发展需求，但也正面临着一些挑战。事实上，英国已经成为世界第六大水净进口国，全国用水总量中只有38%来自于它自己的资源，其余的依赖于其他国家的水系统。[①]在英格兰和威尔士的许多地区，水都已经成为一种稀缺资源；在全国的大部分地方，夏季取用水已不能支撑任何程度的增长。而且未来的几十年内，英国水资源短缺可能会导致干旱灾害频繁发生；[②]人口增加、经济发展和生活方式变化、气候变化、水环境污染等因素，是导致英国面临水资源短缺、水需求挑战的主要诱因。

第一，人口压力。上述因素中，人口压力自英国工业化、现代化以来一直存在并逐渐加重。英国国家统计局的最新报告显示：因出生率、死亡率双低以及移民人口的居高不下，未来十年，英国人口将增加360万人，

---

① Waste and Resources Action Programme，2011，*Freshwater Availability and Use in the United Kingdom*，http://www.wrap.org.uk/sites/files/wrap/PAD101 – 201% 20 – % 20Freshwater% 20data% 20report% 20 – % 20FINAL% 20APPROVED% 20for% 20publication% 20vs2 – % 2005% 2C04% 2C12.pdf.

② National Infrastructure Commission，2018，*Preparing for a Drier Future：England's Water Infrastructure Needs*，https://www.nic.org.uk/wp-content/uploads/NIC-Preparing-for-a-Drier-Future – 26 – April – 2018.pdf.

增长率为5.5%；预计至2030年，英国总人口将超过7000万人。[①] 人口压力与生活方式的变化叠加，使得对水资源的需求继续猛增。例如，家庭规模不断减小，家庭数量不断增多，更多的花园需要浇灌，更多的汽车需要清洗，人均耗水量因此也在增长，而且更多的房屋和车道将导致不透水区增加，并将增加排污设施的压力，增加下水道泛滥的频率。同时，为了养活日益增长的人口，须提高农业集约化程度，而这将导致水源中一系列污染物含量的增加。[②] 人口的增长、生活方式的变化还将导致能源使用方式的变化，而不同的能源使用方式也将对英国水资源供应产生不同的影响。

根据Defra于2011年12月发布的水政策白皮书，预计到2020年英国民众生活用水需求将增加5%左右，到2050年将增加35%。[③] 英国牛津大学和纽尔卡斯（Newcastle）大学共同进行的研究表明，2030年后英国对淡水的需求会继续增加，从2030—2050年的20年间，如果英国使用天然气和其他含碳量高的化石燃料，淡水消费量将从30%上升至70%；如果利用核能源，将引发潮汐等现象，同时海水用量将可能从148%增至400%。[④] 这一切都将对水务行业的保障能力提出更高的要求。

第二，气候变化。英国处于气候变化影响的脆弱区，因此对气候变化极其关注。[⑤] 而研究表明，对未来英国水资源影响最大的因素是气候变化。英国自1910年开始对年度气温进行记录，其中最热的年份均发生在1990年以来，预计到21世纪80年代英国夏季气温将上升4℃，而冬季降雨则越来越多，洪水和干旱灾害发生的频度和强度也正在增加，这将导致可利用水量和水质的降低，而且未来需水量会随温度的上升而增加。

2000年，Defra曾委托斯德哥尔摩环境学会进行了一项课题研究，研

---

① Office for National Statistics, 2017, *Population Estimates for UK, England and Wales, Scotland and Northern Ireland*, https://www.ons.gov.uk/peoplepopulationandcommunity/populationandmigration/populationestimates.

② EA, 2018, *The State of the Environment: Water Quality*, https://www.gov.uk/government/publications/state-of-the-environment-water-quality.

③ Defra, 2011, *Water for Life*. https://www.gov.uk/government/uploads/system/uploads/attachment_data/file/228861/8230.pdf.

④ 参见《英国水资源短缺或影响电力供应》，中国社会科学网（http://www.cssn.cn）。

⑤ 石秋池：《英国关于未来气候变化的报告》，《中国水利》2006年第4期。

究报告于2003年4月7日发表。该研究提出了未来20—50年内气候变化对英格兰和威尔士民用需水量、工商业需水量和农业需水量的影响和预测。其中，到2050年，因气候变化的附加影响将导致民用水需求增长1.8%—3.7%，工商业用水需求增长3.6%—6.1%，全国农业灌溉用水需求将增长26%。①

2009年6月，英国发布了当时世界上最细致的气候变化预测报告，②此后几乎每年都发布有关气候变化的风险评估报告。例如，《2017年英国气候变化风险评估》指出，英国所面临的最迫切的气候变化风险及需要进一步采取优先行动的领域有六个。这六大关键风险领域包括：洪水和海岸变化已经显著影响到英国，特别是对社区、企业和基础设施带来了风险，所产生的损失平均每年估计为10亿英镑，预计其影响还将增加；高温对健康、福祉和生产力都带来了风险，到21世纪40年代夏季热浪将成为常态；公共供水短缺及其对农业、能源生产和工业所带来的风险，气候变化将减少环境中的水量，同时增加干旱时期的灌溉需求，目前英格兰、苏格兰和威尔士已经出现了水短缺现象；气候变化已经对包括陆地、沿海、海洋和淡水生态系统、土壤和生物多样性等自然资本以及通过自然资本提供的商品和服务（包括食物、木材和纤维、清洁水、碳储存、来自风景地貌的文化福利）造成了威胁；此外气候变化还将对英国国内外食品生产和贸易带来风险。

在上述风险领域中，洪水和海岸变化对社区、企业和基础设施的风险程度，在当前和未来都被标识为“高”（高可信度），公共供水短缺及其对农业、能源生产和工业的风险程度，在当前被标识为“中”（中可信度），未来程度则被标识为“高”（高可信度）。这意味着，气候变化正在引起英国水资源条件的变化，事实上，英国现在已经不再认为它是一个水资源丰富的国家。从人均占有水资源量上看，英国已经少于其他任何欧洲国家，

---

① D. M. 拉姆斯博滕、S. D. 韦德、I. H. 汤恩德：《英国气候变化风险评估》，《水利水电快报》2012年第1期。

② 即《2009英国未来气候预测》。该报告称英国正面临越来越多的气候变化威胁，包括夏季气温不断升高、极端天气更加频繁以及海平面上升等；到21世纪80年代，英国夏季平均气温将升高2℃—6℃，平均值预计为4℃，由此将产生热浪和洪水威胁，英国必须尽快采取措施来应对和控制这些变化。

在世界上也已经属于中度缺水国家，英格兰和威尔士的平均储水量在欧洲排倒数第三，仅仅高于比利时和塞浦路斯，政府不得不在旱情严重的东部和南部一些地区实行灌溉限制措施。在北部、西部和东南部的干旱地区，水供给与需求之间已经比较紧张。一些著名的河流在存量和增量方面可能将面临更多的困难，[①] 如气候的变化导致这些河流在夏季缺少。

第三，水环境污染。这同样是一个重要的问题。长期以来，英国政府非常注重对水环境的管理，采取了一系列立法和监测措施对污染水源者进行约束，力求减少水体污染、保持和提高水资源质量，目前总计约 4 万公里的河流和运河都要定期接受日常性水质检测。但是，因药物、洗涤剂、杀虫剂等化学污染物排放，城市道路排水和农田排水，化粪池渗漏，废弃金属矿山，不法排污等因素造成河流污染的情况却依然存在。有关英国河流污染的报道不时见诸媒体，特别是近年来局部地区水污染问题严重，农村和城市的面源污染问题严重，水资源保护面临较大压力。

2013 年 9 月，英国地质调查局（BGS）发布了《20 世纪英国地下水位、温度和水质变化：评估气候变化影响的证据》的报告，指出，20 世纪英国地下水的质量已经受到各种污染物质的影响，这些问题仍缺乏有效解决方案。而且水环境污染和过度取水两大问题相互叠加，加重了对河流水质和水环境的影响。英国环境署连续公布的数据显示，2014 年英格兰有 29% 的河流“状况良好”，即“安全、卫生”；到 2015 年，这一数据下降为 17%；[②] 2016 年，英格兰地区比较严重的水污染事件就有 317 起，超过半数的河流发生了磷污染，86% 的河流水体尚未达到良好的生态状态，地下水水质也在恶化。[③] 2016 年 11 月，利兹大学发布公报称，“英国部分河流遭到药物污染，一些药物浓度更是严重超标”。利兹大学研究人员在西

---

① P. 怀特黑德、A. 韦德、D. 布特菲尔德、童国庆、李红梅：《气候变化对英国六条河水质的潜在影响》，《水利水电快报》2010 年第 10 期。

② Blueprint for Water，2015，*The Shocking State of England's Rivers*，http://blueprintforwater.org.uk/publications/. Blueprint for Water（水蓝图）是英格兰的一个非营利组织，成立于 2006 年，宗旨是推动英格兰的水管理、使用的方式。

③ EA，2018，*State of the Environment：Water Quality*，https://www.gov.uk/government/uploads/system/uploads/attachment_data/file/683352/State_of_the_environment_water_quality_report.pdf.

约克郡的艾尔河以及科尔德河进行了为期18个月的河水样本采集工作，检测河水药物残留情况。结果显示，在46%的河水样本中，一种名为双氯芬酸的药物浓度超过了欧盟委员会建议最高标准的两倍；6%的河水样本中杀虫剂浓度超标。河流遭受药物污染，主要源自未经处理的废水。[①]

2017年10月，世界自然基金会的一份报告称，英国2/5的河流遭受到未净化废水的污染，80%的河流水质不能达标，当中有一半可能受到了严重的污染。报告中的一份污染地图显示，几乎所有的河流，都被归类为“不良”水质。[②] 这是2012年以来被披露的英国最严重的河流水质恶化情况。除了地表水遭受污染之外，地下水受到污染的情况也不容忽视。

此外，用水需求还高度依赖于社会选择和社会管理水平。经济增长及其压力、技术进步、人们对用水方式的不同愿望、水资源及水行业管理制度、农业和农村土地管理、城市和运输压力等因素，都会使用水需求大幅度减少或增加。正因为如此，英国在水资源管理方面，把需求管理与开发、水资源保护结合起来，政府与水务公司都承担着重要的责任。

三 水市场供给现状

（一）英格兰和威尔士水市场供给体系

经过30年的发展，如今经Defra和Ofwat授权、进入水务市场的服务供给体系包括三类供应商类型。

第一类是区域垄断性水务公司。这其中又包括两类：一是“区域供水和排污服务承办商”（Regional Water and Sewerage Undertakers），是私有化时建立的10个大型水务公司，既提供供水服务，也提供排污处理服务；二是“区域只供水承办商”（Regional Water Only Undertakers），即只供水公司，只提供供水服务。这两类水务公司都拥有自己法定的业务区，经营区

---

① 《英国应加强立法，解决河流药物污染问题》，《联合早报》2016年11月19日。

② 《80%河流水质不达标！发达国家英国水也不甜美》，凤凰新闻网（http://wemedia.ifeng.com/33703103/wemedia.shtml）。

域、经营内容都具有比较深远的历史基础，业务经验都十分丰富，在英国水务市场上占据主导地位，也是 Defra 和 Ofwat 的重点监管对象。

10 个大型水务公司按照原来各自所在的流域划分服务区域（见图 3-3），在各自的区域内进行全业务流程的垄断经营，是供排水服务纵向一体化的流域垄断者。不过具体情况有所差异，有的企业在辖区内的某些地方同时提供供水服务和排污处理服务，而在辖区内的其他地方只提供供水服务或排污处理服务。同时，它们之间也相互插入竞争。

图 3-3 英格兰和威尔士 10 个大型水务公司的业务区分布

每个公司组织体系健全，管理规范，在政府和公众监管之下活跃于英国乃至世界水务市场上。经过 30 年的市场发展，10 大水务公司的股权、地位都已经发生了一些明显的变化，不过其名称和业务范围都比较稳定。具体情况见表 3-8 所示。

表3-8　目前英格兰和威尔士10家大型供水和排污服务公司一览

名　称	基本情况
诺森伯兰水务（Northumbrian Water）	该集团下辖诺森伯兰水务有限公司，后者由诺森伯兰水务公司和埃塞克斯—萨福克水务公司组成。服务区域包括英格兰东北部和南部，日均供水能力12.27亿升，其中在英格兰东北部为270万人提供饮用水和废水处理服务，并为东部港口城市哈特尔普尔只提供废水处理服务；在英格兰南部，为埃塞克斯郡的150万人和萨福克的30万人提供供水服务。此外，诺森伯兰水务公司还与苏格兰和北爱尔兰、吉布瑞特（Gibraltar）等地区签有水服务合作协议。
联合公用水务（United Utilities Water）	联合公用集团下属公司，为英格兰西北部320万用户提供供水和废水处理服务，日均供水20亿升，日均处理废水量22亿升；拥有并管理着超过5.6万公顷的土地，是英格兰最大的"企业地主"；同时也是英国最大的供水和废水处理系统的经营者，在威尔士为威尔士水务公司管理供水和废水处理服务网络，在苏格兰经营废水处理设备；此外，其在澳大利亚、美国、保加利亚、加拿大、爱沙尼亚、印度、菲律宾和波兰水务市场上也各占一席之位。
约克郡水务（Yorkshire Water）	1999年成为科达集团公司（Kelda Group Plc）的子公司，在约克郡为170万个家庭和14万商业用户提供用水和废水处理服务，日均供水量达13亿升，日处理废水10亿升。
塞文垂水务（Severn Trent Water）	包括塞文垂水务公司和塞文垂商业服务公司，两家公司业务互补，提供供水和废水处理服务，前者服务规模约420万用户；后者服务规模约430万用户。服务区域为英格兰中部地区及威尔士中部到东部，日均供水18亿升，日均处理废水27亿升。
盎格鲁水务（Anglian Water）	该集团下辖盎格鲁水务控股有限公司、盎格鲁水务海外控股有限公司、盎格鲁水服务有限公司、盎格鲁水务财务公开有限公司，哈特利浦水务公司（只承担饮用水提供服务）也归属其旗下。是英格兰和威尔士地理面积最大的供水和水循环利用、水处理服务企业集团，服务区域为英格兰东部，用户规模超过600万户，日均回收处理废水量为10亿升。
泰晤士水务（Thames Water）	拥有400余年历史，目前为英国最大的饮用水和废水处理服务供应商，也是世界第三大水务企业。主要服务区域为伦敦和泰晤士河谷，供水服务规模900万户、日均供水26亿升，废水处理服务规模1500万户、日均处理46亿升，年均营业额20亿英镑。同时，通过各种投资方式占据全球水务市场。
威尔士水务（Welsh Water）	2001年原来的威尔士水务被格拉斯·西姆鲁公司（Glas Cymru）收购、拥有、投资和管理，是英国唯一一家没有股东的水务公司，在性质上为社会企业，不以营利为目的，因而在英国的公用事业行业显得独一无二。服务区域包括威尔士地区和威尔士与英格兰毗连的一些地区，为131万用户提供供水和废水处理服务。日供水9亿升，此外其废除处理业务除了收集和处理用户产生的废水之外，还负责地面和公路排水。

续表

名　称	基本情况
威塞科斯水务（wessex water）	2002 年被马来西亚吉隆坡 YTL 国际电力公司收购。服务区域为英格兰西南部，覆盖面积达 10000 平方公里，拥有 28 万户用户；在大部分辖区提供供水和废水处理服务，少部分辖区只提供供水服务或者废水处理服务；日均供水量达 3.85 亿升，日均处理废水量 4.8 亿升。
南方水务（Southern Water）	该企业由绿沙投资有限公司拥有（Greensands Investments Limited，一家由养老金和基础设施基金组成的财团）。服务区域在英格兰东南部，主要包括肯特郡、苏塞克斯、汉普郡和怀特岛，为大约 100 万用户提供饮用水服务，同时为近 200 万用户提供废水处理服务。日均供水 5.32 亿升、处理废水 7.17 亿升。
西南水务（South West Water）	1998 年成为旗帜集团公司（Pennon Group Plc）的子公司，服务区位于英格兰的西南部，服务人口达 160 万。

数据来源：根据上述企业网站公开资料整理而成（数据时间截至 2017 年 12 月 15 日）。

30 年间，历史上传承下来的只供水公司也发生了明显变化。1989 年，英格兰和威尔士的“只供水公司”有 29 家；到 2000 年时，经售卖、合并而减少至 19 家；到 2013 年已经减少到 13 家；到 2017 年底共有 12 家。它们的法定作业区遍布于 10 家大型水务公司的服务区域内（见图 3－4），基本业务情况见表 3－9 所示。

第二，“小型供水和排污服务承办商”（Small Water and Sewerage Undertakers）。它们主要是社区性的小水企，大多数也拥有悠久的历史。在日益激烈的水务市场上，这些历史悠久的地方性小水企也发挥着独有的作用。它们一般由私人资本投资，扎根社区，保持传统和独立性，并根据用户的需求灵活地提供供水和废水处理服务。

另外，随着水务市场竞争的演进，国际资本的快速渗透，企业之间不断发生兼并或拆分，新的企业也不断进入该市场。特别是 2014 年以来，英国政府加大水务市场开放程度，完全开放英格兰和威尔士水务零售市场。在此背景下，一些与水务领域相关的企业如水务工程企业、水务设施企业、环境保护企业也纷纷向 Ofwat 申请供水和/或废水处理许可，向拥有批发权的大型水务公司批发流量，在既定的水务公司作业地盘内插入竞争，或者提供供水服务，或者提供排污服务。

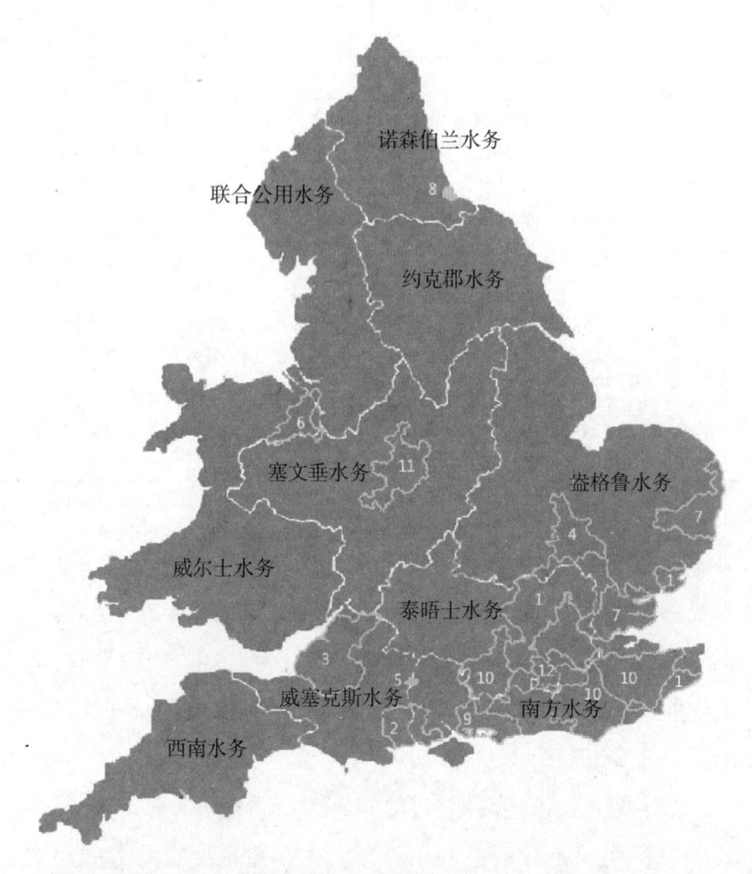

图5-4　英格兰和威尔士法定“只供水公司”作业区分布情况

注：1）菲尼提水务（Affinity Water Limited）；

2）伯恩茅斯水务/西南水务（Bournemouth Water Ltd /South West Water）；

3）布里斯托水务（Bristol Water plc）；

4）剑桥水务/南斯塔夫水务（Cambridge Water Plc /South Staffs Water）；

5）考尔德敦—第斯垂克特水务（Cholderton & District Water Ltd）；

6）迪谷水务（Dee Valley Water plc ）；

7）埃塞克斯—萨福克水务/诺森伯兰水务（Essex & Suffolk Water/Northumbrian）；

8）哈特利浦水务/盎格鲁水务（Hartlepool Water/Anglian Water）；

9）朴茨茅斯水务（Portsmouth Water Ltd）；

10）东南水务（South East Water Ltd）；

11）南斯塔夫水务（South Staffs Water）；

12）SES 水务（SES Water）。

表3-9　英格兰和威尔士法定只供水公司情况

1）菲尼提水务。拥有130多年的历史，目前是英国最大的“只供水公司”，由三家财团拥有，其中Allianz Group占股36.562%，DIF占股26.87%，HICL占股36.562%。在泰晤士水务集团、盎格鲁水务集团、南方水务集团服务区内插入作业，服务人口超过360万，日均供水9亿升。
2）伯恩茅斯水务。拥有150多年历史，2016年4月1日被西南水务公司兼并，保留伯恩茅斯水务有限公司的名称。在威塞科斯水务公司服务区内插入作业。目前服务人口近50万人，服务区域达1041平方公里，日均供水1.5亿升。
3）布里斯托水务。拥有160多年历史。作业区位于威塞科斯水务公司服务区内，目前服务人口115万，服务区域达2400平方公里，日均供水2.64亿升。
4）剑桥水务。拥有160多年历史，2011年被南斯塔夫郡开放有限公司收购，在盎格鲁水务集团辖区的剑桥地区提供服务。目前服务人口32万，服务区域为1173平方公里，日均供水量约7300万升。
5）考尔德敦—第斯垂克特水务。1904年成立，是目前英格兰和威尔士地区法定“只供水公司”中规模最小者。在威塞科斯水务公司服务区内插入作业。服务面积约21平方公里，服务人口2100人，日均供水60万升。
6）迪谷水务。前身为切斯特水务公司（Chester Water Company）和雷克瑟姆水务公司（Wrexham Water Company），此两家企业均成立于1864年，1997年两家企业合并，成立迪谷水务公司；2017年2月被塞文垂水务公司兼并，保留名称。作业区位于威尔士水务公司服务区内，服务人口26万人，日均供水6200万升。
7）埃塞克斯—萨福克水务。其历史可追溯至19世纪60年代，目前为诺森伯兰水务集团的构成部分。服务区位于盎格鲁水务集团地盘内的埃塞克斯和萨福克，服务区域达2861平方公里，服务人口180万，日均供水1.1亿升。
8）哈特利浦水务。盎格鲁水务集团下属公司，服务区域为哈特利浦市四个区，服务人口91000人，日均供水3500万升。
9）朴茨茅斯水务。成立于1857年，目前依然是一家独立的私有“只供水公司”，作业区位于南方水务集团服务区内。服务区域达868平方公里，服务人口71.3万，日均供水1.69亿升。
10）东南水务。服务区域为英格兰东南部地区，位于泰晤士水务集团服务区内。服务人口220万，日均供水5.4亿升。
11）南斯塔夫水务。拥有160多年的历史，是南斯塔夫郡开放有限公司的子公司。作业区位于塞文垂水务公司服务区内，目前服务人口160万，服务区域达1500平方公里，日均供水3亿升。
12）SES水务。其历史可追溯至1862年，100多年来几经市场变迁，1996年由萨顿第斯垂科特水务公司（Sutton District Water）与东萨里水务公司（East Surrey Water Company）合并，成立萨顿&东萨里水务公司，2017年重新命名为SES水务公司。作业区位于泰晤士水务集团服务区内。服务区域达835平方公里，服务人口68.7万，日均供水1.6亿升。

数据来源：根据上述企业网站公开资料整理而成（数据时间截止到2018年1月31日）。

第三，基础设施供应商（Infrastructure Providers），指获得许可后从事水务基础设施工程建设的企业。

截至2018年8月底，在英格兰和威尔士的水务市场上，有32家大大小小的水务公司为5千多万个家庭用户和商业用户提供服务，其中的18家规模较大，被称作区域垄断性水务公司。每年，英格兰和威尔士水务行业投资超过30亿英镑，雇用员工超过2.7万人。①

上述各类水务企业均在政府的监督指导下，在获得水权和法定或指定服务区域的基础上进行经营管理，自主经营、自负盈亏，并通过在金融和资本市场融资获得自身发展。政府一般不再向水务工程投资，只有在水务公司所有其他筹资途径完全行不通时，才可最后采用公共筹资方案。这些水务企业的基本职责都是向用户提供可持续的、高效、经济、优质的自来水服务，同时也担负着投资维修和更新老化的管网基础设施，投资开发水资源和水利工程，管理、保护水利基础设施和公共水资源环境的职责。水务公司被授予直接向用户征收有关费用用于其运营，这类费用的征收标准最终由Ofwat规定。

（二）苏格兰和北爱尔兰的水服务供给体系

1. 苏格兰的水服务供给体系

在苏格兰地区，直到2002年之前，水务行业一直实行政府公营模式。《2002年水工业（苏格兰）法》颁布之后，开始实行政企分开，组建了苏格兰水务公司（Scottish Water），它是目前苏格兰地区水服务的主要承担者。该公司在性质上是公共法人、公共企业，所有权归苏格兰议会所有，是苏格兰议会及其政府直接控制下的企业。苏格兰水务公司作为主要的公共水企，不但拥有基础设施，还拥有大量的土地。从2008年以来，苏格兰水务行业也走向了市场化，但并不是私有化，而只是引入竞争机制和私人投资者。②

到2017年底，苏格兰水务市场上共有30家水务公司（见表3-10），除了苏格兰水务公司及其子公司外，还包括英格兰和威尔士地区的水务公

---

① 数据来源：https://www.ofwat.gov.uk/regulated-companies/ofwat-industry-overview/，数据截至2018年1月31日。

② 关于苏格兰水务发展的详细历程，参见第九章。

司以及苏格兰本地历史上形成的小型私人水务公司。这些公司均持有苏格兰水务主管机构颁发的供水许可证和/或排污处理许可证，在苏格兰境内作业。苏格兰水务体系建设的资金，也已经由过去的依靠政府提供转型为主要依靠用户缴费，苏格兰人口中的绝大部分依靠这些水务公司尤其是苏格兰水务公司提供的服务。

表3－10　目前苏格兰水务市场供给（批发—零售）体系

苏格兰水务公司（Scottish Water），苏格兰地区唯一的水服务批发商
苏格兰水务商业流有限公司（Scottish Water Business Stream Ltd）
盎格鲁水务商业（全国）有限公司（Anglian Water Business〔National〕Ltd）
盎格鲁水务第二商业有限公司（Anglian Water2 Business Ltd）
高级需求侧管理有限公司（Advanced Demand Side Management Limited）
艾克伟泰（英国）有限公司（Aquavitae〔UK〕Ltd）
艾米拉水务有限公司（Aimera Water Ltd）
塞文垂选择有限公司（Severn Trent Select Ltd）
联合公用水务销售公司（United Utilities Water Sales Limited）
泰晤士水务商业服务有限公司（Thames Water Commercial Services Ltd）
威立雅水务工程有限公司（Veolia Water Projects Ltd）
科立叶商业水务有限公司（Clear Business Water Ltd）
考宝特水务有限公司（Cobalt Water Ltd）
科达水务（零售）有限公司（Kelda Water Services〔Retail〕Ltd）
瑞澳水务（爱丁堡）有限公司（Real Water〔Edinburgh〕Ltd）
商业用水解决方案有限公司（Commercial Water Solutions Ltd）
卡艘水务有限公司（Castle Water Ltd）
蓝色商业水务有限公司（Blue Business Water Ltd）
诺森伯兰水务集团商业有限公司（NWG Business Ltd）
商业源有限公司（Source for Business Ltd）
艾福龙有限公司（Everflow Ltd）
萨顿与东萨里水务有限公司（Sutton and East Surrey Water Services Ltd）
苏伊士工业水务有限公司（Suez Industrial Water Ltd）
皮耶有限公司（Pure〔CGV〕Ltd）
瑞根水务有限公司（Regent Water Ltd）
明水服务有限公司（Brightwater Services Ltd）
南斯塔夫郡水务商业有限公司（SSWB Ltd）
赛特科有限公司（Satec Ltd）
伯爵门水务有限公司（Earls Gate Water Ltd）
自来水零售有限公司（Water Retail Company Ltd）

不过，目前苏格兰仍有大约15万人口依赖传统的私人力量提供饮用水

服务，占苏格兰人口的2%—3%，主要是在乡村。这些私人力量既包括历史上形成的、法定的私人“只供水公司”，也包括家庭采取自给方式自我服务。如同英格兰和威尔士一样，“只供水公司”规模一般很小，从服务数个家庭到数百人口不等。苏格兰政府对这些私人企业提供的饮用水高度警惕，因为私人企业提供的饮用水质量存在着很大变数，而且其水源也是多变的，包括地表水如溪水、河水、私人集水区的水塘，地下水如井水、泉水等。私人供水部门受《私人供水（苏格兰）条例》（The Private Water Supplies〔Scotland〕Regulations，2006）约束，须执行欧盟发布的饮用水质量标准，该条例也使地方当局担负起监督和改善私人供水质量的责任。

2. 北爱尔兰的水服务供给体系

在北爱尔兰地区，有99.9%的人口是从公共供水系统中获得用水服务的，公共供水系统还为96.5%的居民提供废水处理服务。在2007年4月1日之前，北爱尔兰水服务局（Water Service Northern Ireland）负责该地区的水资源管理和水服务运营；之后迄今，北爱尔兰水服务局剥离了政府职能，转型为北爱尔兰水务公司（Northern Ireland Water Limited）。北爱尔兰水务公司是政府独资拥有的水务公司，负责为北爱尔兰地区提供供水和废水处理服务、相关水库和管网等设施的维护管理任务。

北爱尔兰水务公司也是北爱尔兰地区最大的水务公司，拥有的资产包括370个配水库、24个蓄水水库、24个净水处理厂、1030废水处理厂、320个水泵站、1290个废水水泵站、26700公里供水管道、15600公里下水道，日均供水5.6亿升，日均处理废水3.2亿升。北爱尔兰地区有75万家庭用户和9万商业用户依赖其供水服务，63万家庭用户和4万商业用户依赖其排污处理服务。[①] 不过，和苏格兰水务公司不同的是，北爱尔兰水务公司并不拥有土地，但拥有基础设施，并可以以蓄水水库的形式拥有水资源。

如同英国其他地区一样，北爱尔兰也存在着私人供水部门，也包括两部分：一是小型私人供水公司，二是居民家庭自我供水。《私人供水条例

---

① 数据来源：https://www.niwater.com/facts-and-figures/，https://www.uregni.gov.uk/water。数据截止至2017年12月31日。

（北爱尔兰）》（Private Water Supplies Regulations〔Northern Ireland〕, 2009）规定，私人供水只能是为了家庭、小型商业经营场所（如食品生产）或其他小规模公共土地用水之需，如果日均供水量超过10立方米或服务对象达到50人及其上，就必须接受监管部门对供水质量的监管；该条例还对私人供水的监管部门、监管内容和任务等进行了具体规定，从而保证私人供水符合健康卫生标准。

此外，近年来，北爱尔兰也广泛采用PPP模式，引入私人部门承担项目的实施，如水样采集、工程建设等。因此，尽管目前北爱尔兰的水务市场仍然实行政府企业模式，但私人供水的传统及公私合作方式也占有一席之地。

四　水市场中的利益团体

（一）消费者利益团体

英国水务市场发展的一大特点是，代表消费者的利益团体和代表水务企业的利益团体在促进水服务质量、均衡水价、推动市场良性运转等方面，发挥着非常重要的作用。其中，代表水务消费者利益的社团在英格兰和威尔士、苏格兰、北爱尔兰都有分布，各自负责扮演本区域内水务消费者利益代言者的角色。目前，正在发挥作用的这样的利益团体主要有：英格兰和威尔士的水务消费者委员会（CCWater）、苏格兰公民咨询消费者未来部［Consumer Future Unit of Citizens Advice Scotland，简称CAS（CFU）］、苏格兰水用户论坛（Water Customer Forum，简称The Forum）、北爱尔兰消费者委员会（Consumer Council for Northern Ireland，简称CCNI或the Consumer Council）等。它们大多是根据特定的法律、由政府部门或者其执行机构组建成立，依法行使职能，在水务市场上既代表消费者的利益，成为水务行业发展的重要的监管主体，同时也接受议会、相关政府部门在人事、财务上的监管。

1. 水务消费者委员会

在英格兰和威尔士地区，早在水务私有化改制之前，就已经注重建立代表消费者利益的公共团体，私有化改制后，健全消费者利益团体、保护消费者权益，更成为政府监管的一个重要使命。

CCWater 是根据《1983 年水法》规定而设立的，该法要求在每个地区水务局管辖范围内建立若干个代表水务消费者利益的独立机构。《1989 年水法》将 CCWater 更名为“客户服务委员会”（CSC），组织使命和任务不变，由 Ofwat 负责在每个水务公司的服务区域内组建。到 1991 年，英格兰和威尔士地区共设立了 10 个 CSC，其中英格兰有 9 个，威尔士有 1 个。每个区域的 CSC 都由当地政界人士和用户代表组成，主席由 Ofwat 总监请示环境大臣后任命，10 个地方 CSC 的主席共同组成“全国客户服务委员会”。每个 CSC 作为代表水用户利益的独立组织，监督所在地区的水务公司经营情况，受理用户投诉，调解用户与水务公司之间的纠纷，参与水价制订等，同时还向 Ofwat 提供关于用户信息的咨询服务。而之所以更名，可能是要突出“顾客”“客户”的概念，更具有针对性、特定性，更强调市场性，因为 CSC 的监督对象是水务公司而非当年的水务局。

此后，《2003 年水法》又将 CSC 改称为“水之声委员会”（WaterVoice Committees）。其组织宗旨和目标，依然是为英格兰和威尔士的水行业消费者代言，在价格、服务标准和服务价值方面促进消费者的利益，也依然隶属于 Ofwat，但又保持相对独立。数量上也不变，在英格兰和威尔士共设置 10 个分会，由当地政界人士、水行业专家和普通用户代表组成。表 3 – 11 显示了水之声委员会 10 个分会的设置地点及其各自所代表的地区。

表 3 – 11　水之声委员会地区分会

分会名称	所代表的消费者
英格兰中部分会	代表塞文垂水务公司和南斯塔福德郡水务公司的消费者
英格兰东部分会	代表盎格鲁水务公司、剑桥水务公司、埃塞克斯—萨福克水务公司、特德瑞汉德瑞水务公司的消费者
诺森伯兰分会	代表诺森伯兰水务公司、哈特利浦水务公司的消费者

续表

分会名称	所代表的消费者
英格兰西北分会	代表联合公用事业水务公司的消费者
英格兰南方分会	代表南水务公司、福克斯通—多佛水务公司、普茨茅斯水务公司、肯特中部税务公司、东南水务公司的消费者
英格兰西南分会	代表西南水务公司的消费者
泰晤士分会	代表泰晤士水务公司、三河谷水务公司、萨敦—东萨瑞水务公司的消费者
威尔士分会	代表威尔士水务公司、迪河谷水务公司的消费者
威塞克斯分会	代表威塞克斯水务公司、伯恩茅斯—西汉普郡水务公司、布里斯托水务公司、考尔德敦—第斯垂科特水务公司、泰晤士水务公司（仅指特德沃斯的消费者）的消费者
约克郡分会	代表约克郡水务公司的消费者

资料来源：*water Act* 2003。

不过，水之声委员会成立以后，在它所接受的消费者投诉案例中，最棘手的是下水道污水泛滥问题，这与英国城市自来水地下管网设施陈旧有密切的关系。要解决这一问题，水之声委员会的力量显然是有限的。

为了确保把消费者的利益置于水务领域的核心，2005 年 10 月 1 日，Ofwat 撤销了“水之声委员会”，改回最早的名称即 CCWater，这一名称一直使用至今。

目前，CCWater 是专门代表英格兰和威尔士地区水务领域消费者利益的最大的非政府组织，在供水和排污服务方面为消费者提供免费咨询和支持。CCWater 职责主要包括两个方面的内容：第一，受理消费者的投诉。消费者投诉的程序包括如下环节：首先向当地的水务公司提出自己的投诉意见，使得水务公司有改正自己服务水平的机会；如果水务公司不能够解决问题或给出的答复不能够令投诉者满意，则向当地的 CCWater 分会提出投诉，当地分会负责调解消费者和水务公司之间的纠纷；当纠纷无法调解时则移交 Ofwat 处理。第二，信息服务。CCWater 还向消费者提供有关水服务方面的重要信息，解答消费者有关水务公司所提供的供水服务内容、标准和用户权利方面的咨询，如有关水费问题、水务公司与用户的联系渠道、水质问题、供水过程中的事故、私人用户和水务公司之间有关排水和污水处理责任的划分、地表水排放、水表安装等问题。同时，CCWater 还负责向 Ofwat 提供有关消费者的信息。

CCWater 的组织结构也发生了较大变化。目前它在英格兰和威尔士设立了五个地区委员会（见表 3－12）。在治理结构上，CCWater 采用理事会（Board）制，理事会的职责是为组织发展确定战略方向，制订年度任务和目标，并且每半年评估一次任务和目标的达成情况。CCWater 与 Defra、威尔士地方政府签订了《框架协议》，其日常活动受《框架协议》的规范和约束。

表 3－12　CCWater 地区分会

分会名称	所代表的消费者
英格兰中部和东部地区委员会	代表盎格鲁水务、剑桥水务、埃塞克斯 & 萨福克水务、塞文垂水务等企业的消费者利益
伦敦和东南地区委员会	代表南方水务、萨顿 & 东萨瑞水务、泰晤士水务、东南水务、朴茨茅斯水务、菲尼提水务等企业的消费者利益
英格兰北部地区委员会	代表哈特利浦水务、诺森伯兰水务、联合公用、约克郡水务等企业的消费者利益
威尔士地区委员会	代表威尔士水务、迪河谷水务公司消费者的利益
英格兰西部地区委员会	代表布里斯托水务、考尔德敦 & 第斯垂科特水务、伯恩茅斯水务、西南水务、威塞科斯水务等企业消费者的利益

来源：根据 https://www.ccwater.org.uk/aboutus/regions/资料制作。

2. 苏格兰的消费者利益团体

最近 20 余年来，苏格兰水务领域中代表消费者利益的公共团体不断发生变化。主要出现过如下组织：

（1）苏格兰水务用户委员会（Scottish Water and Sewerage Customers Council）。根据《1994 年地方政府诸（苏格兰）法》（Local government etc.〔Scotland〕Act 1994）成立，代表消费者行使调查投诉权、审核批准水费计划，保障消费者的利益。这是苏格兰水务领域第一个正式的消费者利益代表组织，但于 1999 年被撤销。

（2）水用户咨询小组（Water Customer Consultation Panels，WCCP）。根据《2002 年水工业（苏格兰）法》规定成立，作为继苏格兰水务用户委员会被撤销后代表水务消费者利益的新机构。WCCP 是一个法定机构，是独立的权威建制。根据当时苏格兰行政区划，在苏格兰西南、东南、西北、东北部及苏格兰奥肯（Orkney）、雪塔兰（Shetland）和西伊斯利（Western Isles）共设置了5个小组，每个小组所代表的区域是议会法律已经明确规定的并与“地方政府委员会”（Local Authority Council）所管辖的边界基本一致。5个小组所代表的区域、人口和组织结构情况如表3－13所示：

表3－13 2002年苏格兰水用户咨询小组基本情况一览表

咨询小组	代表区域及其地理构成	代表人口/万
西南部小组	格拉斯哥、东邓巴顿郡、西邓巴顿郡、因弗克莱德、伦弗鲁郡、东伦弗鲁郡、北艾尔郡、东艾尔郡、南艾尔郡、北拉纳克郡、南拉纳克郡、斯特灵、克拉克曼南郡	230
东南部小组	爱丁堡、东洛锡安区、中洛锡安郡、西洛锡安区、福尔柯克、苏格兰边界、邓弗里斯和加洛韦	120
西北部小组	高地、莫瑞、阿盖尔和比特	38.7
东北部小组	阿伯丁市、阿伯丁郡、安格斯、邓迪、珀斯和金罗斯、法夫	120
奥肯、雪塔兰和西伊斯利斯小组	奥肯、雪塔兰和西伊斯利斯地区	6.8

资料来源：*Water Industry（Scotland）Act* 2002。

各小组成员为4—5人，均设正副召集人各一名，任期三年。所有小组成员均非专职，来自各行各业，包括律师、商人、教育家、工程师、讲师和经济学家、公共机构雇员、政策研究人员、农民、社区活动家、建筑师、商业顾问、退休人员等。小组召集人由苏格兰内阁大臣任命，其他小组成员由召集人任命。每个小组的职责包括：与消费者个体和代表组织保持联系，举行会议，安排咨询活动，出版代表消费者利益的咨询报告和出版物；向苏格兰议会及其委员会、苏格兰行政院、苏格兰水务公司、苏格兰环境保护署、苏格兰饮用水质量监管署、苏格兰水工业专员、国民健康服务署和地方当局提出消费者的利益要求。

2011年，水用户咨询小组被撤销，功能被并入“苏格兰消费者焦点”。

（3）苏格兰消费者焦点（Consumer Focus Scotland）。这是英国“消费者焦点”在苏格兰的分支机构。英国“消费者焦点”是一个遍布全国的消费者权益保护组织，成立于2007年。是年，英国议会出台了《消费者、地产机构和申诉法》（Consumers, Estate Agents and Redress Act 2007），据此合并了“能源观察”“邮政观察”和全国消费者委员会[①]三个公共组织，成立了一个新的法定组织——“消费者焦点”，受英国商业、创新和技能部（BIS）资助，并于2008年开始运作。

“消费者焦点”并不是一个咨询机构，也不是一个法定的监管者，而是一个强有力的消费者维权组织，旨在解决各个领域中消费者所面临的问题，促进公平交易，代表消费者与企业、监管机构、政府和欧洲进行对话。在2008—2013年间，“消费者焦点”是英国代表及维护消费者权益组织系统中的领军机构，在英格兰、威尔士、苏格兰和北爱尔兰都建立有分支机构。在英格兰和威尔士、苏格兰，其职责范围涉及教育、医疗、房产、律师服务、银行服务、邮政服务、商场、公共交通及其他公用事业领域，旨在促进各行业为消费者提供公平公正的服务。[②]

2010年以后，BIS把为“消费者焦点”提供的资金转向另一个面向公民提供各类社会服务的公共机构——“公民咨询”（Citizens Advice）[③]。2013年5月，“消费者焦点”更名为“消费者未来”（Consumer Future）；2014年4月1日，“消费者未来”被并入“公民咨询”，成为其成员单位。

（4）苏格兰公民咨询消费者未来部。“苏格兰公民咨询”是英国“公民咨询”的地区成员。“公民咨询”是一个历史悠久的公共机构，于1939年在英国全国范围内开始建立，由英国政府提供资金，为人们提供各种各样的社会服务，名称为“公民咨询局”，此后又建立了“全国公民咨询局协会”；2003年“全国公民咨询局协会”改名为“公民咨询”，在英格兰、威尔士、苏格兰和北爱尔兰都建立了机构。

在苏格兰地区的“消费者未来”并入“苏格兰公民咨询”后，成为后者的一个成员单位，更名为“苏格兰公民咨询消费者未来部”，成为苏格

① 当时只有英格兰和威尔士消费者委员会（England and Welsh Consumer Coucil）、苏格兰消费者委员会（Scottish Consumer Council）和威尔士消费者委员会（Welsh Consumer Council）参与合并，北爱尔兰消费者委员会被保留下来。

② 在北爱尔兰，“消费者焦点”的职责仅限于邮政服务。

③ 参见 Citizens Advice, 2018, *History of the Citizens Advice Service*, https://www.citizensadvice.org.uk/。

兰水服务消费者的支持组织和利益代言的重要机构。它代表水服务消费者与苏格兰政府、苏格兰水工业委员会、苏格兰水务公司、苏格兰饮用水质量监管署、苏格兰环境保护署等机构进行对话讨论，确保消费者的意见被考虑。除了代言功能外，还通过调查研究来监测即将进行的立法及其影响，从而达到帮助消费者的目的。例如，2018 年 2 月，“消费者未来部”发布了一份新的水资源研究报告，公布了苏格兰城市和农村地区的水服务标准、消费者对水政策的看法、消费者与水和环境的关系。该报告指出，消费者是水和环境保护的有力支持者，但是他们需要更多的帮助和指导，从而了解如何能够保护苏格兰的水资源环境；报告倡议苏格兰水服务提供者应加强与消费者的联系沟通，让消费者参与供水和排污服务的设计和供给过程，从而才更有可能促进双方互惠互利。①

此外，作为“消费者未来部”的总部，“苏格兰公民咨询”特别贴近社区民众，为“消费者未来部”提供了广泛的信息和实际上的支持。例如，“苏格兰公民咨询”几乎在苏格兰的每个社区都设立了办公室（Citizens Advice Bureaux），而这些办公室又都是地方性的、独立的慈善机构，由社区居民管理和使用，提供满足当地消费者需要的服务，包括免费信息、切实可行的建议、代表消费者进行谈判，甚至代表消费者出席法庭听证会，因此广受消费者欢迎。

（5）苏格兰水观察（WaterWatch Scotland，WWS）。也是一个比较著名的代表苏格兰水务消费者权益的独立机构，曾经负责调查处理苏格兰境内水务消费者以及水务消费者的其他代言组织对苏格兰水务公司的投诉事件，因此自称是“苏格兰水业看门狗”。其法定的具体职能是：调查投诉；代表消费者的利益和观点；对水务政策施加影响；信息服务和建议。其中，最重要的是 WWS 可以就任何与水务消费者最佳利益有关的事情，向苏格兰政府、部长、其他水务监管的公共机构提出报告和建议，并促进这些建议被采纳。2014 年，WWS 被撤销，其职能被分拆，分别并入苏格兰

---

① G. Walker, 2018, *Untapped Potential: Consumer Views on Water Policy*, *https://www.cas.org.uk/spotlight/consumer-futures-unit.*

公共服务监察专员和苏格兰水用户论坛。

（6）水用户论坛。也是一个独立的公共机构，成立于2017年，由苏格兰水工业委员会、苏格兰公民咨询消费者未来部、苏格兰水务公司三方通过正式合作协议的方式创建的，由苏格兰水工业委员会资助。目前，水用户论坛由10名成员组成，成员来自各行各业，其组织宗旨是“使苏格兰的水服务消费者以最公平的价格获得最好的服务”[①]。具体而言，代表消费者参与水价制定过程，代表消费者和苏格兰水工业委员会的利益，与苏格兰水务公司及其他利益相关者协商，保证水价公平[②]；同时也代表消费者监督苏格兰水务公司的服务质量，努力“把消费者放进苏格兰水务公司的心里”[③]。在以6年为周期的“水价评审战略”制定过程中，水用户论坛代表消费者与苏格兰水工业委员会、苏格兰水务公司之间就水价意向达成协议，而这些协议就成为水价调整方案的基础。

除了上述核心职责外，水用户论坛的职能还十分广泛，具体体现在对如下事务的调查论证并促进问题得到解决：水的使用和效率；用户所体验的水压；下水道泛滥问题；污水处理厂异味问题；水中铅含量；农村地区的水服务和公平问题；法定饮用水水质及废物排放标准；有关用户对水价以及保持水价稳定性的态度调查；制定业绩措施，支持水务公司进一步改进；对供水和废水处理基础设施投资支出的要求；供水和废水基础设施技术上的可持续性问题；水资源利用，研究环境变化尤其是气候变化对苏格兰水资源的影响；苏格兰水融资的代际公平；水务企业资本债务及其对收费和投资能力的影响；整个苏格兰地区的水服务水平；苏格兰水务公司与客户和社区接触的情况调查；发现和研究经济增长和水资源、水服务关系中的新问题。[④]

水用户论坛有关消费者利益代言的职能是由WWS移交的，但是不能

---

① 来源：https://www.customerforum.org.uk/about-us/。

② S. Littlechild, 2014, The Customer Forum: Customer Engagement in the Scottish Water Sector, *Utilities Policy*, Vol. 31, No. 12.

③ 来源：http://www.customerforum.org.uk//about-us/。

④ Water Customer Forum, 2017, *Water Customer Forum for Water in Scotland Statement of Purpose and Work Plan*, https://www.customerforum.org.uk/wp-content/uploads/Statement-of-purpose-final.pdf.

像 WWS 那样直接处理客户投诉或解决消费者个人的问题。

3. 北爱尔兰消费者委员会

自 2012 年以来，北爱尔兰最重要的代表消费者权益的组织是北爱尔兰消费者委员会（CCNI）。CCNI 的前身是“北爱尔兰普通消费者委员会”（General Consumer Council for Northern Ireland，GCCNI），GCCNI 是一个独立的公共机构，于 1985 年由政府建立，自 1998 年以后受北爱尔兰企业贸易和投资部资助，2012 年更名为北爱尔兰消费者委员会，2016 年以来受北爱尔兰经济部资助。

虽受政府资助，CCNI 却独立于政府，组织宗旨是代表和支持、促进和保护北爱尔兰所有消费者的利益，[①]“改变、造福北爱尔兰消费者，使消费者的声音达于四方并产生实效”[②]，确保北爱尔兰的决策者能够考虑消费者的心声。CCNI 拥有法定的职权范围，主要是在能源、水、公共交通、邮政服务和食品五大特定领域发挥维权功能，其工作方式主要是就消费者的投诉和需求开展调查研究，通过宣传、教育等活动影响公私部门，同时也帮助消费者进行投诉。在北爱尔兰水务公司的网站上，CCNI 被列为首个监管者，该公司还特别声明：“如果您对供水或废水处理服务有怨言，对北爱尔兰水务公司的回应不满意，北爱尔兰消费者委员会将可以代表您提起投诉。”[③]

CCNI 理事会成员完全来自社会各界而非政府任命。2015 年 10 月，CCNI 发布的一份理事会成员招聘公告证明了这一点。该公告显示，新一届（任期时间 2016 年 1 月 1 日—2018 年 12 月 31 日）理事会成员面向全社会公开竞聘，只要在如下四个方面达到要求即可，即战略思维、团队合作、沟通技巧或者是在有关解决消费者问题、为消费者代言的组织中具有实际经验；尤其鼓励具有社区或志愿部门背景、或者来自农村社

---

① Consumer Council for Northern Ireland, 2012, *Consumer Council for Northern Ireland Response to Consultation Regulated Industries Unit-Proposal for Design Principles*, http://webarchive.nationalarchives.gov.uk/20121102155242/http://www.consumerfocus.org.uk/files/2012/07/39 – Consumer-Council-for-Northern-Ireland.pdf.

② 来源：http://consumercouncil.org.uk.cutestat.com/。

③ 来源：https://www.niwater.com/regulators/。

区的人申请。[①] 这充分表明了该组织的独立性。

(二) 水务行业协会

就性质而言,英国水务行业协会是权威性社会中介机构,在水务企业管理、沟通政府与水务企业之间关系、帮助政府了解行业情况、为水务企业代言和服务等方面发挥着不可替代的重要作用。另外,它们在规定水务行业经营规范,帮助会员处理法律事务,维护会员利益,监督平等竞争,以及协调供应商和消费者之间的关系等方面也扮演着重要角色。目前,英国各地水务行业的社团有20多个,其中代表水务企业利益、为水务企业服务的重要社团有"英国水协会"(Water UK)、"不列颠水协会"(British Water)、"未来水协会"(Future Water Association)、"英国水工业研究会"(United Kingdom Water Industry Research)等。

1. 英国水协会

英国水协会是一个全国性的水务产业行业协会,代表英格兰、威尔士、苏格兰和北爱尔兰所有法定水务公司的利益,实行会员制,其运营经费直接来自其会员。截至2018年2月底,共有33个水务企业成为它的会员,全英国主要的水务公司都在其会员之列。[②]

英国水协会的职责范围聚焦在推动水务市场发展、提高客户信任度、行业发展弹性、立法和监管,其使命是代表其会员的利益,为会员企业与政府、监管机构、消费者权益组织、其他利害相关者组织、广大公众之间建立积极的关系提供可行性框架。同时,它也是欧洲国家水服务协会联合会的积极参与者,为英国水工业部门参与欧洲相关事务提供了一个强大的平台。具体而言,其职能包括:保证会员企业的需要得到满足,促进国家和地方之间、环境署和其他监管者之间的联系,了解环境署的政策过程,协调水务产业与其他产业之间的关系。其首要任务是帮助水务公司与其他利益相关者合作,提高该领域中的用户及利益相关者的信任水平;

---

① Consumer Council for Northern Ireland, 2015, *Public Appointment: Consumer Council for Northern Ireland: Board Members*, www. disabilityaction. org.

② 来源:https://www. water. org. uk/about/our-members。

帮助水务公司应对因日益增长的用水需求、气候变化对英国水务部门所带来的压力；根据用户的长远利益，使其了解市场的运作、发展以及监管情况；在提供公共卫生和环境改善方面，为相关决策、立法及其执行提供理由。

英国水协会通过下列方式为会员服务：充当政策顾问，预测国家水政策，并传达给会员；提供公共论坛，讨论有关供水、污水处理问题和未来的事业发展；提供专家网络，讨论和分享行业内的信息；两周一次发布行业内最新动态；提供有关文本资料，等等。

英国水协会实行理事会制，不过其理事会之下的业务部门随着时代的发展不断调整。在十多年前，该协会实行主任负责制，主任之下设立了三个小组：一是政策小组，由 16 个人组成，分别负责有关英国和欧盟水工业经济和环境监管政策、合作计划、水工业技术发展等方面的研究；二是协会信息和学习计划小组，由 11 个人组成，负责水务市场、协会合作伙伴、财会管理、工程等方面的调研；三是"安妮女王门"① 小组，负责协会内务，包括人力资源、通信、资产等的管理，由 4 人组成。目前，其组织结构已经调整为如下两大团队：一是政策组，由 9 人组成，负责政策研究、咨询等事务；二是行政组，由 4 人组成，负责协会内务。

2. 不列颠水协会

不列颠水协会历史悠久，其最早的前身可追溯至 1938 年，目前的组织名号和实体是于 1993 年由两个贸易协会②合并而成的。不列颠水协会及其前身组织历来以代表和促进其会员企业的利益为组织使命，如今已经成为英国水工业供应链的领军式利益团体，代表全英国及其分布在海外的水工业企业的利益。③

不列颠水协会也实行会员制，资金主要来源于会员缴纳的会费。会员费依据各公司的营业额而定，按年收费。截至 2018 年 2 月底，不列颠水协会拥有 199 个单位会员，包括英国主要的法定水务公司、水务工程或水务

---

① 伦敦地名；以地名命名的小组。

② 即 British Effluent and Water Association 和 British Water Industries Group。

③ 来源：http://www.britishwater.co.uk/About-us/about-british-water.aspx。

技术公司以及其他与水事务有关的企业。对于会员而言，最具吸引力的权利包括：可以参加不列颠水协会的行业小组及有关会议，如加入不列颠水协会的行业市场组、地方市场组、合同座谈组、技术聚焦组等，参加不列颠水协会举办的全国水务公司联席会议、技术研讨会、政策报告会、国际研讨会等，参加不列颠水协会组织开展的对内对外贸易活动、与国际政府代表团会面、与相关政府部门和监管机构接洽等。

不列颠水协会具有西方国家行业协会和利益集团代言人的典型特征，主要活动方式是游说政府和监管机构，在英国和欧洲相关水务监管、水务立法、政府采购、合同订立条件以及相关的欧洲标准、国际标准制订等事务中充当其会员企业的代言人，并为其会员提供系列日常服务。具体内容可概括为如下方面：

（1）信息服务。即向会员企业及时、准确地提供相关信息，包括：英国国内和海外水务市场的重要信息，如新的市场参与者及其规模、特征，投资、价格变化等；项目及潜在的商业机会；对立法变化的预判；新标准以及标准的变更动态；行业热点、发展趋势及其可能对会员产生的潜在的影响；国际上水资源的消耗量、消耗方式和途径等。

（2）商机提供。即为会员企业提供广泛的可以参与的商机，主要包括如下三种机会：一是英国论坛（UK Forum），主题集中于市政和工业部门。不列颠水协会内部专门设置了“地方市场组”“行业市场组”，定期与英国各地区的水务管理部门和监管机构、各城市市政当局一起举行全国性会议，寻求行业发展的最优机会，促进国内市场发展；二是技术论坛，主要为会员提供水务技术发展信息，主题集中于有关供水和废水处理工业技术的创新、流程和规则方面。不列颠水协会内部专门设置“技术论坛组”负责筹划、举办技术论坛事宜，并与英国政府工业和贸易部门、健康和卫生安全执行机构、英国标准化组织、欧洲标准化组织、国际标准化组织、国际技术服务组织、家庭和工业用户、职业团体等保持密切联系，经常举办水务技术研讨会；三是国际论坛，帮助会员了解欧洲和国际市场上有关水务作业的标准、行业规则、国别政策等，推动会员的产品和服务进入国际市场，为其会员提供出口支持和市场援助，支持会员举办展览、研究班、讨论会及其他会议等。其中，不列颠水协会内部专门设置“国际论坛组”负责筹划、举办国际论坛事宜，并与英国相关政府部门及独立监管机构保持密切联系，同时也与英国外交部、英国国家发展银行、英国驻欧洲机构、联合国、世界银行、与水务有关的国际贸易组织及各类国际或地区性投资银行等保持密切联系，及时发现商业机会。

（3）会员业务支持。如代表会员与政府及政府部门、监管者、客户及潜在客户、潜在的合作伙伴、供应商等进行联系沟通。不列颠水协会定期举办会员联络会，推广最佳的技术创新和商业创新经验，或者及时就热点问题展开讨论，使会员能够正视这些问题并采取正确的应对策略和行动。所有会员都有机会参与这些会议并提出论点，还可以向大会提出亟待解决的热点难点问题、物资或技术方面的需求等，寻求相关支持。

（4）会员利益代言。例如，代表会员处理那些具有行业影响性的问题，拟订行业培训需求计划；对新的法规政策或其修订案进行评论，对这些草案对会员可能带来的利益影响进行预期；组织进行辩论以向决策者（包括政府及政府部门、各独立监管机构、主要客户、标准制订机构、欧盟委员会等）表达会员的观点。

3. 未来水协会

未来水协会的前身是“不列颠供水和废水处理业协会”（Society of British Water & Wastewater Industries，SBWWI）。SBWWI 成立于 2001 年，代表英国供水和废水处理行业领域中的制造商、承包商、咨询公司和供水商的利益，通过提供表彰、监督立法、游说、发布出版物、举办论坛等方式帮助其成员。2015 年 6 月，SBWWI 更名为“未来水协会”。

更名后的新组织将自己的使命定位为：作为变革的催化剂和迎接未来挑战的先锋力量，聚焦创新和教育，引领整个行业的成功和发展。[①] 具体而言，未来水协会的组织目标主要包括如下八个方面的内容：塑造英国水务行业的未来；成为整个业界的代言人，为企业发出清晰的声音；开启潜

---

① Future Water Association，2015，*New name，new focus for SBWWI*，http://www.eaem.co.uk/news/future-water-association-new-name-new-focus-sbwwi.

力，开拓新市场，建立一个充满活力、闻达四方、一体化的行业体系；通过协作，在创新和理念思想上发挥领导力；促进社会效益，满足客户期望；通过技术卓越，实现环境卓越，促进可持续性；激励新一代，使其成为该部门未来的继承人；影响政府的理念和政策。①

但实际上，未来水协会的主要角色依然是其会员的利益代言人，除了直接向政府部门、监管机构陈述其会员的利益诉求之外，该协会还特别重视媒体的力量，善于通过与媒体合作，定期举办相关会议和论坛，从而影响公众。其中比较有影响力的论坛包括："水龙论坛"，已经连续举办了11年，主旨在于如何通过创新形成水务行业未来的路线图；"水事业接触会"，每年度都在英国各地举办，议题广泛，涵盖培训、创新、采购问题和资本投资方案等，旨在促进水务部门开展对话；"会员论坛"每四个月举行一次，讨论影响水务行业及其成员的各种问题，组织会员开展专题深度讨论，向会员通报最新商机、政府人事和政策变化及其可能带来的挑战等，提供最新行业数据。此外，未来水协会还每年度举办"青春水龙大奖赛"活动，目的是发现水务领域中富有创造性的青年技能人才、企业家等。

截至2018年2月底，未来水协会有129个企业会员，② 但英国四个地区的法定水务公司基本上都不在其会员之列。

除了上述社团外，英国水工业研究会也是比较重要的水务企业利益代言机构。英国水工业研究会成立于1993年，与上述行业协会相比较，其会员数目不多，仅由英格兰和威尔士、苏格兰、北爱尔兰、爱尔兰共和国的20个供水和废水处理企业组成。该研究会的宗旨是：根据水务行业发展和水务公司业务发展的战略需求，确定研究主题和议程，并在此方面发挥领军作用；承担具体的研究课题，将研究成果转让给会员；为其会员及英国其他水务公司提供高质量的、独立的、科学的战略发展建议；为会员企业增加价值。英国水工业研究会的研究议题十分广泛，主要涉及：气候变

① 来源：http://www.futurewaterassociation.com/who-we-are。
② 来源：http://www.futurewaterassociation.com/members。

化，客户需求，饮用水水质和公共卫生，项目管理，公共监管，废水处理，废水、污泥和废弃物管理，毒性物质管理，管道渗漏，环境质量和水资源等专题领域。其研究工作通常与其会员企业、政府部门、独立监管机构或国际合作研究组织共同进行。在过去的20年中，英国水工业研究会向其会员发布了750份研究报告，[①] 对英国水务企业的战略发展和应对未来挑战提供了富有意义的智库支持。

综上所述，英国水务市场中活跃着大量的非营利组织，根据其价值导向，又可分为三种类型：一是以全社会甚至人类利益为依归，倡导保护水资源、节约用水、提高用水效率等；二是代表消费者的利益，不但随时随地帮助解决消费者就水服务问题而提出的各种诉求，而且还发挥公共监管的作用，监督水价制订过程，为消费者代言并争取最大优惠，监督水务公司日常服务质量，同时也监督政府部门及独立监管机构的运行。消费者利益团体一般由政府成立，但又独立于政府。这些消费者利益团体多是地区性的，分别分布在英格兰和威尔士、苏格兰、北爱尔兰地区，相对独立运作，但也遥相呼应。同时，也不乏全国性的组织。近年来，消费者利益团体从地区型转为全国型的趋势十分明显，从而可以代表消费者发出更强的一致的声音；三是水务企业利益团体。这些由水务企业发起成立的行业协会均实行会员制，会费按照企业运营规模大小而定，其最大使命就是为其会员企业代言，从而也推动英国水务工业、商业、技术、投资等领域的发展。

五　小结

水资源现状是水务监管的自然基础，水资源市场中的供需格局，是水务监管的社会现实基础。满足消费者的需求是水务管理的价值归宿，英国的水资源既丰富，也面临着未来的挑战，现有的水资源存量基本上能满足居民生活和社会经济发展需求，但人口增加、经济发展和生活方式变化、

① 数据来源：https://www.ukwir.org/。

气候变化、水环境污染等因素，也将面临水资源短缺的压力和挑战。因此，必须通过管理创新，维持水资源可持续利用。建立健全水服务供给体系、消费者利益保护体系、行业交流和行业发展促进体系，是管理创新的重要构成。经过最近 30 年来的发展，上述体系都已各有成就。

第四章　以法监管：当代英国的水法体系

水法是调整人们在开发、利用、保护和管理水资源、提供水服务的过程中所发生的各种社会关系的一套法律规范。前章的内容已经显示，在英国水务发展的历史过程中，立法先行、以法促进、以法监管，是一个鲜明的特点和优良的传统。仅自1989年至今，英国在水务行业治理领域的一级立法就达30多部，更有数百部授权立法。在立法原则和目标等方面，英国水法又深受欧盟水法和相关国际条约的影响，形成了体系健全、内容全面、相互衔接、传统与现代相融、国情与国际义务相接的水法体系，从而确立了20世纪90年代以来中央政府对英格兰和威尔士实施水务宏观调控、苏格兰和北爱尔兰各自相对独立进行水务治理的法制架构，为具体的水务治理过程提供了准则、程序和方式。

本章从水务立法角度出发，主要梳理了英国水务立法的原则和历史过程，尽可能详细地勾列了构成英国水法体系的法律形式，并简要归纳其启示与借鉴意义。

一　水务立法的原则与形式

（一）英国水务立法总况

历史上，英国早在爱德华三世统治时期（Edward Ⅲ，1327—1377）就曾颁布法令，禁止往泰晤士河倾倒垃圾，这可能是英国水质保护的最早立法。作为世界上最早进行工业化的国家，其涉及城市水务的成文法是在工业化的过程中正式起步的。早期水务立法的主要任务是控制严重的水污染问题，促进水污染防治和水利工程建设。到20世纪30年代，有关水源保护、供水和排污处理工程、都市水服务等内容的法律也相继问世，为英国现代城市水务体制的建立注入了催化剂、提供了动力和制度保障。第二次世界大战前后，英国水务法律进入了全面建设时期，到20世纪70年代末，英国已经形成了系统的、成熟的现代水法体系。20世纪80年代以来的立法，主要围绕水务体制改革和强化监管、改善服务质量、促进水资源可持续利用及水市场良性竞争和发展等内容。

200多年来，英国水务立法进程和水法体系的逐步完善，可以从立法数量上一窥究竟（见图4－1）。而立法的效果正如一位法学家所说，“国家干预的有利之处，尤其是以立法的形式，在于直接、立竿见影而且可以这样说，是看得见的”①。

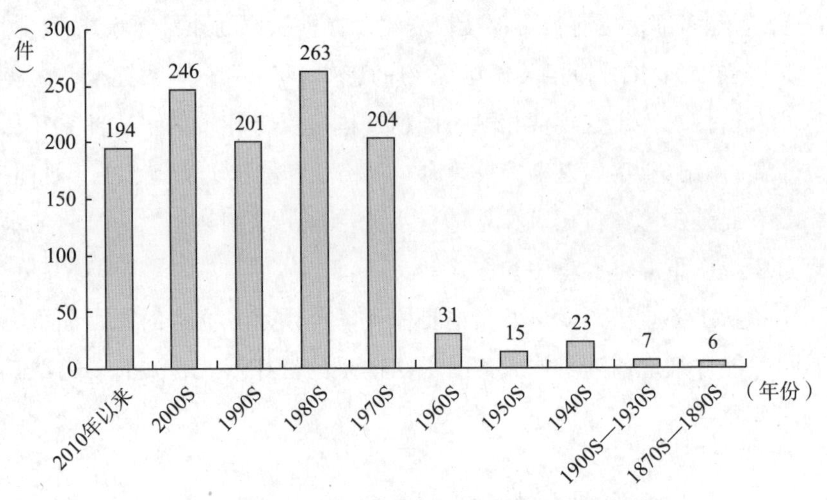

图4－1　1871—2018年英国水务立法数量变化情况

注：图中数据根据英国政府立法网（http://www.legislation.gov.uk）资料计算，查阅关键词为“水”。2018年数据截至3月底。除了1870年代—1890年代、1900年代—1930年代、2010年以来之外，其他均以十年期为一个年代。

① ［英］安东尼·奥格斯：《规制——法律形式与经济学理论》，骆梅英译，中国人民大学出版社2009年版，第9页。

（二）水务立法的原则

英国水务立法的历程显现出这样的原则性特征：一是议会立法至上；二是愈到晚近，授权立法愈普遍，授权立法严格遵循法律保留原则。

英国是普通法系的典型国家，1215年的《自由大宪章》（Magna Carta）孕育了“法的统治”这一基本原则。“法的统治”或曰“法治原则”（Rule of Law）是普通法传统中的首要原则，也是英国宪法的基石。这里的“法”是指“正式的法”（Regular Law），所谓“正式的法”，指以议会制定法为顶点的普通法和平衡法。由此可见，英国的法治原则与“议会主权”（Sovereignty of Parliament）是一致的。

英国议会由上院（贵族院）、下院（平民院）、国王共同组成，行使国家的最高立法权。上院的立法职权主要是：提出法案；在立法程序中可以拖延法案生效；审判弹劾案；行使国家最高司法权。下院的立法职权主要是：提出重要法案；先行讨论、通过法案；提出质询；提出和通过财政法案。国王被看成是一切权力的源泉和国家的化身，在政治生活中处于临朝而不理政、统而不治的地位，具有国家象征意义。在立法职权方面，国王批准并颁布法律；制定文官管理法规；颁布枢密院令和特许状[①]；召集、中止议会会议；解散议会；任免重要官员。议会主权原则意味着，“英国议会在立法方面具有至高无上的至尊地位，没有其他任何机构或个人能对其立法权施加任何形式的限制”[②]。

进入20世纪后，英国议会依然保持着至高无上的理论地位，但实际权限却日益受到挑战、侵蚀且不断萎缩。造成这一现象的原因众多，其中包括英国议会主权原则与欧盟法最高效力原则之间的冲突、行政权力日益膨胀等。但是，制度变迁是有其“路径依赖”的，新的变化并没有在实质上影响法治原则的运行。同时，法治原则、议会主权原则及其所衍生的法律保留原则作为英国宪法中最重要的原则，也是英国行政法治主义的核心原

① 枢密院是英国君主的咨询机构，被称作“女王陛下最尊贵的枢密院”（Her Majesty's Most Honourable Privy Council）。

② 李靖堃：《议会法令至上还是欧共体法至上?》，《欧洲研究》2006年第5期。

则，它坚持立法先行，要求一切行政活动都必须具有明确的法律依据，在法律缺位时排除任何行政活动。实践中，即使行政权力介入立法领域，也坚持法律保留原则，坚持行政机关只有在取得法律授权时才能实施相应的行为，没有法律授权，行政机关不能合法地做出行政行为。[①]

正是由于秉持这一传统，包括水务行业在内的英国诸项公用事业改革，都遵循了上述原则，特别是严格遵循着立法先行的路径，保证每一步改革行动都具有法律依据和法律程序。议会立法拥有最高的位阶，具有高度的权威性、稳定性、系统性、整体性、规范性，不但为水务行业改革提供了一个宏观的法律制度安排，同时还为改革的推进提供了法律程序上的保障，包括改革的依据与计划，改革过程和结果的公开，以及对社会意见的广泛听取、理由的充分说明等。可以说，是英国的立法机关而不是行政机关有权决定水务改革的性质和进程。而另一方面，在法律保留原则下，通过议会授权立法，行政机关灵活地根据国内外市场和社会的最新变化，以落实议会立法为目的，制定行政条例、命令等，丰富了水法体系。

（三）水务立法的结构和形式

纵观英国水务立法的历程，从立法主体结构上看，包括如下两大部门：

首先是英国议会立法及地方议会立法。英国实行地方分权的单一制国家结构形式，苏格兰、北爱尔兰地区实行高度自治，近年来威尔士也被赋予更多的自治权，英国中央政府与这些地方政府之间有着明确的权力划分，英国议会的一些法律主要在英格兰和威尔士实施。苏格兰、北爱尔兰也奉行议会立法先行的原则，其议会制定的法律在本地实施。

议会制定的水法分为如下几种，即：联合王国公共一般法（UK Public General Acts）、联合王国地方法（UK Local Acts）、[②] 苏格兰议会法（Acts

---

① 于安：《德国行政法》，清华大学出版社1999年版，第25页。

② 相对而言，属于联合王国地方法的水法较少，最近40年只有两部，即《塞文垂水务局法》（Severn-Trent Water Authority Act 1983）和《利文湖和洛哈伯水力订单确认法》（*Loch Leven and Lochaber Water Power Order Confirmation Act*，1995）。

of the Scottish Parliament）、威尔士国民议会法（Acts of the National Assembly for Wales）、北爱尔兰议会法（Acts of the Northern Ireland Assembly）和北爱尔兰枢密令（Northern Ireland Orders in Council）。[①] 这些法律，均由议会直接颁布，被称为初级立法或基本法（Primary Legislation）、一级立法。

其次是议会的授权立法。在议会立法之外，更有大量的授权立法。内阁等权力主体不但在议会立法过程中发挥着重要的作用，行使立法提案权或起草法案，[②] 也行使授权立法权。所谓授权立法，具体是指议会依据授权法授予内阁、部长或者其他权力机构立法权，后者根据这些授权而制定的法规、法令。这些授权立法被称为“二级立法”或次级立法、委任立法、从属立法（Secondary Legislation）。议会的授权立法对象包括内阁、部长、法院、教会及其他权力机构，它们都可以依据议会授权进行制定法规法令的活动。因此，内阁及其部门、独立监管机构、其他公共团体等制定的附属法规、规则，也成为英国水法体系的构成部分。而且，英国的授权立法尤其是由内阁部门制定的条例，具有立法权性质而非行政权性质。

授权立法的名称和形式多种多样，主要包括条例、命令、规划、计划、指示等。授权立法必须遵循如下原则：必须根据法律并为了执行法律而制定法规，授权立法应符合授权法所要求的目的和内容，法规必须在各该行政机关的权限内颁行；法规必须按规定的程序和形式制定等。[③]

根据授权立法的属性，可将之分为如下几种：联合王国法定文件[④]（UK Statutory Instruments）、威尔士法定文件（Wales Statutory Instruments）、苏格兰法定文件（Scottish Statutory Instruments）、北爱尔兰法定规则（Northern Ireland Statutory Rules）、联合王国部长令（UK Ministerial Orders）、联合王国法定规则和命令（UK Statutory rules and Orders）、北爱尔兰法定规则和命令（Northern Ireland Statutory Rules and Orders）。此外，还

---

① 北爱尔兰议会拟定、由英王枢密院令的形式发布。

② 例如，英国环境、食品与乡村事务部（Defra）往往根据英格兰和威尔士地区水务的实际情况，按照欧盟水务政策和行业规定，拟订法律草案，提交议会通过形成法律。

③ 万其刚：《西方发达国家的授权立法》，《人大研究》1996年第11期。

④ 指根据法律规定的程序制定的成文法文件，或称“制定法文件”。

包括大量的水务战略规划和指导、指示等。同时，国际法、欧盟法也在英国水法结构中占有重要的地位。

自1989年至2018年3月底，英国水务领域中的授权立法数量丰富，其中在立法类型上属于联合王国法定文书的达400件（立法时间为1989/03—2018/03），属于威尔士法定文书的有41件（立法时间为2000/03—2018/03），属于苏格兰法定文书的有142件（立法时间为1999/03—2018/03），属于北爱尔兰法定规则的有45件（立法时间为1998/03—2018/03）[①]。上述授权立法的内容涉及对水务基本法和欧盟《水框架指令》的贯彻落实、水务改革创新、水质和水资源保护、提高用水效率、水资源可持续利用和水服务发展战略等诸多方面。

二　国内水法体系

（一）议会立法：水务基本法体系

议会制定的水法体系宏大、内容丰富。

从立法的目的和任务看，议会制定的水法又可以分为几类：第一类是水务体制改革类、综合类的法律，主要涉及水权确定、水务监管制度、水市场结构与竞争、水工业发展等内容的法律（见表4－1）；第二类是改善水服务质量类的法律，旨在保护水务领域消费者权益、进一步提高水服务水平及其社会价值，一般融入其他公共服务类法律（见表4－2）；第三类是水资源保护和利用类的法律，以排污处理管理与水污染防治、水环境保护、干旱和洪水防治、水资源可持续利用和发展等为内容（参见表4－3）；第四类是水产养殖行业方面的法律，如渔业法；第五类是水能应用类的法律，如水利工程法、水运水能法等；第六类是针对特殊水体而进行的专门立法。此外，在其他法律如农业法、森林法等法律也会涉及水资源的利用

① 资料来源：英国政府立法网（http://www.legislation.gov.uk）。说明：（1）威尔士国民议会、苏格兰议会成立于1999年，北爱尔兰议会成立于1998年；（2）查阅关键词为“水”。

保护等相关内容。

表4－1　最近40年英国主要水务法律：综合类

<table>
<tr><th>法律名称</th><th>备　注</th></tr>
<tr><td>《企业法》（Enterprise Act 2002，2016）</td><td rowspan="13">1）立法类型属于联合王国公共一般法；多数只适用于英格兰和威尔士。
2）1980年的《水（苏格兰）法》由英国议会制定。</td></tr>
<tr><td>《水法》（Water Act 1989，2003，2014）</td></tr>
<tr><td>《企业和监管改革法》（Enterprise and Regulatory Reform Act 2013）</td></tr>
<tr><td>《水工业（财政援助）法》（Water Industry〔Financial Assistance〕Act 2012）</td></tr>
<tr><td>《公用事业法》（Utilities Act 2000）</td></tr>
<tr><td>《水工业法》（Water Industry Act 1991，1999）</td></tr>
<tr><td>《竞争法》（Competition Act 1998）</td></tr>
<tr><td>《竞争和服务（公用事业）法》（Competition and Service〔Utilities〕Act 1992）</td></tr>
<tr><td>《法定水公司法》（Statutory Water Companies Act 1991，已经废除）</td></tr>
<tr><td>《水事合并（相应条款）法》（Water Consolidation〔Consequential Provisions〕Act 1991）</td></tr>
<tr><td>《公用事业转让和水费法》（Public Utility Transfers and Water Charges Act 1988）</td></tr>
<tr><td>《水（苏格兰）法》（Water〔Scotland〕Act 1980）</td></tr>
<tr><td>《水费均衡法》（Water Charges Equalisation Act 1977）</td></tr>
</table>

来源：根据英国政府立法网（http://www.legislation.gov.uk）资料整理。

表4－2　近年来英国有关改良公共服务（包括水服务）的法律

<table>
<tr><th>法律名称</th><th>备　注</th></tr>
<tr><td>《公共服务（社会价值）法》（Public Services〔Social Value〕Act 2012）</td><td>联合王国公共一般法</td></tr>
<tr><td>《社会服务和福利（威尔士）法》（Social Services and Well-being〔Wales〕Act 2014）</td><td rowspan="2">威尔士国民议会法</td></tr>
<tr><td>《公共服务监察专员（威尔士）法》（Public Services Ombudsman〔Wales〕Act 2005）</td></tr>
<tr><td>《公共机构（联合工作）（苏格兰）法》（Public Bodies〔Joint Working〕〔Scotland〕Act 2014）</td><td rowspan="6">苏格兰议会法</td></tr>
<tr><td>《公共服务改革（苏格兰）法》（Public Services Reform〔Scotland〕Act 2010）</td></tr>
<tr><td>《监管改革（苏格兰）法》（Regulatory Reform〔Scotland〕Act 2014）</td></tr>
<tr><td>《苏格兰公共服务监察专员法》（Scottish Public Services Ombudsman Act 2002）</td></tr>
<tr><td>《水服务诸（苏格兰）法》（Water Services etc.〔Scotland〕Act 2005）</td></tr>
<tr><td>《水工业（苏格兰）法》（Water Industry〔Scotland〕Act 2002）</td></tr>
</table>

续表

<table>
<tr><th>法律名称</th><th>备注</th></tr>
<tr><td>《公共服务监察专员法（北爱尔兰）》（Public Services Ombudsman Act〔Northern Ireland〕2016）</td><td rowspan="3">北爱尔兰议会法；第三个为北爱尔兰枢密令，只适用于北爱尔兰。</td></tr>
<tr><td>《供水和排污服务法（北爱尔兰）》（Water and Sewerage Services Act〔Northern Ireland〕2010，2013，2016）</td></tr>
<tr><td>《供水和排污服务（北爱尔兰）令》（The Water and Sewerage Services〔Northern Ireland〕Order 2006）</td></tr>
</table>

来源：根据英国政府立法网（http://www.legislation.gov.uk）资料整理。

表4-3：最近40年来英国主要水务法律：水资源保护管理类

<table>
<tr><th>法律名称</th><th>备注</th></tr>
<tr><td>《洪水和水管理法》（Flood and Water Management Act 2010）</td><td rowspan="18">联合王国公共一般法</td></tr>
<tr><td>《气候变化法》（Climate Change Act 2008）</td></tr>
<tr><td>《气候变化与可持续能源法》（Climate Change and Sustainable Energy Act 2006）</td></tr>
<tr><td>《自然环境和乡村社区法》（Natural Environment and Rural Communities Act 2006）</td></tr>
<tr><td>《商船（污染）法》（Merchant Shipping〔Pollution〕Act 2006）</td></tr>
<tr><td>《污染防治和控制法》（Pollution Prevention and Control Act 1999）</td></tr>
<tr><td>《环境法》（Environment Act 1995）</td></tr>
<tr><td>《水资源法》（Water Resources Act 1991）</td></tr>
<tr><td>《地面排水法》（Land Drainage Act 1991）</td></tr>
<tr><td>《环境保护法》（Environmental Protection Act 1990）</td></tr>
<tr><td>《污染控制（修正）法》（Control of Pollution〔Amendment〕Act 1989）</td></tr>
<tr><td>《环境与安全信息法》（Environment and Safety Information Act 1988）</td></tr>
<tr><td>《三文鱼法》（Salmon Act 1986）</td></tr>
<tr><td>《水（氟化）法》（Water〔Fluoridation〕Act 1985）</td></tr>
<tr><td>《食品和环境保护法》（Food and Environment Protection Act 1985）</td></tr>
<tr><td>《渔业法》（Fisheries Act 1981）</td></tr>
<tr><td>《水库法》（Reservoirs Act 1975）</td></tr>
<tr><td>《环境（威尔士）法》（Environment〔Wales〕Act 2016）</td><td>威尔士国民议会法</td></tr>
<tr><td>《水资源（苏格兰）法》（Water Resources〔Scotland〕Act 2013）</td><td rowspan="6">苏格兰议会法</td></tr>
<tr><td>《排污处理（苏格兰）法》（Sewerage〔Scotland〕Act 2013）</td></tr>
<tr><td>《水产养殖和渔业（苏格兰）法》（Aquaculture and Fisheries〔Scotland〕Act 2013）</td></tr>
<tr><td>《水库（苏格兰）法》（Reservoirs〔Scotland〕Act 2011）</td></tr>
<tr><td>《野生动物和自然环境（苏格兰）法》（Wildlife and Natural Environment〔Scotland〕Act 2011）</td></tr>
<tr><td>《气候变化（苏格兰）法》（Climate Change〔Scotland〕Act 2009）</td></tr>
</table>

续表

法律名称	备　注
《环境评估（苏格兰）法》（Environmental Assessment〔Scotland〕Act 2005） 《自然保护（苏格兰）法》（Nature Conservation〔Scotland〕Act 2004） 《水环境和水服务（苏格兰）法》（Water Environment and Water Services〔Scotland〕Act 2003） 《三文鱼和淡水渔业（合并）（苏格兰）法》（Salmon and Freshwater Fisheries〔Consolidation〕〔Scotland〕Act 2003）	苏格兰议会法
《渔业法（北爱尔兰）》（Fisheries Act〔Northern Ireland〕2016） 《更好环境规制法（北爱尔兰）》（Environmental Better Regulation Act〔Northern Ireland〕2016） 《水库法（北爱尔兰）》（Reservoirs Act〔Northern Ireland〕2015） 《野生动物和自然环境法（北爱尔兰）》（Wildlife and Natural Environment Act〔Northern Ireland〕2011） 《清洁邻里和环境法（北爱尔兰）》（Clean Neighbourhoods and Environment Act〔Northern Ireland〕2011）	北爱尔兰议会法

来源：根据英国政府立法网（http://www.legislation.gov.uk）资料整理。

上述诸表中的法律，多数都与时俱进，随着社会经济的变化发展而不断得以修订和完善，从而保持着历久弥新的生命力。以英国议会制定的只适用于英格兰和威尔士的联合王国《水法》为例，可以看出英国的议会立法机制是相当完备的。

联合王国《水法》是关涉水务制度变革的综合性、根本性大法。早在1945—1951年，也即英国掀起第一次国有化浪潮的时期，英国议会就汇集了早期立法成果，颁布了首部水法即《1945年水法》，此后于1948年、1973年、1981年、1983年、1989年、2003年、2014年进行了七次修改，其中对水务体制起着颠覆性变革作用的是《1973年水法》和《1989年水法》。前者确立了流域统一管理与地方配合的水资源、水服务国有国营体制，组建了承担流域管理政企合一任务的地区水务局；后者则建立了英格兰和威尔士水务部门的私有化体系，为水务体制私有化改革提供了法律保障。

不过，进入21世纪后，欧盟对其成员国水资源的管理和开发利用提出了新要求。因《1989年水法》在取水和流域管理方面的规定与形势发展的要求不相适应，需要进一步深化水务管理体制改革。在此背景下，英国议会对《1989 年水法》又进行了调整，出台了《2003 年水法》。《2003 年水法》以保证有可持续发展的水资源为指导思想，修改了在英格兰和威尔士地区所实施的取水许可证管理框架，对经济监管的法人结构进行了某些修改，扩大了针对用水大户的行业竞争范围。与《1989 年水法》相比，《2003 年水法》有如下几点重大变革：一是在水资源监管方面，对各监管部门进行整合，以保证投资商对政府监管有足够的信心。例如，Ofwat 实行新的委员会制取代过去的总监负责制，形成新的监管机构，从而使工作更加透明。二是加大了监管力度，规定新的监管机构有权处罚违法的水务公司，罚款金额最高可达其营业额的 10%。三是调整了取水许可证的使用期限，改变了以前取水许可证无期限的状态，规定其使用期限是 12 年，同时政府有权将其缩短到 6 年。四是水务行业引进竞争机制，年用水量超过 5 万吨的用水大户可以不受地域限制，自主选择水务公司，从而促使水务公司提高服务质量。

为了持续促进英格兰和威尔士水务领域的改革和创新，提升水务公司及其他水务领域服务提供者的责任能力，增强它们对自然灾害如干旱、洪涝等的回应性，同时也为了采取长效措施以确保家庭用户抵御洪水风险，英国议会修改了《2003 年水法》，通过了《2014 年水法》。与前几部水法比较，《2014 年水法》针对水务部门的效能提出了一些改善措施，包括如下几个方面：一是促进竞争，把针对商业用户的市场竞争引入英格兰水务领域，使英格兰所有的商业用户能够选择供水与污水处理服务的提供者；二是促进地区合作，与苏格兰建立一个跨界合作的制度安排；三是扩大市场规模，使供水或污水处理企业能够开发新的服务资源；四是发展全国供水网络，使水务公司之间的交易变得更容易；五是使拥有小型蓄水设施的业主把多余的水出售给公共供水系统，提高水资源的社会效益；六是设置部长一级的沟通平台，使水务公司借助这一平台应对干旱；七是使发展商及新的水务公司能够分享新建供水管道与污水处理系统，提高水务基础设施的使用效益；八是提升对有关污水处理服务供应商合并事宜的监管水平，维护市场竞争秩序；九是赋予水务经济监管机构新的重要职责，使其更多地考虑水务领域的长期变化，提高行业监管能力。

除此之外，《2014 年水法》还提出了其他一些新规定，主要是：采取措施，保证水资源利用的可持续性；改进水资源管理方式和旱灾应对管理水平；改进环境许可框架流程，简化运营商申请许可证的程序，把多个分散的许可证合并为一个许可证；鼓励排水系统可持续利用，减少内陆排水委员会的官僚主义；把管理河流地图的责任移交给环境署和威尔士自然资源局。

在制定水务根本大法《水法》的同时，英国议会还出台一系列重要的配套法律，它们共同构建了当前英格兰和威尔士的水务产业制度，这些法律的主要作用列于表 4－4 中。

总之，英国议会自立法确立英格兰和威尔士的水务私有化制度以来，仍然不断地对这套水法体系进行修修补补，使其臻于完善。近年来，水务立法重点已经不在推动体制改革方面，而是放在水资源保护和改善水服务水平方面。而在苏格兰和北爱尔兰，议会也大有作为。特别是苏格兰议会，最近十多年颁布了一系列水务法律，有力地推动着苏格兰地区的水务体制改革进程，走出了一条具有苏格兰特色的、公有制下的水务市场化道路。

表 4－4　20 世纪 90 年代以来英国《水法》（英格兰和威尔士）配套立法一览

法律名称	主要立法任务
《水工业法》（1991、1999）	《1991 年水工业法》在《1989 年水法》的基础上，为水务公司、水务监管重新设定权力和责任、权利和义务，明确地提出了为何和促进各方利益平衡的基本原则，明确地提出了各重大事项和业务的操作流程和规则。《1999 年水工业法》对《1991 年水工业法》做了一些重要的修正，主要包括：取消水务公司因国内用户没付账单而中断服务的权力；限制水务公司强制国内用户使用水表的情况；确保水务公司能够在应征税额的基础上继续向用户收费的权利。
《水资源法》（1991）	规定了国家河流局的功能，并且第一次引入了水质等级和目标。
《竞争和服务（公用事业）法》（1992）	增加了 Ofwat 解决纠纷的的权力，并允许进行有限的行业竞争。
《环境法》（1995）	重建环境规制，规定企业有责任促使消费者提高用水效率，强化了国家河流局、皇家污染监察署（Her Majesty's Inspectorate of Pollution）的职能以及地方当局对废弃物的监管职能，并把英国环境部的一些职能转移给新成立的独立机构——环境署。

续表

法律名称	主要立法任务
《竞争法》(1998)	禁止企业之间签订任何将妨碍、限制或者歪曲竞争的协议，同时也禁止任何滥用市场支配地位的行为，授予 Ofwat 依据此法与公平贸易办公室共享对水务领域中不正当竞争进行调查的权力。
《企业法》(2002、2016)	《2002 年企业法》把指导水务公司之间兼并事项的职责划归竞争委员会。《2016 年企业法》支持包括小型水务公司在内的小企业发展，规定设立小企业专员，为小企业在与大企业建立供应关系方面提供一般建议和信息，并负责处理大企业逾期付款问题，建立小企业投诉、调查、裁决和报告机制，遏制不公平行为。此外还包含多项举措，使小企业能够从当地政府获得持续、合适、可信的建议。
《洪水和水管理法》(2010)	取消了水务公司自主连接下水道的权利，对水务公司在旱季受限的系列活动进行了一些调整，修改了《1999 年水工业法》中的有关规定，明确了支付水费的责任主体，使水务公司为特定群体提供优惠价格的做法变得更加容易。

来源：根据英国政府立法网（http://www. legislation. gov. uk）资料整理。

(二) 授权立法：条例、部长令、指南及战略

从形式看，授权立法主要分为“条例”（Regulation）、“部长令”（Ministerial Orders）、“指南”（Direction）、“战略”（Strategy）几大类。其中，条例的效力仅次于法律，条例和部长令都必须经议会批准、由部长签署发布。

1. 条例

一般情况下，每当议会出台法律之后，内阁及其职能部门就会出台相关条例，使法律得以贯彻落实，通常情况下还会在每年度或根据情况变化而进行修改，补充新的内容。具体而言，有些水务条例所规制的事项内容是一样的，但每年都修订，有些条例是为了落实议会对某部水法的某部分新修订的内容而制定的，有些是为了落实欧盟的水框架指令而制定的。最近五年，英国发布的水务条例见表 4－5、表 4－6、表 4－7、表 4－8 所示：

表 4－5 最近五年英国主要水务条例一览：立法类型为联合王国（UK）法定文件

《基础设施规划（环境影响评估）条例》（The Infrastructure Planning〔Environmental Impact Assessment〕Regulations 2017）
《取水（暂行规定）条例》（The Water Abstraction〔Transitional Provisions〕Regulations 2017）

续表

《取水和和蓄水（豁免）条例》（The Water Abstraction and Impounding〔Exemptions〕Regulations 2017）

《取水（特定法规）条例》（The Water Abstraction〔Specified Enactments〕Regulations 2017）

《水工业特定法则（对竞争和市场管理局的申诉）条例》（The Water Industry Designated Codes〔Appeals to the Competition and Markets Authority〕Regulations 2017）

《供水及污水处理服务（用户服务标准）（修订）条例》（The Water Supply and Sewerage Services〔Customer Service Standards〕〔Amendment〕Regulations 2017）

《供水和污水处理承办商（退出非家庭用户零售市场）条例》（The Water and Sewerage Undertakers〔Exit from Non-household Retail Market〕Regulations 2016）

《水供（水质）条例》（The Water Supply〔Water Quality〕Regulations 1989，1991，1999，2001，2007，2010，2011，2016）

《供水及排污许可证（跨境申请）条例》（The Water Supply and Sewerage Licences〔Cross-Border Applications〕Regulations 2016）

《水环境（水框架指令）（诺森比亚和索韦提德流域地区）（修订）条例》（The Water Environment〔Water Framework Directive〕〔Northumbria and Solway Tweed River Basin Districts〕〔Amendment〕Regulations 2016）

《水事合并（杂项修订）条例》（The Water Mergers〔Miscellaneous Amendments〕Regulations 2015）

《商船（石油污染防备、反应及合作公约）（修订）条例》（The Merchant Shipping〔Oil Pollution Preparedness，Response and Co-operation Convention〕〔Amendment〕Regulations 2015）

《地表水和水资源（杂项撤销）条例》（The Surface Waters and Water Resources〔Miscellaneous Revocations〕Regulations 2015）

《水工业（收费）（脆弱群体）（综合）条例》（The Water Industry〔Charges〕〔Vulnerable Groups〕〔Consolidation〕Regulations 2015）

《游泳水管理条例》（The Bathing Water Regulations 2013）

《废弃物强制执行（英格兰和威尔士）条例》（The Waste Enforcement〔England and Wales〕Regulations 2018）

《水资源（环境影响评估）（英格兰和威尔士）（修订）条例》（The Water Resources〔Environmental Impact Assessment〕〔England and Wales〕〔Amendment〕Regulations 2017）

《水环境〈水框架指令〉（英格兰和威尔士）条例》（The Water Environment〔Water Framework Directive〕〔England and Wales〕Regulations 2017）

《天然矿泉水、泉水和瓶装饮用水（英格兰）管理条例》（The Natural Mineral Water，Spring Water and Bottled Drinking Water〔England〕Regulations 2018）

《农业扩散性污染的减少与预防（英格兰）条例》（The Reduction and Prevention of Agricultural Diffuse Pollution〔England〕Regulations 2018）

《水务基础设施适用（法定水务配备要求）（英格兰）条例》（The Water Infrastructure Adoption〔Prescribed Water Fittings Requirements〕〔England〕Regulations 2017）

《私人供水（英格兰）条例》（The Private Water Supplies〔England〕Regulations 2016）

《水工业（指定基建项目）（英格兰承办商）条例》（The Water Industry〔Specified Infrastructure Projects〕〔English Undertakers〕Regulations 2013，2015 年修订）

《游泳水（修订）（英格兰）管理条例》（The Bathing Wate〔Amendment〕〔England〕Regulations 2016）

来源：根据英国政府立法网（http://www. legislation. gov. uk）资料整理。

表4-6　最近五年英国主要水务条例一览：立法类型为威尔士法定文件

《游泳水（威尔士）管理条例》(The Bathing Water〔Wales〕Regulations 2014，2017年修订)
《私人供水（威尔士）条例》(The Private Water Supplies〔Wales〕Regulations 2017)
《天然矿泉水、泉水和瓶装饮用水（威尔士）管理条例》(The Natural Mineral Water, Spring Water and Bottled Drinking Water〔Wales〕Regulations 2015，2017年修订)
《供水（水质）（修订）（威尔士）条例》(The Water Supply〔Water Quality〕〔Amendment〕〔Wales〕Regulations 2016)
《水工业（承办商业务全部或主要在威尔士）（有关非业主承包人的信息）条例（The Water Industry〔Undertakers Wholly or Mainly in Wales〕〔Information about Non-owner Occupiers〕Regulations 2014)
《水资源（控制污染）（油库）（威尔士）条例》(The Water Resources〔Control of Pollution〕〔Oil Storage〕〔Wales〕Regulations 2016)
《硝酸盐污染防治（威尔士）条例》(The Nitrate Pollution Prevention〔Wales〕Regulations 2013)

来源：根据英国政府立法网（http://www. legislation. gov. uk）资料整理。

表4-7　最近五年英国主要水务条例一览：立法类型为苏格兰法定文件

《水环境（杂项）（苏格兰）条例》(The Water Environment〔Miscellaneous〕〔Scotland〕Regulations 2017)
《水资源开发（指定机构：修改）（苏格兰）条例》(The Development of Water Resources〔Designated Bodies: Modification〕〔Scotland〕Regulations 2017)
《公共和私人供水（杂项修订）（苏格兰）条例》(The Public and Private Water Supplies〔Miscellaneous Amendments〕〔Scotland〕Regulations 2015，2017)
《人类消费用水（私有供应）（苏格兰）条例》(The Water Intended for Human Consumption〔Private Supplies〕〔Scotland〕Regulations 2017)
《公共供水（苏格兰）条例》(The Public Water Supplies〔Scotland〕Regulations 2014，2017)
《水环境（〈1990年环境保护法〉第IIA部分的修订：受污染土地）（苏格兰）条例》(The Water Environment〔Amendment of Part IIA of the Environmental Protection Act 1990: Contaminated Land〕〔Scotland〕Regulations 2016)
《水环境（补充措施）（苏格兰）条例》(The Water Environment〔Remedial Measures〕〔Scotland〕Regulations 2016)
《2003年水环境与水服务（苏格兰）法（第1部分修订）条例》(The Water Environment and Water Services〔Scotland〕Act 2003〔Modification of Part 1〕Regulations 2015)
《水环境（流域管理规划等）（杂项修订）（苏格兰）条例》(The Water Environment〔River Basin Management Planning etc.〕〔Miscellaneous Amendments〕〔Scotland〕Regulations 2015)
《供水和排污服务（合理成本）（苏格兰）条例》(The Provision of Water and Sewerage Services〔Reasonable Cost〕〔Scotland〕Regulations 2015)
《硝酸盐易损区划定（苏格兰）修订条例》(The Designation of Nitrate Vulnerable Zones〔Scotland〕Amendment Regulations 2015)
《水环境（贝类水域保护区：环境目标等）（苏格兰）条例》(The Water Environment〔Shellfish Water Protected Areas: Environmental Objectives etc.〕〔Scotland〕Regulations 2013)
《水环境（河流流域管理规划：进一步规定）条例》(The Water Environment〔River Basin Management Planning: Further Provision〕〔Scotland〕（苏格兰）Regulations 2013)

续表

《水环境（受控活动）（苏格兰）条例》（The Water Environment〔Controlled Activities〕〔Scotland〕Regulations2011，2013）
《硝酸盐易损区行动计划（苏格兰）条例》（The Action Programme for Nitrate Vulnerable Zones〔Scotland〕Regulations 2008，2009，2013）

来源：根据英国政府立法网（http://www.legislation.gov.uk）资料整理。

表 4-8　最近五年英国主要水务条例一览：立法类型为北爱尔兰法定规则

《污染预防与控制（工业排放）（修订）条例（北爱尔兰）》（The Pollution Prevention and Control〔Industrial Emissions〕〔Amendment〕Regulations〔Northern Ireland〕2018）
《定价（电信、天然气和水）（修订）条例（北爱尔兰）》（The Valuation〔Telecommunications，Natural Gas and Water〕〔Amendment〕Regulations〔Northern Ireland〕2014，2015，2018）
《水环境〈水框架指令〉条例（北爱尔兰）》（The Water Environment〔Water Framework Directive〕Regulations〔Northern Ireland〕2017）
《供水（水质）条例（北爱尔兰）》（The Water Supply〔Water Quality〕Regulations〔Northern Ireland〕2015，2017）
《私人供水条例（北爱尔兰）》（The Private Water Supplies Regulations〔Northern Ireland〕2015，2017）
《水资源（环境影响评估）条例（北爱尔兰）》（The Water Resources〔Environmental Impact Assessment〕Regulations〔Northern Ireland〕2017）
《水表条例（北爱尔兰）》（The Water Meters Regulations〔Northern Ireland〕2016）
《水框架指令（分类，优先物质和贝类水域）条例（北爱尔兰）》（The Water Framework Directive〔Classification，Priority Substances and Shellfish Waters〕Regulations〔Northern Ireland〕2015）
《水框架指令（优先权物质和分类）（修订）条例（北爱尔兰）》（The Water Framework Directive〔Priority Substances and Classification〕〔Amendment〕Regulations〔Northern Ireland〕2015）
《地下水（修订）管理条例（北爱尔兰）》（Groundwater〔Amendment〕Regulations〔Northern Ireland〕2014）
《游泳水水质（修订）条例（北爱尔兰）》（The Quality of Bathing Water〔Amendment〕Regulations〔Northern Ireland〕2013）

来源：根据英国政府立法网（http://www.legislation.gov.uk）资料整理。

2. 部长令

部长令，顾名思义是由政府部门的部长发布的命令，部长们有权凭借这些行政命令，对水务市场或水务企业进行必要的规制。部长令也是二级立法的一种表现形式，是制定法文件，同样具有法律属性。相对于条例而言，部长令更加具体和细腻，是实施水务监管和控制的主要手段之一，因此在水务管理过程中被广泛、灵活地采用。

即使是专门适用于水务领域的部长令，体系也比较庞大，涉及内容广泛。大致可分为如下几类：一是水务基本法实施令。其突出特点是对某项水法详细分解，根据国内外市场和社会变化而及时进行修改、解释，每隔一段时间就发布新的指令，从而使水法保持生命力。例如，自《2014 年水法》颁布至 2018 年 4 月底，已经出台了 11 个实施令或生效令。再如，《1995 年环境法》颁布至今，已经出台了 25 个实施令；《1999 年水工业法》颁布后，相应出台了 2 个实施令；《2002 年水工业（苏格兰）法》颁布至今，相应出台了 6 个实施令；《2010 年洪水与水管理法》颁布至今，相应出台了 12 个实施令；《2013 年水资源（苏格兰）法》颁布后，相应出台了 4 个实施令。实施令中还会增加一些暂行规定、保留规定等；二是有关供水与排污服务监管的命令。内容针对供水和排污服务运营特许和执照、相关费用等内容，最近十多年来重要的命令如表 4 –9 所示；三是有关水资源和水环境保护、污染防控方面的命令，最近十多年重要的命令如表 4 –10 所示。

表 4 –9　近年来英国供水与污水处理领域重要的部长令

《供水执照和排污执照（标准条件修正）令》（The Water Supply Licence and Sewerage Licence〔Modification of Standard Conditions〕Order 2017）
《水质及供水（收费）令》（The Water Quality and Supply〔Fees〕Order 2016）
《公共机构（供水和水质费用）令》（The Public Bodies〔Water Supply and Water Quality Fees〕Order 2013）
《公共机构（供水和水质）（检查费）令》（The Public Bodies〔Water Supply and Water Quality〕〔Inspection Fees〕Order 2012）
《水质与供水（费用）（业务全部或主要在威尔斯的承办商）令》（The Water Quality and Supply〔Fees〕〔Undertakers Wholly or Mainly in Wales〕Order 2016）
《供水和排污服务执照（跨境申请）（苏格兰）令》（The Water and Sewerage Services Licences〔Cross-Border Applications〕〔Scotland〕Order 2016）
《住宅供水和排污服务（由地方当局收取的未安装水表户水费）（苏格兰）令》（Water and Sewerage Services to Dwellings〔Collection of Unmetered Charges by Local Authority〕〔Scotland〕Order 2014）
《供水服务及排污服务执照（苏格兰）令》（Water Services and Sewerage Services Licences〔Scotland〕Order 2006）
《供水和排污处理运营商特许令（北爱尔兰）》（The Grants to Water and Sewerage Undertakers Order〔Northern Ireland〕2017）
《供水和排污服务（后继公司）令（北爱尔兰）》（The Water and Sewerage Services〔Successor Company〕Order〔Northern Ireland〕2007）
《水和排污服务（转让日期）令（北爱尔兰）》（Water and Sewerage Services〔Transfer Date〕Order〔Northern Ireland〕2007）

来源：根据英国政府立法网（http://www.legislation.gov.uk）资料整理。

表 4－10　近年来英国有关水资源环境保护领域重要的部长令

《动物，水和海洋渔业（杂项撤销）令》（The Animals，Water and Sea Fisheries〔Miscellaneous Revocations〕Order 2015）
《水、动物、海洋污染和环境保护（杂项撤销）令》（The Water，Animals，Marine Pollution and Environmental Protection〔Miscellaneous Revocations〕Order 2015）
《基础设施规划（废水转移和贮存）令》（The Infrastructure Planning〔Waste Water Transfer and Storage〕Order 2012）
《用水（临时禁止）令》（The Water Use〔Temporary Bans〕Order 2010）
《污染预防和控制（特定指示）（英格兰和威尔士）令》（The Pollution Prevention and Control〔Designation of Directives〕〔England and Wales〕Order 2017）
《污染预防和控制（特定废弃物指示）（英格兰和威尔士）令》（The Pollution Prevention and Control〔Designation of Waste Directive〕〔England and Wales〕Order 2016）
《取水（撤销等）（英格兰）令》（The Water Abstraction〔Revocations etc.〕〔England〕Order 2017）
《水资源（杂项撤销）（威尔士）令》（The Water Resources〔Miscellaneous Revocations〕〔Wales〕Order 2017）
《水务（防止污染）（良好农业规范典则）（威尔士）令》（The Water〔Prevention of Pollution〕〔Code of Good Agricultural Practice〕〔Wales〕Order 2011）
《水环境（贝类水域保护区：指定）（苏格兰）令》（The Water Environment〔Shellfish Water Protected Areas：Designation〕〔Scotland〕Order2013，2016）
《水环境（相关法则与特定责任机关及其功能）（苏格兰）修正令》（The Water Environment〔Relevant Enactments and Designation of Responsible Authorities and Functions〕〔Scotland〕Amendment Order2011，2015）
《水环境（饮用水保护区）（苏格兰）令》（The Water Environment〔Drinking Water Protected Areas〕〔Scotland〕Order 2013）
《水环境（饮用水保护区）（苏格兰）令》（The Water Environment〔Drinking Water Protected Areas〕〔Scotland〕Order 2013）
《污水公害（实务守则）（苏格兰）令》（Sewerage Nuisance〔Code of Practice〕〔Scotland〕Order 2006）
《水环境（相应规定）（苏格兰）令》2006The Water Environment〔Consequential Provisions〕〔Scotland〕Order 2006）
《水环境（相应及保留规定）（苏格兰）令》（The Water Environment〔Consequential and Savings Provisions〕〔Scotland〕Order 2006）
《2003 年水环境与水服务（苏格兰）法（相应规定和修正）令》（The Water Environment and Water Services〔Scotland〕Act 2003〔Consequential Provisions and Modifications〕Order 2006）
《2003 年水环境与水服务（苏格兰）法（苏格兰特定河流流域区）令》（The Water Environment and Water Services〔Scotland〕Act 2003〔Designation of Scotland River Basin District〕Order 2003）

来源：根据英国政府立法网（http://www.legislation.gov.uk）资料整理。

此外，还有针对特定机构、特定河流或临时性水事管理而发布的命令。针对特定水事管理机构的，例如《佩文西和卡莫河水位管理委员会令》（The Pevensey and Cuckmere Water Level Management Board Order

2016)、《环境署（内河水道）（修订）令》（The Environment Agency〔Inland Waterways〕〔Amendment〕Order 2013）、《西南水务局（解散）令》（The South West Water Authority〔Dissolution〕Order 2014）、《泰晤士水务公用事业有限公司（泰晤士感潮段河道）（修订）令》（The Thames Water Utilities Limited〔Thames Tideway Tunnel〕〔Amendment〕Order 2017）等。针对特定河流的管理事务，如《泰恩河（河道）（通行费修订）令》（The River Tyne〔Tunnels〕〔Revision of Tolls〕Order 2018）、《默西河（默西盖特威大桥）（修订）令》（The River Mersey〔Mersey Gateway Bridge〕〔Amendment〕Order 2016）等。针对特殊时期水事管理的，如《东南水务有限公司（乌斯河，巴卡河）干旱令》（The South East Water Ltd〔River Ouse, Barcombe〕Drought Order 2011）、《苏格兰水务公司（伊斯拉河）普通干旱令》（The Scottish Water〔River Isla〕Ordinary Drought Order 2004）等。

3. 指南

为了帮助人们深入了解水务法律法规，以及政府对相关法律法规的解释，内阁部门、独立监管机构一般会编制、公布一些“政府指南”。从性质上看，这是授权立法行为，同时也表明政府为适应复杂多变的经济和社会管理需要，基于法律法规的原则，在其职能、职责范围内，适时灵活地采取指导、劝告、建议等非强制性方法，谋求公众的理解合作，以更有效地实现法律法规的目的。

英国水务管理领域的政府指南形式多样，可以分为两种情况：

一是指引（Direction）。多数在性质上属于法定文件或法定规则，比较严肃和正式，有些指引甚至就是中央政府或地方政府部门的部长令。例如，《供水和排污许可：安保和应急措施更新指引》（Water Supply and Sewerage Licensing: Updating Security and Emergency Measures Directions 2017）、《地下水（水框架指令）（英格兰）指引》（The Groundwater〔Water Framework Directive〕〔England〕Direction 2014, 2016）、《干旱应对指引》（The Drought Direction 2011）、《苏格兰河流流域区（状况）指引》（The Scotland River Basin District〔Status〕Directions 2014）、《苏格兰河流流域区（流域管理计划的编制、提交和修订）指引》（The Scotland River

Basin District〔Preparation, Submission and Revision of River Basin Management Plan〕Directions 2007）等。

二是指导（Guidance）。是为执行者提供的具体行动步骤和方法，有些甚至会以“详细指导”（Detailed Guide）为题目来定义文件属性，其中包含各种操作性细节。例如 Defra 发布的《水工业收费：对 Ofwat 的指导》（Water Industry Charging：Guidance to Ofwat 2018）、英国环境署发布的《地下水保护技术指导》（Groundwater Protection Technical Guidance 2017）。

相对而言，“指引”注重指出行动方向、路线和目标要求，“指导”更注重技术层面的操作方法。

4. 战略规划

授权立法的制定主体还负责制订水务战略规划、年度计划，目的也是为落实议会的相关立法。这些规划、计划也须经相应议会审议批准，具有法律效力。但相比较而言，它们不如条例、部长令那样更具强制性，也不如政府指南那样严谨。

水务战略规划的功能是为水务发展提供中长期目标和发展方向。最近十多年，英国特别重视水务长期发展战略的制定。例如，Defra 成立之后，已经制订了三部水务发展战略或战略性的文件。一是 2002 年颁布的《指点江河》（Directing the Flow），这是 Defra 成立之后次年所颁布的战略文件，也是 Defra 的第一部水务政策战略。该战略涉及水环境和水质持续改善、水需求管理和效率、水务公司的安全稳定运行、应对气候变化等内容；二是 2008 年颁布的《未来之水：英格兰的水战略》（Future Water：The Government's Water Strategy for England 2008），这份战略提出了未来 30 年英格兰水务管理的框架和目标；三是 2011 年发布的《生命之水：白皮书》（Water for Life：White Paper 2011）。与此白皮书配套的还有《生命之水：市场改革建言》（Water for Life：Market Reform Proposals 2011）、《生命和生计之水：为人民、商业、农业和环境进行水务管理》（Water for Life and Livelihoods：Managing Water for People, Business, Agriculture and the Environment 2013）、《维持安全的供水、高标准的饮用水和有效的排污服务》（Maintaining Secure Water Supplies, High Standards of Drinking Water and Effective Sewerage Services 2013)、《自然环境白皮书：跟进实施》（Natural Environment White Paper：Implementation Updates 2014）等。此外，还有威尔士自然资源局制定的《威尔士水战略》（Water strategy for Wales 2014）；苏格兰政府与苏格兰水务公司共同制定的《发展规划过程：对供水和废水处理服务的指导》（The Development Plan Process：A Guide to Water and Waste Water Services 2013）、《苏格兰水务公司（2015—2021 年目标）指引》（The Scottish Water〔Objectives：2015 to 2021〕Directions 2014，2017）等。

这些战略规划分析了英国水资源管理所面临的挑战和压力，提出了水务发展战略目标和管理的战略原则，包括：可持续发展；一体化综合管理；长期规划；清晰透明的规制框架；预防而不是治疗；基于实际的决策制订；合作。其中尤其强调要发展更加一体化的水务管理方式，把水务管理纳入自然资源管理中，促进对水、土地和其他资源的综合管理，确保最大化的经济效益和社会效益。上述规划的功效主要体现在如下方面：强化了规划之间的协调性；促进基础设施投资；促进水务市场竞争和创新；促进水质持续改善；鼓励环境技术创新。

三　国际条约在英国水务领域中的适用

（一）参与缔结的国际条约

国际条约是国际法的组成部分，是国家和其他国际法主体为确定相互之间的权利义务关系，以国际法为准而缔结的书面形式的国际协议。19 世纪末和20 世纪初，国际社会开始出现自然环境保护条约，早期国际环境条约的内容主要是关于自然生物资源的保护。此后国际条约在防治环境污染、损害、破坏和自然资源保护等各方面得到了全面发展，防治水污染、保护水资源是其中重要的构成部分。到 20 世纪 90 年代初，联合国环境规划署公布的多边国际环境资源条约和协定、各国签订的双边环境条约和协定已经达 330 多项。迄今为止，英国正式参与了 40 多项国际环境条约的缔约，其中所缔结的重要的涉水公约如表 4 - 11 列示。

表 4－11　英国参与的重要的涉水国际条约/规则/文件：名称以及通过时间/主办组织

名称以及通过时间/主办组织
《国际性可航水道制度公约及规约》（Convention and Statute on the Regime of Navigable Waterways of International Concern），1921/国际联盟
《国际河流航行规则》（International River Navigation Rules），1934/国际法学会
《国际河流水利用的赫尔辛基规则》（The Helsinki Rules on the Uses of the Waters of International Rivers），1966，1997/国际法协会
《国际水道测量组织公约》（Convention on the International Hydrographic Organization），1967/摩纳哥政府
《国际卫生条例》（International Health Regulations），1969，2005/WHO
《关于特别是作为水禽栖息地的国际重要湿地公约》（Convention on Wetlands of International Importance Especially as Waterfowl Habitat），1971/UNESCO
《保护世界文化和自然遗产公约》（Convention for the Protection of the World Cultural and Natural Heritage），1972/UNESCO
《防止倾倒废物和其他物质污染海洋的公约》（Convention on the Prevention of Marine Pollution By Dumping of Wastes and other Matters），1972/IMO
《濒危野生动植物种国际贸易公约》（Convention on International Trade in Endangered Species of Wild Fauna and Flora），1973/瑞士政府
《国际植物新品种保护公约》（Act of the International Convention for the Protection of New Varieties of Plants），1978/国际植物新品种保护联盟
《保护野生动物迁徙物种公约》（Convention on Migratory Species），1979/UNEP
《联合国海洋法公约》（United Nations Convention on the Law of the Sea），1982/UN
《跨界环境影响评价公约》（Convention on Environmental Impact Assessment in a Transboundary Context），1991/ UNECE
《跨界水道和国际湖泊保护和利用公约》（Convention on the Protection and Use of Transboundary Watercouses and International Lakes），1992/ UNECE
《联合国气候变化框架公约》（United Nations Framework Convention on Climate Change），1992/UN
《生物多样性公约》（Convention on Biological Diversity），1992/UN
《联合国国际水道非航行使用法公约》（UN Convention on the Law of the Non-navigational Uses of International Watercourses），1997/UN
《关于环境事务领域信息使用权，公众参与决策权和司法途径的公约》（Convention on Access to Information，Public Participation in Decision-making and Access to Justice in Environmental Matters），1998/ UNECE
《关于在国际贸易中对某些危险化学品和农药采用事先知情同意程序的公约》（Convention on International Prior Informed Consent Procedure for Certain Trade Hazardous Chemicals and Pesticides in International Trade Rotterdam），1998/ FAO

续表

《关于持久性有机污染物的斯德哥尔摩公约》（Stockholm Convention on Persistent Organic Pollutants），2001/UN
《水下文化遗产保护公约》（Convention on the Protection of Underwater Cultural Heritage），2001/巴黎/UNESCO
《关于水资源的柏林规则》（Berlin Rules on Water Resources），2004/柏林/国际法协会
《饮用水水质准则》（Guidelines for Drinking Water Quality），1985，1986，2005，2014，2017/WHO
《关于港口国预防、制止和消除非法、不报告、不管制捕鱼的措施协定》（Agreement on Port State Measures to Prevent. Deter and Eliminate Illegal，Unreported and Unregulated Fishing），2017/ FAO
《联合国人类环境会议宣言》（United Nations declaration of the human environment），1972/UN
《马德普拉塔行动计划》（Mardel Plata Action Plan），1977/UN
《第15号一般性意见：水权》（《经济、社会及文化权利国际公约》第11条和第12条）（General Comment No. 15：The Right to Water〈Arts. 11 and 12 of the International Covenant on Economic，Social and Cultural Rights〉），2002/ CESCR
《关于环境与发展的里约宣言》（Rio Declaration on Environment and Development），1992/UN
《21世纪议程》（Agenda 21st Century），1992/UN
《国际水资源管理标准》（International Water Stewardship Standard）（version 1），2014/爱丁堡/世界水资源管理联盟
《改变我们的世界——2030年可持续发展议程》（Transforming our World：The 2030 Agenda for Sustainable Development），2015/UN

表4－11中所列示的英国参与或缔结的重要的涉水国际公约、规则或文件，多数是由联合国及其机构主办的。它们涉及范围广泛，涉及国际水道、国际河流、水环境保护、危险废物越境转移、环境信息获取、安全气候变化、饮用水质量、水资源可持续发展等多方面内容。

国际条约在不同的国家有着不同的适用方式，英国主要采纳了转化方式，即其中的规定并不能直接适用于英国国内，而是需要转换为国内法。按照英国不成文宪法的规定，缔结和批准国际条约是英王的特权，是一种行政行为，与议会无关。由于缔约权和立法权分离，又由于议会至上的立法原则，国际条约在英国国内的正式适用，必须通过议会的专门立法程序，将条约的相关权利与义务转换或并入国内法，才能具有国内法的效力，才能适用于国内。由此在事实上，英国议会也形成了一套在条约缔结过程中审查条约的规则，即“庞森比规则”（Ponsonby Rule），这也是一个宪法惯例。2010 年英国颁布了《宪法改革与治理法》（Constitutional Reform and Governance Act 2010），其中第二部分题为“条约的批准”，规定条约签署后由政府呈送议会审查。此部分规定于 2010 年 11 月 11 日生效，这为庞森比规则提供了制定法的基础。[1] 同时，国际条约的效力还可以被以后的议会立法所废除，其等级地位低于议会的制定法。[2]

国际环境法、水法为英国履行国家水环境、水资源保护和管理义务提供了重要支撑。因为英国“脱欧”在即，国际环境法作为超越英国国家法律的来源，对英国国内法律制度的影响和意义可能更大，特别是在解释国家立法和制定普通法层面。英国也表示将继续履行其国际环境义务。例如，英国内阁于 2017 年 9 月向下议院提交的一份书面声明中表示，“英国将继续接受其所缔结的国际多边环境协定的约束。英国将持续致力于履行这些协议所规定的国际义务，脱离欧盟后英国将仍在国际社会发挥积极作用”[3]。

（二）欧盟水法及其对英国的作用

毋庸置疑，欧洲及欧盟在水资源保护立法方面是走在世界前列的。虽然目前英国正处在脱欧进程中，但它长期以来作为欧盟的会员国，欧盟水法对它产生了重要的约束和规范作用及深远的影响，因此有必要对欧盟水法体系做一简要梳理。

1. 欧盟水法体系

（1）欧盟法简述。众所周知，欧盟的前身是 1967 年 7 月 1 日正式诞生的欧洲共同体，而欧洲共同体还有其前身。英国于 1973 年加入欧洲共同

---

① 弋浩婕、许昌：《从宪法惯例到制定法：英国议会审查条约的法定化发展（上）》，《中国人大》2015 年第 20 期；秦莞：《简析英国宪法框架下国际条约的法律地位》，《中国外资》2013 年 6 期。

② 金铮：《国际条约在英国国内法解释中的作用》，《法制与社会》2006 年第 8 期；秦莞：《论英国宪法框架下国际条约的法律地位》，《中国外资月刊》2013 年第 6 期。

③ R. Macrory, J. Newbigin, 2018, *Brexit and International Environmental Law*, https://www.cigionline.org/publications/brexit-and-international-environmental-law.

体。1993 年 11 月 1 日，欧洲共同体易名为欧洲联盟（简称欧盟）[①]。在英国正式脱欧之前，欧盟共有 28 个成员国，土地面积达 4379663 平方公里，人口 5.103 亿；2016 年底 GDP 总量达 149042 亿欧元，人均 GDP 达 29100 欧元。[②]

在当今国际社会，欧盟作为一个特殊的、一体化程度较高的区域性国际组织，已经形成了自己的比较完整的法律制度体系，一般称之为“欧盟法”。欧盟法体系包括欧盟基础条约、欧盟签署或参加的国际条约、欧盟机构制定的欧盟法规（包括条例、指令和决定）、其他具有法律规范性的文件、欧盟承认的一般法律原则、欧洲法院的判例及其他相关法律渊源等，它们共同构成了一个独特的法律秩序。

欧盟法的基础是欧盟与成员国签订的条约，包括《巴黎条约》（Treaty of Paris 1951）、《罗马条约》（Treaty of Rome 1957）、《布鲁塞尔条约》（Brussels treaty 1965）、《单一欧洲法》（Single European Act 1986）、《马斯特里赫特条约》（Maastricht Treaty 1992）、《阿姆斯特丹条约》（Amsterdam treaty 1997）、《里斯本条约》（Lisbon Treaty 2007）等。这些条约是欧盟的“一级立法”（Primary Rules），是欧盟得以建立、维系和运转的基础条约，是欧盟制定其他法律文件的宪法基础。为实施和完善这些基础条约，欧盟主要立法机构根据这些条约，以解释条约和执行条约的方式制定出许多条例、指令、决定等“二级立法”（Secondary Rules）；此外，这些机构还会根据经济社会的最新发展，及时提出建议、意见、行动计划、战略、宣言、绿皮书、白皮书等“三级立法”（Tertiary Rules）。

其中，在“二级立法”中，“条例”（Regulations）是具有约束力的立法法案，一般是为了在处理与欧盟以外的关系时保护欧盟所有成员国的共同利益，因而具有普遍意义，必须全部适用于整个欧盟；“指令”（Directives）也是立法法案，它规定了所有欧盟成员国必须实现的目标，对任何接受指令的成员国都具有约束力，由各成员国自行制定有关如何达到这些

① 为了表述的顺畅，此处以下统一使用“欧盟”概念。

② 数据来源于中华人民共和国商务部网站（2017－10－31）公布的《欧盟 28 个成员国基本情况统计》。

目标的法律决定；“决定”（Decisions）只与所下达的对象（包括成员国、企业或其他组织等）有关，对其具有约束力，并可直接适用。在“三级立法”中，“建议”（Recommendations）是就成员国某些工作的改进所提出的建设性评议或意见，不具有约束力，成员国也可以另行提出行动路线而无须承担任何法律后果；“意见”（Opinions）也是欧盟发挥作用的一种工具、手段，由欧盟主要立法机构、区域委员会、欧洲经济及社会委员会以不具约束力的方式发表，一般是在制定法律的同时，这些组织从各自具体的区域或经济和社会观点提出意见，意见也不具约束力，不向其所处理的人强加任何法律义务。[①] 以上表明，作为一个超国家组织，欧盟可以通过制订一系列超国家的区域性法令、建议和意见，来发挥地区共同体的作用。[②]

欧盟水法，就镶嵌于上述欧盟法体系中。从成文法的角度来看，欧盟有关涉水管理的原则或法条体现在欧盟宪法性规范、条例、指令、决定、决议、标准等一系列成文法律形式中。由于欧盟各成员国的情况不一样，欧盟的涉水务立法一般都是以“指令”的形式出现的，如上所述，指令属于“软法”，虽然对每个成员国有法律约束力，成员国都必须执行，但在形式和方法上给予成员国以选择权，成员国根据自己的立法传统将欧盟法令转化为国内法律法规，并相应构成该国立法的一个组成部分。

（2）欧盟水务立法的宪法基础和进程。欧盟水法的起点，最初源于环境保护的目的。欧盟的宪法性规范中就包含了有关保护和改善环境的条款，是指导欧盟水务立法的根本原则或规则。

其中，第一个宪法保障是欧盟的里程碑文件《罗马条约》，其第 235 条就是欧盟专门就环境问题进行立法的基础，它授权欧盟理事会在证明确有必要在共同体一级采取措施时，在条约没有赋予其相应权力的情况下，

---

① 对这些法的形式的解释，参阅欧盟委员会网站（https://europa.eu/european-union/eu-law/legal-acts_en）。

② 广义的欧盟法还包括成员国的国家法。这里不再叙述成员国国家级水法及国际级水法，只叙述欧盟级水法。

经理事会一致同意即可采取立法措施。正是基于《罗马条约》的授权，欧盟在20世纪60年代末开始重视水资源立法。最重要的立法行动是1968年颁布了《欧洲水宪章》（European Water Charter），提出水资源管理应以自然地理流域和水文单元为基础，而不是根据行政或政治边界，此被视为欧盟水务立法初级阶段的代表作。1968年9月16日，欧盟9个成员国[①]政府还在法国的斯特拉斯堡（Strasbourg）签订了《在洗涤产品中限制使用某些去污剂的欧洲协定》（European Agreement on the Restriction of the Use of Certain Detergents in Washing and Cleaning Products），这是欧盟首个共同防治水污染的协议。

20世纪六七十年代，也是欧洲的后工业化城市经济飞速发展时期，新的环境问题日益突出。对此，虽然成员国们各自制订了一些环境政策和标准，但跨国界污染并不能通过成员国自身的法律政策得到有效的预防和控制，因此有必要在共同体层面采取统一举措。1970年，欧盟提出了“环境无国界”（The Environment Knows No Frontiers）的口号；1972年10月，欧盟在巴黎召开六国首脑峰会，正式提出建立共同环境政策框架。紧接着在1973年，欧盟就颁布实施了第一个《环境行动规划》（Environment Action Programme 1973 - 1976），[②] 开始将水资源尤其是饮用水作为独立的环境要素予以高度重视，这些大事也被视为欧盟环境政策发展的里程碑。在此时期，联合国欧洲经济委员会（UNECE）开始重视水资源保护问题，提出了有关保护地表水和地下水免受石油或石油产品污染等若干个保护水资源的建议，这也有力地推动了欧盟加快进行共同体层面水务立法的进程。在此背景下，水务立法逐渐成为欧盟环境立法的重点。一些有关生活饮用水、渔业用水、地下水的水质保护、防治水污染以及欧洲地区国际性河流利用和保护管理的文件相继出台。

20世纪80年代中后期到20世纪90年代初，欧盟水务立法进入了第二个阶段。此阶段的水务立法以应对城市废水和农业污染为主要任务，一

---

① 包括比利时、丹麦、法国、德意志联邦共和国、意大利、卢森堡、荷兰、瑞士和英国。

② 自此至今，欧盟已经颁布了7个《环境行动规划》，即1973—1976、1977—1981、1982—1986、1987—1992、1993—2001、2002—2012、2014—2020。

些涉及水质标准、危险物质排放控制、水质检测的方法和规范、国际水务合作等方面的法规相继出台，它们的明显特点是强调排污控制，从而有力地推动了单个水污染问题的解决。新阶段的立法行动需要新的宪法基础。于是，《单一欧洲法》和《马斯特里赫特条约》为欧盟环境和水务立法再次提供了宪法基础。《单一欧洲法》专门新增了“环境条款”，提出了环境政策的目标，并提出环境保护的要求应当成为共同体其他政策的组成部分之一。《马斯特里赫特条约》则严格规定，对环境保护的要求必须纳入其他共同体政策的制定和实施之中；共同体的环境政策应该瞄准高水平的环境保护，应该考虑共同体内各种不同区域的各种情况，应该建立在预防、源头整治优先、污染者付费等原则的基础上。这些规定，不但使前一阶段共同体环境立法的合宪性得到了明确的认可，而且使环境立法在欧盟法系中的法律地位以及水法体系建设力度得到了进一步加强。

20 世纪 90 年代中后期以来，欧洲国家各种利益团体如成员国、区域和地方当局、执法机构、供水机构、工农业产业组织、消费者组织、环保组织等，都要求欧盟立法机构从根本上、整体上重新考虑共同体所面临的水资源压力，用单一的框架法规解决水资源保护管理中的各类问题，保证水务立法的全面性、系统性、完整性、协同性，并重视水务立法过程中的公众参与。1997 年，欧盟 15 个成员国签署了《阿姆斯特丹条约》，该条约将可持续发展作为欧盟的根本目标，进一步强调了环境问题在欧盟未来政策中的重要性，同时也为包括水法在内的环境立法提供了与时俱进的新宪法基础。

在此背景下，欧盟立法机构逐渐确立了环境保护的风险预防、源头优先整治、污染者付费、一体化管理四项基本原则，并按照环境一体化管理和可持续发展方向，把立法重点从以前的专注于末端治理转向针对环境问题根源、根据产品生命周期来制定政策方案上来。在水务立法方面，对既有的水法规进行了全面审查，简化法规，将之前各种水法规整合起来，共同组成了《欧洲议会与欧盟理事会关于建立欧共体水政策领域行动框架的 2000/60/EC 号指令》（该指令一般被简称为《水框架指令》[Water Framework Directive），WFD]，并正式向成员国颁布实施，这标志着欧盟水务立法进入了新的历史时期。新时期的水务立法特点是，从过去就不同用途的水质保护和污染控制立法拓展到就水资源功能区、水质标准、污染物及危险物排放控制、特定生产工艺和产品标准四大方面进行立法，使水法体系更能够体现环境一体化管理和可持续发展方略。同时，要求各成员国划定水功能区，根据水域用途制定水体水质标准，制定污染物和其他危险物质排放标准。近年，尽管新的水法不再批量出现，但欧盟对水的重视程度却前所未有，主要机构每年发布的涉水讯息都有上千条之多。

综上，欧盟水立法每个阶段的进步都有相应的宪法条约基础；从立法内容、目的和手段上看，水法发展过程呈现出明显的轨迹：即20世纪70年代的立法重点是水质管制，20世纪八九十年代的重点是排污管制，21世纪以来简化法规，更加注重将水法与其他领域的法规相结合。

（3）欧盟水法构成。截至2018年4月，欧盟已经发布了12827个各种形式的涉水法律文件，其中标志为“条例”的有7466个（正在实施中的有568个），标志为“指令”的有987个，标志为“决定”的有2634个。[①]欧盟水法体系主要由如下几部分构成：

第一，有关水质的立法。这里又包括不同用途的水质立法管制。首先是有关人类生活饮用水水质的立法，体现在几部重要法律文件上（见表4－12）；其次是有关其他用途的水质立法，主要体现在关于游泳水[②]水质和渔业养殖水质的法律文件上（见表4－13）。

表4－12　欧盟有关饮用水水质的立法情况

法律编号	主要内容	备　注
Directive 75/440/EEC	该指令对欧盟成员国被作为饮用水水源的河流、湖泊等地表淡水的质量制定了标准。	欧盟理事会根据79/869/EEC指令、91/692/EEC指令的相关规定，对该指令进行了两次修正。2007年12月22日，该指令因《水框架指令》而被废除。

① 2018年4月24日，笔者以“水”为关键词，在欧盟网站（http://eur-lex.europa.eu/advanced-search-form.html?locale=en）搜索的结果。

② 这里指的是海滨及其他淡水区域中的水，不包括有治疗目的的用水以及游泳池用水。

续表

法律编号	主要内容	备 注
Decision 77/795/EEC	该决定确立了一个共同的程序，以便交流有关欧盟成员国地表淡水的水质信息，包括水样采集方式和频率、水样保存、测量机构、测量方法及测量结果。	欧盟理事会根据 81/856/EEC 决定、84/422/EEC 决定、86/574/EEC 决定、90/2/EEC 决定、807/2003/EC 条例的相关规定，对该决定进行了五次修正。2007 年 12 月 22 日，该指令因《水框架指令》而被废除。
Directive 79/869/EEC	该指令被称作是第 75/440/EEC 号指令的"女儿令"，对 75/440/EEC 指令附录Ⅱ所列参数的测量和取样频率提供了参考方法。	欧盟理事会根据 81/855/EEC 指令、91/692/EEC 指令及 807/2003/EC 条例的相关规定，对该指令进行了三次修正。2007 年 12 月 22 日，该指令因《水框架指令》而被废除。
Directive 80/778/EEC	该指令提出了 66 项人类饮用水水质指标参数，成为欧洲各国制订本国水质标准的主要框架。	欧盟理事会根据 81/858/EEC 指令、91/692/EEC 指令的相关规定，进行了两次修正。2003 年 12 月 25 日，该指令被废除。①
Directive 98/83/EC	该指令把 Directive 80/778/EEC 所规定的 66 项指标参数整合为 48 项，主要分成微生物和化学物质参数两大类，每 5 年修订一次；附件Ⅱ和附件Ⅲ规定了饮用水水质监测的最低要求，对不同参数的分析方法予以说明，要求各成员国必须定期监测和测试；明确要求成员国对水处理过程使用的材料和化学品建立审批制度。	2015 年 10 月，欧盟委员会发布了（EU）2015/1787 指令，对 98/83/EC 指令的附录Ⅱ、附录Ⅲ进行了修正，要求自 2017 年 10 月 27 日起，各成员国的相关法律、法规、行政规章必须符合（EU）2015/1787 指令的新要求。2018 年 2 月，欧盟委员会提议再次修改饮用水指令，使成员国继续改善饮用水水质，帮助人们更好地获得饮用水，尤其是目前难以获得饮用水的弱势群体。

来源：根据欧盟网站（https://eur-lex. europa. eu）资料整理。

需要指出的是，在表 4 - 12 中，98/83/EEC 指令是在修正 1980 年版《饮用水指令》的基础上由欧盟委员会、欧盟理事会共同制定的，按照世界卫生组织的《饮用水水质标准》重新规定了欧盟一级的饮用水质量标准，被誉为欧洲理事会上最严格的自来水标准，已经成为世界三大饮用水标准之一，是欧洲各国制订本国水质标准的主要依据，欧洲各国大都依此出台自己的国家饮用水技术标准，有的比欧盟标准还高。至今，98/83/EC 指令经过修正仍然在适用中。《水框架指令》颁布后，饮用水水质保护被

① 该指令是在 98/83/EC 生效五年后被废除的。这项废止并不妨碍欧盟成员国在将其转化为国内法时所承担的相应义务的期限。

纳入其水资源功能区和水质保护战略体系中。

表 4－13　欧盟有关游泳水和渔业养殖用水水质的立法情况

法律编号	主要内容	备　注
Directive 76/160/EEC	规定了游泳水水质的最低标准，包括 19 种污染物质的极限值、采集水样的最低频率以及水样分析检查方法，成员国可以制定比规定参数更高、更严格的极限值，在未来 10 年内使游泳水质量达到最佳值。	该指令后来经历了一些修正，如欧盟理事会根据 91/692/EEC 指令和（EC）No1137/2008 条例，对它进行了修改。此外，欧盟委员会与欧盟议会、欧盟理事会之间的［COM（2000）860 函件，以及欧盟委员会 92/446/EEC 决定，都提出要对其进行审查、修改，以确保它与《水框架指令》、欧盟第六个《环境行动方案》及可持续发展战略保持一致。2014 年 12 月 31 日，76/160/EEC 指令被废止。
Directive 2006/7/EC	对 76/160/EEC 号指令的一次全面修订，更新和简化了相关规则，规定向公众开放有关污染的信息资料，改善公众参与水平。	《2006 年游泳水指令》于 2014 年 12 月 31 日起生效，它丰富了欧盟的《水框架指令》《海洋战略框架指令》的政策体系。
Directive 78/659/EEC	提出要保护或改善欧盟淡水质量以支持鱼类生命，规定了本土淡水鱼类养殖用水的质量标准、水样采集频率、检测方法等。	欧盟理事会根据 91/692/EEC 指令及 807/2003/EC 条例，对之进行了两次修正。随着 2006/44/EC 指令的颁布，该指令已被废除。
Directive 79/923/EEC	规定贝类水域的水质标准、水样采集频率、监测和分析方法、达标的措施和条件，适用于成员国指定的沿海和咸水水域。	欧盟理事会根据 91/692/EEC 指令，对之进行了修正。随着 2006/113/EC 号指令的颁布和《水框架指令》的全面实施，该指令已被废除。
Directive 2006/44/EC	特别要求成员国必须指定将适用的水域并设置与某些参数、特别是鲑鱼等鱼类水域的物理化学参数对应的限制值，在五年内实现这些参数值。	该指令由欧洲议会和欧盟理事会在对 78/659/EEC 指令全面修订的基础上共同制定发布。2013 年，2006/44/EC《水框架指令》实施满十三年而被废除。
Directive 2006/113/EC	规定了新的水质参数，要求成员国必须指定所适用的水域并设置与某些参数对应的限制值，在六年内实现这些参数值。	该指令由欧洲议会和欧盟理事会在对 79/923/EEC 指令全面修订的基础上共同制定发布。2013 年，2006/113/EC 因《水框架指令》实施满十三年而被废除。

续表

法律编号	主要内容	备　注
Regulation（EC）No 708/2007	建立了一个水产养殖管理的法律框架，规定了申请养殖外来和本地缺失的水生物种的特别许可证的程序，以限制外来水生物种对本地水环境可能带来的风险。	2011 年欧盟委员会和欧盟理事会通过了（EU）No304/2011 条例，对（EC）No708/2007 条例第 2、3、14 和 24 章进行了修正。

来源：根据欧盟网站（https://eur-lex. europa. eu）资料整理。

第二，有关水体及水环境污染防控的立法。欧盟于 1968 年首次通过成员国订立协议的方式从基本法层面限制洗涤剂中的污染物质，如今欧盟水务立法已经是其环境立法的有机构成部分，相关立法主要涉及地下水保护、城镇污水处理、洪水管理、工农业排污限制及危险物质控制等方面，核心在于规定了污染物和危险物的排放标准、生产活动中应该采取的最佳技术及流程（其中重要的法律文件如表 4 - 14 所列）。这表明，欧盟不但已经从污染综合防治的角度进行立法，还把水环境保护要求系统地融入其他经济社会政策之中。

表 4 - 14　欧盟有关水及水环境的污染防控重要立法一览

立法领域及任务	相关法律编号
关于洗涤剂或清洁产品中的污染或危险制剂管理、阴离子和非离子表面活性剂生物降解性的测试方法，以及统一成员国相关法律方面的立法	Regulation（EC）No 648/2004；Directive 73/404/ EEC，Directive 73/405/EEC，Directive 82/242/EEC，Directive 82/243/EEC，Directive 1999/45/EC，2002/0216（COD）；Recommendation 89/542/EEC
关于导致水污染的危险物质、化学物质排放标准及统一成员国相关法律方面的立法	Directive 76/464/EEC，Directive 76/769/EEC，Directive 82/176/EEC，Directive 83/513/EEC，Directive 84/156/EEC，Directive 84/491/EEC，Directive 86/280/EEC，Directive 88/347/EEC，Directive 90/415/EEC，Directive 96/82/EC，Directive 2004/21/EC
关于保护地下水免受污染和防止状况恶化而进行的立法	Directive 80/68/EEC，Directive 2006/118/EC，Directive 2014/80/EU
关于农业面临的污染物质（如硝酸盐、杀虫剂等）控制而进行的立法	Regulation（EC）No 1882/2003；Directive 86/278/EEC，Directive 91/414/EEC，Directive 91/676/EEC，Directive 98/8/EC

续表

立法领域及任务	相关法律编号
关于城市污水处理、防洪方面的立法	Directive 91/271/EEC，Directive 98/15/EC，Directive 2007/60/EC； Decision 93/481/EEC，Decision 2014/413/EU
关于废弃物管理方面的立法	Regulation（EC）No 1882/2003，Regulation（EU）No. 333/2011，Regulation（EU）No. 1179/2012，Regulation（EU）2017/997； Directive 75/442/EEC，Directive 75/439/EEC，Directive 91/156/EEC，Directive 91/692/EEC，Directive 91/689/EEC，Directive 2006/12/EC，Directive 2008/98/EC，Directive（EU）2015/1127； Decision 96/350/EC，Decision 2014/955/EU
关于公民自由获取环境信息的立法	Directive 90/313/EEC，Directive 2003/4/EC
关于综合污染预防与控制、有害物质禁止、耗能产品环保要求、损害环境责任承担等方面的立法	Regulation（EEC）No 793/93，Regulation（EC）No 1882/2003； Directive 92/42/EEC，Directive 96/61/EC，Directive 2004/35/CE， Directive 2005/32/EC，Directive 2008/1/EC，Directive 2009/31/EC，Directive 2010/30/EU，Directive 2010/75/EU，Directive 2011/65/EU，Directive 2017/2102/ EU，Directive 2017/1369/ EU； Decision 2010/728/EU
有关野生动植物栖息地保护、环境影响及风险评价方面的立法	Directive 82/501/EEC，Directive 85/337/EEC，Directive 88/610/EEC，Directive 92/43/EEC，Directive 96/82/EC，Directive 97/11/EC，Directive 2012/18/EU

资料来源：根据欧盟网站（https://eur-lex. europa. eu）资料整理。

第三，有关水资源保护的综合立法。进入21世纪后，欧盟有关水资源保护最重要的立法呈现是《水框架指令》。该指令首次全面提出了欧盟水域面临的挑战，要求成员国共同建立起一个保护内陆地表水、地下水、河流入海口和沿海水域的系统框架，防止水资源状况的继续恶化并改善其状态，促进水资源的可持续利用。在欧盟整个水法体系中，《水框架指令》被誉为“欧盟最宏大、系统和全面的水政策文件”①，共有26个条款和11

① ［英］马丁·格里菲斯、刘登伟：《〈欧盟水框架指令〉与中国2011年中央一号文件相关内容的对比分析》，《水利发展研究》2012年第6期。

个附件，每一条都有比较详细的内容。它要求成员国将水资源管理纳入优先投资领域，在2015年实现良好水状态。

《水框架指令》出台后，欧盟以它为母本相继出台了一系列配套指令。有的是对之前的水法所进行的修订，如表4-12、表4-13、表4-14中有关饮用水、游泳水、地下水水质保护的指令都是根据《水框架指令》而进行的修订；有的则是整合之前的政策而形成的新法律，如欧盟议会和欧盟理事会于2007年发布的《洪水风险管理和评估指令》（Directive 2007/60/EC）、2008年发布的《欧盟海洋战略框架指令》（Directive 2008/56/EC）等。此外，《水框架指令》也与其他环境保护及产业发展的新战略相互融合，如《生物多样性战略》（EU 2020 Biodiversity Strategy）、《乡村发展计划》（Rural Development Programmes 2014-2020）、《绿色基础设施：增强欧洲自然资本》（Green Infrastructure-Enhancing Europe's Natural Capital》等新战略，这些政策都必须把水资源问题考虑进去。为了促进《水框架指令》更好落实，欧盟于2012年还发布了《欧洲水资源保护蓝图》（Blue-print to Safeguard Europe's Water Resources），在对整个欧洲水情信息进行全面分析的基础上，以广泛的公众咨询为依据，提出了到2020年欧洲水资源可持续和公平使用的政策。与之相应，《水框架指令》也在与时俱进，欧盟分别在2008、2013、2014年对之进行了三次修订。

总之，最近60多年来，欧盟水法经历了长足的发展和进步，已经成为一个相对完善的法律体系，对于成员国的水务立法行为具有很强的规范或指导意义。

作为一个超国家的地区性国际组织，欧盟水法具有超国家性的特点。这些法律一般按照直接效力原则、优先原则、从属原则被成员国适用。事实上，欧盟每颁布一部水法，几乎都会要求成员国在一定期限内将其转化为国内立法，并应以部门报告的形式向欧盟委员会发送有关指令执行情况的资料；对于涉及标准的，如《饮用水指令》（Directive 98/83/EC）所规定的欧盟一级饮用水基本质量标准，欧盟则允许各成员国在将其转化为本国立法时，可以结合本土情况设定更高的标准或者对额外的其他物质也设置管制要求，但不允许成员国制定更低的标准。

2. 欧盟水法在英国的地位及未来影响

在英国，欧盟水法是通过议会立法或议会授权立法而被转化为国内法，再在英国国内颁布适用的。英国议会于1972年颁布了《欧洲共同体法》（European Communities Act 1972），目的是为次年加入欧盟做法律准备。该法确立了欧盟法在英国的直接或间接适用、当英国法与欧盟法冲突时欧盟法优先等原则。当然，欧盟法律至上原则与英国的议会主权至上原则并不冲突，后者不受前者的影响。

在英国加入欧盟40多年的历史中，欧盟法中有上万条条款被并入英国法律体系，欧盟的水法体系也必然对英国产生约束力。长期以来，英国水务立法在相当程度上直接以欧盟水法为范本，大部分水法都是根据欧盟水法而制定的。虽然经过最近30年来的水务改革，英国形成了独具特色的水务体制格局，但在水资源、水环境、水质及其他相关领域的主要立法中都没有脱离欧盟的水法体系。换言之，欧盟水法以及涉水法律中，绝大部分都会通过转换成为英国国内法并得到贯彻执行（参见表4-15）。

表4-15 部分欧盟水法在英国的执行情况

欧盟水法	英国执行情况
野生动植物栖息地保护指令（Directive 92/43/EEC）	转换为《1994年野生物种栖息地保护条例》（适用于英格兰和威尔士）、《1994年（苏格兰）野生物种栖息地保护条例》《1995年（北爱尔兰）野生物种栖息地保护条例》以及后续修正和补充
战略环境评价指令（Directive 2001/42/EC）	转换为联合王国法定文书《2004年环境评价规划和方案条例》（适用于英格兰）、《2004年（威尔士）环境评价规划和方案条例》《2004年（苏格兰）环境评价规划和方案条例》《2004年（北爱尔兰）环境评价规划和方案条例》及后续修正和补充
环境影响评价指令（Directive 2011/92/EU）	转换为《2011年（英格兰和威尔士）乡镇规划（环境影响评价）（修正）条例》《2011年（苏格兰）乡镇规划（环境影响评价）条例》。
水框架指令（Directive 2000/60/EC）	转换为《2003年（英格兰和威尔士）水环境（水框架指令）条例》《2003年（苏格兰）水环境和水服务法》《2003年（北爱尔兰）水环境（水框架指令）条例》及后续修正
游泳水指令（Directive 2006/7/EC）	转换为《2013年游泳水条例》（适用于英格兰和威尔士）、《2014年（威尔士）游泳水条例》《2008年（苏格兰）游泳水条例》和《2008年（苏格兰）游泳水（采样和分析）指南》《2008年（北爱尔兰）游泳水水质条例》及后续修正和补充

续表

欧盟水法	英国执行情况
洪水指令（Directive 2007/60/EC）	转化为《2009年洪水风险条例》（适用于英格兰和威尔士）、《2009年（苏格兰）洪水风险管理法》、《2009年（北爱尔兰）水环境（洪水指令）条例》及后续相关修正和补充
地下水指令（Directive 2006/118/EC）	转换为《2014年地下水（水框架指令）指南》（适用于英格兰和威尔士）、《2011年（苏格兰）水环境（受控活动）条例》及其后续修正。在北爱尔兰，已经在《2003年（北爱尔兰）水环境（水框架指令）条例》中得到体现。
海洋战略框架指令（Directive 2008/56/EC）	2010年转换为英国《海洋战略条例》，并在英格兰、威尔士、苏格兰和北爱尔兰分别设置海洋管理机构，履行同等职权。此后相继发布了海洋战略的第一、第二、第三部分。
环境责任指令（Directive 2004/35/CE）	转换为《2009年（英格兰和威尔士）环境损害（预防和补救）条例》《2009年（苏格兰）环境责任条例》《2009年（北爱尔兰）环境责任（预防和补救）条例》及相关法律文件
综合污染预防和控制指令（Directive 2008/1/EC）	转换为《2000年（英格兰和威尔士）污染防治与控制条例》《2012年（苏格兰）污染防治和控制条例》。在北爱尔兰，已经体现在《2003年（北爱尔兰）污染防治和控制条例》中。
工业排放指令（Directive 2010/75/EU）	融进《2013年（英格兰和威尔士）环境许可（修正）条例》《2012年（苏格兰）污染防治和控制条例》，转换为《2013年（北爱尔兰）污染防治和控制（工业排放）条例》。
城市污水处理指令（Directive 91/271/EEC）	转换为《1994年（英格兰和威尔士）城市污水处理条例》《1994年（苏格兰）城市污水处理条例》《2007年（北爱尔兰）城市污水处理条例》及后续修正和补充。
下水道污泥指令（Directive 86/278/EEC）	转换为《1989年污泥（用于农业）条例》（适用于英格兰、威尔士和苏格兰），以及《1990年（北爱尔兰）污泥（用于农业）条例》；2017年又发布《污水污泥、泥浆和青贮饲料管理指导》《农田污泥：英格兰、威尔士、北爱尔兰实务守则》。
采矿废料指令（Directive 2006/21/EC）	转换为《2010年（英格兰和威尔士）环境许可条例》《2010年（苏格兰）采掘业废弃物管理条例》。 在北爱尔兰，则直接执行，建立了封闭式废物库存管理设施。
废弃物框架指令（Directive 2008/98/EC）	转换为《2012年（英格兰和威尔士）废弃物（修正）条例》《2012年（苏格兰）废弃物条例》《2013年（北爱尔兰）废弃物（修正）条例》。
填埋指令（Directive 1999/31/EC）	转换为《2002年（英格兰和威尔士）填埋条例》《2003年废弃物和排放交易法》、《2003年（苏格兰）填埋条例》《2003年（北爱尔兰）填埋条例》《2004年（北爱尔兰）填埋补贴计划条例》及后续修正。

续表

欧盟水法	英国执行情况
环境信息自由获取指令（Directive 2003/4/EC）	转换为《2004 年环境信息条例》（适用于英格兰、威尔士、北爱尔兰）以及《2004 年（苏格兰）环境信息条例》。

根据以下来源的资料整理而成：CIEEM，2015，*EU Environmental Legislation and UK Implementation*，https://www.cieem.net/data/files/Resource_Library/Policy/Policy_work/CIEEM_EU_Directive_Summaries.pdf。

在执行欧盟水法的过程中，英国根据情况变化而适时修正、补充、完善相关法律文件，使其始终保持活力。以欧盟水务领域的大法《水框架指令》在英国的执行情况为例。从其颁布实施至今，英国各议会或议会授权制定的相关法律文件有 13 个，其中属性为联合王国法律文件的有 7 个，属性为北爱尔兰法律规则的有 3 个，每年转化为国内法的数量如下图 4－2 所示。在这样成套的国内法支持下，《水框架指令》所确立的流域管理的综合立法，被英国完全采纳；[①] 在水质标准方面，英国还提出了更多、更高的标准。不过，在水资源节约和减少农业生产及排水不当造成的水污染方面，英国还存在着一些障碍，以至于曾经没有按时按照欧盟的要求转换指令。对此不执行行为，欧盟委员会曾经在 2004 年对包括英国在内的 11 个成员国提起过 11 例法律诉讼。

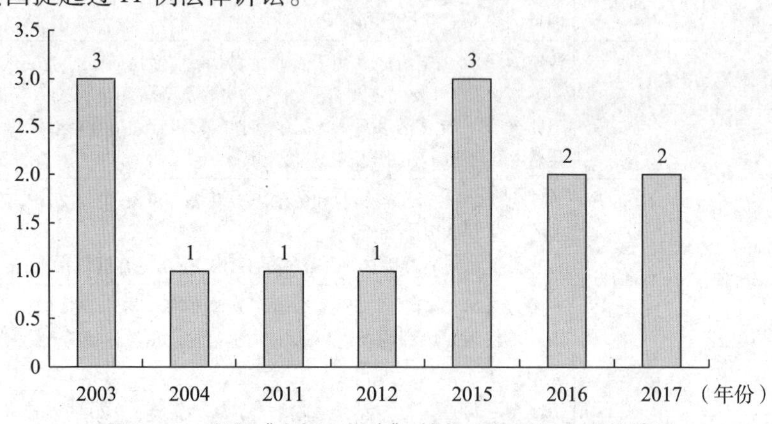

图 4－2　欧盟《水框架指令》转化为英国国内法的情况

来源：根据英国政府立法网（http://www.legislation.gov.uk）资料整理。

① ［英］I. 巴克：《欧盟水框架指令下英格兰和威尔士水资源管理的创新》，《水利水电快报》2009 年第 9 期。

除了须及时将欧盟水法转换为国内法外，英国甚至会采取一些更加细致、全面的方式去落实欧盟相关指令所要求实现的目标，例如对欧盟有关游泳水指令的执行情况即是如此。

上述情况将随着英国正式脱欧而发生变化。根据《欧洲联盟条约》第50条规定，英国在法律上退出欧盟后，欧盟基础条约及一系列协议附件将不再适用于英国。可以说，结束欧盟法在英国拥有最高效力的现状，是英国脱欧至关重要的一步。这表明，未来英国将在立法任务上停止适用欧盟法，英国也不再担负将欧盟法转换为国内法的义务。不过，并不能由此认为这将彻底消除欧盟水法对英国的影响，这是由如下几方面因素决定的。

首先，未来英国停止适用欧盟水法，不等于既有欧盟水法在英国的相关转化也被停止适用，原因在于这些转换法已经是英国国内水法体系的主要构成部分。其次，英国议会已经于2017年通过“大废除法案”（Great Repeal Bill），将把尚未转换为国内法的现有欧盟法律转换为英国法律，以确保英国正式脱欧后法律体系能够正常运转。在客观效果上，这也将确保欧盟水法今后在英国的连续性作用和影响。再次，英国自启动脱欧程序以来，已经数次向其欧盟伙伴承诺希望与之确立一种深入特殊的伙伴关系。英国作为欧洲国家，无论将来采用何种与欧盟的关系模式，都不会不争取欧盟及其他欧洲国家对包括水务市场在内的英国市场、产品和服务等的认同。为了争取认同和合作，英国也将为此与欧盟各国重新签署双边或多边法律条约，欧盟法的生命力无疑将在这些条约中得到重生。最后，实现水资源、水环境及其他自然资源环境的可持续利用、可持续发展，已经并非仅靠一国之力可以承担，而是成为全球各国的共同目标，而欧盟是多项国际水法、环境法协定的缔约方。英国虽然宣布在脱欧后将废除欧盟有关河流保护、海岸线管理、大气生态等相关法律，虽然将对欧盟水法转换为其国内法时的缺陷进行修订，但重新制定的水法不会在很大程度上背离欧盟水法的原则、目标和标准，从而与欧洲各国、与国际社会保持步调一致。因此，可以肯定的是，欧盟水法体系对英国的影响将是深远的、不可忽视的。

四 小结

英国是世界上最早制定水法的国家之一，并随着经济社会的发展不断修改。英国水法具有鲜明的英美法系特征，强调分权和制衡，同时强调相关利益各方对涉水事务的共同治理，必须保证各方利益相关者都能参与到法律制订和调整的过程中，并且明确各方的权、责、利及具体涉水事务的操作流程和规则。

纵观英国各地水务改革的过程，也保持了这一传统，其首要的、最显著的经验就是立法先行、法律保留、依法监管的原则。立法先行意味着在确立了基本的法律框架之后，改革才依法推进。水务改革特别是水务私有化只有在政府管制有效的情况下才可能成功，如果缺少作为先决条件的法律框架，那么，私营企业为了利润而滥用垄断、飙升价格、提供歧视性服务、为降低成本而忽视基本设施投资、甚至破坏水资源环境的可能性都会存在。正是在先行立法的前提下，英国才最大限度地克制了这些弊端，完全实现了水务行业政企分开、监管职能与服务职能的分开。法律保留意味着议会主权至上，必须保障水法的法律位阶和权威性，同时也赋予执法机构的独立性和灵活性。此外，国际社会有关水资源和水环境保护的条约、协定及欧盟水法对英国水务法制建设产生了极大的影响和重要的作用。

第五章　依法监管：英格兰和威尔士的水行政体系

依法监管体现的是水法能够得到贯彻实施，水法的生命也在于此，而这需要一套拥有相应法定职权、职责和能力的水行政体系。这套体系不但为贯彻执行议会立法而制定相关条例、命令、指南、规划等，而且也包括末端执法，包括对有关行政相对人的日常行政管理和行政服务。笔者将这一过程概括为间接监管和直接监管。间接监管主要是指内阁相关部门所发挥的宏观、间接的功能，行使授权立法的职责，并对直接监管机构负有支持和监督责任。直接监管指一批独立机构直接负责水务领域的日常行政管理和行政服务，重点监督水务公司遵守相关法律、法规、法令及服务标准的情况，从而使水法落到实处，从而保护消费者的利益，促进水务市场健康发展，促进水资源可持续利用。间接监管部门和直接监管机构共同构成了水务领域的依法监管体系，密切合作，分工明确，责任明晰。本章在梳理英国政府组织体系的基础上，以英格兰和威尔士地区为重点，叙述了水务宏观间接监管部门、直接监管机构的组织体系、组织结构、组织功能及其相互合作的关系。

一　政府部门及公共机构

（一）中央政府部门

英国实行的是以立宪君主为国家元首的议会内阁制，这种独特的政治传统和国家结构形式造就了复杂的政府组织体系。[①] 因此，要了解英格兰和威尔士的水务行政监管体制，需要先了解英国的中央政府组织体系。

英国中央政府正式名称为“女王陛下政府”或“国王陛下政府”，其组织体系包括枢密院（Privy Council）、内阁（Cabinet of the United Kingdom）、内阁部门（Ministerial Department）和非内阁部门（Non Ministerial Department）以及其他公共机构（Public Body）。枢密院是英王的顾问机构，在形式上是代表王权的最高行政机关，而实质上内阁才是英国中央政府的核心。在宪制程序上，内阁是枢密院下属委员会，内阁首脑即英国首相（全称大不列颠及北爱尔兰联合王国首相），是代表君主执掌国家行政权力的最高官员。一般情况下，下议院多数党领袖或执政联盟的领袖自动成为首相人选，首相人选经英王任命后正式成为首相。首相获任命后组建内阁，成员包括正副首相、议会两院领袖、总督导（Chief Whip）[②] 及各部首长，他们只能是来自英国议会的议员，由首相从议员中挑选或由参加内阁的各党派协调产生，最后再由首相将名单提请英王任命。[③]

内阁向议会负责，实行集体问责和个人问责两种机制，前者指内阁全体成员集体承担责任，后者指内阁部门首长为本部门承担责任。内阁组织机构主要是内阁办公室（Cabinet Office）和内阁委员会（Cabinet Committees），前者是内阁的常设办事机构，职能是支持首相和内阁，确定政府目标，发布政策方案，实施跨部门的政策操作，解决跨部门的重点问题，确保政策的有效发展、协调和实施，确保政府的有效运转；[④] 内阁委员会分为常设委员会和特别委员会，每个委员会都有自己的职责范围，内阁的大部分日常事务性工作由内阁常设委员会进行，常设委员会可根据需要设立下属的分支或次级委员会。

中央政府部门包括内阁部门和非内阁部门，政府部长们也根据其是否

---

① 这里是在狭义上使用政府的概念，即行政体系。

② 俗称“党鞭”或“政府鞭子”。

③ 例如，特蕾莎·梅（Theresa May）主持的英国内阁，内阁成员共有23名，通称为“内阁部长”，此外还有6名枢密院顾问官兼具其他职责的人员也有权出席内阁会议。

④ UK Cabinet Office, 2018, *Cabinet Office Single Departmental Plan*, https://www.gov.uk/government/publications/cabinet-office-single-departmental-plan/cabinet-office-single-departmental-plan-2.

是内阁成员、能否参加内阁会议而被划分为“内阁部长”（Cabinet Ministers）和“部门部长”（Ministers by Department）两类。作为内阁成员的内阁部长也是枢密院成员，拥有参加枢密院会议、与英王私人会面、在姓名前加上“尊敬的”（The Right Honourable，简称 The Rt Hon）头衔等权利。绝大多数内阁部长拥有“国务大臣”（Secretary of State）的头衔，[①] 其中有些负责主持某方面国家事务，领导着相关内阁部门，因此也是首席“部门部长”或称行政首长。首席部长之下一般设置 2—5 名高级副部长或称政务部长（Minister of State，以下简称政务部长），此外还设置若干名初级副部长或称议会副大臣（Parliamentary under of Secretary of State，以下简称副大臣）[②]，他们分工负责，协助首席部长。因此，部门部长数量较多，例如目前英国中央政府共有 25 个内阁部门，设置了 107 名部门部长，其中包括了内阁部长。[③]

非内阁部门是指由非内阁成员担任部门行政首长的政府部门，其部门负责人由高级公务员担任，具有法定职责，其他雇员也属于国家公务员。非内阁部门往往被称作是“法的工具”（Creatures of Statute），依据成文法设立，负责执法但没有权力改变这些法律。设立非内阁部门的原因，是把政治从某些事务中排除出来，从而让公众放心。因此非内阁部门所负责处理的事务，都属于那些如果被施以直接政治监控则被认为是不必要或不适当的事务，如慈善事务、竞争和市场管理、水务、燃气、电力、铁路与公路服务、邮政服务、林业、食品安全标准、税收与海关、精算、统计等，这些事务均需要由那些没有政治控制的独立部门来承担。也因此，大多数非内阁部门都是高度独立的公共机构，只对议会和法院负责，部门预算由英国财政部（HM Treasury）制定并直接报议会决定，资金来源往往是行政性收费，包括所收取的各种证照管理费等。

---

① 例如，特蕾莎·梅的 23 名内阁成员中，有 18 名是“国务大臣”。

② 此处的官职翻译参见甄鹏《英国官职翻译》，《英语世界》2008 年第 8 期；宫可成《英美政府部门首长名称》，《语言教育》1999 年第 9 期；段秀清《英美政府机构名称》，《语言教育》1992 年第 10 期；尹继友《英美政府首长名称一览》，《语言教育》1992 年第 10 期。

③ 根据英国政府网（https://www.gov.uk/government/ministers）网页上数据所做的统计。截止到 2018 年 5 月底。

（二）公共机构

除了内阁部门和非内阁部门外，英国中央政府组织体系还包括大批各种形式的政府类及非政府类的公共机构或曰公共实体。这些公共机构各自拥有不同的法律地位、组织名称、组织属性和权能，一般设立在相应的内阁部门内，但具体业务行为不受内阁部门的干预，这样既有利于部门首长的统一指挥、监督和整个行政系统的协调运转，又能保证公共机构的相对独立性。

根据这些公共机构的组织要素，可把它们划分为如下几种类型：一是执行机构或称执行局（Executive Agencies，EAs）；二是非部门公共机构（Non Departmental Public Bodies，NDPBs）；三是其他类型的公共机构。① 截至2017年3月31日，英国中央政府共拥有305个公共机构，其中包括38个执行机构，245个非部门公共机构，22个非内阁部门，雇员达273126名，总支出2030亿英镑。在未来，公共机构在公共服务领域将继续扮演重要的角色，发挥广泛的作用，包括监管、服务业务交付、为政府提供咨询等。②

1. 执行机构

执行机构是英国自1988年开始的行政改革的产物，被认为是英国政府全面转换管理和责任机制的重大努力，标志着英国公共服务改革的一个转折点。③ 从彼时开始到21世纪最初几年，是英国内阁部门设立执行机构的高潮。设立执行机构的初衷是将政府的行政决策职能和行政执行职能分离，提升政府的效能、效率、效益和灵活性，提升公共服务质量，提升公民对政府的满意度。④ 一般而言，执行机构是由内阁部门基于某些专门目

---

① 由于非内阁部门的相对独立性，实际上它也被划入公共机构之列。参阅中国驻英国经商参处《英国政府及公共部门基本架构简介》，http://finance.ifeng.com/roll/20100105/1665625.shtml；UK Cabinet Office，2018，*Guidance*：*Public Bodies*. https://www.gov.uk/guidance/public-bodies-reform。

② UK Cabinet Office，2017，*Public Bodies* 2017，https://assets.publishing.service.gov.uk/government/uploads/system/uploads/attachment_data/file/663615/PublicBodies2017.pdf.

③ 周志忍：《英国执行机构改革及其对我们的启示》，《中国行政管理》2004年第7期。

④ 刘炳香：《英国政府机构改革对中国的几点启示》，《天津行政学院学报》2002年第1期。

的、无须通过立法而设立的；非内阁部门为工作需要，也可以设立执行机构。执行机构的组织属性属于政府机构（Machinery of Government），雇员属于公务员序列，经费来源主要有三种方式，即由创设部门全额拨款、净额拨款，以及营运性收入方式；后者指向服务对象收费或从事其他商业活动来获得收入。所有来源形式的经费收支情况都须向公众公开并接受政府审计。

执行机构既不同于非内阁部门，也不同于非部门公共机构，后两者都在法律上和宪政上享有不受内阁部门控制的权利。而执行机构只是半独立于创设它的政府部门，这种半独立性主要表现在：执行机构属于政府部门的下设机构，人员都是由部长提名委任并被报告给议会，具有特殊的组织目标；政府部门制定执行机构的绩效目标，对执行机构实行绩效目标控制，保留对执行机构的调整权和撤销权；同时，执行机构设立首席执行官（Chief Executive）负责日常具体工作，在如何落实和执行政策、完成绩效目标的行动过程、行动方式、操作程序等方面拥有自主权，在相关人事管理上也拥有相当的自由权。

为了规范政府部门与执行机构的权责关系，二者通常签订相关框架协定并商定年度业务计划。框架协定的具体签署人一般是政府部门的政务部长与执行机构的首席执行官，主要包括如下内容：执行机构负责人向政府部门承担的责任；执行机构的使命和工作目标；执行机构所提供服务的具体内容；执行机构的财务目标、财务与规划、核算方式等履职资源配置情况；执行机构的雇员工资与人事安排。[①] 框架协定每五年评审一次，评审结果往往决定着执行机构是否有继续存在的价值，或者如何对之进行调整。年度业务计划也是由政府部门的政务部长与执行机构首席执行官协商确定的，功能在于“对执行机构的年度业务进行约束和指导”[②]。

2. 非部门公共机构

非部门公共机构是一种半官方、准自治、非政府的组织，既不是政府部门，也不是政府部门不可或缺的组成部分，更不隶属政府部门，但在政府运

---

① 傅小随：《政策执行专职化：政策制定与执行适度分开的改革路径》，《中国行政管理》2004 年第 7 期。

② 陈水生：《国外法定机构管理模式比较研究》，《学术界》2014 年第 10 期。

行过程中担当一定的角色和功能。它们拥有较高程度的自主权，与政府部门保持一定的距离，但资助它们的政府部门却须为它们向议会负最终责任。

根据非部门公共机构的职能，可将它们划分为四类：一是执行性非部门公共机构（Executive NDPBs），通常依据特定的法律设立，履行行政、监管等职能，拥有独立的人事，机构最高负责人员一般由资助它们的政府部门部长任命或提名女王任命，雇员不是公务员，预算独立并接受外部审计。二是咨询性非部门公共机构（Advisory NDPBs），通常由政府部门依据行政命令设置，负责向设置部门提供独立的专家咨询意见。一般没有独立的人事和预算，而由设置部门提供人力和资金支持。三是仲裁性非部门公共机构（Tribunal NDPBs），通常依据特定的法律设立，在特定领域具有类似司法判决的权力，并接受民众对政府部门及其他公共机构的申诉。通常也没有独立的人事和预算，由设置部门提供人力和资金支持。四是独立监督委员会（Independent Monitoring Boards，IMBs），负责对特殊领域如移民事务、监狱及收容中心的管理工作实施监督，费用由相关主管部门承担。这些公共机构的共同特征是具备清晰的权限和明确的责任，有适当的组织权力和资金来源，具有相对的独立性。除了上述公共机构外，还有其他类型的公共机构，例如公共企业等。

公共机构在英国公共行政、公共服务过程中发挥着重要的作用，其中最重要的是政策执行、行政监管、服务交付、向政府部门提供政策咨询和建议，以及从事商业活动等职能，绝大多数政府部门的运作都依托相应的公共机构的支持。具体而言，公共机构的职能范围包括如下几个方面：直接向公众提供服务，如国民卫生服务、车辆驾驶许可、取水或排污许可；国家层级的服务，如公共安全保护、环境保护；以审查或监管为重点的服务，跨政府部门的服务、跨企业或市场的工作；政策咨询，确保政府部门获得最佳的专业知识和社会信息；其他支持政府的功能，如税收、海关工作。①

---

① UK Cabinet Office, 2017, *Public Bodies* 2017, https://assets.publishing.service.gov.uk/government/uploads/system/uploads/attachment_data/file/663615/PublicBodies2017.pdf.

公共机构的类型、功能之别反映了它们与政府部门多样性的关系，体现的是它们相对独立自主性的程度。一般而言，政府部门按照“一臂之距”（Arm's Length Principle）的原则来处理与这些公共机构的关系，也即：公共机构与政府部门保持着被喻为“一个手臂长度”的距离，因此也被称作“臂距机构”（Arm's-length Bodies，简称 ALBs）。分权管理和相对独立，这是“一臂之距”原则的基本要义，被认为可以有效避免党派政治倾向对公共行政、公共服务的不良影响。然而，公共机构的相对独立性，并不意味着它们可以自成体系、脱离政府系统，实际上，“臂距机构”代表的是政府部门服务的延伸，所以，每个政府部门及其“臂距机构”实际上是作为一个整体性的服务体系而存在的。

随着时间的推移，公共机构在履行职责的过程中也出现了不少问题，如数量激增、规模扩大、责任减少、透明性缺乏、目的碎片化、与政府部门及其他公共机构的协调性不足、灵活性和响应能力降低等。因此，自 20 世纪 90 年代中后期至今，公共机构改革成为英国政府改革的优先事项。其中，比较显著的成就是 2011 年出台的《公共机构法》（Public Agency Act 2011）以及两个改革战略，即《2010—2015 年公共机构改革规划》（Public Bodies Reform Programme 2010 to 2015）和《2016—2020 年公共机构转型规划》（Public Bodies Transformation Programme 2016 to 2020）。前者大规模地消减了公共机构的数量、雇员和预算规模，撤并了 1/3 以上的公共机构，预算额消减了 30 亿英镑；[①] 后者在继续调整公共机构数量的同时，更加注重公共机构的成本与效益，确保政府效用的最大化，着力促进善政和问责，促进公开性、多样性、透明度和公共机构之间的协调性、连贯性。[②]

① UK Cabinet Office, 2015, *Public Bodies* 2015. https://assets.publishing.service.gov.uk/government/uploads/system/uploads/attachment_data/file/506880/Public_Bodies_2015_Web_9_Mar_2016.pdf.

② UK Cabinet Office, 2016, *Public Bodies Transformation Programme* 2016 *to* 2020, https://www.gov.uk/guidance/public-bodies-reform#public-bodies-transformation-programme-2016-to-2020.

二　水务宏观监管部门

自2001年以来，在英国中央政府内阁部门中，环境、食品与乡村事务部（Defra）承担着对水资源和水环境保护、供水和污水处理事务的宏观管理职责，作用范围主要是在英格兰和威尔士地区。《2006年威尔士法》（Wales Act 2006）正式实施后，威尔士国民议会及其内阁部门开始负责本地区的水务法律、政策及其实施，Defra制定的水务政策作用的范围主要限于英格兰。

（一）Defra的职能与结构

Defra的部门重组是英国对生态环境管理大部制持续改革的结果。Defra的前身是农业渔业和食品部，2001年6月，农业渔业和食品部、环境运输和地区事务部、内政办公室（Home Office）三个部门的有关水务，和渔业、农业与乡村事务、土地及其他自然资源、自然环境、生物多样性等职能被整合在一起，成立了Defra。其主要职能是依据议会立法，就环境、食品和乡村事务制订政策措施和战略规划，设立相应的公共机构具体执行相关法律法规和其他政策。作为英国中央政府的内阁部门，Defra由环境大臣即部门首席部长领导，对内阁和英国议会负责。环境大臣之下设置了数位政务部长、副大臣及资深官员（Senior Officials）辅助环境大臣的工作。其中，副大臣和资深官员负责处理部门的日常运作，保持政治中立，聘任不受内阁的任期影响。

就水务宏观管理而言，根据《2003年水法》和《2014年水法》的规定，Defra的主要职能如表5-1所示。自2001年重组成立至2017年7月，Defra已经依据英国议会相关水法发布了2500多项政策、规划、计划、行动方案或其他文件，内容十分广泛，涉及水资源和自然环境保护、生物多样性、渔业、废弃物管制和污染控制、洪水和旱灾防治、可持续发展和绿色经济等方面。Defra履行公共决策职责时，往往与其他相关内阁部门、公共机构以及威尔士、苏格兰和北爱尔兰的三个授权政府合作，保持密切的协商关系，并且注重发展行业领域内的国际合作。

表 5－1 Defra 的水务宏观监管职能

1）委任水务领域公共机构负责人，并为这些机构提供资助；
2）审查水务办公室（Ofwat）、饮用水督察署（DWI）、环境署（EA）等公共机构所制定的条例是否符合法律规范；
3）保护水资源和水环境，提出河流水质分类标准和预防污染的要求；
4）制订和修订水务行业监管的政策框架，批准和审定各类实施细则，管理水价；
5）对供水及排污服务机构履行法定职责进行监督和指导，促进市场有效运转；
6）管理防洪与洪水保险、海运和河运、海岸侵蚀防御等事宜；
7）调控农业用水；
8）负责制定英格兰地区的饮用水质量方面的政策、制定和发布水质标准，指导水质保护事宜；
9）代表英国参加各种全国性、欧洲及国际性的交流及参加世界卫生组织等召开的相关国际会议。

Defra 刚成立时，组织体系比较庞大，尤其体现在执行机构的设置上。例如，在 2005 年，Defra 的组织结构设立了三个层次，分别是部长、管理委员会和执行机构（参见图 5－1）。

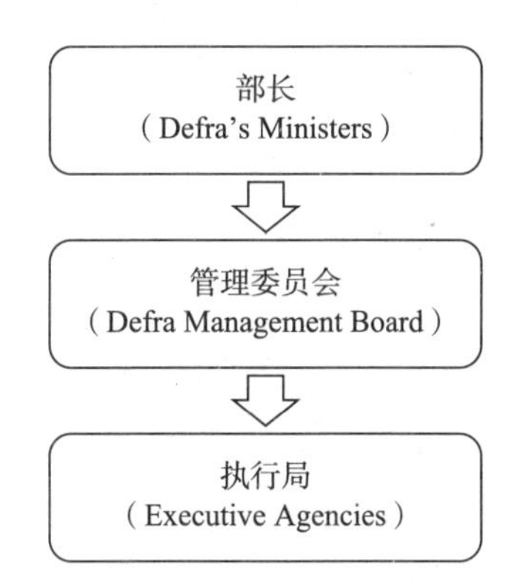

图 5－1 2005 年环境、食品和乡村事务部组织结构层次

来源：Defra，2005，*Organization Structure*，https://www.gov.uk/government/organisations/department-for-environment-food-rural-affairs。

当时，Defra 的核心团队是 18 人，包括 5 名部长、13 名管理委员会成员。根据《2003 年水法》的规定，部长们拥有任命 Ofwat、环境署及水务公司负责人的职权，负责制定和修订水行业管理的法律框架，批准和审定各类实施细则，提出河流水质分类标准和预防污染的要求，对水务公司履行法定职责进行监督和指导。具体到每一位部长，又有各自的职责内容。

其中，首席部长即环境大臣对所有有关英国环境、食品、乡村事务（包括农业、园艺和渔业）的问题负有全责，在与欧盟农业和渔业理事会（EU Agriculture and Fisheries Council）、欧盟环境理事会（EU Environment Council）及在有关可持续发展和气候变化方面的国际谈判中代表英国行使职责。其他部长包括：一是乡村事务和地方环境质量部长（Minister of State for Rural Affairs and Local Environmental Quality），对如下事务负有职责：环境卫生、安全和绿化；英格兰农村发展计划；国家公园和道路权利；内陆航道；农村服务标准的制定和服务的合作定位、合作提供；农村街道行动计划；农村经济发展和自然资源保护战略；农村带犬狩猎；化学药品和杀虫剂；环境保护；计划性、地区性事务和地方政府事务等。二是自然环境和农业环境事务部长（Minister of State for Environment and Agri-Environment），对如下事务负有责任：气候变化；地球和海洋生物多样性；农业环境政策；垃圾及其焚烧问题；放射性物质；水务；洪水和海岸防御；地面环境问题等。三是副大臣（下议院）（Parliamentary Under-Secretary of State〔Commons〕），对如下事务负有责任：生物多样性；自然资源保护；自然风景区；林业；渔业；健康计划，植物变异和种子；有机食品和种植；动物健康和福利等。四是副大臣（上议院）（Parliamentary Under-Secretary of State〔Lords〕），负责农业耕作、食品和能源的可持续发展，具体对以下问题负有责任：农业和园艺业的可持续发展及其贸易问题；食品工业；农业、园艺、能源领域的科学技术发展；运输及环境问题；大气质量和噪音；商业及环境问题；能源及其效益问题；非食品农作物的种植与发展等问题。

在5名部长之下，设立了由13人组成的部级管理委员会，其作用是为Defra提供战略方针。这13人包括1名Defra常务秘书、9名业务主管及3名非执行人员。在管理委员会之下，则设置了为数众多的公共机构。Defra在2005年共有178个执行机构、85个咨询性非部门公共机构。[①] 执行机构

① 在这85个咨询性非部委公共机构中，与水务有关的主要有两个：一个是公共用水供给过程和产品咨询委员会（Committee on Products and Processes for Use in Public Water Supply）；另一个是水务监管咨询委员会（Water Regulation Advisory Committee）。

独立负责承担 Defra 的政策执行功能，每个执行机构都必须提交年度报告和财务情况。

最近几年来，Defra 的组织结构有一些明显的变化，主要体现在两个方面：一是组织规模逐步缩小；二是尽管 Defra 实行首长负责制，但集体决策机制所发挥的作用越来越明显，这从其组织结构设置的变化上可以看出来。例如，到 2015 年 Defra 的核心团队已经减至 14 名人员，包括 4 名部长、1 名常务秘书及其他 9 名分管业务的主管（见图 5－2）。尽管环境大臣对 Defra 的事务还负有全部责任，但 Defra 开始实行集体决策机制，Defra 管理委员会也改名为“Defra 委员会”（Defra Board），其性质就是部门最高决策团体，每季度召开一次决策会议，提供集体战略和团体领导；设立了监事会，由环境大臣、常务秘书及 9 位业务主管中的 8 位组成，负责检查部门业务和财务状况，对其他部长们执行职务的情况进行监督；与之合作的执行机构和其他公共机构已经调整减少至 36 个。

图 5－2 2015 年 Defra 核心结构及职责分工

来源：Defra, 2015, *Organization Structure*, https://www.gov.uk/government/organisations/department-for-environment-food-rural-affairs。

在图 5－2 中，Defra 内部各位负责人的职责分工情况如下：第一，负责水务的政务部长的职责范围包括：向环境大臣建议 Ofwat 首席执行官的人选，对 Ofwat 进行督管，答复议会、国家审计办公室、政府内部审计局等机构有关水务的质询并采取可能的后续行动；拟订有关水资源管理、水质管理、水费管理、防洪和海岸侵蚀管理及洪水保险管理、内地水路管理的政策草案。第二，首席科学顾问负责向环境大臣提供专业建议，为决策制订提供科学支撑，确保本部门科学研究质量并符合决策目的，同时提高本部门科研成果的公众晓谕度，使之与公众常识接轨。第三，战略、国际与生物安全事务主管对 Defra 的国际合作事务及生物安全保护事务负有战略督察的责任，同时也是政策小组的主任。第四，公共机构业务运行主管的职责是督管由 Defra 管理的公共企业的服务运营，以及负责水务监管的公共机构的日常运作。负责评价这些公共机构的业绩，签署机构的业务目标；确保这些公共机构的业务和成绩得到重视；确保这些公共机构拥有适当的财务权；保持这些公共机构的独立性，使其不因 Defra 的政策变化和管理实践而损害其独立地位。第五，决策与传达事务主管负责就 Defra 的重点行动计划向四位部长提供高质量的建议，并确保决策信息传递给核心部门。同时负责对包括环境署在内的一些公共机构进行督管。

到 2017 年 7 月底，Defra 的组织结构又有调整，共分两大层次，即 Defra 委员会和执行委员会（见图 5 - 3），该治理结构更强调集体责任。其中，Defra 委员会为 Defra 提供战略决策和组织领导，特别负责监测组织的绩效和任务完成情况，依然是每季度举行一次会议。Defra 委员会依然由 13 人组成，具体情况如下：环境大臣，1 名负责农业、渔业和食品事务的政务部长，1 名负责环境事务的副大臣，1 名负责乡村和生物安全事务的副大臣（同时也是上议院大臣）；3 名资深官员，其中包括 1 名常务秘书，1 名掌管部门内日常行政工作的主管，1 名负责部门战略、退出欧盟事务及财务的主管；而 6 名非执行人员中包括了环境署的会议主席、以及非政府组织“自然英格兰”（Natural England）的主席。

执行委员会是 Defra 委员会的下属委员会，负责提供战略指导，就 Defra 内部跨司局的问题适当地做出决定，审查旨在提升 Defra 组织能力及发展前景的规划和进展情况，监督跨司局的行动，向部长们通报其战略决定中的优先事项和支出计划的实施情况等。执行委员会有 10 名成员，其中有 2 人也同时是 Defra 委员会的成员，即常务秘书和负责部门战略、退出欧盟事务及财务的主管。环境署的首席执行官也位列执行委员会成员之中。

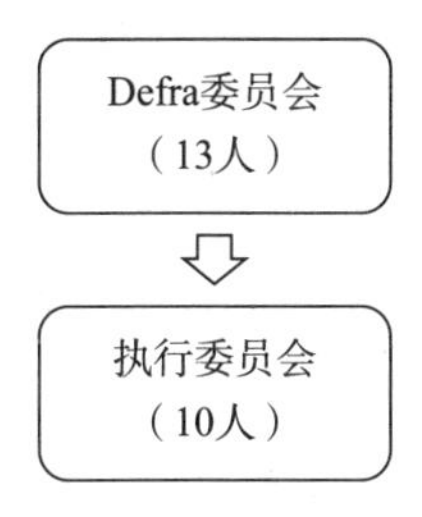

图5－3 2017年Defra组织核心结构

进入2018年后，Defra的核心团队又有新的微调。其中，Defra委员会组成人员由2017年的13人增加至15人，执行委员会成员由2017年的10人增加至14人，但职责分工基本没有变化。尽管Defra的核心构成十分精简，但队伍庞大，在英格兰各地都设立了办事处，目前共拥有约3500人的工作团队，主要分布在与之合作的各类公共机构中。

随着《2016—2020年公共机构转型规划》的实施，属于Defra体系的公共机构数量也有微调，从2015年的36个下调到33个（见表5－2）。其中，受Defra资助、履行水务直接监管职责的是Ofwat、水务消费者委员会、环境署、饮用水督察署，它们是Defra之下专门负责水法及相关政策执行的公共机构。

表5－2 2015—2018年Defra体系中的公共机构

机构属性	数量（个）		
	2015年	2017年	2018年
非内阁部门	2	2	2
执行机构	5	4	4
执行性非部门公共机构	9	9	9
咨询性非部门公共机构	5	4	4
仲裁性非部门公共机构	1	1	1
其他公共机构	14	13	13

①2015年和2017年数据来源：UK Cabinet Office，2015，2017，*Public Bodies* 2015，2017；https://www.gov.uk/government/organisations#department-for-environment-food-rural-affairs。

②2018年数据截止到5月1日。

Defra 十分强调它与表 5－2 中公共机构的伙伴关系。此外，Defra 还与威尔士、苏格兰和北爱尔兰的授权政府密切合作，在制订或执行有关环境保护、自然资源和乡村事务等政策时常常联合起来。

（二）威尔士政府

在威尔士地区，威尔士政府在水务管理中也发挥着宏观管理的作用，但这只是最近十余年来的事情。

众所周知，20 世纪 90 年代末英国工党政府实施权力下放，威尔士和北爱尔兰、苏格兰都成立了地区议会和相应的行政机构，均为自治政治实体，中央与这些政治实体间逐步建立了伙伴关系。[①] 由于历史渊源，威尔士、英格兰与中央政府联系相对紧密，这也是英国议会的法律和中央政府的政策主要在威尔士、英格兰实施的原因。

相比于苏格兰和北爱尔兰，威尔士地区的自治程度较低，但威尔士地区就下放的权力事项也享有附属性的立法权。《1998 年威尔士政府法》（Wales Government Act 1998）生效后，威尔士地区举行选举，产生了威尔士国民议会（National Assembly for Wales），并成立了威尔士议会政府（Welsh Assembly Government，通常称作威尔士政府）作为威尔士国民议会的执行机关。《2006 年威尔士法》出台后，威尔士国民议会的权力不断增加，可以进行立法的范围扩大到 20 个事务领域。[②] 2015 年 2 月，英国中央政府宣布给威尔士地区下放更多立法权，赋予其更多自治权，除了之前的教育、卫生、环境领域外，还进一步涵盖能源、海事、交通、广播等领域。此外，英国中央政府还承诺进一步改进威尔士地区的“权力下放”模式，把“除了规定下放的权力，其余都不下放”改为“除了英国中央政府保留的权力，其余都下放”，并专门为威尔士地区研究制定新的公共财政拨款标准。这意味着，在某些限定范围中有关威尔士的法律将会被与有关

---

① 任进、石世峰：《英国地方自治制度的新发展》，《新视野》2006 年第 1 期；孙宏伟：《英国地方自治的发展及其理论渊源》，《北京行政学院学报》2013 年第 2 期。

② 在联合王国内阁中，威尔士保留一名威尔士国务大臣，该大臣可以参加威尔士国民议会，但没有投票权。

英格兰的法律区别对待。

威尔士政府作为威尔士国民议会的执行机关，也实行内阁责任制，由首席部长及内阁其他成员、总法律顾问、部长、内阁委员会组成。内阁是威尔士政府的决策机构，在下列事务领域中被赋予决策责任：文化、教育和培训、威尔士语言、古纪念碑和历史建筑物、体育和娱乐、旅游业；自然资源、生态环境、防涝防洪；经济发展，农业、渔业、林业和乡村发展；高速公路和交通、城镇规划；社会福利、住房、食品、健康和保健服务；救火、救援服务和促进防火安全；公共行政管理、地方政府管理、社会公正与改造。目前，内阁成员共有 9 名，包括首席部长、总法律顾问、下院领袖兼议会总督导、财政大臣、能源规划和乡村事务大臣、教育大臣、地方政府和公共服务大臣、经济和交通大臣、卫生和社会服务大臣，均在议员中选举产生。内阁大臣之下设置若干名主管部长、副部长，分工协助大臣工作。

水务管理属于能源规划和乡村事务大臣及其属下的环境部长的职责。他们不但负责落实英国议会和英国中央政府制定的、须在威尔士实施的相关法律、法规和政策，而且还负责执行威尔士国民议会制定的环境法律，如《2016 年威尔士环境法》。此外，他们还对威尔士地区的水工业发展负有促进职责，对在威尔士地区运营的水务公司负有宏观管理职责。为此，他们的主要任务是制定相关水法的实施方案、规划和行动准则，并以威尔士政府的名义发布。

在水务管理过程中，威尔士政府与 Defra、Ofwat、环境署、饮用水督察署、水务消费者委员会、威尔士自然资源局（Natural Resources Wales，简称 NRW）、威尔士水业论坛（Water Industry Forum for Wales）①、迪谷水务公司（Dee Valley Water）和威尔士水务公司（Wales Water）等利益相关

① 威尔士水工业论坛是英国水工业论坛的地方分部，水工业论坛是一个中立的、独立的非营利组织，是水务领域利益相关者的论坛和信息中心，其成员众多。威尔士水工业论坛的成员包括：水务消费者委员会，环境署、饮用水监察署、水务办公室，威尔士议会政府，威尔士自然资源保护局，威尔士地方政府协会（Welsh Local Government Association），以及迪谷（Dee Valley）水务公司、威尔士水务公司、阿尔比恩（Albion）水务有限公司三个水务公司。

者密切合作。例如，根据《1991年水工业法》2A条的规定，威尔士政府有权力对Ofwat提供指导，Ofwat在履行其作为供水和排污行业经济监管者的权力和职责时必须考虑这一指导；根据《1991年水工业法》27B条及《2003年水法》的相关规定，威尔士政府与水务消费者委员会之间应该以“谅解备忘录”（Memorandums of understanding）的形式签订合作协议，列明双方关系的原则和价值，并对促进双方合作和信息交流、对影响双方的事项采取一致性处理意见作出安排。

为了提高决策效率和执行效率，威尔士政府也设立并资助了一些公共机构，被称作是“威尔士政府资助机构”（Welsh Government Sponsored Body），截止到2017年7月底，共有10个。[1] 其中，威尔士自然资源局就属于这样的机构。

三　水务直接监管机构

在英国中央政府目前的公共机构体系中，有一些直接负责水务监管事务，还有一些在履职时也涉及水务，其中主要的机构如表5-3所列。

表5-3　目前英格兰和威尔士涉水管理中的公共机构

名　称	资助部门	相关职责	类型
水务办公室	财政部	负责英格兰和威尔士的供水和污水处理行业的经济监管	非内阁部门
竞争与市场管理局	财政部	管理包括水务企业在内的市场兼并、竞争事务	
环境、渔业和水产养殖科学中心	Defra	收集、管理和解释关于水生环境、生物多样性和渔业的数据	执行机构
环境署	Defra	保护英格兰地区山川土地等资源环境	执行性非部门公共机构
自然英格兰	Defra	保护英格兰地区自然环境、生物多样性	
水务消费者委员会	Defra	保护英格兰和威尔士地区水服务消费者的利益	

① Wales Government, 2017, *Executive WGSB Contact Details*, https://gov.wales/docs/caecd/publications/170711-sponsored-bodies-en.pdf.

续表

名　称	资助部门	相关职责	类型
海洋渔业局	Defra①	为海洋渔业的所有部门提供监管指导和服务	执行性非部门公共机构
海洋管理局	Defra	许可、规范和规划海上活动，保护海洋资源可持续利用和发展	
气候变化委员会	BEIS	就减排目标向政府提供相关建议	
联合自然保护委员会	Defra	维持和丰富生物多样性，保护地质特征和维持自然系统。	
竞争服务署	BEIS	对竞争和市场管理、公用事业监管等机构的裁决所提出的上诉进行听证，审查兼并和市场指引方面的决定	
环境释放咨询委员会	Defra	向 Defra 提供有关动植物基因改造及其释放物可能引发人类健康和环境风险的法律建议	咨询性非部门公共机构
饮用水督察署	Defra	英格兰地区饮用水水质监管	其他公共机构
湖区国家公园管理局	Defra	保护湖区的自然美景、野生动物和文化遗产	
威尔士自然资源局	威尔士政府	保护和管理威尔士地区水资源及其他自然资源	

表5－3中，在城乡供水和排污处理领域发挥直接监管职能的最重要的机构有5个（见图5－4），它们在水务管理中发挥着独立、专业、常态的监管功能，在各自的职责领域内行使职权，分别负责对英格兰和威尔士水务领域、水务企业实施经济监管、社会监管和技术监管。同时这些机构并不孤立履行职责，而是与一批相关的公共机构保持着直接或间接的合作关系。

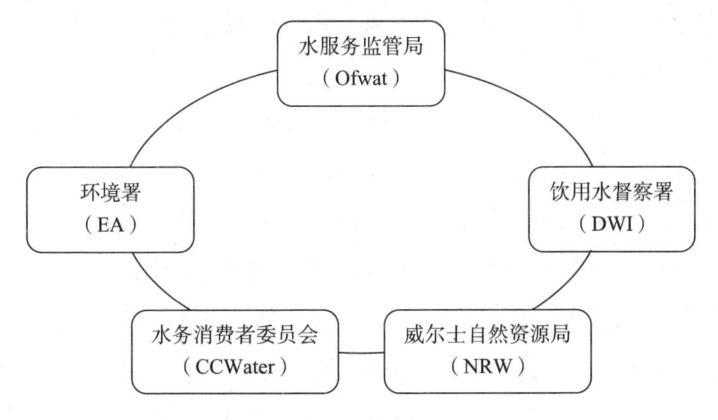

图5－4　现阶段英格兰与威尔士重要的水务直接监管执行体系

① 苏格兰、威尔士、北爱尔兰政府也对其提供资助。

（一）水服务监管局

1. 机构变迁情况及其职能

“水服务监管局”（Water Services Regulation Authority）的前身是水务办公室（即 Ofwat），于2006年成立。不过，由于 Ofwat 在英格兰和威尔士水务私有化之后十几年来卓越的监管绩效，为其在国内外都赢得了赫赫名声，以至于如今英国各水务公司及消费者仍然习惯沿用 Ofwat 的称谓来代称水服务监管局，连水服务监管局也仍然将自己称作 Ofwat。①

前面第二章已经介绍，Ofwat 是根据《1989 年水法》成立的，是一个顺应公用事业私有化潮流而成立的公共机构，在地位和属性上是非内阁部门，是英格兰和威尔士供水和排污处理行业最重要的经济监管者。Ofwat 成立之初的组织结构分三个层次：权力中心是 Ofwat 总监，为最高层级；在水务总监之下设立了五个业务部门，即财务监管部、竞争和消费者事务部、成本效益部、业务部和内务部，每一个部门下再分别设置若干个工作组，分别负责具体事务，这样的工作组共有 22 个（见图 5 -5）。水务总监由环境大臣提名任命，全权负责 Ofwat 的各项工作，具体业务流程基本上不受 Defra 及其他政府部门的干预和支配。总监每届任期 5 年，任期受法律保障，除无法胜任等原因外不得免职。另外，总监必须向英国议会报告工作，但议会也无权干涉其具体决策，由此保证了 Ofwat 执行监管职能的相对独立性和权威性。

水务私有化改革伊始，根据《1989 年水法》建立的水务监管执法体系在运转中还比较生涩，不同的监管机构在履行职责过程中关系不顺、时有摩擦，甚至一度造成 Ofwat 和环境署之间的紧张关系，而且监管执法机构之间的分歧给水务公司带来了困惑。因此，《2003 年水法》规定重组水务经济监管组织。据此，2006 年 4 月 1 日，Defra 重新组建了该机构，更名为“水服务监管局”，将 Ofwat 原来的职能转移至水服务监管局。

① 由于水服务监管局仍然沿袭了 Ofwat 的名号来称呼自己，因此笔者也继续用 Ofwat 指称重组后的英国水服务监管局。

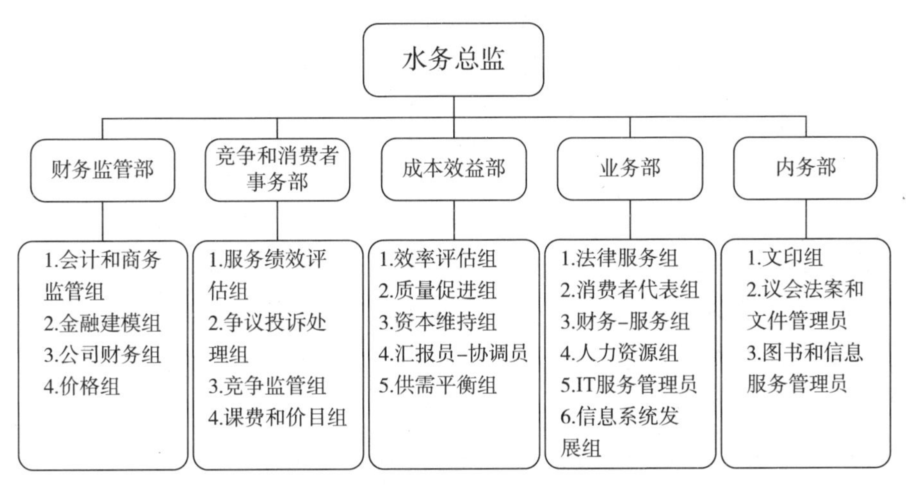

图 5－5 Ofwat 重组之前的组织结构

来源：Ofwat，2004，*Annual Report* 2003/2004. https://www.ofwat.gov.uk/publication/annual-report-of-the-director-general-of-water-services－2003－2004/。

《1991 年水工业法》具体赋予了 Ofwat 作为英格兰和威尔士水务经济监管者的职能，监管目标是督促水务公司依法开展业务、合理收取水费、提高经营效率，防止水务公司滥用垄断地位，促进水务市场公平有序竞争，以保证消费者以公平的价格享受高标准的服务。具体包括如下方面：

首先，代表政府确定合理的水价并对水价定期调整。颁布水价费率标准，每年一次确定价格水平和结构；每五年一次审查和调整水价上限，规定下一个五年价格标准和服务职责，为水务公司制定效率目标等。Ofwat 通过控制水务公司上限收入等手段代表政府对水务企业进行经济调控，监督水务公司的财务和投资情况，保障水务公司保持融资能力，保障水务公司能够有效地运营，尤其是保证其投资能够获得合理的回报率。敦促水务公司提高竞争水平，维护水务市场正常的竞争环境，促进水业可持续发展。

其次，保护水行业消费者，确保用水户的利益不受损害。一方面，监督水务公司履行法律赋予的各项职责，为消费者提供更持续和有效的服务，并测评服务标准、检查服务质量，通过监督水务公司尤其是供水公司的服务质量是否达到规定的标准，保障消费者的利益；另一方面，通过限价政策保证消费者所支付的水费是合理的，监督水务公司在确定和收取水费时不因地区差异而出现偏袒和歧视现象，从而保护偏远地区消费者、困难群体的利益。回应消费者咨询、调查消费者投诉、解决供需争端等。

最后，在威尔士地区，尽管《2006 年威尔士法》下放了一批权力，但 Ofwat 依然负责对威尔士地区的水务市场实施监管。根据威尔士政府为 Ofwat 确定的水务监管重点事项，目前 Ofwat 在威尔士地区主要履行如下 7 项职责：调控水价，定价须考虑用户的可承受性，无论对当前的客户还是未来的客户，都须考虑他们的负担能力；服务创新，激励水务公司创造为用户提供服务的新方式和环境；着眼长远，即在对短期的负担能力和效率之需要、对长期的投资和灵活性之需求以及对确保公司长期发展之需求之间寻求平衡；市场和竞争管理，确保市场机制充分发挥作用，确保竞争机制与威尔士政府的相关政策相适应；弹性治理，包括对水资源生态系统、水务公司成长的弹性把握；高度重视用户利益；通过对供水和污水处理业的综合管理实现自然资源的可持续管理。①

2. 结构与规则

（1）治理结构。2006 年 Ofwat 重新组建后，对原来的组织体系进行了调整。与之前相比，把总监负责制改为理事会负责制，也实行决策与执行二级治理结构。在决策层级，理事会为决策部门，由 11 位成员组成，包括理事会主席、6 名非常务理事及执行团队中的首席执行官、首席监事、消费者和个案工作高级主管、财务和网络高级主管共 4 人。理事会设秘书处，秘书处由一人或多人组成，人员来自 Ofwat 的雇员队伍，并由理事会任命，负责为理事会及其成员提供行政支持和帮助。理事会下还设了 6 个事务委员会，担负着重要的决策辅助功能，分别就各项事务提供决策建议。这 6 个委员会包括：审计和风险保证委员会，薪酬委员会，水价评审计划理事

---

① Ofwat, 2018, *Ofwat Forward Programme* 2018/2019: *How Our Work Aligns with the UK and Welsh Governments Strategic Policy Statements*, https://www.ofwat.gov.uk/wp-content/uploads/2018/03/Ofwat-forward-programme-2018-19-How-our-work-aligns-with-the-UK-and-Welsh-Governments-Strategic-Policy-Statements.pdf.

委员会，[①] 开放水域委员会、案例委员会、提名和治理委员会。作为 Ofwat 的决策中枢，理事会通常每年召开 10 次会议，此外如果应理事会主席或首席执行官、两名及以上非常务理事的提议也可以举行会议。在执行层级，共组建了 10 人的执行团队，其中包括首席执行官。调整后的治理结构更加高效，无论是理事会，还是执行团队，都必须在 Ofwat 的法人治理章程体系内履行各自职责。

不过，Ofwat 的内部治理结构时有微调。最近几年 Ofwat 内部治理结构的变化见图 5－6、图 5－7、图 5－8 所示[②]：

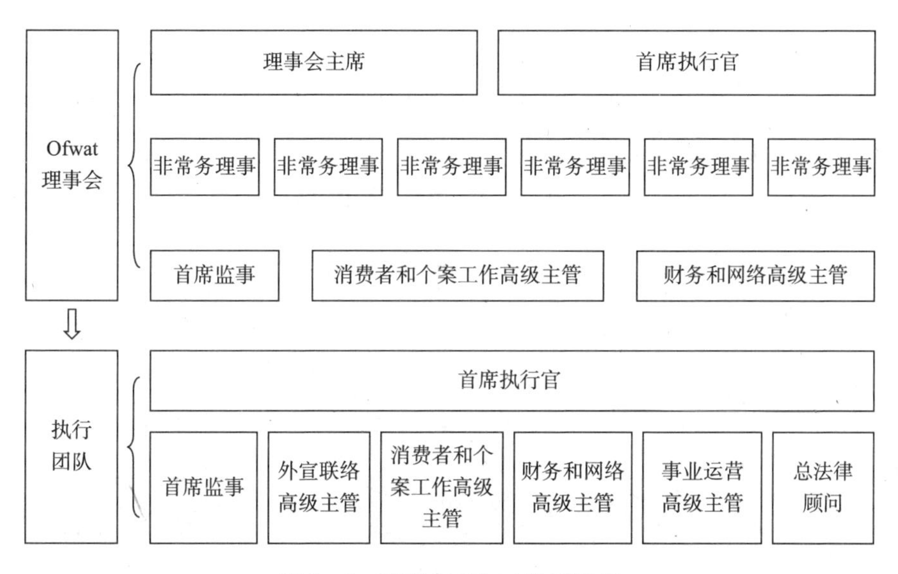

图 5－6　2015 年 Ofwat 治理结构

（2）Ofwat 的法人治理规则。Ofwat 理事会、各事务委员会和执行团队的日常运作，依靠一整套规则来约束（见表 5－4）。这些规则覆盖了 Ofwat 工作的各个方面，规范着 Ofwat 的日常行为。这些规定并非一成不变，随着水务领域法律法规和政策的变化，Ofwat 理事会会适时调整这些规则。

---

① 根据水价评审周期而设立，上一个委员会是 PR14（即 2014 年价格评审）计划委员会。目前是 2020 年水价评审委员会。

② 图 5－6、图 5－7、图 5－8，来源：http://www.ofwat.gov.uk/about-us/who-we-are。2015 年、2017 年、2018 年 5 月所显示的资料。

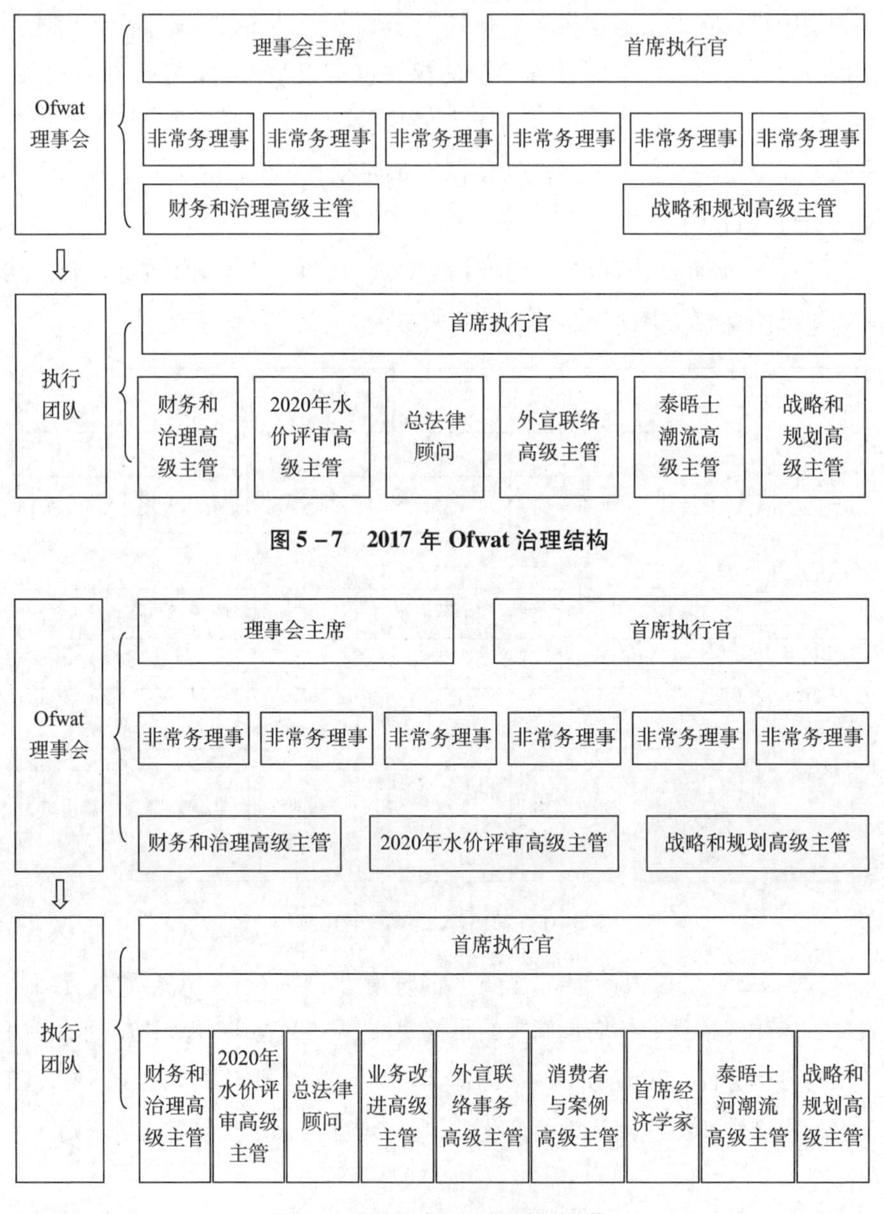

图 5-7　2017 年 Ofwat 治理结构

图 5-8　2018 年 Ofwat 治理结构

表 5－4　Ofwat 的法人治理规则

《Ofwat 程序规则》（Rules of procedure for the Ofwat）
《Ofwat 利益冲突规则》（Procedure for conflicts of interest for the Ofwat）
《Ofwat 理事会成员利益公开登记规则》（Register of Board Members´disclosable interests for the Ofwat）
《Ofwat 理事会保留事项》（Matters reserved to the Board of the Ofwat）
《Ofwat 审计和风险保证委员会的受托权限》（Terms of reference of the Audit and Risk Assurance Committee of the Ofwat）
《Ofwat 薪酬委员会受托权限》（terms of reference of the Remuneration Committee of the Ofwat）
《Ofwat 行为守则》（Code of conduct of the Ofwat）
《Ofwat PR14 计划理事委员会受托权限》（Terms of reference for the PR14 Programme Board Committee of the Ofwat）
《Ofwat 地表水委员会受托权限》（Terms of reference of the Open Water Committee of the Ofwat）
《Ofwat 案例委员会受托权限》（Terms of reference of the Casework Committee of the Ofwat）
《Ofwat 提名和治理委员会受托权限》（Terms of reference of the Nominations and Governance Committee of the Ofwat）

上表中，除了《程序规则》外，其他都是依据《1991 年水工业法》而制订的一系列配套文件。上述规则所规范的事项可归纳为如下几个方面[①]：

第一，Ofwat 理事会的工作原则和集体责任。其中，工作原则是：首先，理事会依据集体负责、支持、尊重的原则开展工作。理事会的决定通常应在共识的前提下做出，理事会成员在公开场合就 Ofwat 的事务应该保持同一种声音。其次，理事会所有的决定都会被记录在案。理事会的决策通常在协商讨论、意见一致的基础上达成，而非通过投票表决；但如果难以取得共识性意见，则可有条件地举行投票表决，遵循简单多数原则。少数人的意见一般将不会公之于众，但如果有必要进行投票表决，表决结果将被记入理事会备忘录。

理事会成员的集体责任包括：依据《1991 年水工业法》和其他相关立法履行 Ofwat 的职权；为 Ofwat 的机构运转制订策略和资源框架，其中包括 Ofwat 的总体战略方向；确保 Ofwat 法人治理的最高准则深入人心；确保

① Ofwat, 2018, *Rules of Procedure for the Water Services Regulation Authority*, http://www.ofwat.gov.uk/aboutofwat/structure/gud_pro_100616rulesofprocedure.pdf.

Ofwat 在其法定权限内运作；确保 Ofwat 的雇员在他们的职权范围内工作；监督 Ofwat 执行团队的日常履职情况。

第二，理事会的保留事项和权力。保留事项是指应由理事会决定批准的事项，任何法定事项均属于理事会的保留事项。除此之外，理事会保留的其他事项和权力体现在如下方面：

在 Ofwat 的政策制定方面，主要有两项权力。一是对如下决定的批准权，包括：Ofwat 的战略政策和先期方案；有关水价评审的草案和最终决定或具有重大影响的决定；涉及市场竞争主管机构的市场调查决定；提起重大诉讼的决定；对任何不利于 Ofwat 的重大判决提出上诉的决定；二是对有关重大原则问题的新决定或者是特别敏感的决定的批准权，包括：水价评审的草案和最终决定或具有重大影响的决定的形成方式；重大的强制执行行动；临时决定的形成方式；涉及市场竞争主管机构的提名变化的决定方式；重大诉讼辩护的决定；根据《1998 年竞争法》而进行调查，之后形成损益性决定和“行动无需理由”的决定；特大投诉处理；收费计划批准；就授权或终止任用事项向环境大臣提出的建议；新的授命；授予、撤销供水许可证；修改有关任命或供水许可证的条件；水务公司绩效调查。

在组织内部治理事务上，拥有对如下六项事务的批准权：一是年度预算、年度报告、年度财务账目事务；二是理事会及其各事务委员会年度绩效正式评估；三是任命首席执行官及其服务期限和条件；四是有关人力资源政策和程序的全局性战略；五是 Ofwat 治理结构的重大变化，及其治理规则的任何改变；六是对 Ofwat 有关卫生健康和安全政策的战略监督。

在有关与第三方的合同签订及其他责任分担方面，所保留的事务和权力包括：非在日常业务过程中拟订的任何合同中的原则性事务；非在日常业务过程中拟订的金额超过 20 万英镑的重大合同；任何超过 20 万英镑的重要资金项目；Ofwat 与第三方，包括政府部门或者其他监管机构之间的任何理解备忘录或正式协议。

在有关外宣、联络、交流和信息发布事务上，拥有回应、信息审核权。如对英国首相、威尔士国民议会、威尔士政府或特设委员会（Select

Committee）所发布的声明进行回应，审核、批准其中的关键信息。

第三，理事会成员的利益公开规则。这里所谓的利益公开，是指 Ofwat 理事会成员必须如实报告任何与理事会职权运行存在着潜在冲突的个人利益，包括：所拥有的任何财产，其配偶或伴侣、成年子女的财产，以及其他利益关系。这些利益都应如实进行登记备案，并向公众公开。如果理事会会议讨论的事项与某成员的利益相关，该成员必须回避。

理事会秘书负责登记事宜，并根据成员有关利益变动情况实时予以修正。理事会成员必须公开登记的财产或利益关系包括：在公司中现有的或以往的管理职位；在任何有限责任公司中现有的或以往的成员身份；其他现有的公共任命；慈善部门的任命，包括信托托管、非营利组织或压力集团中的职位等；雇佣就业或顾问活动；在任何职业机构中的身份或重要官职；任何现有的股市中的利益或其他金融利益；现有与英格兰和威尔士水务部门服务的承担者、合同承包商或其他相关产品和服务的重要提供者所签订的任何付酬性的协议。这里的水务部门服务承担者，包括英格兰和威尔士任何一家供水或排污处理服务承担者、预期中的供水或排污处理服务承担者、实际上的或预期中的供水许可证持有者。

理事会成员的配偶、伴侣、成年子女以前或当前在英格兰和威尔士任何一个水务部门中受雇、担任重要职位、充当顾问，或者所签订的与水务领域相关的付酬性协议，也都要如实、详细地公开登记。此外，理事会成员在水务领域中可能存在的潜在收益，或者其所涉及的将可能影响理事会决断的事情，也要一并登记。向理事会秘书和主席申报、宣布其上述利益，是理事会成员的职责所在。理事会将对成员们申报的利益进行审计，并将结果公开发布。

第四，Ofwat 的行为守则。行为守则为 Ofwat 理事会成员、执行团队及其他所有雇员提供了一套行为规范，理事会成员、执行团队的人员及其他雇员都必须始终如一地遵守。这些行为规范涉及各个方面，包括与内阁和议会等及其他机构的关系的处理、理事会成员的角色，及其在公共生活中的节操要求、员工的保密义务、出差接待及礼品管理、公开发言与媒体接触、财务报账、退职时公物的返还、与第三方合作时可能面临的刑事与民事责任，等等。笔者择其要者，梳理如下：

一是保密。对 Ofwat 的事务保密，是理事会成员及雇员应该承担的基本义务，即使以后离开其工作岗位，依然要承担这一义务。应特别注意的是，应严格遵守《1993 年刑事法》规定，避免把尚未公开的价格敏感信息透露给任何人。《1993 年刑事法》规定，任何个人凭其内部人的身份获取信息，并在某个受管制的市场上进行证券交易（包括股票、债券、认股权证和期权），即可被判定为刑事罪行。Ofwat 理事会成员及雇员利用其在 Ofwat 内部的职务便利，而获取任何一家公司尚未公开的股价敏感信息，并自己进行证券交易，或者安排他人代表自己去进行证券交易，或者把信息透露给他人，或者鼓励他人交易，均被视为违反了《1993 年刑事法》。

二是与内阁部门的关系。Ofwat 理事会的主席和其他至少两名成员应由环境大臣任命，环境大臣也可以撤掉理事会成员的资格，撤职理由基于该成员缺乏工作能力或行为不检之故。理事会有权独立于 Defra 的部长们做出具体决定，但可以考虑部长们公开发表的指导意见。

通常情况下，理事会与政府部长们之间的沟通交流是通过理事会主席来进行的，适当情况下首席执行官也可以。此外，理事会也可以指定由一名成员代表理事会来开展此项工作。任何一名理事会成员就任何与其职责有关的重要问题，在征得其他理事会成员同意的前提下，也都有权去接触部长。Ofwat 与 Defra、威尔士政府、环境署和其他政府部门之间，就日常工作中的重要事项而发生的联系，通常由首席执行官或其他职员来进行。

三是对英国议会的责任。理事会要为 Ofwat 的行为向英国议会负责，这些行为包括：对公共资金的管理，关键绩效任务和目标的达成情况。理事会的运作必须公开，透明。Ofwat 有责任向英国议会提供其决策和行动方面的有关信息。理事会主席或首席执行官对英国议会的任何要求，都应积极回应。依据《1991 年水工业法》，Ofwat 有义务每年向英国议会呈递年度报告。

四是财务报告。Ofwat 必须每年向英国财政部、国家审计办公室、公共会计委员会提供财务收支信息。财务报告由国家审计办公室审计并公开发布。

五是政治活动。Ofwat 作为独立的监管机构，为保持其独立的法律地位，任何理事会成员的积极参政都将被认为是不恰当的行为。因此，理事会成员不得从事政治活动，不得谋求如下身份：英国议会下院、威尔士国民议会、欧盟议会的议员身份，或者谋求成为这些机构的候选人或准候选人；地方议会的成员身份或谋求成为候选人（教区参议会除外）；在英国议会上院充当某个政党的发言人。

六是节操。理事会成员在公共生活中必须秉持7项节操原则，即：奉献、正直、客观、问责、诚实、胸怀开阔，成为典范。

（3）Ofwat的合作伙伴。为了更好地扮演角色、履行职责，Ofwat还与其他众多治理主体结成广泛的合作关系。这些合作伙伴包括水务消费者及消费者代表、水务企业、英国中央政府、威尔士政府、基层政府、金融经济组织、其他行业部门、利益集团、其他监管者、立法机构和欧盟，它们共同构成了多元合作的主体框架（见表5-5）。

表5-5 Ofwat的合作伙伴体系

消费者：中小型企业，家庭用户，商业用户，偏远地区居民及弱势群体，潜在的客户，社会大众，甚至包括环境；
消费者代表：主要是指水务消费者委员会，消费者咨询机构，消费者交易机构及挑战组织；
英国政府：主要指如下内阁部门和机构：Defra，社区和地方政府部，商业、创新和技术部，国家审计办公室，能源和气候变化部，内阁办公室，英国首相，财政部；
威尔士政府：威尔士政府首席部长，环境和可持续发展部门；
地方政府：大伦敦政府（Greater London Authority）及其他众多的地方当局；
其他监管者：饮用水督察署，环境署，卫生安全局，威尔士自然资源局，竞争与市场管理局，其他经济监管机构，英国监管网（UK Regulators Network）①，英国竞争网（UK Competition Network），苏格兰水工业委员会；
金融组织：现有的水务公司的股东，债券投资者，信用（证券）等级评定机构，股权投资者，以及潜在的新的投资机构；
立法机关：英国议会，威尔士国民议会，特设委员会；
水务部门：垄断性供水和排污服务公司，垄断性只供水公司，潜在的水务市场经营者及新的进入者，水务基础设施供应商，特许持照供水者，整个服务供应链条；
利益集团：环境领域的倡议组织和慈善组织，社区组织和社会慈善机构，水务公司交易机构，学术研究机构，涉水商业组织，水务供应链条上的商业组织，工会，智库及顾问机构；
欧盟：欧盟环境署，欧盟委员会，欧盟法院，欧盟其他成员国家；
其他部门：苏格兰水务部门，北爱尔兰水务部门，矿山资源开采部门，食品和农业部门，能源部门。

来源：https://www.ofwat.gov.uk/about-us/who-we-work-with。

---

① 简称UKRN，是由英国航空、能源、电信、铁路公路交通、水利等公用事业领域的经济监管机构组成的联合监管组织，在属性上属于独立的公共机构。来源：http://www.ukrn.org.uk。

重要的是，在这一合作伙伴体系中，消费者是核心。促进消费者利益是水务发展的价值所在，也是其他一切公共服务的价值所在。在一定意义上，在英国选举政治体制中，也可以说，经济监管者是为消费者工作，而不是为产业或政府工作。Ofwat 与立法机关、政府部门及其他监管组织等保持密切的合作关系之宗旨，在于通过使水务公司良性运行，实现水务部门的愿景。通常，Ofwat 以签署谅解备忘录的形式与其他政府部门、公共机构合作（见表 5－6 所示），所有备忘录都由环境大臣呈递给英国议会。

表 5－6　Ofwat 签署的合作备忘录

《Ofwat 与竞争和市场监管局谅解备忘录》（2016）
《Ofwat 与威尔士政府谅解备忘录》（2011）
《Ofwat 与饮用水督察署谅解备忘录》（2008）
《Ofwat 与 Defra 谅解备忘录》（2008）
《Ofwat 与环境署谅解备忘录》（2007）
《Ofwat 与水务消费者委员会谅解备忘录》（2007）
《政府部门与议会行政专员有关获取政府信息实务守则谅解备忘录》（2003）
《Ofwat 与卫生和安全局谅解备忘录》（2003）

来源：根据 https://www.ofwat.gov.uk/about-us/who-we-work-with/memoranda/显示的资料制作。

（二）环境署

1. 机构职能

环境署是 Defra 根据《1995 年环境法》规定于 1996 年设立的执行性非部门公共机构。1995 年出台新的《环境法》，重组了环境监管组织体系及其职责，整合国家河流管理局、皇家污染监察署和 83 个地方当局的垃圾管理机构的全部职能，新组建了环境署，负责水资源环境保护、防洪等事务，对自然环境污染问题进行统一管制，拥有相对独立的地位和权力，直接向环境大臣负责和汇报工作。①

设立环境署的原因，除了旨在提高行政效率之外，也是为了回应当时

---

① 关于环境署的法律地位和职能，参见 Defra，EA，2017，*Framework Document*，https://assets.publishing.service.gov.uk/government/uploads/system/uploads/attachment_data/file/641424/Environment_Agency_Framework_Document.pdf。

欧盟提出的环境一体化管理思路。自20世纪90年代，英国政府改革开始以可持续发展为核心思路进行部门整合，包括外部整合和内部改革两个方面。外部整合解决的是跨部门合作问题，促进跨领域考虑环境问题，综合权衡环境、经济和社会的全面可持续发展；内部整合解决的是部门政策碎片化的问题，促进环境管理职能的一体化。[①] 环境署就是内部整合的结果，集中行使环境保护和污染控制职能，涉及水环境保护和污染控制、空气污染和土地污染控制三大领域。

《1995年环境法》明确地阐释了环境署的主要目标：保护环境和改善环境，实现可持续发展。环境署对其机构宗旨和目标的阐述是：为人民和野生生命创造更好的安身立命之地，支持可持续发展。具体来说，其法定职责包括：对主要工业的污染和废弃物、放射性物质进行管制；处理受污染的土地；保护水质和水资源；管理渔业；管理内陆河流，三角湾，海港和港口导航；保护生态。此外，环境署对来自主要河流、水库、河口和海洋的洪灾风险也负有一定责任，领导地方防汛部门防御来自地表水、地下水、普通水道的洪水风险；领导社区抵御水灾，包括为需要的社区提供沙包。

《2006年威尔士法》实施后，环境管理权下放给威尔士国民议会及其政府。不过，直到威尔士自然资源局成立之前，环境署也一直负责威尔士的环境监管任务，威尔士国民议会因此也是环境署的拨款者。自2013年威尔士自然资源局成立以来，威尔士国民议会对环境署的正式资金支持关系停止，环境署不再具体负责威尔士的环境监管业务，职责范围主要是在英格兰。不过，它与威尔士政府、威尔士自然资源局建立起密切的合作伙伴关系，如果环境署在威尔士采取行动，由此产生的活动经费依然由威尔士国民议会承担。

当前，环境署对英格兰自然环境保护工作的重点是，与企业和其他组织一起对资源的利用实施管理，增强英格兰居民生命财产和企业在面对洪

---

① 孙法柏：《英国环境法律政策整合的机制与实践》，《山东科技大学学报》（社会科学版）2012年第1期。

水和海岸侵蚀风险时的抵抗能力，保护和改善水质、土地环境与生物多样性，改进监管方式，保护人民和环境，促进可持续增长。就涉水环境来说，环境署对水权分配、环境标准和取水排污政策的制定和实施、取水许可证和排污许可证的审批、河流水质和陆地生态环境的保护、国家防洪规划的制定和防洪工程建设的组织安排，以及相关法律的解释负有重要责任，采取广泛的监管措施保护英格兰的水资源环境。①

就水资源环境保护事务而言，环境署拥有如下职责和权力：

一是参与水政策制订。为英格兰每条河流的流域地区制订流域管理计划，发现问题，治理问题，保护和改善水环境，并协助环境大臣制订相关政策。

二是水权分配。负责取水许可证、排污许可证、渔业许可证等的审批、发放、登记备案。

三是提供指导和建议。在产业经营者进行某种可能需要许可证的活动之前，负责提供指导建议，以使经营者的活动减少对环境的影响。

四是检查和监督。负责定期检查和监督许可证持有者的经营活动，确保环境署制定的环境标准被执行，对一些特定场所，即必须“控制重大事故危害”的地方，提出安全评估报告和监管措施。

五是强制执行和诉讼。环境署开设了一个24小时紧急热线，以保证诸如污染或其他环境事故被及时报告，并对违法者实施行政处罚、行政强制，必要时对环境犯罪责任主体提出公诉。②

六是发布分析报告。每个月发布英格兰地区水情研究和分析报告，包括降雨量、土壤水分、河流流量、地下水、水库存量等指标。

七是促进水体改善。负责监管、促进英格兰和威尔士的水体质量改善，收集水体环境信息，促进民众对水政策的理解，并对水政策发展和实行提出建议。

---

① EA，2015，*Public Task Statement*，https://www.gov.uk/government/publications/environment-agency-performance-information-fair-trader-scheme/public-task-statement-2.

② 2010年，英国政府赋予环境署和自然英格兰新的民事权力，包括实施罚款的权力、发布守法通告。

八是环境信息对外交流。在英国脱欧之前，代表英国向欧盟汇报《水框架指令》的目标在英国的实施状况。

2. 资金与组织体系

（1）资金来源与去向。环境署是英国最大的非部门公共机构之一，截止到2017年3月31日，全职雇员人数达11000人。[①] 其成立后的头十年中，平均年度预算超过6亿英镑，并保持上升势头，到2014—2015年、2016—2017年财政年度的预算额已达13亿。环境署的收入中来自政府的资金占68%，其余部分来自它的收费项目及其他收入。其中收费项目是指环境许可证收费、取水许可证收费、垂钓许可证收费和驾船许可证收费，总共约占28%；其他收入主要是捐赠款收入，占4%。环境署的支出中洪水防御费用占其支出的66%以上，保护水资源和水环境、土地环境及生物多样性方面的支出约占21%，还有12%花费在受管制的行业上。[②]

作为一个非部门公共机构，它与政府保持着一定的距离，实行独立的经费核算。目前，Defra是环境署最重要的拨款者，环境大臣负责审定和签署给环境署的拨款单，环境署最大的经费开支项目也须经环境大臣批准，环境大臣还有责任通过财务备忘录对环境署实施财务控制。此外，环境大臣负责任命环境署理事会，对环境署拥有法定的指导权，每年赋予环境署优先权并支持它的目标；提出政策框架，环境署须在此政策框架内发挥作用。

（2）组织体系

环境署刚成立时，组织体系分为三个层级，覆盖了英格兰和威尔士全境，它们分别是总部（Head office）、地区办公室（Regional Offices）和地方办公室（Area Offices）。总部担负统管责任，为设置在各个地区的分支机构提供支持。地区办公室一共有8个，分别设置在英格兰南部地区、泰

---

① 数据来源：英国政府网（https://www.gov.uk/government/organisations/environment-agency/about#who-we-are）。

② 数据来源：EA，2015，Annual Report and Accounts for the Financial Year 2014/2015；EA，2016，Annual Report and Accounts for the Financial Year 2015/2016；EA，2017，Annual Report and Accounts for the Financial Year 2016/2017。见环境署官网出版物发布：https://www.gov.uk/government/publications?departments%5B%5D=environment-agency。

晤士地区、西南地区、中部地区、西北地区、东北地区、盎格鲁地区和威尔士地区，负责为地方办公室提供支持，协调它们的工作，促进它们之间的合作。地方办公室共有25个，分别对各自管辖地方的日常环境事务实施具体管理。地区办公室与地方办公室的对应关系如表5-7所示：

表5-7　2003年环境署在英格兰和威尔士的地方机构

1）盎格鲁地区办公室（Anglian Regional Office） 北部办公室（Northern Area Office） 东部办公室（Eastern Area Office） 中部办公室（Central Area Office） 2）威尔士总部（Wales Head Office） 西南部办公室（South West Area Office） 东南部办公室（South East Area Office） 北部办公室（Northern Area Office） 3）中部地区办公室（Midlands Regional Office） 特伦特高地办公室（Upper Trent Area Office） 塞文高地办公室（Upper Severn Area Office） 特伦特低地办公室（Lower Trent Area Office） 塞文低地办公室（Lower Severn Area Office） 4）东北地区办公室（North East Regional Office） 瑞丁斯地方办公室（Ridings Area Office） 达林斯地方办公室（Dales Area Office）	5）西北地区办公室（North West Regional Office） 南部办公室（Southern Area Office） 中部办公室（Central Area Office） 6）西南地区办公室（South West Regional Office） 西南部办公室（South West Area Office） 南威塞克斯地方办公室（South Wessex Area Office） 北塞克斯地方办公室（North Wessex Area Office） 德文地方办公室（Devon Area Office） 康沃尔地方办公室（Cornwall Area Office） 7）南方地区办公室（Southern Regional Office） 苏塞克斯地方办公室（Sussex Area Office） 肯特地方办公室（Kent Area Office） 汉普郡和怀特岛地方办公室（Hampshire & Isle of Wight Area Office） 8）泰晤士地区办公室（Thames Regional Office） 西部办公室（West Area Office） 东南部办公室（South East Area Office） 东北部办公室（North East Area Office）

此外，还设置了专业性的服务机构——国家服务处（National Services），麾下包括国家实验室服务处、国家图书馆服务处和信息服务处等单位。

2013年以来，随着威尔士地区的环境监管责任被移交出去，环境署的组织体系只覆盖英格兰全境，并且对之前的组织体系进行了重新调整。目前在大伦敦地区、英格兰东北、英格兰西北、约克郡与亨伯、中西部英格兰西、中东部英格兰、东英格兰、英格兰西南部、英格兰东南部共设置了14个区域办公室①、12个洪水和海岸区域委员会。② 总部负责提出政策、

① 资料来源：https://assets.publishing.service.gov.uk/government/uploads/system/uploads/attachment_data/file/549638/Environment_Agency_areas_map.pdf。

② 环境署根据《2010年洪水和水管理法》设置。

监督和保证所提出的政策被连续执行，关注各个区域的环境、社会和经济上存在的差异，并为环境署设置在各个区域的分支机构提供支持。区域办公室分别在所辖区域负责监督和协调实施有关环境保护、水务管理、经营、财政、法律服务、个体和法人事务的政策规划，管理日常环境事务，保证当地社区的需要得到满足。

在法律上，环境署理事会是权力机构，就环境署的组织建设和工作绩效直接向大臣负责，从而使环境署通过这些大臣对议会负责。理事会的重要功能是提出工作建议和指导，确保环境署正当地、完全地、经济地、富有效率和效益地完成其法定职责。截至 2018 年 5 月，环境署理事会由 13 名成员组成，包括主席和首席执行官，理事会所有成员均由环境大臣任命。理事会每年召开 4 次会议，会议的任务是授权首席执行官及其属下人员进行日常管理。首席执行官领导着 14 人组成的执行主管团队，并负责与 14 个区域办公室就其工作运行、地区的热点问题及国家政策对地区的影响等进行沟通指导。①

环境署也有一揽子的合作伙伴，包括 Defra、Ofwat、饮用水督察署及其他相关政府部门和公共机构、地方议会和地方政府、企业、社区与其居民等。Defra、Ofwat、饮用水督察署从各自的职能层面为水资源环境保护做出了特定的贡献。此外，英国国家审计办公室及环境认证机构也发挥着重要的作用。国家审计办公室在内部成立了负责环境审计的工作小组，工作小组按照国际环境质量标准体系 ISO 14000、欧盟环境管理和审计计划标准，对环境质量进行审计，审计报告要提交英国议会环境审计委员会，后者则根据情况进行调查、综合、汇总，向上下议院报告。水务公司不仅仅是服务的提供者，也是各自水源地流域内环境保护的第一线管理者，并有权对违反水资源保护法、污染水环境的责任主体提起诉讼。环境认证机构则在环境标准认证、环境安全和科学等方面发挥着重要的作用。

---

① 数据来源：英国政府网（https://www.gov.uk/government/organisations/environment-agency/about/our-governanc）。

（三）饮用水督察署

1. 机构职能

饮用水督察署成立于1990年1月，是一个独立执行饮用水水质监管的公共机构，实行总督察长（Chief Inspector）负责制。总督察长由英国环境大臣与威尔士政府任命，主要职责是代表英国环境大臣、威尔士政府环境大臣及他们属下的部长们，执行分别适用于英格兰和威尔士的供水水质管理条例及其他相关法律法规，评估英格兰和威尔士的饮用水质量是否达标，采取适当行动防止饮用水不达标。

具体而言，饮用水督察署的职能包括：执行源自欧盟水法并转换为英国法规所规定的饮用水质量标准；[①] 评估英格兰和威尔士地区供水公司的水质采样方案和检测系统，督查水样检测结果，检查供水公司作业现场，提供有关技术咨询，提出年度水质评估报告；回应消费者有关水质的问询，调查和处理有关投诉以及与水质有关的事故，商定和管理供水公司改善饮用水质量的方案；对水质未达标的水务公司采取强制性措施或财务处罚；负责监督地方当局执行私人供水条例，确保私人供水水质符合标准；行业产品认证和数据管理；相关科学研究及有关饮用水安全的知识培训。

2. 结构与团队

与环境署上万名的雇员队伍相比，饮用水督察署的规模并不大，目前只有41名职员，主要是由来自供水行业各方面的专家组成。2018年之前，其组织结构由四个层级组成，自上而下分别是总督察长、副总督察长、督察主任、督察员及其他具体工作者。其中，总督察长全权领导饮用水督察署，其下设立3名副总督察长，分别负责三个工作组。一是业务组，领导水务公司技术审核的核心流程，全方位管理水务公司的运行实践，评估水务公司水样抽检方案和结果，调查消费者有关饮用水水质的投诉，对潜在地影响到饮用水质量的事故进行评估。业务组副总督察长下设1名督察主

---

① 为了维持英格兰和威尔士的高品质饮用水，饮用水督察署还会制定一些适用于英格兰和威尔士地区的额外的国家水质标准，如细菌含量、杀虫剂等化学物质和金属含量、水的颜色和气味等。

任和1名督察员。二是科学与战略组，负责水质监测科学证据的采集和Defra的水质与卫生研究项目、与外部和国际上的利益相关者的战略关系、饮用水督察署的治理安排和战略业务计划、交流传播和知识管理策略、水质监测结果审批、水质数据管理并回应公众的查询等事务。相较而言，该小组规模稍大，科学与战略组副总督察长之下设2名督察主任，后者与绩效管理员、数据管理员、科学家及行政人员等人共同组成一个团队。三是监管策略组，领导水务公司有关改进饮用水质量的方案，负责相关方案及决定的强制执行，对可能产生的水质风险进行分析；此外，参与Ofwat的定期水价评审。监管策略组副总督察长之下也设了2名督察主任。

目前，上述团队已经有所调整（见图5－9）。其新变化体现在：副总督察长由3名调整为2名，之下共设立7名主任督察员，分别负责如下事务：水质事件与用户服务，私人供水质量，投诉和技术听证、利益相关者协会与交流联络、强制执行与风险评估，水质科学、产品和化学物质监测

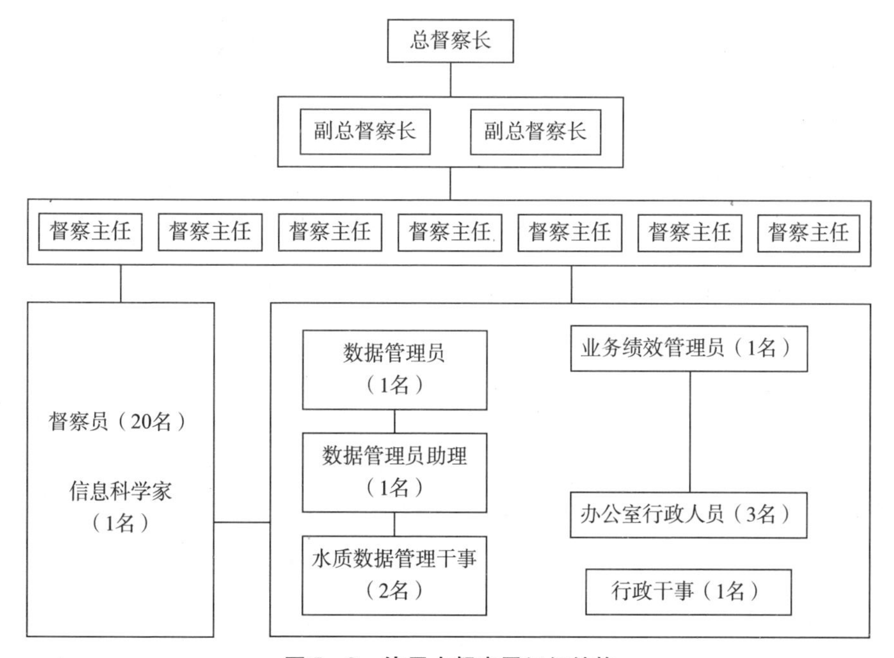

图5－9　饮用水督察署组织结构

来源：http://www.dwi.gov.uk/about/our-organisation/org-chart.pdf。根据其中资料整理而成，数据日期为2018年5月12日。

研究，资料数据管理、业务绩效、风险与欧盟相关事务。此外，把督察员人数扩充到了20名。

饮用水督察署也拥有众多合作伙伴，并主要通过谅解备忘录方式进行合作。例如，2015年签署了《英格兰公共卫生局与饮用水督察署谅解备忘录》,[①] 约定了双方为提高监管水平和效率、保护人民健康之共同目的而合作的事宜，包括相互交换信息、专业知识等。2012年签订了《英国饮用水监管机构谅解备忘录》，这份备忘录是（英格兰和威尔士）饮用水督察署、苏格兰饮用水质量监管署和北爱尔兰饮用水督察署[②]之间签署的合作框架协议，约定了三方关系的原则并提供了一套可行的基本规则；同年还与爱尔兰环境保护局（Ireland Environmental Protection Agency）签署了《英国饮用水监管机构与爱尔兰环境保护局谅解备忘录》，这份备忘录是上述三个英国饮用水监管机构与爱尔兰环境保护局之间签署的合作协议。2009年签署了《饮用水督察署与水务消费者委员会谅解备忘录》，2008年签署了《饮用水督察署与Ofwat谅解备忘录》。备忘录不具有法律约束力，更不能凌驾于各机构的法定职责和权力之上，但为各方提供了合作框架和原则。

同时，饮用水督察署还是世卫组织饮用水安全合作中心（WHO Collaborating Centre for Drinking Water Safety）的成员，合作举办有关讲习班、开展项目研究、共同开发饮用水水质管理和技术知识等活动。

（四）威尔士自然资源局

1. 机构职能

威尔士自然资源局于2013年成立，是在整合威尔士乡村委员会、威尔士森林委员会及英国环境署在威尔士的大部分功能的基础上形成的。在机构性质上，威尔士自然资源局是威尔士政府系统中的一个执行性非部门公共机构，资金来源于威尔士政府，理事会主席也由政府任命，目前其雇员

① 英格兰公共卫生局（Public Health England）是英国卫生部（UK Department Health）的执行机构。

② 苏格兰饮用水质量监管署（DWQR）和北爱尔兰饮用水监察署分别由苏格兰议会及其政府环境部门、北爱尔兰议会及其政府环境部门设立。

总数约 1900 人。

威尔士自然资源局的核心职能，是代表威尔士政府保护和管理威尔士境内的森林、草场、水源，以及一切与之有关的自然生态资源。具体而言，其角色和功能包括①：

（1）智囊。目前，威尔士自然资源局不但是威尔士政府有关自然资源环境事务的首要决策智囊，而且也是相关产业、相关公共部门和志愿部门的顾问，是有关自然环境和自然资源议题的交流沟通平台。

（2）管制者。代表政府保护公众和生态环境，管理海洋、森林、水资源和水环境、废弃物投放和处理等，调查违法行为并对其提起公诉。

（3）特殊区划设定者。即把威尔士境内的一些场所划定为“特殊科学价值场点”（Sites of Special Scientific Interest）②、“非凡自然之美区域”（Areas of Outstanding Natural Beauty）以及“国家自然保护区”。

（4）回应者。回应及处理自然环境事故尤其是一级紧急事件。

（5）管理者。管理威尔士 7% 的陆地面积，包括森林、国家自然保护区、水务和防洪、旅游中心、旅游接待设施、养殖孵化场所和实验室等。

（6）合作伙伴、教育者和授权者。威尔士自然资源局是公共部门、私人部门和志愿部门的关键的合作者，帮助、激发广大民众养成环保习惯和行为。

（7）证据收集者。对环境状况进行监督监察，研究、记录并推广相关知识。

2. 组织结构

根据《威尔士自然资源局理事会责任条款》《威尔士自然资源局（建立）令》《威尔士自然资源局（功能）令》的相关规定，威尔士自然资源局的权力机构是理事会，其构成包括：1 名主席和其他不少于 5 人、不多于 11 人的理事（均由威尔士政府任命），1 名首席执行管以及其他不少于 2 人、不多于 5 人的成员（均由该局任命）。理事会对威尔士政府负集体责

---

① NRW, 2018, *Our roles and responsibilities*, http://naturalresourceswales.gov.uk/about-us/what-we-do/our-roles-and-responsibilities/? lang = en.

② 指那些对于野生生物或地质研究而言具有特殊价值的区域。

任，保证威尔士的自然资源可持续维持、提高和利用。[①] 目前，威尔士自然资源局共有 11 名理事成员。[②]

理事会下设 4 个次级委员会，分别是威尔士洪水风险管理委员会、薪酬委员会、保护地委员会、审计与风险保障委员会，委员会主席由威尔士政府环境大臣任命。其中，威尔士洪水风险管理委员会不是威尔士自然资源局的常务委员会，而是根据《1991 年水资源法》第 106 条规定而成立，执行该法规定的洪水风险管理职能，同时执行威尔士自然资源局有关地区防洪、海岸侵蚀风险管理计划以及其他有关业务。

理事会和次级委员会之下是执行团队，2017 年底有 133 人。设立 1 名首席执行官，对理事会负责。在首席执行官之下，除了设置 2 名行政办公室主任之外，还根据自然区划分事务类别设置执行主任，目前共有 5 名执行主任；执行主任之下又设立了 21 个小组，分别负责具体事务。[③]

威尔士自然资源局与威尔士境内其他相关公共机构、地方政府、市场组织、志愿组织、学术和专业机构、社区建立了广泛的合作关系，同时也与 Ofwat、环境署、饮用水督察署、水务消费者委员会、欧盟，以及其他国际背景组织建立起伙伴关系，执行欧盟的环境标准和水质标准。

还必须指出的是，除了上述机构之外，水务消费者委员会不但是水务市场上重要的参与者，更是非常重要的直接监管机构，是执行性非部门公共机构，由 Defra 提供经费，代表英格兰和威尔士水务领域家庭用户和商业用户的利益，监督水务公司的服务过程和效果，参与水价制定。[④]

（五）其他相关公共监管机构

就英格兰和威尔士水务产业的监管体系而言，除了上述 Defra 及其直

---

① 参见 NRW，2018，*Board-Terms of Responsibility*。

② http://naturalresourceswales.gov.uk/media/675981/nrw-board-terms-of-responsibility.pdf. *The Natural Resources Body for Wales* （*Establishment*） *Order* 2012，http://www.legislation.gov.uk/wsi/2012/1903/body/made*The Natural Resources Body for Wales* （*functions*） *Order* 2013，https://www.legislation.gov.uk/wsi/2013/755/schedule/1/made.

③ http://naturalresourceswales.gov.uk/media/682978/nrw-organogram-february - 2017.pdf.

④ 有关水务消费者委员会的具体情况，见第三章。

接监管机构外，还有其他公共机构被纳入这一体系中来，其中最重要的是竞争和市场管理局（Competition and Markets Authority）。竞争和市场管理局是目前英国竞争执法领域的主管机构，在组织地位和属性上与 Ofwat 一样，也是非内阁政府部门。

竞争和市场管理局正式成立于 2014 年，是在合并原来的英国竞争委员会和公平贸易办公室的基础上成立的。竞争委员会是根据《1998 年竞争法》、于 1999 年成立的一个咨询性非部门公共机构，[①] 拥有公共事业、电信、水务以及新闻等专家小组，任务是对兼并、市场交易和主要监管行业的监管问题进行深入彻底的调查。但它没有权力主动进行调查，通常每次调查都是为其他权威机构服务，如为了应答公平贸易办公室的询问，在一定条件下也会对国务大臣或者重要行业的规制者，如对 Ofwat、饮用水督察署、环境署的询问做出应答。水务和排污处理领域等特殊部门的企业兼并案必须提交竞争委员会，竞争委员会依据《1991 年水工业法》对水务企业兼并开展调查，应答对象是国务大臣。此外，竞争委员会还会就水服务问题进行调查，应答对象是水务公司总裁。

公平交易办公室则是一个独立的执行机构，是英国公平竞争的主要执法机构，在反垄断执法方面具有广泛的、独立的执法权，包括审问权、进入权、搜查权、查封权以及刑事起诉权。其主要职责强化竞争法，反对市场独占和并购控制市场行为；加强英国消费者保护，提高贸易标准的有效性；研究调控失效的市场，适时向欧盟竞争委员会提出建议。

随着公用事业行业国际竞争的加剧，竞争委员会作为一个咨询性非部门公共机构，组织能力不足以保障英国内外消费者的权益，为了促进英国迈向国际竞争舞台、成为更强大的经济体，英国决定合并竞争委员会和公平交易办公室的职能，在此基础是成立竞争和市场管理局。竞争和市场管理局升格为一个独立的非内阁政府部门，拥有超过 500 名员工，在威尔士、苏格兰、北爱尔兰都分别设置了代表处。在组织结构上，实行理事会制，

---

① 竞争委员会的前身是垄断和限制行为委员会、垄断和兼并委员会。2014 年 4 月，竞争委员会和公平贸易办公室正式停止运作。

理事会之下设置了5个委员会。①

竞争与市场管理局的组织使命主要是：以促进全国市场竞争为首要目标，集竞争委员会的消费者权益保护职能与公平贸易办公室的竞争服务职能为一体，发挥整合功能，为全力执行反托拉斯法提供有效的强制执行力；有效处理限制竞争的市场问题，开拓新的竞争领域；重新调整消费者权益保护焦点；当政府成为竞争障碍时，扮演挑战政府的关键角色。其职责可概括两大类，一是调查；二是执法。具体内容如表5－8所示：

表5－8　英国竞争和市场管理局的职能②

类　项	内　容
调查兼并	根据《2002年企业法》，对可能严重限制市场竞争的企业兼并进行调查。期间，正在合并的企业必须采取竞争的方式和市场管理局明确指定的若干措施以阻止或放松兼并。
调查市场	根据《2002年企业法》，进行市场研究和调查，对那些可能存在竞争和消费者问题的特殊市场进行评估，要求市场参与者采取竞争和市场管理局明确指定的补救措施。
反垄断执法	根据《1998年竞争法》，对可能违反英国或欧盟“反对反竞争禁令”协议或者滥用市场主导地位的个体或组织进行调查。
起诉卡特尔犯罪	根据《2002年企业法》，对卡特尔犯罪的个体进行刑事起诉。
保护消费者	强制执行消费者保护法律；根据《2008年不公平交易管制条例》中有关消费者保护的规定，阻止或起诉那些损害消费者选择权的行为。
与部门监管者共同合作的权力	与部门监管者合作，鼓励它们积极主动地行使共同竞争的权力；竞争和市场管理局有权力决定哪些机构在某个案例中发挥领导作用。
监管参考和诉求	根据特定的部门法（煤气、电力、水、邮政、通信、航海、铁路和卫生），在价格控制、许可证条件或者其他监管安排方面提出监管诉求或参考。

上述责任的实施是由一系列配套的权力做支撑的，这些权力都来自立法和法律解释。目前，与上述各项职能配套的新权力或受到强化的权力总共有21项。

① 来源：英国政府网（https://www.gov.uk/government/organisations/competition-and-markets-authority/about/our-governance）。

② 来源：英国政府网（https://www.gov.uk/government/organisations/competition-and-markets-authority）。

第一，在反垄断调查方面，拥有如下六项权力：强制询问权；发布调查通知权；在强制采取临时措施之前降低门槛的权力；扩展的权力，即当调查对象不服从调查时，对其实施民事罚款的权力；在决策程序、听证、程序性投诉、解决反垄断调查的规则中做出明文规定的权力；在进行反垄断调查并做出判决时，敦促内阁大臣施加时间限制的权力。

第二，在市场研究和市场调查方面，拥有如下七项权力：跨市场调查的权力；对与竞争问题伴生的公共利益问题进行调查的权力；正在扩展的权力，指把目前只在市场调查阶段才行使的收集正式信息的权力，扩展应用于市场研究阶段；扩展的权力，即无论在市场研究阶段，还是在市场调查阶段，当调查对象不服从调查时，对其实施民事罚款的权力；要求发生市场争议的双方委托独立的第三方并给予其报酬，使其监督和/或采取改善措施以解决争议的权力；在市场方在没有被要求公布价格信息的情况下，有要求其公布某些非价格信息的权力；对于市场方在临时监管措施落实到位之前已经发生的任何行为，拥有采取举措要求其撤销这些行为的权力。

第三，在兼并方面，拥有如下五项权力：收集正式信息的权力，当调查对象不服从调查时，对其实施民事罚款的权力；同意兼并或者施加临时监管举措的权力；对于不服从竞争与市场管理局临时监管措施的市场方，有权力提高财务处罚的额度，可提高至占其营业额的5%；在进行兼并调查阶段，如果调查对象请求暂停调查而且竞争与市场管理局认为存在着放弃兼并的可能性时，有权暂停调查3个星期。

第四，在合作与部门监管方面，拥有两项权力：经与有关监管机构协商，具有做出决定的权力；在一定情况下，可以在某宗已由某个监管机构主管的案例中行使其职权。

此外还需要说明的是，根据2002《企业法》规定，英国还建立了竞争上诉法庭（Competition Appeal Tribunal）和竞争服务署（Competition Service），均由BEIS资助。竞争上诉法庭是一个专门的司法机构，管辖权延伸到整个联合王国，其职能是听取和决定涉及竞争或经济管制问题的案件，对于不服竞争和市场管理局等机构决定的案件进行程序及裁决内容上的复核，并最终做出维持或要求有关机构重新做出裁决的判决，但不能直接改判有关机构的决定。例如，就竞争和市场管理局以及水、电、天然气、电信、铁路、航空服务、支付系统、金融服务、医疗服务行业的监管机构，依据《1998 年竞争法》所作判决的是非曲直提出上诉，申请审查国务大臣、竞争和市场管理局依据《2002 年企业法》所做出的关于兼并和市场调查的决定，等等。从本质上看，竞争上诉法庭的功能价值体现出“对监管者的监管”这一制度设计的精义。

虽然出于会计的目的，这两个公共机构都作为单独的实体而创建，但实际上它们等同于一个组织。竞争服务署是一个法人团体和执行性非部门公共机构，其功能却是为竞争上诉法庭提供资助和服务支持，服务内容包括竞争上诉法庭为履行其法定职能所必需的一切，如行政人员、住宿和办公室设备、车辆等。借助竞争服务署，竞争上诉法庭不但可以更好实现自己的内部管理，而且在处理案例时可以更好统筹配置资源。

竞争和市场管理局、竞争上诉法庭、竞争服务署三者职责明确、分工协作，有效保证了包括水务行业在内的市场竞争秩序。

四　小结

上述水法执行体系，为英格兰和威尔士地区水务行业经济、环境、水质、纠纷处理和用户服务等各方面的有效监管提供了比较完善的组织基础和保障。经过 30 年的持续发展，这套框架呈现出典型的特点，集中表现为监管部门和机构设置层次分明、衔接紧密、权责清晰、分工明确，通过契约关系结成相互协调、共同合作的利益相关者整体，体现了大部制下协同政府的特质。

首先，契约式合作。英格兰和威尔士在立法先行的前提下，根据水法框架建立起行业宏观调控与业务微观监管紧密结合的权威体系，把大部制的统筹调控、执行层的灵活自主、各权力主体之间的协商合作等要素融入这一体系中。其中，宏观调控主体如 Defra、威尔士政府的核心职能是通过行政立法、行政决策来执行议会水法，具体的监管和服务职能由公共机构实施。宏观部门与公共机构之间关系的精髓是合作伙伴，前者提供资金、主要人事上的支持，监管机构与宏观部门保持“一臂之距”。宏观部门并非通过建构上下级关系控制公共机构，而是通过契约的方式即共同订立框架协议进行绩效问责。框架文件中包含着各自职责的具体规定，尤其是明确界定了主管部长和执行机构主管的责任，以及相互之间的合作关系、工作汇报制度和绩效评价方法等方面。

水务领域中的核心公共机构如Ofwat、环境署、饮用水督察署、威尔士自然资源局等之间，核心机构与相关机构之间，地区水务监管机构之间，为了实现水资源可持续利用与发展、水服务物有所值、水市场运行公平有序且充满活力等共同价值和整体目标，也通过签署理解备忘录的形式，实现跨机构间的信息共享、协同管理、协商合作，甚至为了解决某些特殊问题会组成联合小组，并与其他利益相关者携手共治。

其次，民主决策机制。从监管机构的权力结构看，大多数实行理事会或委员会制，越来越重视集体决策机制，少数仍然实行总监负责制。但无论采取哪一种机制，都建立了相关的决策研究、咨询团队，吸纳专家，建立相应的专家知识供给、行动预案论证、风险评估等参谋咨询作用。最重要的是，还建立了比较完善的普通消费者参与机制。例如水务消费者委员会，由监管机构中的人员、地方当局行政人员和一般消费者代表组成，并以消费者代表为主，它不但对水务公司提供的具体服务效果进行监测，与消费者进行直接沟通，而且代表消费者向企业和监管机构提出改进服务的意见，直接参与水价等重大问题的决策过程，定期向环境大臣和公众报告水服务状况。公用事业运行中的民主特色，由此可见一斑。

再次，垂直管理机制。在分权背景下，加强中央垂直管理也是一种必然选择。水务治理涉及决策、执法、保障等环节，是一项整体性制度安排，既需要建立各个环节上的协同机制、合作框架，更需要有一套确保中央政府决策有效实施的组织体系。在环境保护、水资源管理领域，英国中央政府在英格兰实行垂直管理体制，突出表现是：环境署跨行政区域在地方设立大量分支机构，拥有上万名雇员，实行实体性垂直管理，各地分支机构的经费、人事、业务等都由环境署直接管理，执行环境署的命令，保证环境法律政策在各地得到有效实施。而在威尔士，虽然水资源环境管理已经被划为威尔士自治事务范畴，但 Ofwat、环境署、饮用水督察署代表中央政府依然具有督办的责任，具有协助执行、业务指导、联络协调、执法监督等方面的职能。这种水平合作与垂直管理相互交融的体制，也是英国水务管理机构设置的一个特色。

最后，监管职责分明。对水资源和环境的管制，许多属于社会性监管，这一职能被分配给环境署，对水公司服务行为的经济监管职能被分配给 Ofwat，虽然它们之间仍然会存在一些交叉，但二者的功能还是有很大的区别，环境署主要致力于水文、土地利用、资源规划和环境科学领域，Ofwat 主要致力于价格规划和企业行为的管理。这种把水务社会性监管与经济性监管分开的办法，使监管职责更加分明，也更有可能保证监管的高效性。

第六章　经济性监管：对垄断性水务市场的管制

本章的任务是，系统地分析当前英国政府对英格兰和威尔士地区 18 个区域垄断性水务公司的监管制度，重点梳理和分析 Defra 及其执行机构 Ofwat 对垄断性水务公司的治理结构、价格和收费行为的监管政策与实践。

一　垄断性水务市场的监管框架

（一）垄断性水务市场监管的必要性

《1989 年水法》缔造了英格兰和威尔士地区的私有化水务市场。私有化伊始，当时的环境大臣负责签发授权书或称许可证（Instrument of Appointment），并于 1989 年 8 月颁发给了两种类型的企业。[①] 其中一种是颁发给由地区水务局转制而成的 10 个大型水务公司，授命它们为英格兰和威尔士地区的“区域供水和排污服务承办商”；另一种颁发给“区域只供水承办商”，它们基本上是历史形成的私有性质的区域垄断性供水公司。这两种类型的水务公司，构成了英格兰和威尔士的水务垄断性市场。

① 对威尔士水务公司的任命书是由威尔士大臣签发的。

当时的授权书有效期为“不低于25年”。对各垄断性水务公司所颁发的授权书，框架和形式是相同的，但具体内容上却各有不同。其中从框架和形式上看，由如下两部分组成：第一，各个垄断性水务公司的服务区域。包括供水服务区域、排污处理服务区域，分别以文字列举和地图描绘的形式，予以详细、清晰地界定。由于历史的原因，当时这些水务公司的作业范围已经明确，因此授权书对此只算是确认。第二，授权的条件。其中包含对以下内容的界定和说明：水务公司的收费和会计，采购服务，用户实务守则，与水务消费者委员会的关系，债务追回程序和实务守则，防渗漏的实践程序与规范，服务目标和服务信息级别，风险隔离与土地处置，变更授权的条件，对因旱灾而中断供水事情的处理方案，自来水批发，地下资产管理计划，与Ofwat的信息通报，开放水域计划，客户转移协议，公司所有者的角色等。对不同垄断性水务公司，在授权条件上有所差异。

每份授权书的页码少则130多页，多则近200页。因此，水务授权书或许可证实质上就是一种契约，把各垄断性水务公司的法定权利和责任通过授权文书予以细化明确。虽然这些条件不一定适用于所有的垄断性水务公司，但基本条件是一样的。此外，环境大臣或Ofwat总监在行使委任权力时，还可以施加更多的条件。这意味着，授权的过程，本质上是一个选择的过程。监管主体在授权时可以根据各个垄断性水务公司的具体情况，赋予相应的责任、权利和义务，而且可以根据经济社会的发展变化，修改授权条件。

英国政府、Defra及其执行机构Ofwat一直坚持这样两大信念：一是必须保证水务市场上的企业达到一定数量，才能够促进竞争和创新，才能够发展起一个繁荣的水务市场。在这一信念引导下，英格兰和威尔士地区已经发展起32家受Ofwat直接监管的水务企业，其中18个是区域垄断性水务公司。[①] 二是必须强化对垄断性水务公司的监管，这些公司必须符合英国公共治理的最高标准，必须提供价格公平、质量优良且能够维持自身可

---

① 数据截止到2018年6月底。

持续经营和发展、维持水资源环境可持续利用的自来水服务。

因为水务行业作为典型的网络型公用事业，其本身具有的自然垄断性特征使得这一市场总是天然地保持着某种性质、某种程度的垄断。水资源的公益性、社会性及其政治性，既表明供水和排污处理服务是极其重要的市政公共服务，又要求其必须保持一定程度的规模经济，通过向用户收费而维持自身的运转。因此，除却历史的因素，即使是在私有化的格局下，垄断性水务公司依然拥有其存在的合理性，大多数供水和排污服务并没有在竞争性市场中提供，家庭用户、中小型商业用户不能自主选择供应商，而只能从某个垄断性水务公司那里接受水服务。在有限竞争的条件下，垄断性本身就存在着一定的风险，如这些垄断性水务公司为了追求高额垄断利润而提供价高质次的服务。为确保公共利益的实现，水务市场监管的重点对象就是这些垄断性公司。

经过几十年的实践积累，英格兰和威尔士已经形成了一个运转良好的垄断性市场监管体制，保障其规范统一、严格透明、服务全面、措施健全。

（二）垄断性水务市场监管的具体任务

Ofwat 对垄断性水务公司的监管，主要集中在如下方面：

第一，公司治理原则及运行。Ofwat 为每个垄断性水务公司制定了有关治理结构及运行的原则，以指导公司的组织运作。

第二，公司产出。公司产出包括对客户所提供的服务和对投资者的回报，Ofwat 每年都对垄断性水务公司的用户是否得到令人满意的服务、投资者是否得到了议定的投资回报进行检查。

第三，公司财务。Ofwat 通过垄断性水务公司发布的财务信息，监测其财务的健康和稳定情况。

第四，公司信息质量。垄断性水务公司每年须发布绩效信息、提交年度业绩报告，Ofwat 负责监督审查这些信息和报告的真实有效性。

第五，公司收费与定价。这是 Ofwat 对垄断性水务公司实施监管的核心内容，每年都对每个公司的收费计划进行监督和审核，以掌控各公司对政府有关水价控制政策的遵守情况。

第六，公司竞争和交易行为。垄断性水务公司在进行水权交易、企业兼并等情况下必须遵守英国和欧盟的竞争法，Ofwat 负责制定相关指导，帮助企业理解和遵守相关法律义务。

第七，客户服务。向广大用户提供令人满意的水服务，是水务公司最重要的使命、宗旨和归宿。Ofwat 通过制定年度服务激励机制，来衡量各垄断性水务公司的服务情况，并据此予以奖惩。

相比之下，在上述任务中，对垄断性水务公司内部治理和水费水价的监管更为关键，因为它们贯穿了企业的其他行为和运作过程。

在英格兰和威尔士地区的供水、排污处理、保护水资源环境等方面，1991 年和 1999 年的《水工业法》清晰地规定了包括垄断性水务公司在内的水务企业的责任。要完好履行企业的法定责任，首要前提是建立完善的治理结构和规则。水务公司的内部治理，涵盖范围广泛，但重心体现在董事会领导结构和治理规则上，因为这两大要素直接影响着水务公司履行义务的能力、能否良好运行及其相关绩效。

为了规范垄断性水务公司的内部治理，Defra 和 Ofwat 在授予其经营许可证时，就约定了一系列条件和义务，其中包括董事会领导力、透明性和相关的治理标准。自 20 世纪 90 年代末开始，强制要求垄断性水务公司必须实施这些条件和义务。近年来，为了进一步规范垄断性水务公司的内部治理并引导其走向自我监管，Ofwat 改变了监管方式，制定了一些治理规则，为公司董事会的治理行动提供最小限度的原则约束，以期这些垄断性水务公司能够产生优秀的领导力、良好的透明性，并能够进行正确的决策，而且从长远着眼，以期改变整个水务部门的文化，使水务企业更具创新性。从效果上看，这些义务性要求的确成为水务企业良性运行的保障和独立自主的屏障。

根据 Ofwat 制定的《董事会领导力、透明性和治理：原则》（Board Leadership，Transparency and Governance-Principles，2014），每个垄断性水务公司的董事会必须按照如下原则运行（见表 6－1），而且每年都必须向 Ofwat 提交报告，说明它们对这些原则的遵守情况。

表 6-1　英格兰和威尔士垄断性水务公司董事会运行原则

1）透明——公司报告必须符合或超过《公开与透明规则》中规定的标准；
2）责任——公司必须表现出它是一个独立的上市公司，公司的责任应受到董事会的充分关注；
3）平衡——公司董事会必须有重要的独立的代表权，独立的非执行董事对于确保董事会的最佳领导和治理至关重要，董事的独立性质、相关专业背景在董事会中的分布应保持适当平衡；
4）独立——公司董事会主席必须独立于管理层和投资者；公司董事会委员会包括但不限于审计和薪酬委员会，应由多数独立的成员构成；
5）清晰——公司董事会的团队结构无需复杂而须清晰易懂。

二　垄断性水务市场的监管重心：水价控制

（一）水价定价原则

水价是水务私有化后最关键的市场要素，在 Ofwat 对垄断性水务公司的经济监管中，水价控制是核心任务。水服务作为一种具有不可替代性的公共服务，其价格不仅涉及用户的利益，私有化之后也涉及服务供给者、投资者的利益。Ofwat 基本上按照市场经济条件下的投入—产出模式，遵循一定的定价原则，通过设置“价格、投资和服务包”的方式、五年期水价评审方式、年度水价调整、对商业用户零售价格进行额外审查等方式，对水价进行管控，确保价格合理公平。

其中，定价原则框定着定价行动的目的和方向。这些定价原则，可概括为公平、合理利润、区别性、利益相关者参与四项。上述原则的宗旨和目的在于，一方面要保证垄断性水务公司能够有效地运营，并且能为有效运营进行融资，从而使这些公司具有履行其供水和排污服务职能的财务能力；另一方面要保护用户现在和未来的利益，保证价格水平是用户能够承担得起的；再一方面，还要维持水资源环境的可持续利用。这意味着作为水价监管者的 Ofwat，必须在消费者利益和水务公司利润能力之间维持平衡；其中，水务公司的利润率不仅要保证其能够维持日常服务供给，同时还应保证其履行其他法律义务，如为弱势群体提供减免水费、参与社区发展、保护水资源环境等社会责任。

1. 公平原则

公平是政府的责任，是公共服务行为中的核心价值准则，政府提供公共服务的实质便是通过运用其所掌握的公共权力来实现对社会利益的再次分配，以弥补初次分配中所造成的不公，维护社会公平。公共服务中的公平性包含三个方面的意义：享有公共服务的机会公平，即每个人都平等地享有通过公共服务实现生存权和发展权的机会；享有公共服务的过程公平；享有公共服务的结果公平。[①] 水务私有化后，一方面因其自然垄断性，使得大部分用户无法自由选择服务供应商，因此，可能造成市场分层分类，只是迎合部分消费者的需求而无法真正体现公平。然而在另一方面，水是不可替代的生存必需品，用水权是公民最基本的一项生存权，Ofwat必须在水务提供的过程中弘扬公平和正义，无论这项服务是由政府直接生产还是由市场直接生产。

坚持公平原则，是英格兰和威尔士在水价制定上遵循的首要原则，表现为对各类用户无歧视、无偏向。具体而言，体现在三个方面：一是价格水平必须考虑居民承受能力，必须是绝大多数消费者能够承担得起的，因此必须考虑消费者在收入水平方面的差异，尽可能做到公平负担；二是对无力负担的低收入群体，给予减免、补贴或其他优惠政策；三是代际之间的用水公平，水务公司必须履行保护水资源、水环境的义务，把水资源的可利用性、可持续性、经济性结合在一起。Ofwat 维护公平的手段就是控制价格，并规定处于垄断型水务公司必须提供“服务包”。

2. 合理利润原则

这项原则表明，水务公司征收的水费应能反映其供水及排污服务的成本，在此基础上获得合理的资金回报率，保证服务承担者的可持续运转，以便能够履行其法定功能及其他社会责任。作为发达的市场经济国家，英国的水服务费结构一直把水企运营的成本回报率纳入其中。《1973 年水法》就规定，水服务提供机构要做到财务收支平衡并有一定盈余。《1991 年水

---

① 严明明：《公共服务供给模式的选择——基于公平与效率关系理论的阐释》，《齐鲁学刊》2011 年第 4 期。

工业法》规定，Ofwat 在制定价格限制时，其主要的任务之一就是确保水务公司的财务能力，使其能够正常行驶其服务功能，特别是要确保其资本投入获得合理的回报。

水务私有化后，水价实行完全市场定价模式。在该模式下，水权持有者只拥有水资源使用权而没有所有权，实际用水户将其用水价值与其他人的潜在用水价值相平衡，价格可以随市场供求上下波动，水价的制定完全按照市场经济条件下的投入产出模式运作。[①] 水务公司的运营目标包含着明确的盈利需求，基本水价大致根据供水和排污服务的成本核算，然后根据投资回报率和通货膨胀率加成确定。水价每五年规划一次，每年都可以根据市场需求和经济运行状况、水务企业的投资变化等进行调整，以求更好地实现服务成本与收益的均衡。

3. 区别原则

区别原则体现在按用户对象及其需求数量区别定价，英国各个地区的水价制定都坚持了这一原则，对家庭用户和非家庭用户、对普通用户和大用户、对不同经济收入水平的用户，以及对不同用途的用水、不同地区的用水、不同标准的用水，都实行不同的收费结构和水价。其中，农业供水实行保本或低于成本的价格政策，不足部分由政府给予补贴；商业用水高于工业及居民用水价格；同时，大用户的水价也相对较低。区别对待的定价原则多是在把公平负担作为主要目标时采用，目的是不会导致不良的经济后果和社会后果。[②]

4. 利益相关者参与原则

此项原则强调水价制订和管理中的利益相关者参与的权力及权利。Ofwat 在制定水价上限的过程中，会向所涉及的各利益相关者征求意见。这些利益相关者包括：水务公司和其他投资者和债权人、用户，及其代表组织、环境署、饮用水督察署、其他环境利益相关者。同时，水务公司每年在提出年度水价方案时，虽然有权按照 Ofwat 的原则，根据企业及服务对

① 张雅君、杜晓亮、汪慧贞：《国外水价比较研究》，《给水排水》2008 年第 1 期。

② 于孝同：《城市公共服务的定价》（下），《外国经济与管理》1986 年第 3 期。

象的客观情况，自行制订服务价格，但在正式实施之前必须公布价格计划，说明各项收费细则及条件，还须向 Ofwat 汇报外，须与用户及用户权益组织、环境利益相关者洽谈，征得意见后方可实施。

相较而言，利益相关者参与的原则中，用户参与原则至关重要。因为用户是水服务的终端接受者，也是服务费用的支付者。用户参与不仅体现在水价的形成过程中，而且也体现在水务战略和政策的形成过程以及整个服务的供给过程中。用户参与原则具体体现在三个方面：赋予用户话语权，使其在公共服务提供中扮演更积极、更主动、更负责的角色；给用户选择权，满足用户个性化服务需求，解决用户特定的问题；依据用户的选择，政府向特定地区的水务公司予以资金支持，激励企业为用户提供优惠、优质的服务。从这个意义上看，包括水价制订在内的水服务流程中，用户的参与体现了当代英国公共服务充分尊重民众的“客户本位”的价值取向。

（二）水费构成与收取方式

在英格兰和威尔士，水费结构主要包括两种：一是水资源费，面向包括垄断性水务公司在内的所有需要从大自然中取水的市场主体收取，设置水资源费的目的是保护和开发水资源。水资源费由环境署确定、收取和管理；二是水服务费，面向用户收取，是水务公司为消费者提供服务所收取的费用，包括供水费、排污费、地表排水费、环境服务费、基础设施费、社会费等。水服务费由 Ofwat 监管，负责确定价格结构、价格水平以及进行周期性调整等。这里主要叙述水服务费。垄断性水务公司向用户收取水服务费的基础计费结构（Tariff Structure）见图 6－1。

图 6－1 中，垄断性水务公司的水服务费主要包括三部分：一是供水费用（Water Service）；二是排污处理服务费用（Sewerage service），又包括四类：地表水排水服务费（Surface Water Drainage）、公路排水服务费（Highway Drainage）、污水处理服务费（Foul Sewage Service）和工商业污水处理服务费（Trade Effluent）；三是其他费用，包括为用户提供的管道连接服务、基础设施费用，及水表安装测试、用户断网或重新连接费、抄表

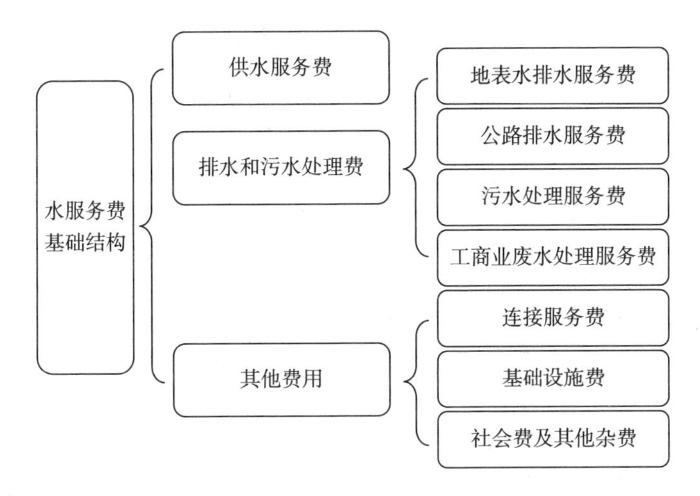

图 6－1　英格兰和威尔士水务公司计费结构

资料来源：中国华禹水务产业投资基金筹备工作组编著：《英国水务改革与发展研究报告》，中国环境科学出版社 2007 年，第 112—114 页。根据英国水务办公室网站最新资料有改动。

费、保障弱势群体用水权益的社会费（Social Tariff）等。其中，管道连接费指将某项房产连接到水务公司的供水主管道或下水道所产生的直接成本；基础设施费用则指水务公司对首次连接到某一公共主干管或公共下水道的家庭用户收取的费用。

水务公司向用户收取水费有两种方法，一种是非计表收费；另一种是计表收费，前者根据用户房产评估价值而计算相应水费，后者根据水表计量的实际用水量收取水费。

非计表收费的账单内容包括供水水费、排污费和环境服务费，对象包括家庭用户和商业用户。由于是按用户房产的可计价值收费，因此非计表收费也称可计价值法。在非计表收费体系下，同一供水公司的用户中具有相同可计房产价值的用户支付相同的水费，但不管其实际用水量是多少。

计表收费的账单内容由供水水费、排污费、地面排水费构成。其中，供水水费直接依据水表读数收费，其中包括抄表费、维修费和例行的水表更新费；排污费是根据供应水量计量的，通常排放的污水要比供应饮水的花费高，此外还扣除 10% 未返回下水道的水量收取费用；工厂排污费的收取还考虑了污水排放量和污染物含量两个因素；地面排水费一般根据产业性质、用水量和排水面积收取费用。

计表收费是对用户征收水费的最合理的方法，尤其对于水资源短缺和开发费用昂贵的地区。但直到20世纪90年代中期之前，英国的计表收费只占4%左右，而非计量收费占96%，因此自20世纪90年代中期以来，英国政府开始大力推动用户尤其是家庭用户安装水表，凡新增用户一律采用计表收费，未安装水表的老用户则可申请水务公司免费安装，计表收费比例正在逐渐增多。

（三）水价上限控制

20世纪八九十年代，英美等国在实施自然垄断性公用事业私有化过程中，为了把公共服务的价格和利润保持在一个既不失公平、又能刺激服务提供者提高效率的水平上，都面临着如何定价这样一个核心问题。当代自然垄断理论认为，根据成本的“次可加性”（Subadditivity），可将自然垄断区分为强自然垄断和弱自然垄断。在弱自然垄断条件下，按照资源配置最优化的边际成本定价，能够同时满足企业的利润要求和社会福利最大化要求。在强自然垄断条件下，因为平均成本下降的产量范围内所对应的边际成本总是小于平均成本，所以其固有的技术经济特性往往使其定价处于两难：利润最大化定价会损失社会福利，边际成本定价会造成企业亏损。因此，价格监管者必须在企业利润和社会福利之间进行权衡。对于强自然垄断行业，理论上并不存在最优的定价模型，因此采取次优的平均成本定价成为价格监管的理论基础，即在确保收支平衡的条件下实现经济和福利的最大化。①

西方国家在近30年来的市政公用事业市场化实践中，广泛使用的价格监管模型有两种：一是投资回报率价格监管（Rate of Return Regulation）；二是价格上限监管（Price-cap Regulation）。投资回报率价格监管也被称为公正报酬率监管，它通过直接控制投资回报率而实现对服务价格的间接控

---

① 向云、李振东：《强自然垄断行业的定价理论研究》，《时代金融》2014年第1期。

制。具体来说，政府监管部门公布各行业可获得的报酬率，在该报酬率框架内，允许企业在通过服务收费补偿成本支出后得到一定的利润报酬，这对于提高企业的积极性具有促进作用。但其较大的缺陷是会产生 A－J 效应（Averch-Johnson Effect）[①]，即受管制的自然垄断者在资本方面具有过度投资的趋势，有可能导致生产低效率。

英格兰和威尔士水务私有化改革是以效率为导向的，投资回报率价格监管模型为其所忌讳，因此英国政府采用的是价格上限监管模型。该模型是经济学家利特柴尔德（S. Littlechild）提出的，专门为英国政府进行自然垄断行业价格监管而设计，最早应用于英国通信公司私有化时的价格监管。[②] 在这一模型中，为激励企业提高内部效率，政府监管价格、零售价格指数和生产效率被联系在一起，政府监管机构规定价格上限，并与被监管企业签订价格变动合同，企业只能在规定的价格上限之下定价。

价格上限监管模型中的函数关系被描述为：$\triangle P = RPI - X$。

其中，$\triangle P$ 表示政府监管机构允许企业价格总水平变化的幅度，也即受监管企业的价格指数；RPI 表示零售价格指数（Retail Price Index），反映通货膨胀情况，即通货膨胀率；X 是由政府监管机构确定的、企业在一定时期内生产效率的增长率，是监管者与被监管者之间的谈判焦点。一个常用的比喻是：如果某年 RPI＝5%，即通货膨胀率是 5%，X＝3%，即企业生产效率增长率为 3%，那么，该年的 $\triangle P = 2\%$，即企业定价的最高幅度是 2%。[③] 由于有最高限价的制约，企业要想获得更高的利润，就必须努力降低生产成本。

在英格兰和威尔士的主要自然垄断性公用事业私有化过程中，政府监

---

① A－J 效应是一个关于垄断管制问题的重要概念，由美国经济学家哈维·阿弗奇（H. Averch）和利兰·L. 约翰逊（L. L. Johnson）提出。他们在研究收益率管制约束下的垄断企业是否有动机使用过多的资本来生产给定的产量时，认为企业可以通过增加它的费率基准来增加利润。参阅 H. Averch and L. L. Johnson, 1962, "Behavior of the Firm under Regulatory Constraint: A Reassessment", *The American Economic Review*, Vol. 52, No. 5。

② S. Littlechild, 2003, "The birth of RPI－X and other observations", in Ian Bartle (ed): *The UK Model of Utility Regulation*, CRI Proceedings 31, University of Bath.

③ 该比喻最早由学者王俊豪提出，后来被国内学者在研究英国公用事业价格监管改革时广泛引用。参见王俊豪《英国政府管制体制改革研究》，上海三联书店 1998 年版，第 16—18 页。

管机构所采用的几种价格监管模式都是以⊿P = RPI - X 为基本框架的。作为一种解决收益率监管问题的替代方案，价格上限监管模型具有典型的激励性监管意义。激励性监管关注的是如何设计出一种既能给予被监管企业足够激励、又保证使其不滥用剩余索取权的监管机制，实现这一机制的核心就是设计不同激励强度的监管合约。高强度的监管合约在理论上为企业降低成本提供了最大的激励，企业成本每降低一个单位，就意味着其净收益增加一个单位，反之，企业成本每增加一个单位，就意味着其净收益降低一个单位。

价格上限监管模型的意义就在于①：第一，它将价格上升的幅度与通货膨胀率、企业生产效率联系起来。企业虽然无法控制通货膨胀率，但能够通过控制其成本而操纵其生产效率，出于追求利润最大化的考虑，企业自然地会产生降低成本的动机。第二，在价格上限的约束下，企业对其产品或服务拥有自主定价的权利，从而有利于形成更有效率的产品价格结构。第三，企业与政府监管机构的关系是透明的，政府的权力、责任与企业的权利、责任、义务都有明确的边界。第四，价格上限方法减少了监管者对监管信息的需求，从而有利于降低监管成本。

总之，尽管在实际运行中，价格上限监管模型也存在着一些问题，如当企业的利润水平高于上个价格评审期所预期的水平时，政府监管机构就提高 X 值，从而在一定程度上对企业持续提高生产率的积极性有所损伤，但迄今还没有出现一个能够替代价格上限模型的更好的监管模式。价格上限监管模式比较全面地覆盖了企业成本、盈利、投资需求、服务质量、消费者利益、社会福利等要素，一方面保证企业能够有效地运营，维持供给需求之间的平衡，并且能为有效运营进行融资，促进经济的发展和效率的提高，鼓励竞争，同时在可持续发展方面担当起责任；另一方面持续改进服务水平，保护用户的利益。

---

① 王含春、李文兴：《强自然垄断规制定价模式分析》，《北京交通大学学报》（社会科学版）2008 年第 3 期；陶小马、黄治国：《公用事业定价理论模型比较研究》，《价格理论与实践》2002 年第 7 期。

三　垄断性水务市场的价格监管机制：水价周期评审

（一）水价周期评审的适用对象及基本公式

1. 水价周期评审的适用对象

根据《1991 年水工业法》的规定，Ofwat 每五年对垄断性水务公司向用户收取的水价设定限制。水价周期评审的适用对象只是 18 个区域垄断性水务公司，包括 10 大供水和排污服务公司、8 个只供水公司（见表 6 - 2）。每个周期的计算时间，为前一年的 4 月 1 日到次年的 3 月 31 日。在此价格周期内，每年度允许水务公司进行水价调整的最高幅度，水务公司与用户的水费结算水平不能突破最高限价。水价随物价变化而变化，水务公司每年的确需要对水价进行调整，因此每个水务公司每年的水费价格都是有变化的，但不允许超过上限约束。

表 6 - 2　英格兰和威尔士水价定期评审对象

区域垄断性供水和排污服务公司	区域垄断性只供水公司
盎格鲁水务公司	菲尼提水务公司
威尔士水务公司	布里斯托水务公司
诺森伯兰水务公司	剑桥水务公司
塞文垂水务公司	迪谷水务公司
东南水务公司	南斯塔夫郡水务公司
南方水务公司	朴茨茅斯水务公司
西南水务公司	SES 水务公司
泰晤士水务公司	威塞科斯水务公司
联合公用水务公司	
约克郡水务公司	

2. 水价定期评审基本公式

Ofwat 所采取的水价上限调整公式是 RPI + K + U。其中，RPI 作为零售物价指数，代表通货膨胀；K 是为履行正常供水服务功能必须在通货膨胀率以上增加的费用，由 Ofwat 根据通货膨胀变化并考虑垄断性水务公司投资成本、运行效率及运营利润确定；U 是前些年未承兑使用而余留的 K 值。[①] 自私有化以后，这一价格调整审查方式长期成为英格兰和威尔士整个水务监管框架的核心机制，其性质是“基于激励的价格上限监管”（Incentive-based Price Cap Regulation），不但要确保水价能够代表消费者的最佳价值，并且要让企业能够盈利。

RPI + K + U 是 PRI - X 的变形，也可以被表述为 RPI - X + Q，K = Q - X。其中，Q 反映的是为达到英国和欧盟法定的水质标准而产生的各种成本，因此 Q 表示的是环境因素，与环境监管相关。K 则是一个正数，反映了收费价格的增长率应保证水务公司有财力可持续性地提供水服务，并按照环境监管的要求进行必要的投资。K 的关键要素包括：水务公司过去的突出绩效及未来的效益、质量标准、供水安全性的提高、服务水平的提高。[②]

水务行业的价格监管模型 RPI + K + U 之所以被称作是 RPI - X 的变形，而与电力、燃气、电信公用事业价格上限监管的模型表现出不完全一致的特点，是因为水务行业受到环境监管的约束，而 X 因子只与经济监管相关。在这里，K 因子实际上起成本转移的作用，其结果是消费者通过水价承担额外的资本成本，而不是水务公司通过减少利润或者投资者减少红利来承担这些资本成本。[③] 水费结构中的排污处理费用，就是消费者必须承担的环境治理方面的资本成本。此外，如果水价的实际增长幅度小于 K，则可以将 U 即差额部分转结至来年。水价最高限价的确定，关键是 K 因子的确定。

在水价定期评审过程中，Ofwat 必须统筹考虑许多相关因素，这些要素可以被称之为水价定价的优先因素。但基本要素主要有三个，即物价变化（主要是通货膨胀）、未来外部环境的变化对企业投资和成本的影响、

---

① 例如，Northumbrian 公司 2005/2006 年度水价实际增长了 9.92%，而 Ofwat 为其设定的价格上涨幅度为 9.95%，其中 0.03% 的差额，也就是 U 值，就结转到 2006/2007 年度的水价中，这就意味着 Northumbrian 公司在 2006/2007 年度的水价上涨幅度可以比 Ofwat 确定的上限高出 0.03%。

② 中国华禹水务产业投资基金筹备工作组：《英国水务改革与发展研究报告》，中国环境科学出版社 2007 年版，第 93 页。

③ 曲世友：《发达国家供水价格管理模式比较与借鉴》，《价格理论与实践》2007 年第 1 期。

当前价格中可能存在的缺陷。在每个价格评审周期，这些优先因素会与时俱变，甚至在每个周期内的每一年，这些因素也会有所变化。优先因素的变化，表明了水务行业监管的重心和一定时期内的行业发展方向。由于K因子的变化，每个周期内 Ofwat 所采取的设置价格限制的方法或财务模型都有所不同。

（二）各评审周期的目标及财务模型

自 1989 年变革至今，英格兰和威尔士已经经历了六个水价评审周期（即 1990—1995，1995—2000，2000—2005，2005—2010，2010—2015，2015—2020），目前正在进行第七个评审周期的准备工作。

1. 1990—1995 年价格限制

第一个评审期的价格决定完成于 1989 年。严格地说，这一决定并不是真正的价格评审，而是当时的环境部和 Ofwat 根据经英国议会同意的水务私有化改革监管框架，对垄断性水务公司所采取的最高限价措施。当时，环境部和 Ofwat 在颁发授权书时，把 RPI + K 公式写进了每个垄断性水务公司的授权书中。平均而言，在此周期内，供水和排污服务公司水价上调限度为 5.0%，只供水公司上调限度为 6.1%，行业平均为 5.2%。由于私有化之初，水务市场需要继续提高效率，同时需要投资改善基础设施，因此在此价格评审周期内，实际上各公司的价格年均增长率达到了 6%。①

2. 1995—2000 年价格限制

首个由 Ofwat 做出的水价限制决定发生在 1994 年（被称之为 PR1994），这是私有化改革的第五个年头。而 PR1994 的出台历时近四年，Ofwat 自 1991 年起就开始向各个利益相关者发送了一系列咨询文书，如《资本成本》（The Cost of Capital，1991）、《评估资本价值》（Assessing Capital Values，1992）、《质量成本》（The Cost of Quality，1992）、《为质量付款》（Paying for Quality，1993）和《为增长付款》（Paying for Growth，1993）。在广泛

① Ofwat，1994，*Future Charges for Water and Sewerage Services：the Outcome of the Periodic Review*，http://www.ofwat.gov.uk/pricereview/det_pr_fd94.pdf.

征求意见的基础上，最终于1994年发布了《未来供水和污水处理的费用：价格评审结果》，这是Ofwat最早设定的水价限制决定。[①]

该决定为每个垄断性水务公司设定了未来10年（1995—2005）的水价限制，规定10年间的加权平均K系数是0.9；由于前五年需要集中承担污水处理的环境责任，因此平均K系数要高于后五年，为1.4，后五年则降为0.4；总体上，1995—2000年价格周期内，供水和排污服务公司水价上调限度为1.4%，只供水公司水价上调限度为0.4%，行业平均调整限度为1.3%。该决定还规定，各垄断性水务公司可以选择接受该价格限制，如果不同意则可以将此决定提交给（当时的）垄断和兼并委员会裁决。不过，所有的垄断性水务公司都接受了这一决定。

3. 2000—2005年价格限制

Ofwat于1999年做出了2000—2005年的水价评审决定（即PR1999），此次价格评审是在一些新的外部条件下完成的。

首先，《1998年竞争法》为水工业市场扩大竞争开辟了前景，相关的新举措从1999年3月起开始实施。为此，英国内阁财政大臣要求Ofwat在定价时须负起促进竞争的责任。

其次，《1999年水工业法》对《1991年水工业法》做了若干重要的修改，包括：取消水务企业对不付水费的居民用户中断供水的权力，限制水务企业强制对用户采取计量用水的权力，赋予Ofwat审核水务企业收费计划的权力，各水务企业的收费计划必须得到Ofwat总监的批准，从而强化了Ofwat限制水价的权能。

再次，对水环境的质量提出了新的标准。环境署要求，到2005年英格兰和威尔士在过去200年中造成的重大环境损害都应得到修复，而保护环境、改善水质的投入，都意味着水务企业的成本将会提高。

最后，公用事业监管的新变化。世纪之交，追求公共服务绩效成为一种国际潮流，英国环境部门、公共卫生部门及相关监管机构也相继提议进

---

① Ofwat, 1994, *Future Charges for Water and Sewerage Services: the Outcome of the Periodic Review*, http://www.ofwat.gov.uk/pricereview/det_pr_fd94.pdf.

行新的立法，启动环境治理和公共卫生服务的绩效标准建设。新的法律要求势必会对价格产生潜在的影响。

因此，2000—2005 年间的第三个价格评审周期中，企业成本和资本回报、用户收入水平等成为 Ofwat 制定水价上限的重要影响因素。最终提出的限价措施是：此五年内英格兰和威尔士地区水价平均下降 2%。所用财务模型所涉及的要素包括：收入要求（Revenue Requirements）、价格变动限制（PRI +/ - k）、产出要求（Output Requirements）、运营支出（Operating Expenditure）、资本投资资金支出（Expenditure to Finance the Capital Investment）、资本回报（Return on Capital）、税（Tax）；其中，“收入要求”还区分为公司和用户两类。其财务模式和最终限价水平，分别如图 6 - 2、表 6 - 3 所示：

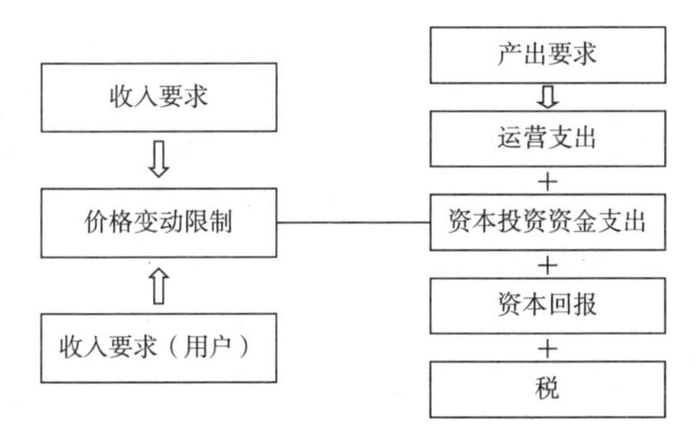

图 6 - 2　2000—2005 年水价限制财务模型

来源：Ofwat, 1999, *Final Determinations*: *Future Water and Sewerage Charges* 2000/2005, http://www.ofwat.gov.uk/pricereview/pr99/det_pr_fd99.pdf。

表 6 - 3　2000—2005 年价格限制水平

单位：%

价格上限	2000/2001	2001/2002	2002/2003	2003/2004	2004/2005	平均
供排水公司（加权平均数）	-12.3	-0.4	0.2	1.3	1.7	-2.0
只供水供水公司（加权平均数）	-12.4	-0.6	-0.5	0.0	0.0	-2.8
行业（加权平均数）	-12.3	-0.4	0.1	1.1	1.5	-2.1

来源：Ofwat, 1999, *Final Determinations*: *Future Water and Sewerage Charges* 2000/2005. http://www.ofwat.gov.uk/pricereview/pr99/det_pr_fd99.pdf。

价格下调招致了一些水务公司的不满。例如，中部肯特水务公司（Mid Kent Water）、萨顿与东萨瑞水务公司（Sutton & East Surrey Water）都向当时的竞争委员会提出了投诉，但最终也都败诉。

4. 2005—2010 年价格限制

2004 年 12 月，Ofwat 发布了第四个价格评审周期的限价决定（即 PR04）。PR04 的目标是：使水务公司能够进行日常业务运行，从而履行所有既有的义务以及在服务、水质和环境方面的新义务；维护资产；确保对供水和排污处理服务的需求和供给之间有充分的平衡；促进其他方面的服务改进，例如减少下水道淤塞的风险。重点是“使管理良好的公司能够负担起与相关标准和需要相一致的输送服务，并使这一调整过程高效而透明”①。

这一周期的价格限制水平，就取决于这些目的以及为实现这些目的而必须考虑的优先因素。由于《2003 年水法》拓展了竞争范围，允许行业内开展对大用户服务的竞争，并且从 2005 年开始开放这一零售市场。因此，此价格评审周期内的水费分为两个序列，即家庭用户的费用和非家庭用户的费用。影响费用水平的要素，却是一样的。图 6 - 3 从下到上，列示了 Ofwat 确定水价时根据优先次序必须考虑的要素，这些要素的排列组合充分体现出公平、合理利润、区别性、利益相关者参与四项原则。根据对上述优先因素的考量，Ofwat 设定价格限制的计算模型如下图 6 - 4 所示。

根据这一计算模型，垄断性水务公司在此五年内的水价限制水平如表 6 - 4 所示，从中可以看出，2005—2010 年间的限价水平可以保证垄断性水务公司获得足够的收入，以维持其营运开支及资本投资计划。

根据该方案，在 2005—2010 年价格周期内，英格兰和威尔士地区水价普遍大幅上涨。获得的款项主要用于维护供水系统和改善环境，包括泄漏管道的修理、下水道的更换和污水处理，以及 3000 多个环保项目。②

---

① Ofwat, 2004, *Future Water and Sewerage Charges 2005/2010: Final Determinations*, http://www.ofwat.gov.uk/pricereview/pr04/det_pr_fd04.pdf.

② Ibid..

为投资者提供回报

改善服务，满足用户进一步的需求

平衡服务供给与服务要求

维持现有供水管道、下水道及水处理设施

符合饮用水质量标准

满足环境部长规定的环境保护义务

非家庭用户账单

家庭用户账单

图 6－3　2005—2010 年 Ofwat 确定水价水平的优先考虑因素

来源：Ofwat，2004，*Future Water and Sewerage Charges* 2005/2010：*Final Determinations*，http://www.ofwat.gov.uk/pricereview/pr04/det_pr_fd04.pdf。

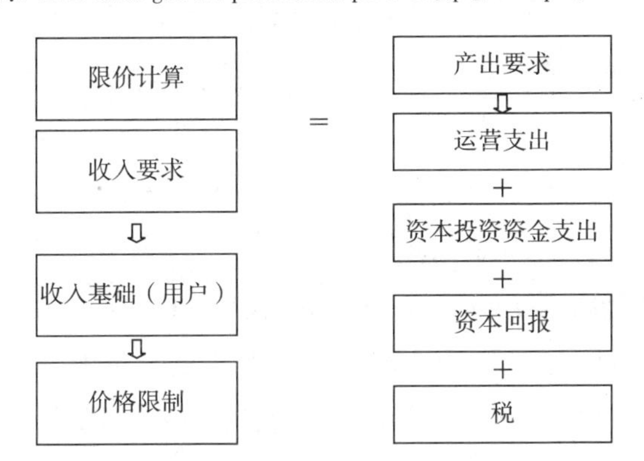

图 6－4　2005—2010 年水价限制财务模型

来源：Ofwat，2004，*Future Water and Sewerage Charges* 2005/2010：*Final Determinations*，http://www.ofwat.gov.uk/pricereview/pr04/det_pr_fd04.pdf。

表 6－4　2005—2010 年价格限制水平

单位：%

价格限制	2005—2006	2006—2007	2007—2008	2008—2009	2009—2010	平均
供排水公司（加权平均）						
公司商业计划限价	13.1	7.1	4.7	3.6	3.1	6.3

续表

价格限制	2005—2006	2006—2007	2007—2008	2008—2009	2009—2010	平均
供排水公司（加权平均）						
Ofwat 最终决定	9.4	4.0	3.4	2.7	2.2	4.3
只供水公司（加权平均）						
公司商业计划限价	16.7	6.8	2.7	1.2	0.9	5.5
Ofwat 最终决定	12.4	1.9	1.5	0.4	-0.3	3.1
行业水平（加权平均）						
公司商业计划限价	13.4	7.1	4.6	3.4	2.9	6.2
Ofwat 最终决定	9.6	3.9	3.2	2.5	2.0	4.2

来源：Ofwat，2004，*Future Water and Sewerage Charges* 2005/2010：*Final Determinations*，http://www.ofwat.gov.uk/pricereview/pr04/det_pr_fd04.pdf。

5. 2010—2015 年价格限制

到 2009 年，对垄断性水务公司的价格上限管制已经历了 18 年，并且取得了显著的效益。不过，进入 21 世纪的头十年，有关气候变化、人口发展、竞争发展、水资源可持续利用、经济的可持续发展等成为一个新的时代话题。“英国和全球的政策制定者比过去更加重视水的价值和管理这一重要资源的重要性。面对日益提高的消费者的期望，英格兰和威尔士的水务部门必须保持高质量的服务，必须继续发展竞争，必须考虑到气候变化的影响和日益增长的人口的需求”①。

为此，英国政府专门成立了一个委员会，负责独立审查水工业领域的竞争和创新。在此背景下，新的价格评审在设定水价上限所必须考虑的优先因素中，特别重注水务行业应对未来的各种新挑战的能力。Defra 和威尔士政府还委托经济学家安娜·沃克（A. Walker）对家庭用户水费制度进行了一次独立评估，被称作“沃克评估”（Walker Review）。该评估报告的核心建议体现在两个方面：一是水费机制应对家庭用户有效用水具有激励意义；二是水作为生命的必需品，应使家庭用户特别是低收入群体能够负担

① Ofwat，2009，*Setting Price Limits for* 2010 - 15：*Framework and Approach*，https://www.ofwat.gov.uk/wp-content/uploads/2015/12/pap_pos_pr09method080327.pdf.

得起。①

Ofwat发布了《2010—2015年价格限制设定：框架和方法》（即PR09），所设定的限价目标是：在充分考虑经济、社会和环境等影响因素的前提下，提供一种能够使所有利益相关者都肩负起责任的价格结构，使新的定价对用户账单的影响最小化；推动创新，激励创造性，激励水务公司提高效率，为消费者提供物有所值的服务；能够适应、应对今后长期存在的可持续发展问题与系列挑战，如气候变化；为高效率和管理良好的水务公司带来资本收益；发展竞争机会，促进市场竞争，消除进入该行业的障碍，使竞争成为效率、创新、选择和价值的驱动力。

从这个周期起，价格评审方法开始发生一些变化。首先，Ofwat简化了评审过程，鼓励各垄断性水务公司提交可信的、符合现实的、符合战略方向和成本效益分析的商业计划；其次，尝试采用一种新的基于激励的资本支出监管方式，此五年内允许约220亿英镑的资本投资于水务市场，用于维持、改善资产和服务，同时保持用户水费平均每天为94便士。为此，Ofwat所采取的2010—2015年限价计算模型如图6－5所示，价格限制水平如表6－5所示：

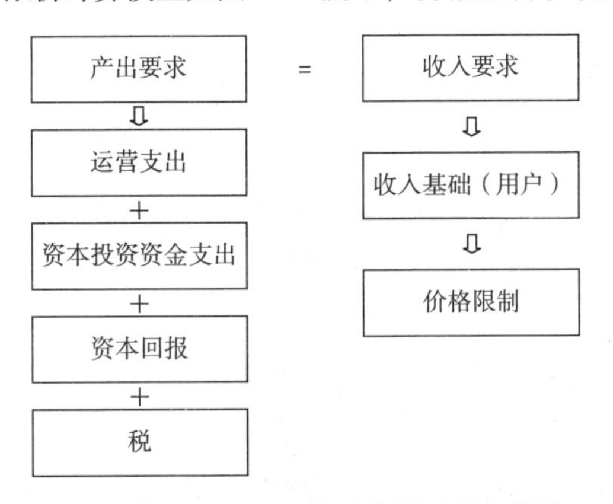

图6－5 2010—2015年水价限制财务模型

来源：Ofwat，2009，*Future water and sewerage charges 2010/2015：final determinations*，https://www.ofwat.gov.uk/pricereview/pr09phase3/det_pr09_finalfull.pdf。

---

① A. Walker，2009，*The Independent Review of Charging for Household Water and Sewerage Services：Final Report*，https://assets.publishing.service.gov.uk/government/uploads/system/uploads/attachment_data/file/69459/walker-review-final-report.pdf.

表 6 - 5　2010—2015 年价格限制水平

单位：%

价格上限	2010—2011	2011—2012	2012—2013	2013—2014	2014—2015	平均
供排水公司（加权平均）						
公司商业计划限价	5.1	2.2	2.5	1.4	0.7	2.4
Ofwat 最终决定	-0.8	0.2	1.7	0.7	0.5	0.5
只供水公司（加权平均）						
公司商业计划限价	12.1	3.1	2.4	1.3	0.7	3.8
Ofwat 最终决定	1.6	1.6	0.3	-1.1	-0.8	0.3
行业水平（加权平均）						
公司商业计划限价	5.6	2.3	2.5	1.4	0.7	2.5
Ofwat 最终决定	-0.6	0.3	1.6	0.6	0.4	0.5

来源：Ofwat，2009，*Future Water and Sewerage Charges* 2010 - 15：*Final Determinations*，https://www.ofwat.gov.uk/pricereview/pr09phase3/det_pr09_finalfull.pdf。

6. 2015—2020 年价格限制

2014 年，英国议会颁布新的《水法》，要求在更大的程度上促进竞争，扩大市场规模，提高水资源利用的可持续性和社会效益，提高水务基础设施的使用效益，同时新《水法》赋予环境大臣新的权力，可以提出一些要求 Ofwat 优先解决的战略重点事项和目标。对此，Ofwat 须更多地考虑水务领域的长期变化，提高行业监管能力。此后，Defra 和威尔士政府相继出台了有关促进水资源可持续利用和发展、进一步改善服务质量和监管质量的战略政策。这些新规定和新要求，是 2015—2020 年价格评审的重要制度背景。

为了支持《2014 年水法》和政府水务政策的贯彻落实，支持水务部门的可持续发展，Ofwat 于 2014 年开始进一步推动水价制度改革，提出了一个新的有别于之前的限价模型的计算框架（简称 PR14）。该框架包括五个关键要素，即：客户参与（Customer Engagement）；聚焦结果（Focus on Outcomes）；基于风险的评审（Risk-based Review，简称 RBR 方式）；全成本方式（Totex Approach）；[①] 风险和回报平衡包（Balanced Package of Risk

① 即把水务公司的全部支出（Total Expenditure，缩写为 TOTEX）视为一个整体。

and Return)。这些要素的引进，较大地改变了之前的价格审查方式。Ofwat还把此次价格评审的方针概括为提高透明度、一致性、问责制、针对性和相称性。

具体而言，PR14 的新改变体现在如下几个方面：一是提高透明度。鼓励对话，推动跨部门共担责任，并公开相关信息。二是倾听客户的声音。垄断性水务公司在制订商业计划的过程中，与 25 万多个客户进行了对话，这是水务部门有史以来最大规模的客户对话行动。三是关注最重要的事情。垄断性水务公司与客户及其他利益相关者合作，共同制订五年期商业计划，从而使这些商业计划能够反映出客户、环境和社会发展等真正重要的因素。四是提高垄断性水务公司绩效的门槛，无论是在降低成本还是在改善服务方面。五是使投资者的利益与客户的利益相协调。垄断性水务公司将因满足了客户的需求而得到奖励，同时也会因服务中存在的缺陷和不足而受到惩罚。六是激励垄断性水务公司寻找最富有成本—效率意义的解决方案，以改进服务水平。七是给垄断性水务公司治理和企业文化带来变化。[①]

基于上述方针，Ofwat 在 PR14 运行过程中，对垄断性水务公司商业计划的四个关键方面进行了“基于风险的评审”。这四个关键方面包括：一是结果（Outcomes），即垄断性水务公司为消费者（当前和未来的客户）提供的关键服务，在环境保护和改善方面达到的成就，以及为实现这些产出而采取的相关激励措施；二是成本（Cost），包括批发业务和零售业务的成本；三是风险和回报（Risk and Reward），即垄断性水务公司如何实现风险和回报之间的平衡，包括在不同的客户之间、当前和未来的客户之间、当前的水环境和未来的水环境之间、公司自身及其投资者之间的风险和回报的平衡；四是负担能力和财务能力（Affordability and Financeability），即价格建议对用户账单承受能力的影响，及其为履行其职能而须具备的资金能力。[②]

---

① Ofwat, 2014, *Setting price controls for* 2015/2020 – *overview*. https://www.ofwat.gov.uk/wp-content/uploads/2015/10/det_pr20141212final.pdf.

② Ofwat, 2014, 2014 *Price Review Risk-based Review-Internal Methodology*, /http://www.ofwat.gov.uk/pricereview/pr14/pap_tec140404pr14internalmeth.pdf.

还需要说明的是，随着《2014 年水法》中相关新规的实施，Ofwat 在 2014 年确定价格时，正式对水服务的批发价格和零售价格分别进行评审，批发价适用于零售商，零售价则适用于包括家庭用户和非家庭用户在内的终端用户。批发价格分为两种：一是供水服务的批发价格；二是排污处理服务的批发价格。对批发价格的评审，考虑了垄断性水务公司的水处理技术、输水管道等资产价值，但立足点依然是使最终确定的水价造福于客户，并有利于各垄断性水务公司和投资者。对零售价格的控制也分为家庭用户和非家庭用户两种情况，所涉及的要素包括垄断性水务公司提供的与客户相关的服务，如发送用户账单、回应用户的询问、非家庭用户对供应商的选择权等，这些要素是 Ofwat 确定零售价格时所考量的依据。当然，PR14 的战略目标和优先事项是确定批发价和零售价的基础。

总之，PR14 采用基于风险的方法来审查垄断性水务公司的业务计划和随后的任何干预措施，在对如何实现风险和回报进行充分评估的基础上设置了一个价格框架，重点是确保对垄断性水务公司的恰当激励，确保投资者能够获得合理的投资回报，确保实现最优的客户服务并促进水资源环境可持续利用。通过这期水价限定，最终要在 2019—2020 年达到的可量化目标包括：443 亿英镑的水务领域投资；522 项为各垄断性水务公司量身定做的绩效承诺；超过 100 万人在水费支付上获得帮助；100 多个流域管理项目，包括与农民和土地所有者合作，帮助改善排水和控制污染；50 个海滨浴场得到改善；33% 的下水道得到改善；通过解决渗漏和促进效率的办法节约用水，每天节约 3.7 亿升；供水中断事故减少 32%；严重的水污染事故零发生，其他事故减少 22%；家庭用户水表安装率从 2014—2015 年的 48% 增加到 61%；五年内，供水和排污服务公司水费平均下降 6.1%，只供水公司水费平均下降 6.6%，行业价格平均下降 5%，与此同时所有垄断性水务公司资本回报率平均达到 3.74%。[①]

7. 2020—2025 年价格评审周期

目前，Ofwat 正在着手准备 2020—2025 年的价格限制设定工作（简称

---

① Ofwat, 2014, *Setting Price Controls for* 2015/2020: *Overview*, https://www.ofwat.gov.uk/wp-content/uploads/2015/10/det_pr20141212final.pdf.

PR19），英国政府和威尔士政府都已经对 Ofwat 提出了未来数年的战略优先事项。

其中，中央政府提出的优先事项有三项：第一，确保长期的恢复能力。鉴于有些地区面临服务失败的巨大风险，如旱灾所带来的供水中断事件，因此必须保证水资源和供水系统在目前和将来都能够提供有弹性的服务。第二，保护消费者，使每个消费者都能够负担起其水费账单。第三，使市场发挥作用。①

威尔士政府提出的战略优先事项是：负担能力；创新；长期性；市场和竞争；以客户为中心；自然资源的可持续管理。②

Ofwat 根据这些战略政策声明的不同之处，拟订了 PR19 的关键主题和方法，并充分地考虑到它们在英格兰和威尔士的适用性。

2017 年 12 月，Ofwat 发布了有关 PR19 方式的决定，这份新的限价决定建立在 PR14 的基础之上，并且做出了进一步的改变，授权和激励水务公司应对本行业未来面临的挑战。根据这份决定，未来数年水务公司、水务行业所面临的挑战包括：一是环境挑战。即气候变化和人口增长将会对稀缺的水资源带来更大的压力，特别是在干燥地区，水务公司须应对这些挑战，确保有效的排水和环境质量。二是客户期望。因其他具有竞争性的部门所提供的更好的服务质量，因技术进步而产生的新的机会，客户也期望获得更好的水服务，而且这些期望日益增长。三是弹性系统和服务。为了应对上述挑战，水务部门需要预测趋势和变化，需要能够及时应付和处理问题，需要及时地恢复服务系统中断的现象，以在现在和将来维持为客户、为经济发展提供服务和保护自然环境的能力。四是客户对账单的负担能力。尽管 PR14 已经在实际上降低了水价，但账单负担仍然是许多客户

---

① Defra, 2017, *The Government's Strategic Priorities and Objectives for Ofwat*, https://assets.publishing.service.gov.uk/government/uploads/system/uploads/attachment_data/file/661803/sps-ofwat-2017.pdf.

② Welsh Government, 2017, *Strategic Priorities and Objectives Statement to Ofwat Issued under Section 2B of the Water Industry Act* 1991, http://www.assembly.wales/laid%20documents/gen-ld11283/gen-ld11283-e.pdf; Ofwat, 2017, *Welsh Government Priorities and Our* 2019 *Price Review Final Methodology*, https://www.ofwat.gov.uk/wp-content/uploads/2017/12/Welsh-Govt-priorities-FM.pdf.

所面临的问题，因此水务公司需要创新服务，辨别、确认那些真正处于困难境况的客户，并为他们提供支持。[①]

正因为面临上述挑战，在这份决定中，Ofwat 所确定的影响 PR19 的关键主题和优先事项为如下四项：一是“伟大的客户服务理念”（Great Customer Service）。这要求 PR19 应能够促使水务公司做出业绩承诺，以客户为先，提供客户所需要的优质服务，并能够识别和支持脆弱的客户。二是“长期的全方位的弹性应对能力”（Long-term Resilience in the Round）。PR19 应能够使水务公司改善内部治理，提高提供日常服务的弹性能力或复原能力，并且应能够体现水务公司的财务弹性。三是可承受的费用（Affordable Bills）。特别是对那些勉力支付账单的客户，PR19 应能够确保他们得到水务公司提供的援助。四是创新（Innovation）。即 PR19 应能够评估水务公司的创新计划和创新能力。[②]

按照 Ofwat 公布的 PR19 工作进度，水务公司应于 2018 年 9 月提交其商业计划；Ofwat 于 2019 年 1 月对商业计划进行初步评估和分类，于 2019 年 4 月公布价格评审决定草案，于 2019 年 7 月公布其他决定草案，于 2019 年 12 月公布最终限价决定，新的限价措施于 2020 年 4 月 1 日期开始实施。

（三）价格评审的过程与成效

1. 价格评审的过程及其特点

每个五年期的价格评审过程，都是一场公众充分参与的政策过程。从 1989 年首次制定价格限制决定以来，这一制度已经运行了 6 个周期、近 30 个年头，各方对流程都已经相当熟悉。目前，Ofwat 把价格评审的整个流程简化为五个主要步骤：政府发布价格限制战略指导声明；各垄断性水务公司制订提交商业计划草案；Ofwat 评审草案，各垄断性水务公司提交最终商业计划；Ofwat 制订发布价格限制决定草案；Ofwat 就价格限制决定草案充分征求利益相关者意见，发布价格限制最终决定。据此，价格评审过

---

① Ofwat, 2017, *Delivering Water* 2020: *Our Final Methodology for the* 2019 *Price Review*, https://www.ofwat.gov.uk/wp-content/uploads/2017/12/Final-methodology-1.pdf.

② Ibid..

程可分为三大环节，如下图6－6所示：

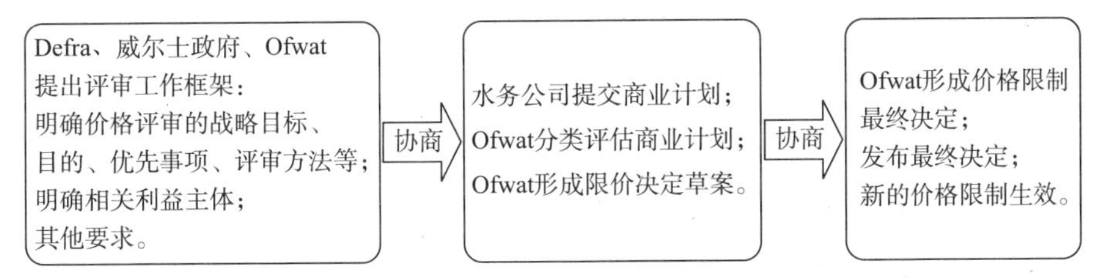

图6－6　英格兰和威尔士水价评审运行程序

不过，每期评审工作都历久耗时，一般需2—3年时间，也就是说，在一个周期的中间阶段即开始着手下一个周期的价格评审工作。评审过程中，有众多的利益相关者广泛、深度参与其中。

例如，1990—1995年价格评审周期开始运行后，Ofwat于1991年就启动了下一个周期即1995—2000年的价格评审工作，直到1994年12月才做出最终限价决定。在长达三年多的时间内，参与价格评审过程的利益相关者除了Ofwat之外，还包括如下各方：第一，各垄断性水务公司。它们需在对用户进行市场调研的基础上，在与用户利益代表组织公开对话的基础上，拟订商业计划。第二，普通用户。可以参与各种相关公共论坛、各种相关市场调查，或者与Ofwat联系，直接表达自己的意见，如需要什么样的服务质量、愿意支付什么样的价格，等等。第三，用户利益代表组织。代表消费者直接参与对水务公司商业计划、Ofwat限价草案的评价。第四，其他方面。包括：其他监管机构，如饮用水督察署、国家河流局；环境大臣，威尔士大臣，英国议会，“伦敦城”（the City of London）的自治机构；媒体。

此后，每个评审周期，都坚持了这种公共参与、讨价还价、共同协商的模式。参与价格评审的利益相关者涉及许多方面，主要的参与者如表6－6所示。在此表中，饮用水督察署和环境署在水价评审中发挥着独特的作用。饮用水督察署负责敦促Ofwat考虑提高水质标准对水价的影响，环境署负责敦促Ofwat注意水环境方面的新要求对水价的影响。Ofwat作为价格监管的责任主体，在这一过程担当着如下几种角色：执行者，即执行英国政府、Defra、威尔士政府有关下一个五年的水务发展战略政策；组织者，即组织所有相关的行动者参与这一过程，如要求水务公司拟订商业计划，发起大规模的用户调查活动；评审者，即对水务公司的商业计划评审，对水务消费者委员会的价格主张进行考量；协商者，即就价格限制草案，向利益相关者、相关专业组织征求意见和建议，进行充分沟通和协商；决定者，即决定最终价格。此后，Ofwat 负责监督各个垄断性水务公司按照这一最终价格收取水费、履行其水服务功能，必要时根据法定权力对违反规定的水务公司采取惩治措施。

表 6-6　英格兰和威尔士价格评审过程中的公共参与

价格评审周期	评审过程中的主要参与者
1995—2000 年评审周期	Ofwat，环境大臣，威尔士大臣，英国议会，水务公司及其客户，用户服务委员会，饮用水督察署，国家河流局，伦敦城自治机构，媒体
2000—2005 年评审周期	Ofwat，环境大臣，威尔士议会办公室，水务公司及其客户，伦敦金融城自治机构，用户服务委员会，环境署及其他环境组织，威尔士乡村理事会，饮用水督察署，煤气电力市场办公室，竞争委员会
2005—2010 年评审周期	Ofwat，Defra，威尔士国民议会，威尔士政府，水务公司及其客户，水之声委员会，饮用水督察署，环境署，自然英格兰，威尔士乡村理事会，其他利益相关者
2010—2015 年评审周期	Ofwat，Defra，威尔士政府，水务公司及其客户，水务消费者委员会，饮用水督察署，环境署，自然英格兰，威尔士乡村理事会，其他利益相关者
2015—2020 年价格评审	Ofwat，Defra，威尔士政府，水务公司及其客户，水务消费者委员会，饮用水督察署，环境署，自然英格兰，威尔士自然资源局，投资者，其他非政府组织，评级机构

英格兰和威尔士价格评审过程最值得称道的一大特点，是用户的广泛、深度参与。每期价格评审，Ofwat 都会深入用户群体，广泛征求意见，Ofwat 设立了“客户咨询小组”（Customer Advisory Panel），专门负责这一事务。例如，在进行 1990—1995 年价格评审时，客户咨询小组于 1991 年就英格兰和威尔士地区的水用户进行了大规模的问卷调查活动，调查围绕两大问题而展开：用户需要什么样的服务？用户愿意支付什么样的价格？再如，在进行 2015—2020 年价格评审时，Ofwat 发布了系列咨询文件，如《关于 PR14 零售价格控制的意见咨询》《关于 PR14 批发价格控制的意见

咨询》《2015—2020 价格控制设定：框架和方法咨询》。针对定价方法，Ofwat 设计了 49 个问题，公布在自己的官方网站上，向用户、水务公司、政府、其他机关机构、环境方面的利益相关者征求意见和建议，咨询对象可以通过电子邮件或邮政系统反馈意见。同时，为了激励用户参与，Ofwat 于 2011 年 4 月就发布了《用户参与定价：Ofwat 的用户参与政策声明》，要求水务公司让用户参与到相关决策过程中。其中提出，形成公司商业计划的议题是多种多样的，用户的意见比其他人能更直接地影响其中一些议题。“用户是水价制定过程的核心，他们需要知道他们支付的账单是公平和合法的。用户与其水务公司之间的接触，对于在价格制定过程中取得公平结果至关重要。在整个价格制定过程中，我们期望水务公司承担更多的责任，与用户进行更多的接触，……我们期望水务公司在制订商业计划时考虑到用户的意见。客户（对水价）的可承受性是我们决定（水价）的关键因素”①。2012 年 4 月，又发布了《用户参与定价：Ofwat 的用户参与政策——进一步的信息》，要求各个水务公司设立独立的“客户挑战小组”（Customer Challenge Group），其使命是接触客户并反映客户的诉求和意见，将客户的建议体现在公司制订的 2015—2020 年价格战略计划中。② Ofwat 在启动 PR14 的过程中也会采纳各个“客户挑战小组”的报告。

为了支持和帮助用户有效地参与水价评审过程，Ofwat 借鉴英国国内及国际上其他行业公众参与的经验，设计了用户参与的“三级方法”（Three-tiered Approach），为垄断性水务公司吸纳用户参与提供指导，使用户能够以不同的方式参与并影响水务公司的商业计划过程，从而影响水价决策过程。这三级方法是：首先，直接的在地参与，即用户就水务公司在当地的服务和费用问题，直接与水务公司接触；其次，通过水务公司的“客户挑战小组”参与，就水务公司整体的商业计划展开讨论，提出质询和意见；最后，通过 Ofwat 的“客户咨询小组”参与，从而影响 Ofwat 的价格决定。

① Ofwat, 2011, *Involving Customers in Price Setting-Ofwat's Customer Engagement Policy Statement*, https://www.ofwat.gov.uk/wp-content/uploads/2015/11/pap_pos20110811custengage.pdf.

② Ofwat, 2012, *Involving Customers in Price Setting-Ofwat's Customer Engagement Policy: Further Information*, https://www.ofwat.gov.uk/wp-content/uploads/2015/11/prs_in1205customerengagement.pdf.

此外，水务消费者委员会作为代表水用户利益的法定组织，在水价评审过程中更是发挥着十分重要的作用。

还需要说明的是，在价格监管过程中，实行严格的信息披露制度。价格调整程序制度化、透明化，有一整套程序安排，包括市场调研、信息收集、企业经营分析、服务目标改进确认、公众意见咨询、专家论证等。每一个程序都有严格的时间编排，其日程都通过各种途径包括政府网站、报纸、电视及大量的其他印刷资料等向公众发布，激励公众积极参与。同时，由于价格监管涉及对经营效率的评价，监管机构必须掌握足够的有关企业的行业经营效率材料。为了使企业提供这方面的信息，政府对企业规定了严格的信息披露和报告义务，企业必须报告的信息包括常规审计后的财务报表及反映经营和财务状况的其他大量信息。监管机构和水务公司都有自己的网站和公报，无论是新制定的价格政策，还是年度公报，都以公众容易接触的方式全部公开。信息公开制度对于推动政府、水务企业和公众之间的互动具有十分积极的意义。

2. 对年度收费计划的监管

价格周期评审以五年为时间单位，为各水务公司设定了价格上限。除此之外，随着水务市场竞争的发展，Ofwat 对各垄断性水务公司的年度收费和议价行为也实施严格的监管，主要涵盖如下四个方面，即：年度收费计划（Charges Schemes）；批发收费（Wholesale Charges）；大宗供应收费（Bulk Supply Charges）；新连接收费（New Connection Charges）；进入定价（Access Pricing）。这里重点叙述对年度收费计划的监管。

水务公司制订年度收费计划是一项严肃的法律行为。《1991 年水工业法》及其 1999 年修订版、《2003 年水法》都规定，水务公司每年可以根据经济发展行情、资本需求等因素而调整水费，年度水费涵盖了水务公司根据法定权力而可以收取的各种费用。为此，水务公司须制定年度收费计划并提交 Ofwat 审批，年度收费计划包含着各类收费项目①、收费条件、费用

① 包括已收费用和已与收费对象签订协议但尚为收取的费用、根据特别法定权力应该征收但尚未收取的费用。

定价、收费时间、付款方式等相关内容，这也是水务公司关于该年度水费及相关条款的正式法律声明。

《1991 年水工业法》143（6A）和 143B 部分赋予 Ofwat 权力，每年对各水务公司的年度收费计划进行监督和审核，检查收费水平是否在 Ofwat 设定的价格限制范围内。为了履行好这项职责，Ofwat 几乎每年度都会对水务公司发布收费原则和收费指南。这些原则和指南包括两大类：一类是通用类，适用于所有水务公司；另一类是根据各水务公司上年度的收费计划完成情况，而分别给予具体的定价指导。此外，Ofwat 还根据水务市场竞争发展的新成就，就新的服务项目的收费水平和方法制定相关的原则及指导意见，这些原则和指导意见也体现在水务公司的年度收费计划中。

《2014 年水法》赋予 Ofwat 新的权力，针对水务公司年度收费计划制定相关规则，各水务公司在制订年度收费计划时必须遵循。2015 年，Ofwat 开始正式制定“收费计划规则”（Charging Scheme Rules），迄今已经发布了三期，包括 2015 年 11 月版本、2016 年 12 月版本、2018 年 6 月版本，分别规范水务公司的 2016—2017 年度收费计划、2017—2018 年度收费计划、2018—2019 年度收费计划。每版收费计划规则都提前一年开始着手准备，就新的变化及相关的治理安排与利益相关者进行广泛的协商。

下面以 2017—2018 年度收费计划规则为例，说明 Ofwat 如何利用规则来监管、框定、约束垄断性水务公司的收费行为。①

第一，明确界定了 Ofwat 在规则中所使用的，以及水务公司在制定收费计划时可能使用的各种概念，相当一部分概念是收费计价的要素。2017/18 年度收费计划规则使用了 10 个重要概念，还特别说明：“本规则所用的词语与《1991 年水工业法》的任何条文均具有相同的含义。”定义是行动的方向，清晰地界定概念是英国水务监管及其他公共事务监管时建章立制的首个步骤。

第二，把确保用户利益置于首要位置。体现在两个方面，一方面要求

---

① 对该案例的陈述，资料来源于：Ofwat，2018，*Charges Scheme Rules*，https://www.ofwat.gov.uk/wp-content/uploads/2018/07/Charges-scheme-rules.pdf。

水务公司在制定收费计划之前，必须采取及时有效的方式咨询水务消费者委员会的意见；另一方面，要求保持用户账单的稳定性，当某类用户账单的名义价值（假设消费水平固定）预计比上年增长5%以上时，水务公司应进行相称的影响评估。

第三，须按要求公开发布年度收费计划相关信息。各水务公司公布收费计划，应在其生效之日的两个月之前，即必须不迟于随即生效的收费年度之前的2月的首个工作日。[①] 收费计划须在水务公司的网站上公布，同时水务公司还应采取其他适当的方式，使利益相关者知晓该计划。

第四，明确提出了水务公司确定年度水费数额的六项原则。包括：对不同类别用户的收费，必须采用一致的原则和方法来计算；收费结构须反映与所提供服务相关的长期成本；对家庭用户的收费标准应固定，以便使计表收费与未计表收费的平均差额能够反映出成本差异和额外的收益；对大小用户的收费差别，只能基于因使用不同的管网资产、不同的峰值特性、不同的服务水平、不同的服务测量准度而导致的成本差异；当大小用户费用差别是基于不同的峰值特征而造成的时，根据这一基础所确定的费用须按适当的峰值要求进行结构调整；确定排污服务费用，须考虑到家庭生活污水、非家庭生活污水、工商业污水、从各种房屋建筑及附属场地排到地面的污水、从高速公路上排到地面的污水等类型所造成的不同的污染负荷。

第五，对年度收费计划中不同类型的费用提出了不同的确定原则或要求，共明确了对四种费用的要求，包括可分摊的费用、未计表费用、排污费用、社会费用（这里指特许排污费）。包括如下规定：一是年度收费计划须允许用户选择支付可分摊的费用，分摊费的类型和金额按照如下原则确定：分摊费应尽可能切实地贴近计表费用，由单人家庭支付的分摊费金额应反映出其实际的用水量。二是含有未计表费用的收费计划，必须清楚地说明确定这些费用的依据。三是对于那些水务公司已知或应知、所排出

① 因收费年度是从每年的4月1日至次年的3月31日计算，此项规定实际上要求提前两个月公布下个年度收费计划。

地面的污水并不进入公共下水道的服务对象，或者能够证明已经明显减少向公共下水道排放污水的服务对象，排污服务收费计划须在反映成本的基础上给予减费，并说明减费的计算方法，如果没有减费，则须说明理由。此外，处理工商业污水的服务费用须以“莫格登公式”（Mogden formula）[①]为计算基础，可选择合理的变量。四是年度收费计划须说明该水务公司是否决定对特定社区群体的排污费给予优惠。这里的特定社区群体是指：其产生排污的物业属于环境大臣根据《2010 年洪水和水管理法》第 43 节规定所签发的指南所涉及的、并且难以全额支付排污费的困难个体。如果决定给予优惠，还应说明符合条件的对象如何申请优惠。

第六，年度收费计划应说明付款时间和方式，且为用户提供合理的选择方案。

第七，年度收费计划的信息质量。各水务公司向 Ofwat 提交年度收费计划时，应同时提供一份出自其董事会的保证声明，保证信息真实准确、符合要求。

除了对年度收费实施监管之外，近年来对议价行为的监管也成为 Ofwat 的重要工作。随着 2017 年 4 月 1 日对零售市场的全面放开及其他形式的新市场的出现，新增的各类收费如批发费、大宗供应费、新连接费等是可以通过利益相关者协商谈判来确定的。这些新的收费行为，也须置在 Ofwat 的规制和监督之下。因此，对议价行为的监管对象，不但包括 18 个垄断性水务公司，而且也包括新授权的提供零售服务的水务公司。[②] 不过，对不同类型的水务公司，Ofwat 的要求略有不同。

目前，Ofwat 对水务公司的水价监管已经按照不同类型的服务分别进行。以批发价监管为例，垄断性水务公司都对用水大户采用了批量购买打折的办法，即实行阶梯式两部制水价，这样对于用水大户的合理用水量能够给予一定优惠，有利于水价政策的执行，同时对于一些恶意浪费水的现象又能够给予惩罚。但是从 2017 年 4 月 1 日起，垄断性水务公司必须按照

① 英国计算污水处理费的基本公式。

② 通常它们被称作“新受命者”（New Appointees）或新进入者。

Ofwat 制定的新的批发收费规则确定收费水平。这项规则制定于 2016 年 11 月，要求各垄断性水务公司在确定批发费用时履行如下职责：向零售商公开发布其应支付的批发费用；根据 Ofwat 设置的最低服务列表，发布相关批发费用或者计算此类费用的方法；发布日期应在实施收费之前的 9—11 周；各项收费应清晰列示，公布在其网站上。这种细致入微又透明的规定，严格地保证了水务市场上各类用户的利益以及市场秩序。

3. 价格监管的成效

自 1989 年以来，经过六个周期的价格评审实践，水价监管机制运行的成效明显。从总的趋势看，英格兰和威尔士地区的水价一直处于上涨态势（参见表 6－7）。

表 6－7　1990—2020 年英格兰和威尔士地区水价限制情况

单位：%

水价评审	1990/1995	1995/2000	2000/2005	2005/2010	2010/2015	2015/2020
供排水公司	5.0	1.4	－2.0	4.3	0.5	－6.1
只供水公司	6.1	0.4	－2.8	3.1	0.3	－6.6
水工业行业	5.2	1.3	－2.1	4.2	0.5	－5.0

资料来源：根据 Ofwat 各价格评审最终决定中的数据整理而得。

表 6－7 显示，六个周期中有四个周期的价格处于上调状态，两个处于下调状态。

私有化和市场化时代的水价，必然高于国有化时代的水价。例如，1981 年水价平均每吨为 20.1 便士，1989 年为 35 便士，8 年内上涨约 74%。1990 年到 2000 年，水价更是一直呈上涨趋势。尽管如此，许多水务公司依然负债累累，原因是用于改善和更新陈旧的供排水管网系统，需要巨大投资。因此在第三个价格周期，水务公司依然纷纷要求上调水价，提出了平均每年以 3.8% 的上涨比率。但是，Ofwat 为了用户的利益，要求下降水价，从而逆转了自 1989 年私有化以后的上升趋势。然而，这又导致水务公司的财政困难。为了使企业筹集到资金，用于基础设施投资，Ofwat 在 2005—2010 年、2010—2015 年两个评审周期又上调了水价。水价的上涨，意味着消费者的负担也相应增加。根据《镜报》的报道，英格兰和威尔士自水务私有化以来，居民水费增长超过 200%。[①] 而《卫报》则宣布，家庭用户每年水费平均突破 400 英镑，有 1/5 的英国人在水费账单中挣扎。[②]

另一方面，水价上涨对于行业发展而言是有利的。私有化后，英格兰和威尔士地区对水务基础设施的投资几乎全部依赖于水务企业的资本，政府基本上不再对水务基础设施进行投入，财政补贴主要转移到水资源和水环境的监管项目上。随着水价的上涨，水务公司用于改善服务水平、建设水务基础设施的投资也迅速增长。1989 年迄今，水务公司用以改善基础设施和水质、保护水资源环境、提高服务水平的投资已经超过 1300 亿英镑；到 2020 年底，投资额将再增加 44 亿英镑左右。[③] 在水务公司的投资中，大约有 1/3—1/2 来自消费者所交纳的水费。同时，其技术业绩和财务业绩也在提高，目前水务公司的投资回报率平均约为 6%。与别的行业相比，回报率很低，但却有着风险小、无竞争的优势。不过，也有观点认为，自私有化以来，英格兰和威尔士地区水工业行业全要素生产率增长并没有得到改善，总的价格业绩指数表明产出价格的上涨超过了投入成本的增加，这主要是自私有化以来所发生的经济利润增加所造成的。[④]

事实上，对于英格兰和威尔士的水价监管成效，需要同时从三个方面的受益情况加以考量，即政府、私人水务企业和广大普通消费者。对于政府来说，重要的是它给政府减轻了多少财政上的负担及政府因此获得了多少收入。水务私有化后，政府对英格兰和威尔士水务产业的补贴取消了，而税收大幅度增长。对于私人经营者来说，其营利情况是最重要的考察指标；对于普通消费者来说，优秀的服务质量与合理的价格水平、更多的服务创新，以及选择供应商的权利等，都是新的经营和监管体制应该带来的结果。此外，这种新的制度还应该在其他社会效益方面有所收获，如水务

① *Daily Mirror*, 26 Apr. 2013.

② *The Guardian*, 12 Dec. 2013.

③ Ofwat, 2014, *Setting Price Controls for* 2015/2020 – *Overview*. https://www.ofwat.gov.uk/wp-content/uploads/2015/10/det_pr20141212final.pdf.

④ D. S. Saal, D. Parker, 2001, "Productivity and Price Performance in the Privatized Water and Sewerage Companies of England and Wales", *Journal of Regulatory Economics*, Vol. 20, No. 1.

基础设施的建设、水资源的保护和可持续发展、水务产业的就业人口及其福利水平、英国水务产业在国际市场上的扩张等。从总体上考察，这些状况是良好的。

四 小结

经济监管的任务是对市场价格、企业的进入和退出、垄断与竞争、投资与兼并、企业财务会计等方面的经济活动进行限制或约束。其中，价格机制是市场机制中的基本机制。在充分竞争的市场上，价格的形成和运行取决于供求关系及其相互约束。而在水务市场上，水价则因其作为公用事业的公益性而受政府制约。目前英格兰和威尔士的水务市场存在两种价格机制，一是针对区域垄断性水务公司的周期性价格评审机制；二是在开放竞争的零售市场上，区域垄断性水务公司与新进入市场的提供零售服务或大用户服务的水务公司之间的议价机制。前者涉及垄断性市场的监管；后者涉及对竞争性价格的监管。在这两种机制运行过程中，政府充分发挥了宏观调控和微观监管的作用，一方面提供指导，确定定价原则和要素，维护多方共赢的格局；另一方面对区域垄断性水务公司的具体收费行为进行执法监督。

在英格兰和威尔士水务私有化后，政府对垄断性水务公司的监管重点，在于其治理结构和水价。为此，政府推行适度监管理念，实行激励监管，形成了一个“私营水务价格有效控制的英国样本”①。激励性监管本来就是英国政府管理公用事业的传统，在新的时代条件下又获得了新生。激励性监管理念突出地表现在价格上限监管制度安排上，因为对价格的调控是政府对水务实施经济监管的核心任务。一方面，政府引入目标成本和利润的概念，在一定程度上克服了自然垄断行业由于市场竞争缺位或不足而带来的不合理垄断利润问题，保护了消费者的利益；另一方面，由于最高限价的计算基础是目标成本和利润，如果企业的实际经营效率超过政府制

① 李俊辰：《私营水务价格有效控制的英国样本》，《长三角》2009 年第 8 期。

定的目标，就能够获得超过最高限价隐含的投资回报，实现股东价值的最大化。因此，最高限价制度依据成本、产出、投资回报及服务水平设定价格上限，兼顾了供需双方的利益和市场运行情况，既包含了对企业的激励因素，又保护着用户的合法权益，体现出公用事业的基础性和福利性，更重要的是，它使监管机构超然于具体事务之外。

第七章　经济性监管：促进和规范市场竞争

本章重点叙述英格兰和威尔士水务私有化以后市场竞争制度持续发展的进程。以 1989、2003、2014 年的三部《水法》为分界线，将之区分为如下三个阶段：1989—2002、2003—2013、2014 年以来。在每个阶段，Defra 及其执行机构 Ofwat 都努力创新，培育和促进水务市场竞争。本章系统分析了这些促进竞争的机制和措施、竞争发展的成效和问题。

一　有限竞争：1989—2002 年

（一）竞争的始点：法律和政策基础

在 20 世纪 80 年代末、90 年代初，有如下三部法律奠定了英格兰和威尔士水务市场化的初始格局：《1989 年水法》《1991 年水工业法》和《1992 年竞争和服务（公用事业）法》。

《1989 年水法》造就的是以流域为基础的股份制水务企业和区域性垄断市场结构，并赋予区域垄断性水务公司批发商的地位和权利，这在实质性和程序性两个方面为水务市场的开放奠定了基础。例如，《1989 年水法》解释了水务市场上的“新授权和变更许可”（New Appointments and Variations，NAV）的内涵和条件，允许新的企业进入水务市场，也允许已进入的企业变更业务范围；专辟“有关竞争的规定”一节，论述了 Ofwat 总监在保护、规范和促进竞争方面的职能；对供水服务中的“大宗供应”

（Bulk Supply）业务开展的条件、使用和连接公共管道、铺设新管道、批发业务的标准及插入竞争业务等，都做出了具体规定。这是在基本法层面对水务市场竞争的最早规定。在此法保障下，不但区域垄断性水务公司之间可以相互插入竞争，而且为更多的中小企业提供了进入水务市场的机会。

《1991 年水工业法》对于培育和促进水务市场竞争的意义，主要体现在：它维持了区域垄断性水务公司的批发商地位和插入竞争制度，尤其清晰地界定了承办零售业务的性质、条件、服务对象，为下游服务开展竞争提供了相应的制度安排。它规定了两种类型的零售业务许可证，即“零售授权”（Retail Authorisation）和“补充授权”（Supplementary Authorisation），两者在本质上都是通过零售渠道向用户供应自来水。所谓“零售授权”，是指被授权者使用某个“现任水务公司”[①] 的供水系统，为自己的用户[②]供水。也就是说，“零售授权”允许被授权者从某个区域垄断性水务公司那里批发自来水，然后再零售给自己的客户。仅拥有“零售授权”的公司，只能持有“零售许可证”（Retail Licence）。所谓“补充授权”，是指在已经赋予某公司“零售许可证”的前提下，再额外授权其将水引入某个现任公司的供水系统，借此向其“零售授权”条件下获得的客户提供任何特殊的供水业务。获得了“补充授权”的公司所持的许可证，被称为“组合许可证”（Combined Licence）。

至于承办零售业务的资格，该法只授权了两种类型的公司。“只有有限责任公司或法定供水公司，才有资格被委任为供水服务承办商；只有有限责任公司，才有资格被委任为排污服务承办商”[③]。这就是说，只允许有限责任公司和法定供水公司可以申请进入、使用某个区域垄断性水务公司的供水系统，向自己的用户提供供水服务，从而在终端服务的“生产”环

---

① 指拥有自来水批发权的区域垄断性水务公司。在竞争性市场上，它们通常被称作“现任水务公司”（Incumbent Water Company）。本章以下出现的“现任水务公司”或“现任公司”的概念，即是指区域垄断性水务公司。

② 这里指的是商业用户，包括各类企业、公共部门组织和慈善组织。

③ Water Act 1989. 12（5）；Water Industry Act 1991. 17G，17H.

节与现任水务公司进行竞争。有权力授命水服务承办商的主体是环境大臣和 Ofwat 总监，其中 Ofwat 总监必须经英国环境大臣同意或者按照环境大臣给予的一般授权，才能任命英格兰和威尔士任一地方的供水或排污服务的承办商。①

此后，英国议会制定的《1992 年竞争和服务（公用事业）法》《1999 年水工业法》《2002 年企业法》《2003 年水法》和《2014 年水法》等基本法律，虽然在不同的方面对《1989 年水法》《1991 年水工业法》进行了程度不同的修改和完善，但都延续并继续完善了上述有关水务竞争的基本制度框架。

其中，《1992 年竞争和服务（公用事业）法》旨在全面推动公用事业领域的竞争发展。在水务领域，该法对水务企业兼并、插入竞争、家庭用户服务、授权变更、与公共供水总管或公共下水道的新连接及使用、大宗供水、在其他水务公司作业区内铺设管道等业务环节上可能存在的竞争，都进行了比较细致的规定，从而增加了供水和排污服务行业有限的竞争机会。例如，它明确规定：水务企业可以在毗邻地带为争取家庭用户而展开竞争；为插入竞争增设了条件，即：在由某个现任水务公司所拥有的、年度供水和污水处理量超过 2. 5 亿升的服务区内，允许其他水务公司或新的水务公司插入经营并承担法定责任义务。② 此外，该法还强化了 Ofwat 解决市场争议的权力。

为了落实上述三部基本立法有关发展水务市场竞争的规定，Defra 及其他相关政府职能部门着手进行政策倡导和推动，此时期发布的相关政策主要包括：《水工业竞争：插入授权及其监管》（Competition in the Water Industry：Inset Appointment and Their Regulation，1995）、《促进水工业竞争》（Increasing Competition in the Water Induatry，1996）、《水：增进客户的选择》（Water：Increasing Customer Chioce，1996），这些文件一般是白皮书或咨询报告，但实际起到了政策导向的作用，它们旨在通过多项制度组合以

① Water Act 1989. 11（1）（a）（b）；Water Industry Act 1991. 6（1）（a）（b）.
② Competition and Service（Utilities）Act 1992. 39 – 47.

最大限度地引入竞争机制，促进英格兰和威尔士水务市场发展。

这些政策与基本立法相互促进，到20世纪90年代末和21世纪初再次形成了一个制度创新的高峰。例如，为了给市场竞争保驾护航，《1998年竞争法》明确禁止企业相互之间签订任何妨碍、限制或歪曲竞争的协议，禁止任何滥用市场垄断地位的行为，排除了部长级会议对于竞争问题的影响；授予Ofwat总监与公平贸易委员会总监共享对水务公司的执法权，同时Ofwat总监还拥有在英格兰和威尔士执行《欧盟竞争法》（European Union Competition Law）中有关水务竞争的权力；成立竞争委员会，取代了垄断和兼并委员会。《2002年企业法》则对竞争委员会有关水务企业兼并时必须参照的某些规定进行了修改，如将限制水务企业兼并的审核标准由先前的“以广泛公共利益为基础”，修改为新的“以竞争为基础”；同时取消了公平贸易委员会总监职位，将其职权、责任、资产移交给公平贸易办公室，把公平贸易办公室定位为法人机构，使其拥有了独立的法人资格和监管权力，赋予公平贸易办公室和竞争委员会更多的责任；设立竞争上诉法庭，承接了原竞争委员会上诉法庭的功能，同时还赋予了一些新职责。

（二）竞争机制的初步形成

上述法律、政策为水务市场的初期发展提供了强大的制度背景，从中发展出如下几种重要的、已经付诸实践的竞争机制，并主导着最近30年来英国水务市场竞争发展的方向。

1. 比较竞争

比较竞争主要发生在区域垄断性水务公司之间，是指Ofwat建立的一套通过比较水务企业的绩效来分别对其进行最高限价的激励机制。绩效比较的核心是垄断性水务企业的运营成本，焦点在于企业绩效与其最高限价水平直接相关，Ofwat通过对最高限价的调整来完成对企业的成本—绩效比较。这对于降低企业的运营成本、提高企业内部效率、提高服务质量，具有一定的激励作用。而且这种比较竞争机制是英格兰和威尔士地区水务监管的重点，原因就在于区域垄断性水务公司才是水务市场的重心。[①]

自1989年私有化迄今，比较竞争机制一直发挥着作用，它体现在Ofwat的垄断监管框架中，更体现在区域垄断性水务公司的发展战略上。几十年来，为了应对市场的挑战，垄断性水务公司竞相进行战略创新，促进自身发展。例如，采取多样化战略，在进行“厂网合一”的垂直一体化经营的情况下，或插入竞争、进入其他水务公司地盘内提供有限的服务，或兼并收购其他水务企业，或向没有管制的领域和其他产业部门扩张。再如，采取垂直分离战略，把受到管制的业务分离出去，集中于未受到管制的业务，甚至采取进入国际市场的战略，等等。[②]

2. 合同外包

这是一个弥久常新的竞争机制，广泛地应用于绝大多数公共服务领域中。在水务领域，实施合同外包的手段，通常是通过最大限度地分拆水务产业链上的业务并对可竞争性业务进行外包，从而促进竞争的发展，降低成本，提高效率和服务质量。可见，合同外包建立在广泛的市场细分的前提下，例如水务公司将一些传统的业务细分，包括为水务企业提供基本设备、管道铺设和更新等工程服务、废水处理基础设施管理、污泥处理基础设施管理、饮用水的生产和分配、与客户相关的服务（计费、抄表、客户咨询和投诉、节水知识普及）等，然后分别外包出去，[③] 这些环节因此而普遍存在着竞争和活力，从而有利于企业内部效率和社会分配效率的提高。尽管私有化之初，合同外包的规模不大，但自20世纪90年代中期之后成为水务领域业务竞争和发展的关键。

3. 边界授权

所谓边界授权（Boundary Appointments），指以流域、区域为基础的垄断性水务公司在毗邻地带开展的竞争，竞争的目标是靠近自己作业区边界

---

① 因此，比较竞争的发展及Ofwat对比较竞争的监管，实质上就是对区域垄断性水务公司的监管。部分内容在上一章已经分析，本章不再重复。

② 周小梅：《论自来水产业的市场结构重组及其管制政策》，《工业技术经济》2007年第10期。

③ C. Cabodi, 2002, “Europe: Outsourcing Potential in the Municipal Water and Wastewater Sector”, *WaterWorld*, 4 Nov. 2002.

的其他水务公司的客户。也即各区域垄断性水务公司通过为靠近自己边界区的其他水务公司的客户提供服务，从而在事实上形成与其他水务公司的竞争关系。对于这种类似“挖墙脚”的做法，政府显然是支持的。

关于水务企业在毗邻地带开展竞争的政策倡议，集中出现在 20 世纪 90 年代。毗邻地带的竞争，最初是为了争取家庭用户。后来在 1996 年，Defra 在《水：增进用户选择》这份咨询报告中建议，把竞争对象扩大到工业、商业和农业等非家庭用户。应该说，这种竞争关系对于用户而言具有积极的意义，因为这为用户提供了更多的选择机会，同时也促使水务公司努力提高服务水平。Ofwat 在进行此类授权时，通常也是为了促进水工业的新发展，保障用户的利益。

不过，在这种竞争关系下，水务市场上并没有产生新的“进入者”或第三方竞争者。对于欲争取对方客户的企业而言，需要建造新的管道以便向已经连接到原水务公司管网的客户供水，如此则会造成原来的管网设施的浪费以及新管网的重复建设。[①] 因此，Ofwat 在进行此类授权时，必须制定恰当的准入价格和条件，以避免管道建设出现不经济重复问题。

4. 插入授权

所谓插入授权（Inset Appointments），即授权某个水务公司插入其他水务公司的作业区内进行业务运营，从而形成市场竞争关系，因此被称作“插入竞争”或“插入经营”。具体而言，这种授权方式允许某个水务公司在其他水务公司作业区的特定范围内，通过插管接入的方式为用户提供供水服务或排污处理服务，插入经营者可以使用自己的资源，也可以请求使用被插入企业的资产。

Ofwat 于 1995 年发布的《水工业竞争：插入授权及其监管》（Competition in the Water Industry：Inset Appointment and Their Regulation）详细地规定了“插入经营”的条件和规则，包括：必须以经济、高效的方式开展经营活动；必须具有履行其职责的管理能力和财务能力；必须保证维护用户

---

① P. Scott，2012. *Competition in Water Supply*，CRI Occasional Paper 18，University of Bath. http://www.bath.ac.uk/management/cri/pubpdf/Occasional_Papers/18_Scott.pdf.

的利益。如果某个企业申请从事插入经营，必须同时符合这三个条件，才有可能得到 Ofwat 的批准。2000 年 Defra 专门颁布了《供水和排污服务承办商（插入授权）条例》，对《1991 年水工业法》规定的插入竞争的条件作了调整，规定：在英格兰，拟插入经营区域的大用户每年度的用水量不得少于 1 亿升；在威尔士，则不得少于 2.5 亿升。① 由于插入授权的门槛较高，插入经营的竞争者多数是实力雄厚的水务公司。

无论是边界授权，还是插入授权，都在一定程度上打破了垄断性供应商的垄断地位，是政府推动英格兰和威尔士水务市场竞争发展的初期举措。其中，插入授权曾经火热一时。从 1997 年到 2002 年，Ofwat 共接受了 11 个插入申请，其中获得插入授权的水务公司一共有 6 个；2004 年又增加了 1 个，② 被允许插入经营的业务大多是供水服务，而被插入的水务公司是 24 个。③

插入授权是一种适度的竞争，但由于机会有限、授权过程烦琐费时，因此整体看来，新的竞争者极少，主要是区域垄断性水务公司之间相互插入。不过，插入授权政策至少产生了两个效果：一是使消费者拥有了对水务企业的选择权，促使水务企业为争取更多的用户而在价格、水质和服务质量等方面展开竞争，从而在一定程度上打破了水务行业地区性垄断经营的格局；二是促使水务企业采取“大用户收费”（Large User Tariffs）办法，使大用户能够享受一定的折扣。

5. 利用基本设施

这里的基本设施，指的是公共管道。所谓“利用基本设施”（Access to Essential Facilities），就是指水务公司之间相互使用供排水和污水处理管道。能够相互进入供排水管网基本设施，是插入经营的一个前提，虽然插入经营者也可以建设新的管道。Defra 于 1996 年发布的《水：增进用户选

---

① *The Water and Sewerage Undertakers* (*Inset Appointments*) *Regulations* 2000, http://www.legislation.gov.uk/uksi/2000/1842/contents/made.

② Ofwat, 2018, *Register of New Appointments and Variations Granted to Date*, https://www.ofwat.gov.uk/publication/register-of-new-appointments-and-variations-granted-to-date/.

③ 通常被插入的公司，都是根据《1989 年水法》和《1991 年水工业法》规定授权的区域垄断性法定水务公司，在插入竞争的条件下，它们就是被插入区域的“现任水务公司”。

择》中曾讨论了公共管道使用问题，提出如下建议：新的水务企业应该有权使用现有水务公司的管道网络，以降低成本并避免重复建设所造成的资源浪费；现有企业有权利和新企业就使用管道网络的详细条件、管道使用费和管道连接办法、供水数量和计量办法等签订协议；如果协议不能够达成，Ofwat有权力做出仲裁，此外还有权力就可能引发供水中断的公共管道使用协议、水质、渗漏等问题进行干预。这些建议所体现的原则，被《1998年竞争法》吸纳。在该法的精神指导下，水务公司可以利用由现任水务公司所拥有并运营的管网向终端用户供水，而且还可以在这一环节以协议方式开展竞争。这意味着，现有公共管网的所有者须允许第三方进入其基本设施，由此打破了供水主管道被大型水务公司垄断的格局。

但是，上述竞争机制的发育和初步发展的实际情况，远远没有达到政府对于市场开放的预期，如现任水务公司既不愿意让新的水务公司进入自己的区域，也不愿意让他们进入自己的管道。因此还需要新的合理且恰当的激励措施，焦点在于使现任水务公司有动力欢迎竞争，同时还要使进入市场的条件和价格既不能过高，也不能过低，过高则会阻止这一价值链上的其他部分的竞争，过低就可能会导致低效率的竞争。2000—2002年，英国内阁相关部门连续发布了三份文件，即《水工业竞争》（Competition in the Water Industry, 2000）①、《世界级的竞争制度》（A World Class Competition Regime, 2001）②、《扩大英格兰和威尔士水工业竞争的机会》（Extending Opportunities for Competition in the Water Industry in England and Wales, 2002），提出了促进竞争的新建议。其中重要的举措是：开放供水市场，支持新进入者，明确新进入者拥有向其客户供水的权利；明确新进入者的批发售卖权利，即从垄断性水务企业“批发”自来水、再零售给它自己的客户的权利。紧接着，英国议会修改了《1989年水法》，出台了《2003年水法》，Defra的建议被新的水法采纳。

---

① 该政策是由当时的环境、交通和地区部（Department for Environment, Transport and the Regions）制定发布。

② 该白皮书由当时的贸工部（Department of Trade and Industry）制定发布，其中提出的意见被《2002年企业法》接受。

二 扩大的竞争：2003—2013年

在《2003年水法》的保障下，已经存在的竞争机制得以延续并获得了新的发展，而且出现了新的竞争方式。自2003—2014年水法再次修改之前的十年间，除了坚持不懈地通过成本-绩效比较竞争机制激励行业发展之外，还持续或新发展出如下几种促进竞争的途径或方式，即：供水许可证制度（Water Supply Licences，WSL）；新的授权与变更制度（以下简称NAV）；“自铺”（Self-lay）管道制度；跨界供应制度（Cross-border Supplies）；私人供应（Private Supplies）等。[①]

（一）WSL制度的建立

《2003年水法》改变了经济监管的法人结构，要求Ofwat通过促进有效的竞争来保护消费者权益，并建立一个新的供水许可证（即WSL）制度框架。WSL制度正是根据《2003年水法》规定、在2005年正式开始实施的新的竞争方式，仅在零售市场对非家庭用户开放。WSL是进入英格兰和威尔士水务零售市场的门票，它不仅仅是一张特许经营许可文书，也不仅仅代表水务公司获得了在该两个地区经营业务的资格，而且在本质上更是一种契约，详细地约束了监管者与水务公司的关系，规定了双方的权利义务和工作程序，其中工作程序更是为双方提供了一套解决问题的方法。Ofwat负责审查、确定WSL申请者所具有的财政、技术及管理资源等资格条件。

1. WSL的条件和类别

根据《2003年水法》的规定，从2005年11月起，在英格兰和威尔士地区，年用水量至少为5000万升以上的非家庭用户可以有两个选择：或者从他们现任的水务公司那里继续购买用水，或者从新的WSL持有者那里购

① Ofwat，Defra，2006，*The Development of the Water Industry in England and Wales*，https://www.ofwat.gov.uk/wp-content/uploads/2015/11/rpt_com_devwatindust270106.pdf. Ofwat不负责对私人供应实施监管。

买用水。这意味着，该行业的竞争范围又有所扩大。当时符合条件的、受惠于这一措施的大用户大约有2200个，他们每年用于支付买水的费用大约为2亿英镑。①

《2003年水法》还明确了《1989年水法》《1991年水工业法》规定的两种零售授权的操作办法，从而可以使这些规定真正付诸实施。这些办法包括：符合条件的企业可以申请零售许可证，同时也可以申请组合许可证；许可证持有者还可以申请更改牌照，如零售许可证持有者可以再申请组合许可证，组合许可证持有者可以申请变更、重新成为零售许可证持有者；在批准组合许可证之前，英国环境大臣应先向英国议会咨询，或者Ofwat应先征求英国环境大臣和英国议会的意见。

为了在执行过程中更有操作性，《2003年水法》还赋予Defra、威尔士议会及其政府、Ofwat等相关部门和机构制定二级立法和法定指导的权力，以保证上述基本法律框架得以运作。正是借此权力，Ofwat又把上述两种许可证细化为“只零售许可证”（Retail Only Licence）和“组合供水许可证”（Combined Water Supply licence）。前者仅允许持证者提供零售服务，包括供水及所有面向客户的其他服务，如计费、抄表、收费、咨询等；后者可以提供零售服务，也可以提供若干上游服务，这显然突破了早期有关零售业务只限定在供水服务领域的制约。

在WSL制度下，有关零售业务的授权又按照地区和业务类型被细分为如下三种：

第一种是在英格兰地区提供供水服务的零售授权。持有这种授权书的公司可以使用某个全部业务或主要业务在英格兰的现任水务公司的供水系统，向三类服务对象提供供水服务。这三类服务对象包括：该现任水务公司的商业用户、与零售许可证持有者相关联的用户、零售许可证持有者本身。

第二种是在威尔士地区提供供水服务的零售授权，被称为“限制性零售授权”（Restricted Retail Authorisation）。获得限制性零售授权的公司可以

---

① Ofwat, Defra, 2006, *The Development of the Water Industry in England and Wales*, https://www.ofwat.gov.uk/wp-content/uploads/2015/11/rpt_com_devwatindust270106.pdf.

使用某个全部业务或主要业务在威尔士的现任水务公司的供水系统，仅向该现任水务公司的商业用户供水。

第三种是在英格兰地区提供排污处理服务的零售授权。获得这种授权的公司持有排污处理许可证（Sewerage Licence，SL），可以使用某个全部业务或主要业务在英格兰的现任水务公司的排污系统，向如下三类对象提供排污处理服务：该现任水务公司的用户、与 SL 持有者相关联的用户、SL 持有者本身。

Ofwat 宣布，从 2005 年 8 月 1 日起开始受理申请，从 2005 年 12 月 1 日起新的 WSL 正式生效，WSL 持有者即成为英格兰和威尔士供水市场上的新的进入者。

2. WSL 申请

（1）进入规则。进入规则由各个现任水务公司为迎接新进入者而制定。根据 WSL 制度，现有的区域垄断性水务公司根据原有的授权文件继续运作，但 Ofwat 可以根据《2003 年水法》中的竞争条款，对其中一些授权条件进行必要的修改。Ofwat 的新规就是，这些公司有责任以合理的条件允许新的 WSL 持有者进入其供水系统。这是零售市场得以运转的首个环节。

为了指导现任水务公司开放自己的系统，Ofwat 于 2004 年 10 月拟订了《进入规则指南》（Access Code Guidance）草案，广泛地向利益相关者征求意见，并于 2005 年 1 月和 3 月收到反馈，于 2005 年 6 月正式发布，该指南列明了进入水务零售市场的价格条件及非价格条件。根据该指南，拥有批发权的水务公司须于 2005 年 8 月之前公布各自制订的“进入规则”，其中须列明有关新进入者进入该公司供水系统的各种条件，包括价格及非价格条件，这些条件既包括 Ofwat 制定的通用标准和规范，也包括特定的地方性要求。①

（2）许可证申请。2005 年，Defra 制定颁发了《供水许可证（申请）条例》（The Water Supply Licence〔Application〕Regulations，2005）、《供水

---

① Ofwat，2005，*Annual Report* 2004/2005，https://www.ofwat.gov.uk/publication/annual-report-2004-05/.

许可证（新客户除外）条例》（The Water Supply Licence〔New Customer Exception〕Regulations, 2005）、《供水许可证（给排水配件要求规定）条例》（The Water Supply Licence〔Prescribed Water Fittings Requirements〕Regulations, 2005）、《供水许可证（标准条件修改）令》（The Water Supply Licence〔Modification of Standard Conditions〕Order, 2005）四项法规法令，内容包括申请 WSL 的资格和标准条件、管道接入的规则、市场进入的守则、供水战略指导、客户转让协议等。Ofwat 根据这些条例和命令，同年制定发布了《供水许可证申请指南》。该指南是一个法定指引，内容十分详细，对申请 WSL（包括申请零售许可证和组合许可证及其变更）的程序、申请形式和方式、申请资料和文件提交、申请条件，以及对条件进行审查的原则、申请费用、申请异议及其解决方法等进行了说明。Ofwat 根据这些既定规程，对申请者资质进行审查评估，这一环节又包括两大步骤，即申请者提交申请资料和 Ofwat 审查评估资料。

申请者需要提交的申请材料主要包括三方面内容：一是基本信息，包括作为申请者的公司注册名称、编号和办公室所在地，公司法人结构，公司与现任水务公司的关系详情，负责处理申请事务的联系人姓名、职位、电话、传真号码及电子邮件地址，申请类型[①]以及所期望的生效日期，公司董事、常务董事或首席执行官的姓名地址、是否犯罪的记录及其是否为符合《公司法》目的的合适人选的声明、是否曾在已被吊销供水许可证的公司担任过董事或经理的声明，公司是否有法人犯罪或者损害其母公司、控股公司或联营公司的犯罪记录；二是资金稳定及管理能力的证明材料，包括两项，即三年以上经审核的法定账目及年报、业务计划及验证附件；三是技术能力证明材料，属于《1991 年水工业法》《供水（水质）条例》《供水（给排水配件）条例》等规定的技术要求，以及饮用水督察署的相关指南所规定的技术要求，因申请类型而有不同。

Ofwat 在审查申请者是否适宜持有 WSL 时，也是根据上述三方面内容，按照如下标准评估：一是公司基本情况审核。焦点在于该公司的申请以前

---

① 即零售许可证、组合许可证或者两者间的变更。

是否被拒绝过、该公司是否被吊销过执照，以及其董事经理是否与曾被拒绝申请或吊销执照的公司有过关联。如果申请者存在这些情况，Ofwat 将会十分慎重。此外，Ofwat 还会审查该公司是否是《公司法》意义上的有限责任公司、是否缴纳申请费、是否与现任水务公司存在着关联等情况。[①]二是公司的资金及管理能力审核。审核的要点包括如下内容：该公司是否拥有支持其实施业务计划的足够的财政资源，以及在未来筹集新资金的能力；是否对《1991 年水工业法》所规定的义务如保险、安全措施等作出财务安排；是否具备履行其职责的必需的技能、资格和经验；是否对持证公司的职责（包括《1991 年水工业法》规定的持证公司的职责，供水许可证的标准条件，作为供水商所涉及的安全议题，与之合作的水务公司的运作标准）有充分的了解和理解；业务系统和程序安排是否与公司的职责相一致；是否就紧急情况、困难客户的具体情况与相关水务公司进行交流沟通；是否同意 Ofwat 提出的特定的许可条件等。此外，申请者还必须具有担保机构，而且担保机构也必须拥有相应的专业知识。Ofwat 根据这些要点，判断申请者对相关法律架构和企业责任的认识以及匹配能力。三是技术能力。这涉及未来供水过程中对环境和水质的影响，因此由 Ofwat 和环境署、饮用水督察署共同审核。

3. WSL 制度初期的问题及改进

在实施 WSL 竞争制度的初期，推进过程比较缓慢。为此，Defra 于 2005 年 2 月对《2000 年供水和排污服务承办商（插入授权）条例》进行了修改，规定了新的插入经营条件，包括三项：第一，用户用水量。在英格兰地区，用户年度用水至少达 5000 万升；在威尔士地区，用户年度用水则至少达 2.5 亿升；第二，作业地点是现任水务公司尚没有提供服务的；第三，现任水务公司同意插入。插入经营须满足上述三项条件中的一项。

新条件于 2005 年 4 月 1 日开始生效。与 2000 年的条例相比，2005 年条例的新变化是，把在英格兰地区实施插入经营的门槛降低了，即把大用

① 在符合其他条件的情况下，如果申请者与十大区域垄断性水务公司存有某些业务关联，在申请时相对具有优势。

户年度用水量从 1 亿升减少到 5000 万升。为了推动新市场的发展，Ofwat 宣布它不会容忍任何有意拖延或阻挠新制度的行为，但一些企业还是显示了对新制度的不理解。仅在 2005 年 4 月 1 日至 2006 年 3 月 31 日之前，Ofwat 就收到了 100 多份对新的 WSL 制度及其他有关竞争问题的投诉和询问。[①] 对此，Ofwat 甚是不满，写信给英格兰和威尔士的每个水务公司，批评它们启动行业竞争的速度太慢，“让人失望”[②]。

2006 年 9 月，Ofwat 发布了第三版《进入规则指南》。其中不但列出了各垄断性水务公司在制定其“进入规则”或签订“进入协议”时应该载明的标准规定，而且还有如下新变化：一是把各垄断性水务公司制定和公布其“进入规则”的时限延长了一个月；二是简化了申请过程，大幅降低新的 WSL 持有者向拟进入其供水系统的企业所缴纳的申请费，并设定了申请费的最高限额。随即，Ofwat 对市场竞争的状况进行了一项内部调查和评估，调查内容包括 WSL、插入授权和自铺管道市场的进展情况。调查结果发现，WSL 不但进展依然缓慢，而且在目前的体制下不可能蓬勃发展。原因主要是：用户年度用水量至少达 5000 万升的准入门槛依然过高，而且并没有用户改变其供应商，准入价格计算所遵循的成本原则也阻碍了零售竞争。[③]

2008 年 3 月到 2009 年 4 月，英国财政大臣、环境大臣、威尔士环境部长共同委托经济学家马丁·卡维（Martin Cave），对水务市场的竞争和创新总体状况进行了一次独立评估，被称作“卡维评估”（Cave Review）。“卡维评估”发现，大用户之所以不改变其供应商，原因在于：只有大用户所在地方的现任水务公司才能够按照 Ofwat 确定的价格提供最低标准的服务，其他零售商无法做到这一点，大用户也无法同时选择他们所喜欢的服务和价格。因此，“卡维评估”建议，采取循序渐进的方式，从风险报酬率最有利的地方继续进行改革，将商业用户选择服务的门槛控制在切实

---

① Ofwat, 2006, *Annual Report* 2005/2006, https://www.ofwat.gov.uk/publication/annual-report-2005-06/.

② Daily Telegraph. 21 Apr. 2006.

③ Ofwat, 2007, *Annual Report* 2006/2007, https://www.ofwat.gov.uk/publication/annual-report-2006-07/.

可行的范围内，从年用水量至少5000万升降低到500万升，进而降低到100万升，最终允许英格兰和威尔士所有的120万个商业用户可以自由选择供应商；同时，修改零售制度框架，其中重点是成本原则和进入价格。“卡维评估”还预计，通过对WSL制度的进一步改革、零售竞争的深入开展，以及其他并举措施，可能带来25亿英镑的折扣净现值，此外还将产生重要的非货币化利益，包括改善环境成果和提高服务质量水平。[①] 总之，从长远来看，只有重塑竞争才可能推动企业提高效率并提供更好的服务，提升客户的价值。

而现实情况的不乐观，正好为“卡维评估”有关降低商业用户选择门槛的建议提供了佐证。例如，到2010年4月1日之前，Ofwat已经为7家企业颁发了零售供水许可证，其中包括苏格兰水务商业流有限公司，[②] 但是只有1家用户变更了供应商。这意味着，需继续深化WSL制度改革的步伐，改善现有的规则和程序，以协助、鼓励更多的商业用户更换供应商，从而刺激竞争。在这种情况下，“卡维评估”中的建议被英国政府接受。

（二）其他竞争机制的发展及问题

1. 其他竞争机制的新发展

（1）插入授权。《2003年水法》实施后，插入竞争机制得到了更加明确的保障，并且与新的WSL制度并行实施。作为对《2005年供水和排污服务承办商（插入授权）条例》的回应，Ofwat于2006年更新了插入授权指南，还于2007—2008年批准了5个插入授权申请，其中包括2个新公司提交的3个申请，这是首批向家庭用户提供服务的新公司。[③]

---

① M. Cave, 2009, *Independent Review of Competition and Innovation in Water Markets: Final Report*, http://www.defra.gov.uk/environment/water/industry/cavereview.

② 2008年，苏格兰的水务市场化改革也迈出了关键的一步。苏格兰水务商业流有限公司（Scottish Water Business Stream Ltd）也来申请成为英格兰地区的零售供水商，并获得了Ofwat的批准。这是自私有化之后，苏格兰首个获得英格兰零售供水许可证的水务企业，为英格兰和苏格兰两个地区的商业用户提供供水服务。苏格兰的水务改革经验引起Ofwat的关注，后者还开始对之研究和学习。

③ Ofwat, 2008, *Annual Report* 2007/2008, https://www.ofwat.gov.uk/publication/annual-report-2007-08/.

从2009年起，Ofwat用“新的授权与变更”（NAV）这一术语替代了之前的“插入授权”概念。这表明了一个立场，即Ofwat将对水务市场中的先行者与新进者实施无差别待遇，保证它们在一个公平的环境中开展竞争。作为“插入授权”新的发展形式，NAV机制与“插入授权”机制的不同之处在于：在NAV制度下，某个特定区域的新进入者代替了之前的服务提供商，为用户提供供水和排污服务或者只供水服务或者只排污服务，服务对象扩大到家庭用户。Ofwat在落实NAV制度时，对申请者的评估重点是确保用户所享受的新服务不会比前任供应商提供的服务更糟，这是最低的底线。

2007—2014年4月1日之前，Ofwat共核发了43个NAV许可证。相交之下，NAV制度创新了一些有利于用户的服务机制。例如，在22个案例中，有15个NAV许可证持有者为用户在费用上打了折，有19个提供了包括供水、排污、煤气及电力基础设施在内的一揽子公用事业服务，约2万个家庭用户有机会从中受惠。①

不过，一些占据垄断地位的水务公司并不乐意看到这种新的竞争安排。如在2011—2012年间，因Ofwat批准了“独立水网有限公司”（Independent Water Networks Ltd）为伦敦的“国王十字”区域重建项目提供相关水服务的变更申请，泰晤士水务公司对Ofwat的这一决定向市场竞争主管机构提出了申诉。

（2）“自铺”机制。所谓“自铺”，即自行铺设供排水管网，这是为市场的新进入者提供的新机会、新机制，因此也被称作“新管道服务竞争”。新进入者可以自己直接铺建分管道、辅管道，也可以委托承包商铺

---

① Ofwat, 2009, *Annual Report* 2008/2009, https://www.ofwat.gov.uk/publication/annual-report - 2008 - 09/ - 2010; *Annual Report* 2009/2010, https://www.ofwat.gov.uk/publication/annual-report - 2009 - 10/ - 2011; *Annual Reports and Accounts* 2010/2011, https://www.ofwat.gov.uk/publications/annual-reports-and-accounts - 2010 - 11/ - 2012; *Annual Report and Accounts* 2011/2012, https://www.ofwat.gov.uk/publication/annual-report-and-accounts - 2011 - 12/ - 2013; *Annual Report and Accounts* 2012/2013, https://www.ofwat.gov.uk/publication/annual-report-and-accounts - 2012 - 13/ - 2014; *Annual Report and Accounts* 2013/2014, https://www.ofwat.gov.uk/publication/annual-report-and-accounts - 2013 - 14/.

设新的供排水总管及连接用户的分管，而不必由当地垄断性水务公司做这项工作，不过垄断性水务公司对管网的完整性和质量标准也负有责任。在上一个阶段，随着“插入授权”和“进入基本设施”两项制度的实施，“自铺”机制就有了初步发展。根据《1991 年水工业法》51A 有关新管道建设的规定，新兴起一批“自铺组织”（Self-lay Organisations，简称 SLO），专门为新的市场进入者提供管道铺设服务。2002 年，Ofwat 首次就“自铺”管道竞争发布了指导意见，《2003 年水法》正式把“自铺”机制纳入法律框架，在第三部分第 92 节规定了“自铺”机制的框架，规定：水务承办商应同意其他投资人、发展商、承包商或协议对象建造或建议建造用以供水目的的总管道及分管道；水务承办商可以根据协议，在一定时期或一定条件下将该总管道及分管道收归已有。[①] 这意味着，不但“连接市场”（Connections Market）获得了新的发展，而且合同外包制度也获得了新的发展机会。2004 年，Ofwat 成立了“自铺竞争咨询小组”，就“自铺”管道申请、协议和财务安排问题发布了新的指导意见，修改了 2002 年发布的新管道自铺竞争指导意见，保证《2003 年水法》规定的相关制度得到公平执行。[②] 在 2014 年之前，一个专门为新管道建设提供支持的“自铺”机制已经发育成熟。

（3）跨界供应（Cross-border Supplies）。这是“边界供应”机制发展的新形态。根据《2003 年水法》规定，只要家庭用户愿意支付铺设配网的成本，水务公司均有义务为处于其作业区域外的家庭用户提供供水服务。私人下水道和排水渠的拥有者也有类似的权利，可以连接公共下水道。但从 2005 年 12 月 1 日起，根据 WSL 制度规定有权选择供应商的用户，不能适用于这项权利。[③]

（4）合同外包。此时期已经成为水务领域内司空见惯的活动，几乎涉

---

① 在这里，水务承办商指区域垄断性法定水务公司，是插入竞争中的现任水务公司；发展商，主要指地产开发商。

② Ofwat，2006，*Annual Report* 2005/2006，https://www.ofwat.gov.uk/publication/annual-report-2005-06/.

③ Ofwat，Defra，2006，*The Development of the Water Industry in England and Wales*，https://www.ofwat.gov.uk/wp-content/uploads/2015/11/rpt_com_devwatindust270106.pdf.

及行业发展所需的所有事务，如工程设计施工、土木工程、机械和工艺工程、设施翻新和管理、管网维护、IT 系统、实验室服务、研究开发、客户服务等，大大推动了水务市场内外要素的最佳组合。通过开展竞争性招投标活动，实现了服务提供者之间的真正的竞争，水务公司通过货物、工程和服务的竞争性采购，节约了成本、提高了运营效率，甚至能够以优于监管机构提出的效率目标而实现更大赢利，从而为股东提供更高的回报。不过，各水务公司实行合同外包的程度不一，绝大多数水务公司的日常业务并非全部通过外包的方式来运营，而是依然依靠内部的人力资源。但也有少数水务公司几乎把业务完全外包出去，如威尔士水务公司将其运营职能全部委托给外部承包商，公司只保留少量员工负责协调、监督承包商的工作；约克郡水务公司将大部分资本投资业务委托给了外部承包商，将客户服务职能委托给其关联公司。

另外，在此时期，英格兰和威尔士的大型水务公司还将眼光投向了国际市场。一些水务公司以发展国际业务为目的，纷纷分拆业务，建立了相对独立的商业企业。例如，盎格鲁水务、威尔士水务、联合公用事业、泰晤士水务、塞文垂水务、诺森伯兰水务、约克郡水务公司，都在一定程度上参与了国际水务交易，或者将其商业服务销售给外国水务公司，或者投资购买外国水务公司。

2. 市场中的问题及改进倡议

（1）市场中的问题。从总体上看，在这一阶段，虽然市场竞争有了明显的进步和发展，但程度依然有限。突出表现为如下几个方面：

第一，该行业仍然受到高度管制，程序复杂，难以进入；没有把上游服务（包括取水、存储和处理、分送、废水收集和处理）纳入可采购与开发之列。①

第二，有权利选择服务供应商的商业用户和家庭用户依然是少数的。从 2005 年开放市场到 2013 年底，英格兰地区有权切换其水服务供应商的

① J. W. Sawkins, 2001, "The Development of Competition in the English and Welsh Water and Sewerage Industry", *Fiscal Studies*, Vol. 22, No. 2.

商业用户只有2.7万个，竞争性市场依然太小，新的WSL制度的作用依然没有发挥到所期望的水准。而从2006—2011年的六年间，只有一个商业用户更换了供应商；到2013年1月，总共只有4个商业用户更换了供应商。[①]此外，所有商业用户都无权更换排污服务供应商。

第三，苏格兰的改革已经超越了英格兰和威尔士。苏格兰于2008年在确保公有制主导地位的前提下开放水务零售市场，自此以后所有的商业用户都可以自由选择供水和排污服务供应商。到2013年，已经有5%的商业用户更换了供应商，大约50%（大约45000多个）的商业用户已经与其供应商重新谈判了服务条款，并享受到益处。[②] 这对于英格兰和威尔士来说，是个很大的刺激，即：推动竞争的步伐迈得比苏格兰早，但实效上却落在了苏格兰后面。

这些问题说明，之前20余年的水务市场改革成就，与英国政府有关水务发展的愿景，还存在着一定的距离。因而，促使既定的竞争制度有效运转、持续扩大市场开放，依然是个艰巨的任务。

（2）改进倡议和行动

为了克服这些障碍，2011—2013年间，Defra、Ofwat及其他利益相关方提出了如下改进倡议，并采取了一些准备行动：

第一，Ofwat对卡维评估中提及的零售竞争案例进行了再评估，从而能为零售竞争的成本和收益提供了证据。其中有如下预估：在英格兰地区把用户年最小用水量5000万升降低到500万升，这样就能够把有资格更换供应商的商业用户从2200个扩大到2.5万个。[③] 为此，Ofwat修改了进入价格指南，制定了零售业务的通用规则和合同，发布了第三版《供水许可证申请指南》，2012年底还修订了供应商之间转移客户的流程及大宗

① Defra, 2013, *Water Bill-Reform of the Water Industry: Retail Competition*, https://assets.publishing.service.gov.uk/government/uploads/system/uploads/attachment_data/file/259662/pb14068-water-bill-retail-competition.pdf.

② Ibid..

③ Ofwat, 2012, *Annual Report and Accounts* 2011/2012, https://www.ofwat.gov.uk/publication/annual-report-and-accounts-2011-12/.

供应的条件。此外，还与 Defra、威尔士政府、财政部、股东局[①]、英国水协、水务企业的代表等每季度举办一次“市场改革财政论坛”（Market Reform Financing Forum），目的是交流信息，以保持资本市场的信心与支持。[②]

第二，成立了深化水务市场改革的工作小组。2012 年，英国中央政府、威尔士政府、苏格兰政府、Defra、Ofwat、苏格兰水工业委员会、水务消费者委员会（CCWater）、水工业界利益代表组织，及其他利益相关者共同成立了一个“高层小组”（High Level Group），任务是筹备、推进新的零售市场和其他市场的改革。为此，“高层小组”专门设立了一个项目团队和一个公司。其中的项目团队被称作“开放之水工程”（Open Water Programme，OWP），专门负责新市场的开发，就市场设计、市场规范、市场发展提出建言和指导，确定市场中央系统和标准合同。2013 年 6 月，OWP 拟就了一份讨论文件，回顾了英格兰和威尔士地区水务零售市场竞争的发展历程，对即将全面开放的零售市场的制度设计问题进行了系统陈述，旨在引发利益相关者就这些问题展开讨论。[③] 2013 年 12 月，“高层小组”成立了一个由其担保的“开放之水市场有限公司”（Open Water Market Limited，OWML），并任命了董事会，作为推动和管理改革工作的实体。

第三，Defra 发布政策白皮书《生命之水：市场改革建议》，宣布要充分利用市场力量，持续增加竞争；同时还宣布降低零售市场的进入门槛。2013 年 2—11 月，Defra 在之前的水政策白皮书的基础上，制订、发布了《水法草案—水工业改革：零售竞争》。其中表明，超过 2/3 的中小型商业用户支持水工业市场竞争，而开放零售竞争的益处也是明显的，竞争将直接有益于用户，这种益处不仅仅体现在价格上，更重要的是服务上。特别

---

① 股东局（Shareholder Executive）曾是商业、创新和技能部的一个执行机构，负责管理政府在国有企业中的商业利益。

② Ofwat，2010，*Annual Report* 2009/2010，https://www. ofwat. gov. uk/publication/annual-report - 2009 - 10/.

③ OWP，2013，*The New Retail Market for Water and Sewerage Services*：*a Discussion Paper*，https://www. ofwat. gov. uk/wp-content/uploads/2016/02/prs_ inf20130627retailmarket - 1. pdf.

是对拥有“多站点业务”的大型用户（如零售连锁店、医院和超市）而言，将只与某一个跨地区的水务供应商打交道，就可以满足其所有业务站点的水服务需求，从而节约其行政成本。[①] 对于家庭用户而言，虽然不能更换供水商，但零售业务竞争也将间接地对家庭用户产生连带的益处，即服务水平的改善。零售竞争还能够提高供排水管网使用效率、增加其韧性，能够为经济增长提供机会，能够产生环境效益，等等。

该草案的重点是提出了一套扩大零售竞争的实操建议，其中最重要的建议包括如下几个方面：创造更开放的市场，允许买卖取水许可证；将现有水务公司的批发业务和零售商业子公司分开，将不歧视原则列入法律规定；所有的商业用户，无论大小，无论用水多少，都能够选择、更换供水商和排污服务商，并将先在英格兰地区实施这一措施；改变现任水务公司向 WSL 持证者征收公共供水系统使用费的制度，吸引潜在的新服务供应商；制订新的规则，使拟进入零售市场的新企业无须再基于不同的个案情况与现任水务公司进行谈判，而只需凭借其更能满足用户需求的、更好的、定制式的“服务包”，而直接与用户协商；与苏格兰一起共同开拓市场，将“跨界供应”拓展到苏格兰，为计划进入该市场的潜在的供水和排污服务供应商提供一个简化的申请流程，最终为在英格兰和苏格兰跨境经营的商业用户建立起一个无缝市场。该草案明确提议，新的零售市场将于 2017 年在英格兰开放，上游市场则于 2019 年开放。

此外，该草案还特别说明，在现阶段的家庭用户市场，不发展零售业务竞争。这意味着，家庭用户暂时不能切换其自来水服务供应商。其理由在于：家庭用户的水价定价原则是低利润率，以保证家庭用户能够负担得起水费账单，但这不能保证水服务商及其投资者或发展商的利益；如果允许家庭用户市场开放，那么水务公司很可能会退出这一市场而转向商业用户；更重

① 例如，一个每年从不同的业务站点收到大约 4000 份水费账单的大用户，如果确定某个单一的水务公司为其提供服务，其每年的行政成本将节约 8 万—20 万英镑。来源：Defra，2013，*Water Bill-Reform of the Water Industry*：*Retail Competition*，https://assets. publishing. service. gov. uk/government/uploads/system/uploads/attachment_ data/file/259662/pb14068 - water-bill-retail-competition. pdf.

要的是，没有证据表明开放零售业务将为家庭用户带来更大的益处。[①]

上述建言基本上被《2014 年水法》吸纳。总之，为了全面打造新的零售市场和上游市场，英国中央政府和地方政府、水工业界做出了一系列的准备工作，包括舆论准备、立法支持、组织分工等，促使水务市场竞争迈入了一个新阶段。

三　开放的市场：2014 年以来

（一）新的法制框架

1.《2014 年水法》对竞争的推进

2014 年 5 月，英国议会再次修改水法，出台了《2014 年水法》。该法开宗明义地指出，“这是一部就水工业作出规定的法律”[②]，为英格兰和威尔士的水务市场改革提供了框架，为新市场的创建提供了法律保障。根据《2014 年水法》所确定的市场竞争框架，改革聚焦在两个关键方面：

第一，零售竞争。在这方面，改革的宗旨是使商业用户更容易更换其水服务供应商，允许英格兰地区所有的商业组织、公共部门和慈善机构可以自主选择水务公司。为此采取如下一系列新举措，包括：取消了英格兰地区 500 万升年度用水的门槛；[③] 为新进入者分别提供零售和批发授权；

---

① 英国财政部于 2015 年 11 月发布了报告《更好的交易：以繁荣的竞争降低家庭和公司的账单》（A Better Deal: Boosting Competition to Bring Down Bills for Families and Firms, November 2015），宣布到这一届议会任期结束，将对英格兰的家庭用户市场进行改革，也将寻求扩大零售竞争的方式。同时，政府还要求 Ofwat 对开放家庭用户零售市场进行预后评估。2015—2016 年，Ofwat 完成了两篇报告，即《将零售竞争扩展到居民用户》（Extending Retail Competition to Residential Customers）和《将竞争引入英格兰居民用户的成本和收益》（Costs and Benefits of Introducing Competition to Residential Customers in England）。目前，有关是否开放家庭用户市场的问题，仍然在讨论中。

② 这部法律涉及的内容十分丰富，包括取水许可证修改的补偿、主要河流地图、有关水厂的记录、关于水环境的规定、楼宇住户的防洪保险、内陆排水委员会、地区洪水和海岸委员会等方面的新规定。

③ 虽然《2014 年水法》的效力也覆盖到了威尔士地区，但威尔士政府决定保持本地区内零售竞争的现存格局，暂时不进一步扩大市场。威尔士国民议会于 2015 年 4 月和 5 月分别发布了《威尔士水工业》（Water Industry in Wales）、《威尔士水战略》（Water Strategy for Wales），说明了将在威尔士实施的竞争方法。

取消了水务公司向新进入者收取费用时所遵循的先行定价原则，即“成本原则”，代之以一套透明的、基于 Ofwat 所发布的规则而制定的批发准入定价制度，从而使新公司更容易进入市场；建立国家供水网络，使水务公司相互之间更容易进行水的买卖；激励拥有小规模储水的业主将多余的水出售给公共供应商；允许新的供水或污水处理公司及发展商将新建筑与供水主管道及排污系统连接起来；允许区域垄断性水务公司申请退出商业用户零售市场，停止向商业用户提供零售服务；建立起一个连接英格兰和苏格兰的跨境零售市场；[①] 建立法定的市场守则和标准条件，以增加市场透明性并使客户更易换供应商。

第二，上游竞争。供应链的上游端包括两个阶段，在供水阶段包括抽取生水、存储和净化处理、分送进供水管网三个环节，其后是用户所面对的终端服务；在排污服务阶段包括将用户用完的废水回收、处理、处置三个环节。打开上游，使新进入者能够提供上游服务，可以引入更多的竞争，使上游市场更有活力。因此，《2014 年水法》在开放零售市场的同时，也鼓励上游竞争，向新进入者开放上游链条，从而降低服务总成本。上游市场的改革于 2019 年启动，在启动之前，英国政府须先完成取水许可证制度改革。[②]

下游和上游市场的开放，必将引起相关监管制度的调整，而且首当其冲的是许可证制度。2005 年建立的 WSL 制度不允许牌照持有者只提供上游服务，而是要求他们也同时提供零售服务，这就阻止了那些只愿意提供有竞争力的上游服务、但不希望提供零售服务的新进入者。鉴于此，分开授权是英格兰水务市场变革的关键。只有分开授权，才能向新进入者同时开放供水和排污服务市场，才能使水务公司能够在整体供应链中选择其希

---

① 2008 年苏格兰水务市场引进竞争的做法，引起了 Defra 和 Ofwat 的高度关注。《2014 年水法》实施后，英格兰和苏格兰水务部门加强了合作，推进双方市场安排的无缝衔接，在改善用户服务和保护水资源环境两大方面实现互惠互利。

② S. Priestley, D. Hough, 2016, *Increasing competition in the water industry*, https://researchbriefings.parliament.uk/ResearchBriefing/Summary/CBP-7259.

望提供的某段服务，如只选择供水服务，或只选择排污服务，或者二者兼有。

2. WSSL 制度

《2014 年水法》明确地对水务市场上的各类许可证做了细分，也即建立了一个新的供水和排污处理许可证（Water Supply and Sewerage Licence，WSSL），以代替 WSL 制度，允许新进入者同时投标竞争供水或排污服务许可证。从 2017 年 4 月 1 日起，WSSL 制度正式运行。持有新的 WSSL 的公司可以向商业用户提供供水和排污服务，其中有些持此证者只限于为自己以及与之有联系的人士提供供水或排污处理服务。[①] 有关 WSSL 的做法，显然是向其他公用事业部门，如电力市场学习的结果。因为分开授权是市场细分、进而充分竞争的前提，这也是自私有化以来英格兰水务市场持续进行监管改革的最新发展。

在 WSSL 制度的框架下，供水许可证和排污许可证又被细分为一些亚类，如图 7－1 所示：

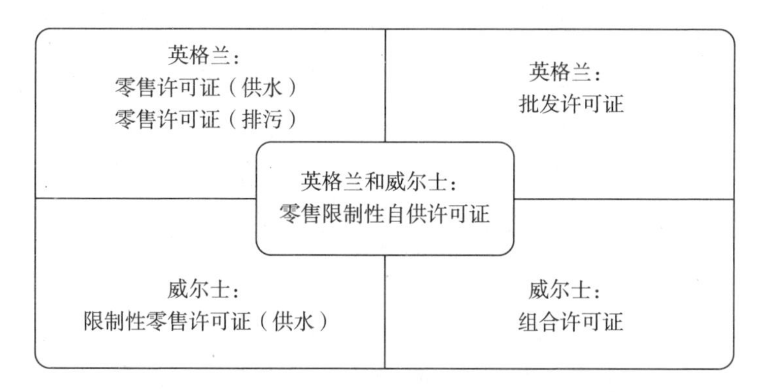

图 7－1　WSSL 框架下英格兰和威尔士水务市场中的许可证类型

图 7－1 中，英格兰和威尔士的授权条件有些不同。就供水许可证体系

---

① 这类企业即自助供应者（Self-supply licensees），一般是一些有资格的商业客户，持 Ofwat 颁发的自助许可证，此证也是 WSSL 框架下零售授权的一种。在此类许可证的申请过程中，Ofwat 也须严格审查这类企业的资格，确保该类企业拥有与提供自助服务相匹配的财务、技术和管理资源。自助供应不同于私人供应（Private Water Supply），后者是指偏远地区的居民自己提供饮用水。Ofwat 不负责对私人供应事务，而是由当地政府管理。

而言，包括批发授权、零售授权、限制性零售授权、补充授权四种。各自的具体内涵如下：一是批发授权（Wholesale Authorisation）（英格兰）。持证者可以将水引入由作业区全部或主要位于英格兰的现任水务公司所运营的公共供水网，为持证者自己的客户提供供水服务，客户年用水量须至少达到500万升；二是零售授权（英格兰）。持证者可以使用由作业区全部或主要位于英格兰的现任水务公司所运营的公共供水网，向商业用户供水，不设条件；三是限制性零售授权（威尔士）。持证者可以使用由作业区全部或主要位于威尔士的现任水务公司所运营的公共供水网，向大型商业用户供水，用户年用水量须至少为5000万升；四是补充授权（威尔士）。持证者可以将水引入由作业区全部或主要位于威尔士的现任水务公司所运营的公共供水网，为持证者自己的用户提供供水服务，客户年用水量须至少达到5000万升。

在排污服务市场上，许可证区分为零售授权、批发授权和污水处理授权（Disposal Authorisation）三种。其中的零售授权又被区分为两种：一是排污处理许可证（英格兰）。持证者可以使用某个作业区全部或主要在英格兰的排污公司的下水道系统，为自己、自己的客户、与持证者相关联的商业用户提供下水道排污处理服务；二是零售限制性自供许可证（Retail Restricted to Self-supply Authorisation）。持证者可以在自己的场所，以及与其有关联的用户所在场所提供供水和/或排污服务，但不允许为其他任何场所提供此类服务。

此外，在基础设施市场上，设立了两种许可：一是网络基础设施授权（Network Infrastructure Authorisation），使新进入者可以拥有和运营自己的基础设施，而且这些设施须与现任水务公司的网络相连；二是零售基础设施授权（Retail Infrastructure Authorisation），可以使新进入者能够提供“最后一英里”服务的基础设施，将用户房舍与现任水务公司管道网络连接起来。

《2014年水法》还允许英国环境大臣设立有关WSSL的标准条件，规定Ofwat依然拥有《1991年水工业法》所赋予的“在一定情况下修改许可证标准条件”的权力。2016年10月，Defra根据《1991年水工业法》17H

(1)、17HA (1) 部分所授予的权力，制定发布了最新的有关供水和排污处理业务许可的制度。其中一项是《供水和排污处理许可证标准条件》，包括A、B两部分内容，A部分是适用于申请所有类型的WSSL的基本标准和条件；B部分是申请零售授权和限制性零售授权的WSSL的条件；[①] 另一项是《批发授权和补充授权供水许可证标准条件》，是对《供水和排污处理许可证标准条件》的继续，包括C、D两部分内容；C部分是适用于申请所有批发授权许可证的条件；D部分是适用于申请所有补充授权许可证的条件。[②] 2017年3月，Defra又发布了《供水许可证和污水处理许可证（标准条件修改）令》，由此废止了2005年的《供水许可证（标准条件修改）令》。

在WSSL框架下，新开放的商业用户零售市场允许任何公司申请零售或限制性零售授权，申请程序如表7-1所示。对WSSL申请者进行审查评估的过程，与之前的WSL也有所不同的是，主要是审查机构和程序上有些变化。不仅只有Ofwat，另外还有四个机构必须参与其中，即市场运行服务有限公司（Market Operator Services LTD，MOSL）、饮用水督察署、环境署和威尔士自然资源局。MOSL负责对新的申请者进行“市场进入保证认证”（Market Entry Assurance Certification，MEAC），申请者只有在获得MEAC认证后，才有可能获得Ofwat的许可。饮用水督察署负责审查供水许可证申请者的技术能力，环境署和威尔士自然资源局负责审查、评估所有类型许可证申请者对水环境的潜在影响。

表7-1　WSSL申请程序

1）申请者从Ofwat网站上下载WSSL申请表，提交申请表，缴纳申请费（5个工作日内）；
2）Ofwat审查申请是否有效，并将有效申请通知申请者（5个工作日内）；
3）申请者联系MOSL，完成MEAC的认证流程；

① Defra, 2016, *WSSL Standard Conditions*, https://assets.publishing.service.gov.uk/government/uploads/system/uploads/attachment_data/file/508326/wssl-licence-conditions-2016.pdf.

② Defra, 2016, *Standard Licence Conditions for Water Supply Licences with Wholesale and Supplementary Authorisations*.

续表

4）Ofwat 在自己的网站上对收到的有效申请进行公示，同时根据申请者所请求的许可证类型，将申请分别发给饮用水督察署、环境署、威尔士自然资源局审查（公示和征询意见时间为 20 个工作日）；Ofwat 对公示所收到的回应进行审议；
5）Ofwat 详细评估申请书，决定拒绝申请或同意申请；
6）申请者向 Ofwat 提交陈述意见（10 个工作日内）；
7）Ofwat 审议申请者的陈述意见，决定拒绝申请或授予许可证。从第五到第七个环节，如果 Ofwat 决定授予许可证，通常需要 40 个工作日；如果决定拒绝申请，则可能超过 40 个工作日。此外，实行 WSSL 制度后，申请费用提高了，每次申请的费用为 5250 英镑。①

资料来源：Ofwat，2018，*Application guidance for Water Supply and Sewerage Licence*（*WSSL*），https://www.ofwat.gov.uk/wp-content/uploads/2018/05/App-guidance-for-WSSL-v3-1.pdf。

申请者亦可联合申请在英格兰、威尔士及苏格兰的业务许可。程序是：申请者填写申请表后先提交给 Ofwat 或苏格兰水工业委员会；然后，由 Ofwat 处理在英格兰和/或威尔士的申请业务，并将在苏格兰的申请业务转给苏格兰水工业委员会，或者由苏格兰水工业委员会遵循同样的程序，处理在苏格兰的申请业务，并将在英格兰和/或威尔士的申请业务转给 Ofwat。

所有许可证持有者必须严格按照许可的范围和内容履行职责。对于违反许可证条款的企业，Ofwat 可以处以相当于违约企业营业额 10% 的罚款，并强制企业纠正，并且可以解除许可证；如果企业有异议，可以向监管机构提出动议。②

3. 零售市场开放法制框架

为了落实这些改革，Defra、Ofwat 向能源部门和苏格兰水务部门学习，采取“市场准则”的方式对供水和排污市场进行管制，建立了一套以《2014 年水法》领衔，以二级立法、法定规则和指南、标准和建议、商业合约等为补充的崭新的水务监管法制框架（见表 7-2）。

① https://assets.publishing.service.gov.uk/government/uploads/system/uploads/attachment_data/file/561878/wssl-slc-wholesale-supplementary-authorisations.pdf. 根据《2003 年水法》有关条款，从 2005 年 8 月 1 日起，英国水务公司申请零售许可证的费用为 2000 英镑，60 个工作日，申请组合许可证的费用为 2500 英镑。

② 此项措施从 2005 年 4 月起开始实施。杜英豪：《英格兰和威尔士的水务监管体系》，《中国给水排水》2006 年第 4 期。

表 7－2：零售市场开放的法制框架

制度层次	制度体系构成
基本立法（议会制定）	《1991 年水工业法》（以下简称 WIA91）；《2014 年水法》（以下简称 WA14）。
二级立法（部长制定）	保证服务标准条例—Defra 于 2008 年制定了《供水和排污服务（用户服务标准）条例》，规定水务公司在向用户提供服务时必须满足 WIA91 所规定的强制性标准；同时，Defra 建议订立新条例，规定新进入者在提供服务时必须符合的标准，如果服务未达标，证照持有者即须向用户赔付款项。 许可证申请条例—Defra 于 2005 年发布了《供水许可证（申请）条例》，据此 Ofwat 可就许可证申请形式及须附有的信息、文件等制订相关指南。 退出条例—指的是 Defra 根据 WA14 第 47（3）节规定所制定签发的《供排水承办商退出非家庭用户零售市场条例》（Water and Sewerage Undertakers [Exit from Non-household Retail Market] Regulations，2016），该条例允许那些作业区全部或主要在英格兰的水务公司申请退出非家庭用户零售市场，并按程序将用户移交给其他一个或多个合格的零售商。 转让令—Defra 制定的与退出条例相配套的法令，规定了从零售市场退出的水务公司将用户、供水许可证等移交给市场新进入者的过程和程序。
法定守则，许可证，规则和指南（Defra 或 Ofwat 或水务公司制定）	WSSL 许可证标准条件—Defra 于 2016 年发布了《供排水许可制度：标准许可证条件》，其中规定申请零售许可、限制性零售许可、批发许可、补充许可所通用的标准条件。 授权文书—Ofwat 制定、授权水务承办商在指定区域内提供供排水服务的法律文件。 收费指南——这是由环境大臣制定、威尔士环境部长酌情签发的《Ofwat 定价指南》（Charging guidance to Ofwat，2016），Ofwat 在制定水务市场上的各类收费规则时必须考虑这些意见。 批发－零售准则（Wholesale Retail Code，WRC）—Ofwat 根据 WIA91 第 66DA 和 117F 条款制定发布的市场守则，并由 Ofwat 依据 WIA91 第 18 节监督执行。 临时供应准则（Interim Supply Code，ISC）—Ofwat 根据 WIA91 第 63AF 和 110O 条款制定发布的市场守则，并由 Ofwat 依据 WIA91 第 18 节监督执行。 零售退出准则（Retail Exit Code，REC）—Ofwat 根据 Defra 的《退出条例》所制定的有关移交用户的合同条款，并由 Ofwat 依据 WIA91 第 18 节监督执行。 移交计划—Ofwat 根据《转让令》制定的临时管制结构，将现有的供水许可证持有者转移到新的法律框架下。
	WSSL 许可证—Ofwat 根据 Defra 规定的条件所制作授发的许可证，持证者可向非家庭用户提供供水和/或排污服务，如持证者没有遵守许可证条件，Ofwat 可采取执法行动，严重者可被吊销牌照。 收费规则—Ofwat 制定，用以规范水务公司的各种收费行为；根据 WA14 有关规定，环境大臣和（或）威尔士环境部长也可以就其他收费制定进一步的规则。 临时供应条件与计划——由有资格提供临时供排水服务的公司制定，其中须包含 Ofwat 指定的条件。 零售退出区服务提供条件与计划——在前任水务公司申请停止提供零售服务的地区，新进入的水务公司必须提交的文件。其中，必须包含在缺乏议定条款的情况下适用于这类服务的条件。

续表

制度层次	制度体系构成
其他守则，计划与指南（Ofwat或水务公司制定）	市场安排准则（Market Arrangements Code，MAC）—非法定守则，由 Ofwat 根据 WSSL 许可证和授权文书中的条件而制定，对市场如何运营做出安排。 用户实务守则—Ofwat 根据 WSSL 许可证中包含的有关关键用户保护义务的条件，而对水务公司提出的建议，期望后者根据这些建议制定该守则。 资格指导—Ofwat 发布的指南，帮助用户、水务公司理解法定规则，明确哪些用户有资格更换供应商或者采取自我服务方式。 收费计划—水务公司根据 WIA91 第 143 节的规定而制订的计划，须与 Ofwat 制定的收费规则保持一致。 许可证申请指南—Ofwat 制定发布的有关申请 WSSL 许可证的指南，包括申请程序、所需资料、评估过程。
商业协议/安排（水务公司制定）	建立市场运营组织—根据“市场安排准则”和“批发零售准则”所设立的具体执行这些准则的市场运营实体即 MOSL，该机构的成立、运行和资金由水务公司承担。 用户合同——零售许可证持有者与终端用户之间签订的合同。 批发合同——零售许可证持有者与拥有批发授权的水务公司之间订立的合同。Ofwat 在其制定的 WRC 附件中提供了合同模版。

来源：Ofwat，2016，*Legal Framework for Retail Market Opening*，（https://www.ofwat.gov.uk/wp-content/uploads/2017/02/Legal-framework-for-retail-market-opening-updated-February-2017.pdf）。根据其中资料整理制作。

零售市场开放的法制框架不但提出了一整套计划和规则，而且为改革设定了路线图和时限，① 还使公众特别是利益相关者更加明了新的市场架构及其中的规则。Ofwat 以图示方式详细解释了这套框架中各项规则的来源与目的。在这套新的法制框架中，共有五个层次的制度安排，其中最高层次为议会的基本立法；第二层次为 Defra 部长们制定、签发的二级立法；第三层次主要是 Defra 部长们或 Ofwat 制定的法定守则、标准、规则和指南；第四层次主要是由 Ofwat 制定的非法定守则和指南；第五层次则是水务市场上的各类协议。这些制度安排，使得 Ofwat 在行使监管权时处处有据。

除了表 7-2 中新的制度安排外，《1998 年竞争法》和苏格兰水务市场上的相关法律法规、规则指南等，也同时发挥作用。2017 年 3 月，Ofwat

① 例如，Ofwat 把 2016—2017 年 4 月 1 日前的时间划为市场框架设计和搭建、测试、虚拟运营、正式运行四个时段。参见 Ofwat，2016，*Critical Path for Retail Market Opening*，https://www.ofwat.gov.uk/wp-content/uploads/2016/03/pap_tec20160322rmocriticalpath.pdf。

制定了新的有关在英格兰和威尔士供排水部门执行《1998 年竞争法》的方式指南，就如何执行该法和《欧洲联盟运作条约》（Treaty on the Functioning of the European Union）第 101、102 章的同等规定提出了指导意见。该指南不但继续强调《1998 年竞争法》的首要地位，而且体现了《2013 年企业和监管改革法》（Enterprise and Regulatory Reform Act，2013）有关市场竞争的新要求，将英国竞争与市场管理局、欧洲委员会有关竞争法律的实施意见考虑进去，[①] 还重申了竞争法赋予 Ofwat 的权力，改进了 Ofwat 处理竞争问题的程序性方法。[②] 该指南对于各水务公司充分了解英格兰和威尔士地区水务行业中的竞争规则，具有积极的导引和解释意义。

（二）新的组织保障

《2014 年水法》为全面开放水务市场提供了后盾，但全面开放市场是一项系统的工程，必须有一套新的组织体系来保障任务的落实。这项工作也随即被提上日程。

首先是改造市场运行管理机构。2015 年 5 月，解散了"开放水市场有限公司"（OWML），新成立了"市场运行服务有限公司"（MOSL），OWML 的职能被分别移交给 MOSL 和 Ofwat；MOSL、Ofwat 和 Defra 结成伙伴关系，共同负责 OWP 的日常运行工作。这里需要对 MOSL 加以说明。

MOSL 是根据《2014 年水法》有关扩大水务市场开放程度的规定，为协助 Ofwat 开拓新市场而成立的，一般将其称作"市场运营机构"（the Market Operator）。MOSL 是一个私人性质的公司，其董事会中成员不是被公共组织任命的，而来自水务公司的私人成员，志愿参与该公司，不享受任何公共董事会成员的特殊权利；其资金来自志愿性资助，不受公共资金资助，对于资助该公司的各方也没有征税要求，对该公司的行动也没有公

---

① 该指南没有考虑到 2016 年 6 月英国脱欧公投的后果，只反映了 Ofwat 必须遵受的现行英国和欧盟法律。Ofwat 也表明，会根据这方面事态的发展，更新其指导意见。

② Ofwat，2017，*Guidance on Ofwat's Approach to the Application of the Competition Act* 1998 *in the Water and Wastewater Sector in England and Wales*，https://www.ofwat.gov.uk/wp-content/uploads/2017/03/Guidance-on-Ofwats-approach-to-the-application-of-the-Competition-Act－1998－in-the-water-and-wastewater-sector-in-England-and-Wales.pdf.

共责任要求。在新市场开放之前，MOSL 主要负责设计、建立新市场的中央 IT 系统，确保市场能够准时开放。2017 年 4 月 1 日，针对商业用户的新的水务零售市场正式开放，MOSL 扮演着市场运营管理者的角色，主要有两大职能：一是负责提供基础设施、信息和治理服务，尤其是负责水交易市场中央 IT 系统的运行，为批发商和零售商进行结算，同时使用水户能够转换其供应商；二是负责对新的申请者进行"市场进入保证认证"。

其次，明确并落实 OWP 运行过程中各利益相关者的责任。2015 年 5 月，Ofwat 正式公布了有关落实全面开放市场工作的权责梳理方案，发布了两份文件，即《OWP 中的角色、责任和治理及 2015 年 5 月之后的转型》和《OWP——不同组织在各项工作中的作用》，详细列明了各组织在改革过程中的角色、责任及其治理，明确了所有利益相关方的地位、作用和权利义务。这些职责具体被划分为四类（见图 7－2），各利益相关者分别承担不同的作用，从而在集体行动的意义上推动了改革工程的进展。

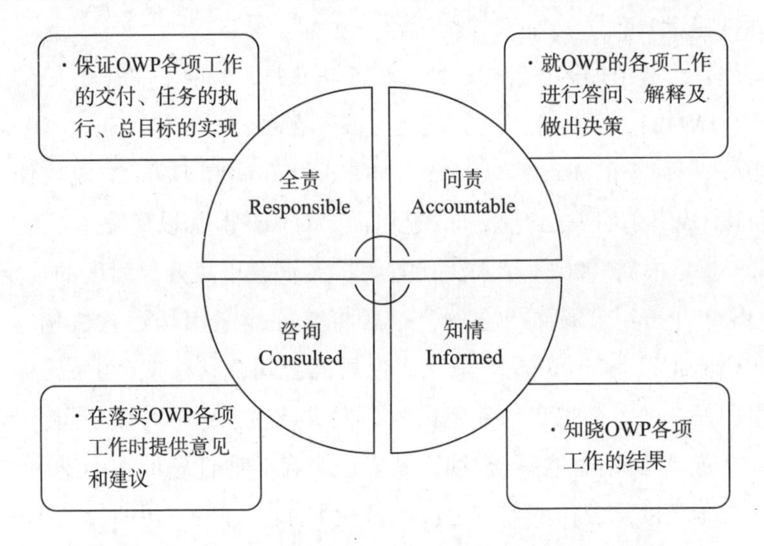

图 7－2　新市场开放准备阶段各利益相关者的作用类型

来源：（1）Ofwat，2015，*Open Water Programme-Roles of Different Organisations for Individual Pieces of Work*，https://www.ofwat.gov.uk/wp-content/uploads/2015/11/pap_pos201505openwaterwork.pdf；

（2）Ofwat，2015，*Roles，Responsibilities and Governance of the Open Water Programme and Transition Post May* 2015，https://www.ofwat.gov.uk/wp-content/uploads/2015/11/pap_pos201505openwatertrans.pdf。

这里的利益相关者，涉及多个方面，其中一些被称为“关键责任者”(Key Owner)。一是政府，包括中央政府（主要由 Defra 代表）、威尔士政府、苏格兰政府，其中中央政府对在英格兰地区的零售市场改革负有全面的政策责任；二是经济监管者，包括 Ofwat、苏格兰水工业委员会，以及为应对市场转型期的过渡性工作而成立的临时小组[①]；三是其他水务监管者，包括饮用水督察署、环境署、威尔士自然资源局、自然英格兰；四是市场参与者，主要是水务公司、MOSL 及市场上的其他第三方中介（Third Party Intermediaries，TPIs)；五是消费者及其代表组织。在推动 OWP 实施过程中，上述所有的组织都必须采取行动，支持有关全面开放零售市场的核心政策及环境大臣的决策，共同打造一个新市场。其中，以中央政府、Ofwat、MOSL 和苏格兰水工业委员会构成了市场开放的核心管理团队，多数组织在某些特定任务领域都扮演“关键责任者”的角色，发挥特定的职责。表 7－3 说明了关键责任者的具体职责。

表 7－3 开放新市场准备阶段的关键责任者及其职责（2017 年 4 月 1 日前）

关键责任者	Defra	Ofwat	MOSL	全体(All)	企业
具体职责	D_1. 制定相关政策和立法框架 D_2. 制定跨境规章 D_3. 制定退出规章 D_4. 发布新的供水和排污服务许可证(WSSL) D_5. 发布有关法定规则，支持部长的相关决定 D_6. 与英国政府与威尔士政府就有关收费指引进行接触和咨询	O_1. 制定新的“保证服务标准”指引 O_2. 印制用户合同 O_3. 完成新的供水和排污服务许可证(WSSL) O_4. 就全套市场文件（包括市场安排规范、开发和零售规则等）开展咨询 O_5. 全权负责市场运行及其系统 O_6. 发布收费方案规则	M_1. 完成新的“市场架构计划”(Market Architecture Plan，简称 MAP) M_2. 中央 IT 系统的采购、建设和测试 M_3. 建立 CEO 团队 M_4. 为水务公司拟订商业计划提供过程支持 M_5. 为水务公司提供中央 IT 系统的技术支持	A_1. 确保行动，确保行动效果（支持已取得的关键的改革成果及环境大臣的决定）	C_1. 清理、进入市场预备数据系统 C_2. 成为市场预备公司

① 该小组全名为 Interim Code Panel，负责起草有关新市场的各类准则。参见 Ofwat，2015，*Opening a New Retail Market for Non-household Customers-Establishing an Interim Code Panel*，https://www.ofwat.gov.uk/competition/review/prs_in1505interimcodepanel.pdf。

续表

关键责任者	Defra	Ofwat	MOSL	全体（All）	企业
具体职责	D_7. 签署新市场开放的制度安排 D_8. 设计并最终确定有关“保证服务标准”的规章制度	O_7. 制订 OWP 的综合性计划、风险和问题应对计划 O_8. 协调市场参与 O_9. 促进商业用户参与及其认识提升			

来源：根据图 7－2 所参考资料，摘要制作。

最重要的是，当一个组织作为关键责任者发挥其具体作用时，其他相关者须分别承担图 7－2 中相应的责任，具体如表 7－4 所示。需要指出的是，当水务公司扮演关键责任者时，政府都不再直接参与其中，只有经济监管机构须发挥咨询功能，同时临时小组享有知情权。

表 7－4　开放水务市场准备阶段各利益相关者对应的职责（2017 年 4 月 1 日前）

关键责任者及其职责		其他利益相关者对应的职责									
		UK 政府（Defra）	威尔士政府	苏格兰政府	Ofwat	临时小组	WICS	MOSL	其他监管者	水务公司	用户及其组织
Defra	D_1	R，A	C	C	C	I	C	C	C	I	I
	D_2	R，A	I	A	C	I	C	C	I	C	C
	D_3	R，A	C	I	C	I	C	C	C	C	C
	D_4	R，A	C	C	C	C	C	C	C	C	C
	D_5	R，A	I	I	I	I	I	I	I	I	I
	D_6	R，A	R，A	I	C	I	I	C	C	C	C
	D_7	R，A	C	C	C	I	C	C	I	I	C
	D_8	R，A	C	I	I	I	I	I	I	I	I
Ofwat	O_1	C	C	I	R，A	I	C	C	C	C	C
	O_2	C	C	I	R，A	I	C	C	I	R	C
	O_3	C	C	I	R，A	I	C	C	C	C	C
	O_4	I	I	I	A	I	I	I	I	I	I
	O_5	C	C	C	R，A	I	C	C	I	C	C
	O_6	C	C	I	R，A	I	I	C	C	C	C

续表

关键责任者及其职责		其他利益相关者对应的职责									
		UK 政府（Defra）	威尔士政府	苏格兰政府	Ofwat	临时小组	WICS	MOSL	其他监管者	水务公司	用户及其组织
Ofwat	O_7	R	C	I	R，A	I	R	R	I	C	I
	O_8	R，A	C	I	R，A	I	R，A	R，A	I	C	I
	O_9	C	C	I	R，A	I	C	C	I	C	C
MOSL	M_1	C	I	I	C	I	I	R，A	C	C	C
	M_2	C	C	I	C	I	C	R，A	I	C	I
	M_3	C	C	I	C	I	C	R，A	I	C	C
	M_4	C	I	I	C	I	C	R，A	C	C	C
	M_5	I	I	I	C	I	C	R，A	C	C	C
All	A_1	R，A	C	I	R，A	I	R，A	R，A	I	C	I
水务公司	C_1				C	I	C	C		R，A	
	C_2				C	I	C	C		R，A	

来源：Ofwat，2015，*Open Water Programme-Roles of Different Organisations for Individual Pieces of Work*，稍有变动。

https://www.ofwat.gov.uk/wp-content/uploads/2015/11/pap_pos201505openwaterwork.pdf.

注：（1）R-Responsible；A-Accountable；C-Consulted；I-Informed。

（2）WICS 是苏格兰水工业委员会的简称。

（三）新的市场体系

经过持续不断的改革、调整，目前英格兰和威尔士已经建成了结构和功能细分的新的水务市场体系，包括六大板块，即商业零售市场、新的授权与变更市场、连接市场、水务招投标市场、生物资源市场，以及直接采购市场，每种市场各有内涵，见图 7－3 所示。除了生物资源及直接采购市场外，其他均已经是竞争比较充分的市场。

1. 商业零售市场

自 2009 年“卡维评估”报告出台后，经过七年多的讨论协商、全面评估、立法建制，一个新的商业零售市场终于建成。2017 年 4 月 1 日，英格兰地区的水务零售市场正式全面放开。那些业务全部或主要在英格兰的商业企业、公共部门组织、慈善机构作为用户，均可以自主选择供排水服

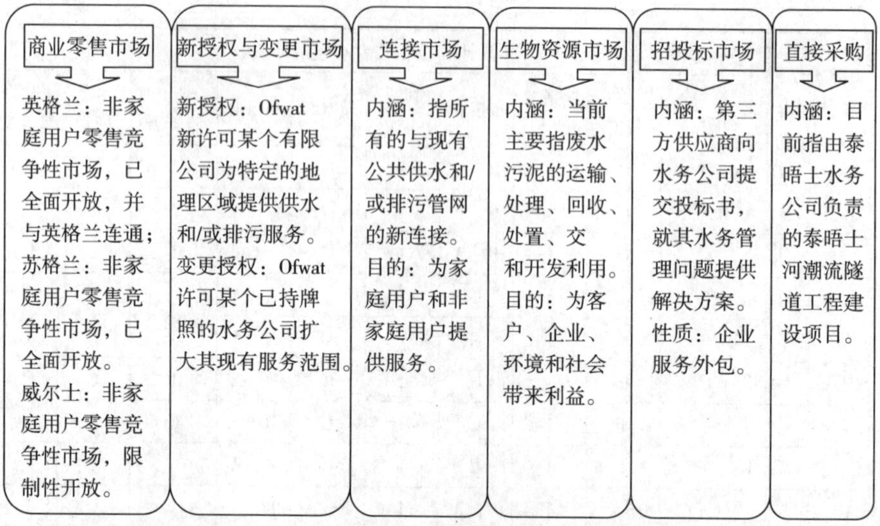

商业零售市场

英格兰：非家庭用户零售竞争性市场，已全面开放，并与英格兰连通；苏格兰：非家庭用户零售竞争性市场，已全面开放。威尔士：非家庭用户零售竞争性市场，限制性开放。

新授权与变更市场

新授权：Ofwat新许可某个有限公司为特定的地理区域提供供水和/或排污服务。变更授权：Ofwat许可某个已持牌照的水务公司扩大其现有服务范围。

连接市场

内涵：指所有的与现有公共供水和/或排污管网的新连接。目的：为家庭用户和非家庭用户提供服务。

生物资源市场

内涵：当前主要指废水污泥的运输、处理、回收、处置、交和开发利用。目的：为客户、企业、环境和社会带来利益。

招投标市场

内涵：第三方供应商向水务公司提交投标书，就其水务管理问题提供解决方案。性质：企业服务外包。

直接采购

内涵：目前指由泰晤士水务公司负责的泰晤士河潮流隧道工程建设项目。

图7－3　英格兰和威尔士最新水务市场结构

务供应商，这样的用户有120万个；同时，由于打通了英格兰与苏格兰的零售市场，有13万个苏格兰商业用户也能够选择英格兰的服务供应商，双方的水务企业也可以通过竞争，进入彼此的水务零售市场上提供服务。英国国内舆论称这次改革是自私有化以来水务行业的最大变化，它创造了世界上最大的竞争性水务零售市场。

回顾英国水务零售竞争发展的历程，成效显著（见表7－5），主要体现在进入英格兰和苏格兰水务零售市场的门槛被取消了，有权利选择水服务供应商的用户数量快速增长，而用户规模是支撑零售市场运转的基础。唯如此，进入该市场的水务企业才能够获取收益，水务市场才能充满活力。不过，威尔士的零售市场门槛迄今尚没有变化。

表7－5　英国商业用户零售市场竞争发展成效

时间	地区	企业业务范围	进入门槛：用户年度最小用水量	用户数量
2005	英格兰和威尔士	只供水	5000万升	2 200
2008	苏格兰	供水和排污处理服务	没有门槛	1 30 000
2011	英格兰	只供水	500万升	27 000

续表

时间	地区	企业业务范围	进入门槛：用户年度最小用水量	用户数量
2017	英格兰	供水和排污处理服务	没有门槛	1 200 000
	苏格兰	供水和排污处理服务	没有门槛	13 000
	威尔士	只供水	5000 万升	-

来源：根据 Ofwat 的相关文件整理。

这一商业零售市场上的主角，包括如下“玩家”（如图 7－4 所示）：

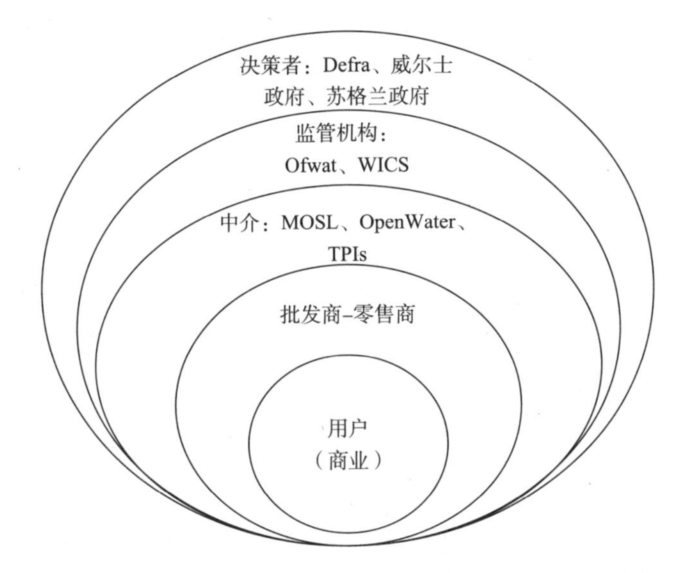

图 7－4　英格兰、威尔士、苏格兰水务零售市场中的行动者

（1）用户。在这一市场上，商业用户是服务的使用者、需求者，是市场的核心。新市场开放之后，这些用户无论规模大小，都抓住这一机会寻求更好的服务。自 2017 年 4 月 1 日到当年 6 月底（2017/2018 周期年第一季度），英格兰共有 36301 个自来水服务供应点更换了供应商，占市场上 260 万个供应点的 1.4%；在已经更换了供应商的用户中，更换了供水服务商的占比约 16%；更换了排污服务商的占比约 22%；同时把供水和排污服务从一个供应商转到另一个新供应商的占比 54%；同时把供水和排污服务从两个不同的供应商转到一个新的单一供应商的占比 13%；只从一个供应商那里同时获得供水和排污服务的占比 95%；选择从不同供应商那里分别获得供水、排污服务的只占 2%。[1]

（2）批发商。批发商拥有管道网络和水处理场所设施，向零售商批发供排水服务。根据规定，批发商有义务以合理的条件让零售商进入自己的供排水系统，并为新进入者提供方便措施。例如，在自己的网站上公布进入该系统的规则、指示性价格、用户转移协议等信息并及时更新，通过清晰、简单和标准化的流程及时有效地向零售商移交用户，这些信息必须符合 Ofwat 发布的相关指导文件。[2] 截至 2017 年 6 月底，在英格兰和威尔士地区，批发商共有 25 个，其中 18 个是私有化之初获得了授权的区域垄断性水务公司，2014—2015 年它们的授权相继到期，因此都重新申请更换了许可证；另外 7 个批发商基本上是在 2014 年之后新获得批发授权的水务公司。[3]

这场改革也呈现出这样一个趋势：过去占据优势地位的区域性垄断水务公司在扮演批发商角色的同时，正在选择退出商业用户零售市场。这一退出权来自《2014 年水法》，该法允许拥有批发授权的水务公司可以申请退出商业用户零售市场。从 2017 年 4 月 1 日起，选择退出的水务公司可以将其商业用户，或者连同相关财产、权利及负债转让给一个或多个零售牌照持有者。拟退出的水务公司需根据相关法律规定制定转让计划和保证声明，并报请 Ofwat 审批，以确保英格兰和威尔士的财产、资产、权利、责任得到有效转移。[4] 截至 2017 年底，已经有朴茨茅斯水务公司、泰晤士水务公司、南方水务公司退出了商业用户零售市场；截止到 2018 年 6 月底，Ofwat 又核准了 13 个水务公司的零售退出转让计划，私有化之初的十大区域垄断性供水和排污服务公司都正在不同程度上退出商业用户零售市场。

---

① MOSL, 2018, *CEO Quarterly Market Review Q*1 2017/2018, https://www.open-water.org.uk/about-open-water/market-reports/test-market-report-5/.

② Ofwat 于 2011 年已经就批发商如何制定这些规则发布了指南。参见 Ofwat, 2011, *Access Codes Guidance*, www.ofwat.gov.uk/competition/wsl/gud_pro_accesscodes.pdf。

③ MOSL, 2018, *CEO Quarterly Market Review Q*1 2017/2018, https://www.open-water.org.uk/about-open-water/market-reports/test-market-report-5/.

④ Defra, 2014, *Retail Exit Fact Sheet*, https://assets.publishing.service.gov.uk/government/uploads/system/uploads/attachment_data/file/385313/retail-exits-factsheet-201412.pdf.

转让之后，这些水务公司虽然不再向商业用户提供零售服务，但仍须承担《1991年水工业法》所要求的责任，依然负责为家庭用户提供零售服务、为其他致力于商业用户服务的零售商提供批发服务，其地位和功能维持不变，其服务和价格受Ofwat的监管。

（3）零售商。零售商是终端用户服务的直接生产者和供应者。在市场全面开放的背景下，任何有限责任公司都可以申请成为英格兰水务零售市场上新的供应商。截至2017年6月底，英格兰和威尔士地区水务零售商共有35个（其中包括10个新进者）。他们中有22个面向全国提供服务，12个为地区服务零售商，1个为自助供应零售商；[①] 到2018年6月底，英格兰和威尔士的水务市场上已经有44个零售商，其中英格兰有26家零售商，威尔士有18家零售商（不过在威尔士，用户选择权依然受限）。[②]

（4）第三方机构。MOSL、OpenWater和TPIs都是目前零售市场上的第三方服务机构。其中，MOSL是零售市场日常运行的管理者，负责中央市场运营系统（Central Market Operating System，简称CMOS）的日常运转业务。一方面为用户服务，当用户更换零售商时负责移交用户信息；另一方面为水务企业服务，在程序上为企业提供市场进入和退出服务、批发—零售交易量的记录和结算。此外，每季度对市场运行情况做出总结和评价，公开市场信息，提高市场透明度。为了保证零售市场公平、有效的运转，有五个委员会协助MOSL工作，包括：交易纠纷委员会，市场绩效委员会、市场事故管理委员会、通用数据保护和管理委员会。

OpenWater是2013年成立的“开放之水工程”（OWP）的新名称，OWP在促成英格兰零售市场于2017年4月1日全面开放、完成使命之后，已经正式变成了一个第三部门和在线服务平台，依然与政府密切合作，向水务零售市场上的用户和供应商提供相关信息服务。

TPIs是名副其实的第三方中介机构，像其他市场上中介机构一样。水务零售市场上的TPIs表现为不同类型的服务载体，包括独立的公司、挂靠

---

① Defra, 2014, *Retail Exit Fact Sheet*, https://assets.publishing.service.gov.uk/government/uploads/system/uploads/attachment_data/file/385313/retail-exits-factsheet-201412.pdf.

② 数据来源：https://www.open-water.org.uk/for-customers/find-a-retailer/。

在其他公司的半独立型服务站点等组织形式如咨询机构、计费代理机构，也包括个人如公用事业经纪人，还包括一些平台如转换网站。[①] TPIs 主要为水务市场上的商业用户，特别是小微商业用户提供有偿服务，帮助用户更换新的零售商或者获得更有性价比的服务。Ofwat 也负责监管 TPIs 的市场行为，因为 TPIs 的行为方式会对水服务用户的决策和利益产生较大的影响。2017 年 3 月，Ofwat 发布了一份自愿性的 TPIs 行为守则，其中提出：TPIs 的行为应该公平、透明、诚实；与用户的沟通应该以通俗明了的语言进行；提供给用户的所有信息应该可靠、准确、完整、及时且不具有误导性，并且应通过适当渠道进行，使客户能够做出明智的选择；不向用户推销其不完全了解的产品或服务，不推销不适合该用户需要和情况的产品或服务，不推销没必要复杂或容易引起混淆的产品或服务；不对用户夸大其转换水服务供应商后可能实现的资金节余；应把小微商业用户享有的 14 天冷静考虑期及时告知；应取消任何错误销售的合同；用户服务安排和流程，应方便于客户。[②] 这些原则要求，虽然由 TPIs 自愿遵守，但正确引导了 TPIs 的中介服务行为，而且一旦 TPIs 因不遵守这些原则而导致用户利益受损，将会受到 Ofwat 的惩治。

（5）监管机构和决策部门。Ofwat 和苏格兰水工业委员会分别是英格兰、苏格兰水务市场的经济监管者，负责监督、管制零售市场上的竞争，保证竞争准则如市场安排准则、批发—零售准则、零售退出准则、临时服务供应准则、用户利益保护实务准则等得到有效遵守，并在必要的时候修改这些规则；同时，还负责解决市场争端，保护用户和水务企业的利益；进行市场调查和市场行政执法，维护市场秩序。

Defra、威尔士政府、苏格兰政府都是公共决策部门，Defra 代表英国政府制定、创新英格兰地区的零售市场政策，与苏格兰政府就零售市场合作进行协商和战略决策，威尔士政府则就威尔士地区零售市场的进一步开

---

① Ofwat 不负责对 TPIs 核发许可证，但负责监管其市场服务行。

② Ofwat, 2017, *Protecting Customers in the Business Market-Principles for Voluntary TPI Codes of Conduct*, https://www.ofwat.gov.uk/wp-content/uploads/2017/03/Protecting-customers-in-the-business-market-principles-for-voluntary-TPI-codes-of-conduct.pdf.

放事宜做出战略部署。

2. 新的授权与变更市场（简称 NAV 市场）

NAV 既是英格兰和威尔士水务市场体系的构成部分，也是刺激市场竞争发展的手段，它为新生力量进入该市场提供了一种便利机制，也支持已经进场的水务公司扩展地盘，同时 NAV 制度也因零售市场全面开放而获得了新的发展。

如前所述，NAV 作为一项新的竞争机制，其前身是“插入授权”，相关政策首次于 1995 年发布，当年就有三个水务公司申请插入经营，1997 年 Ofwat 首次核发了两个插入经营许可证。自此至 2018 年 6 月底，共签发了 82 个 NAV 类型的许可证，仅从 2014 年以来，Ofwat 就核准发放了 30 个，占了自实施“插入授权”以来所核发数量的 36%。其中，新授予许可证 10 个，变更许可证 72 个；供水许可证 22 个，排污许可证 9 个，供水和排污服务许可证 51 个。各阶段 NAV 许可证的发放情况见表 7 -6 所示：

表 7 -6 英格兰和威尔士 NAV 许可证/插入授权核准情况一览（1997—2018 年）

<table>
<tr><th colspan="2">不同阶段 NAV 许可证核发数量</th><th colspan="2">许可服务类型</th><th colspan="2">许可标准</th><th colspan="2">服务资源</th></tr>
<tr><td>1997—2002</td><td>9 个；其中，N：1 个，V：8 个</td><td>供水服务</td><td>22</td><td>未服务的区域</td><td>67</td><td>大宗供应①</td><td>62</td></tr>
<tr><td>2003—2013</td><td>43 个；其中，N：5 个，V：38 个</td><td>排污服务</td><td>9</td><td>大用户</td><td>4</td><td>自有资源</td><td>16</td></tr>
<tr><td>2014—2017/03/30</td><td>17 个；其中，N：3 个，V：14 个</td><td rowspan="2">供水和排污服务</td><td rowspan="2">51</td><td>现任水务公司同意</td><td>10</td><td rowspan="2">批量供应 + 自有资源</td><td rowspan="2">4</td></tr>
<tr><td>2017/04/01 以来</td><td>13 个；其中，N：1 个，V：12 个</td><td>未服务 + 大用户</td><td>1</td></tr>
</table>

来源：Ofwat, 2018, *Register of New Appointments and Variations Granted to Date*, https://www.ofwat.gov.uk/publication/register-of-new-appointments-and-variations-granted-to-date/。

注：根据该登记资料，重新统计而成。其中，N 指新授予的许可证，V 指变更许可证。自有资源指的是 NAV 许可证持有者自己拥有管网处理等设施和水源地。

---

① 所谓大宗供应，或称批量供应，指现任水务公司向持 NAV 许可证的公司整体提供的大宗批发服务，包括大宗的供水服务或排污服务或者供水和排污服务。相对而言，Ofwat 更加鼓励产生更多的批量供应业务，因为它们既促进竞争，也有助于确保水资源得到有效利用。批量供应也可以发生在两个现任的水务公司之间。

（1）NAV 市场上的行动者。在 2014 年 1 月发布的《新的授权和变更：我们的政策声明》（New Appointments and Variations-A Statement of Our Policy）文件中，Ofwat 重申，“一项新的授权或变更许可，涉及新被授权的公司在某个特定的地理区域内替代了另一个公司。根据一定的标准，它允许某些用户选择不同的服务供应商”。这实际上也是对 NAV 制度的内涵进行了界定。在 NAV 市场上，除了宏观决策者、市场中介机构之外，其他主要的行动者如下图所示：

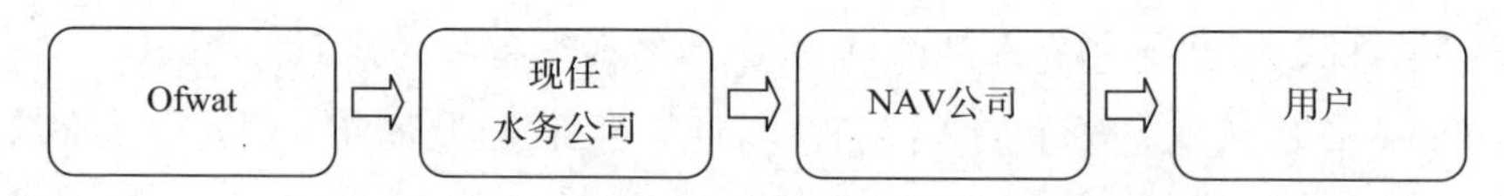

图 7 – 5　英格兰和威尔士 NAV 市场中的行动者

这里的用户，主要有如下几部分：首先是大用户，包括：在英格兰地区，其每个营业场所的年度用水量（或可能使用的水量）至少为 5000 万升的用户；在威尔士地区，其每个营业场所的年度用水量至少为 2.5 亿升的用户；其次是“未被服务”区域中的家庭用户和商业用户；最后，是现任水务公司同意并转让的家庭用户和商业用户。由此来看，大用户门槛和能够为家庭用户提供服务，是 NAV 市场与零售市场的重要区别。

NAV 公司，即 NAV 许可证持有者，是 NAV 市场上的服务“生产者”，直接为用户提供服务。它们包括两种类型：

第一，新的被授权者，也即新受权者（New Appointees）。所谓“新的授权”，就是 Ofwat 许可某个有限公司首次为某个特定地理区域内的用户提供供水服务或排污服务或供水和排污服务。截至 2017 年 3 月 30 日，英格兰地区有 8 个新受权者运营着 70 个服务片区，为大约 6 万个家庭用户和 700 个商业用户提供服务。

第二，获得变更许可的水务公司。所谓变更许可，是指已获授权的水务公司向 Ofwat 申请变更其现有执照，将其既定的服务区域扩展到其他地理区域，Ofwat 经审核决定是否为其签发变更许可证。[①] 表 7 – 6 显示，绝

① Ofwat, 2014, *New Appointments and Variations-A Statement of Our Policy*. https://www.ofwat.gov.uk/wp-content/uploads/2017/09/Statement-of-NAV-policy.pdf.

大部分 NAV 公司持的是变更许可证。

而所谓现任水务公司，就是 NAV 执照申请者拟进入区域的现有法定水服务承办商。[①] 然而，一旦某个 NAV 申请者被授权，它就在某个地理区域内替代了现任水务公司，变成了该片区内的新的供应商，提供、拥有、运营“最后一英里”的现场基础设施和零售服务。正是在这个意义上，把这种 NAV 形式的竞争引入水务市场，被视为一种充分利用市场力量挑战现任水务公司、提高服务效率、刺激创新的一种手段，[②] 从而推动形成更高层次的竞争格局。

（2）NAV 市场监管。Ofwat 作为水务市场的监管者，负责按照《1991 年水工业法》7（4）（b）条款的授权，审批 NAV 申请，监管该市场的运行。自 2014 年以来专门就 NAV 机制发布了 10 多份重要文件，对新形势下如何促进 NAV 市场制度的发展提出了政策主张。主要可概括为如下两大方面：

第一，NAV 许可的标准和原则。Ofwat 在决定是否给予申请者新的授权或变更许可证时，目前根据的是三个标准条件。[③] 包括：一是“未服务”（unserved），即该区域尚没有通过现任水务公司的基础设施而提供水服务；[④] 二是大用户的意愿，即符合所规定的年度用水量的英格兰和威尔士大用户，要求更换其服务供应商即现任水务公司；三是现任水务公司同意转让，即申请者拟进入区域中正在提供服务的法定水务公司同意转让一部分服务区。申请者必须满足上述三个标准中的某一个。对表 7－6 所显示的

---

① 到 2014 年时英格兰和威尔士地区共有 22 个这样的法定水务公司。

② Ofwat, 2017, Study of the Market for New Appointments and Variations-Summary of Findings and Next Steps, https://www.ofwat.gov.uk/wp-content/uploads/2017/10/20171010－NAV-study-findings-and-next-steps-FINAL.pdf.

③ Ofwat, 2014, *New Appointments and Variations-A Statement of Our Policy*. https://www.ofwat.gov.uk/wp-content/uploads/2017/09/Statement-of-NAV-policy.pdf.

④ “未被服务”指的是未被某个法定水务公司服务，但这些区域的用户也可能通过其他途径如私人供应而获得了服务。因此，Ofwat 于 2018 年 1 月发布了一份解释文件，即《NAV 申请的未被服务条件》（Applications for New Appointments and Variations（NAVs）Under the “Unserved Criterion”, 2018），把“未被服务”明确界定为：该地点没有被连接到现任水务的供水或排污基础设施。

数据进行计算可知，因某区域“未服务”而被授权的，占 NAV 公司总数的 81.6%，其服务对象包括大量新居民家庭及开发商。不过，鉴于第二个条件的存在，进入 NAV 市场的门槛显然比进入零售市场高，对拟进入 NAV 市场的公司的能力、资源上的要求也高于零售市场上的一般企业。

Ofwat 在对 NAV 申请者进行评审时所遵循的原则主要有：一是竞争者原则，即把新获授权者看作是现任水务公司的“批发客户”[①] 和直接竞争者；二是基于“逐场”（Site-by-site）和“全公司”（Company-wide）评估的原则，即在原则上要对申请者已有的服务区和正在申请的服务区，对其公司体系与业务所覆盖的各个方面，都逐个进行深入谨慎的评审，从而正确平衡和判断申请者的优点；三是确保用户不遭遇更坏服务并得到充分保护的原则，其中包括不支付比现有价格更高的水费，提高水价须与高水平的服务相匹配，不对现任公司的现存服务用户产生消极影响；四是财务可行性原则，申请者必须证明在其所申请的每个服务区拥有开展服务的财务可行性、每个服务区的财务情况对整个公司的影响、财务安全保护计划，以及所考虑到的所有风险因素、相应的应对预案等；五是运营可行性原则，即申请者应证明其在技术上、运营管理上拥有实现服务功能的能力。

2015 年 12 月，Ofwat 发布了《新的授权与变更：我们的程序声明》（New Appointment and Variation Applications-A Statement of Our Process），就如何处理和评估 NAV 申请的程序做出了说明。

第二，NAV 市场的关键议题。主要有两大议题，首先是 Ofwat 对 NAV 公司的监管方式。在这一点上，Ofwat 明确表明，NAV 公司须同样承担《1991 年水工业法》所规定的适用于其他所有水务承办商的职责和义务。这些责任和义务也体现在 Ofwat 授予许可证时所施加的条件上。当然，鉴于这些新任公司的规模，Ofwat 会力求尽量减少监管及其负担，如在不影响用户利益的前提下，暂停某些条件直至其完全具备相应的承担能力为止。

---

① 即从现任公司那里通过批发方式购买供水、排污或者两者兼有的服务，然后再为自己的用户提供服务。因此在这个意义上，它们也是现任公司的大客户。

第三是批量服务价格。NAV 公司特别是其中首次进场的“新的受权者”，如果缺乏自己的水源或水处理工程，就需要从现任水务公司批发购买服务（供水、排污、供水和排污）以供应自己的用户。表 7 - 6 显示，需要批发购买服务的，占 NAV 公司总数的 76%。因此，批量服务的价格是一个影响广泛的问题。而在已经开放的 NAV 市场上，在 Ofwat 的价格上限前提下，[①] 这是可以自由讨价还价的。如 NAV 申请者与现任水务公司不能就批量服务价格达成协议，则可根据《1991 年水工业法》第 40 条的规定，寻求 Ofwat 做出决定。如果达成协议之后无法支撑，也可以根据该法第 110A 条的规定寻求 Ofwat 解除协议。

为了指导大宗费用的议价行为，Ofwat 曾于 2011 年提出了定价三原则，[②] 2013 年还制定了批量供应协商的框架指导。[③] 随着零售市场的全面开放，商业用户拥有了选择自由，这直接导致 NAV 市场上的价格竞争越来越激烈，不少 NAV 公司都为用户降低了水费。但是，现任水务公司的批量服务收费（即“大宗费用”）未必能够降低。而且，随着现任水务公司退出零售商业市场，它们也不再制定针对商业用户的收费标准。[④] 因此大宗费用定价愈益成为 NAV 市场上的一个突出问题。此外，还存在着其他一些问题，如监管政策和申请过程中存在的标准模糊性问题，现任水务公司为 NAV 公司提供服务时缺乏透明性、及时性和效率的问题，NAV 公司在为发展商[⑤]和终端用户提供服务时也存在着来自诸多障碍。最终，这些问题导致 NAV 尚不能在一个公平竞争的环境中与现任水务公司、私人供应者并驾

① 即 Ofwat 通过周期价格评审，分别为每个现任的区域垄断性法定水务公司直接设定价格限制。

② 定价三原则是：应合理地反映与服务提供相关的成本，应促进资源的有效利用和供水行业内的有效竞争，与履行有关职责和义务相一致。参见 Ofwat，2011，*Bulk Supply Pricing-A Statement of Our Policy Principles*，https://www. ofwat. gov. uk/wp-content/uploads/2015/10/pap_ pos110228navbulksupply. pdf。

③ Ofwat，2013，*Negotiating Bulk Supplies-A Framework*. https://ppp. worldbank. org/public-private-partnership/sites/ppp. worldbank. org/files/documents/UK_ Negotiation%20bulk%20supplies_ EN. pdf.

④ Ofwat，2017，*New Appointee Charging for Non-household Customers in an Area Affected by Retail Exit*. https://www. ofwat. gov. uk/wp-content/uploads/2017/12/New-appointee-charging-for-non-household-customers-in-an-area-affected-by-retail-exit - 1. pdf.

⑤ 主要指地产公司。

齐驱。

为了解决 NAV 市场上存在的障碍问题，Ofwat 于 2016 年 12 月委托欧洲最大的经济咨询机构之一——“前沿经济学”（Frontier Economics）对 NAV 市场运行情况进行了一次调查，重点调查哪些因素在阻碍、限制、扭曲该市场上的有效竞争以及妨碍到什么程度，并提出可能的解决方案。2017 年 10 月，Ofwat 发布了该调查研究报告，系统叙述和分析了有关申请过程、服务行为和大宗定价三大方面的障碍，逐一提出了回应意见。① 其中，有关 NAV 许可证的标准，是《1991 年水工业法》设置的，调整这些标准需要修改立法；而对于属于 Ofwat 职权范围内的问题，则将充分利用其监管工具，促进有效竞争的实现。

作为回应，威尔士政府同年专门为 Ofwat 就有关对发展商、大宗供应及接入供水主管的水费问题，制定了定价指导；② 2018 年 4 月，Defra 在 2016 年的《Ofwat 定价指南》的基础上，也专门为批量供应定价问题对 Ofwat 签发了一份补充指导。③ 在这样的背景下，Ofwat 就最突出的大宗供应价格问题，于 2018 年 5 月发布了最新指导。在此最新价格指导中，Ofwat 对 2011 年提出的大宗供应定价原则、2013 年制定的大宗供应协商框架进行了补充，列明了在英格兰和威尔士地区的现任水务公司为 NAV 公司提供大宗服务定价时应采用的方法，此方法中包含四个关键因素，即：批发价或成套服务价、现场持续成本、现场资产的资本加权平均成本、折旧。批发价或成套服务价是扣除相关费用的起点，现场持续成本、现场资产的资本加权平均成本、折旧就是应该扣除的成本。同时，Ofwat 还提供了一套

---

① Ofwat, 2017, *Study of the Market for New Appointments and Variations-Summary of Findings and Next Steps*. https://www.ofwat.gov.uk/wp-content/uploads/2017/10/20171010 – NAV-study-findings-and-next-steps-FINAL.pdf.

② Welas Government, 2017, *Charging Guidance to Ofwat Relating to Developer Charges, Bulk Supply Charges and Access Charges*, http://www.assembly.wales/laid%20documents/gen-ld11331/gen-ld11331 – e.pdf.

③ Defra, 2018, Water Industry: Guidance to Ofwat for Water Bulk Supply and Discharge Charges, https://assets.publishing.service.gov.uk/government/uploads/system/uploads/attachment_data/file/696389/ofwat-guidance-water-bulk-supply-discharge-charges.pdf.

计算公式。[①] 上述这些价格指导，将对解决妨碍 NAV 市场顺利发展的大宗服务价格问题具有积极的意义。

3. 连接市场

根据 Ofwat 的定义，“连接市场”（Connections Market）这一术语专门用以描述两种形式的市场，一是利用服务管道或侧排渠接入现有的公共供水或公共下水道系统；二是设置新的供水总管或公共下水道。[②] 这里的“连接”，特指第二种，即为家庭用户和商业用户提供服务之目的，而进入公共供水或排污管网的所有的新连接。

“在英格兰和威尔士的水务部门中，新连接的提供是目前该部门客户可以选择服务供应商的为数不多的几个领域之一”[③]。自来水行业作为一种网络型市政事业，管网连接是其鲜明的技术和物理特点。因此，连接市场既是零售商业市场、NAV 市场的必不可少的技术和物理支撑，也是后两者整体运转过程中必不可少的构成环节。当零售商业市场、NAV 市场开放后，必须同时开放连接市场。而连接市场本身也是一个相对独立的可竞争性体系，包括设施设备招标采购、管网铺设工程外包、工程质量第三方监测等业务流程，每个流程都可以引入竞争方式。2014 年以来，连接市场已经发展成为一个开放、公开、透明的市场。这个市场上的关键行动者，包括监管机构、提供新连接服务的主体、用户。

Ofwat 作为经济监管者，负责监管垄断性水务公司、NAV 公司、特许自铺供应商（Accredited Self-lay Providers，即之前的“自铺”组织 SLO，习惯上仍用 SLO 的称谓）的履职行为，审核授权资质、核发许可证，进行价格指导，监督日常服务绩效，处理终端用户投诉（但一般不直接接受家庭用户投诉）。提供新连接服务的主体有如下三类：现任垄断性水务公司、SLO 和 NAV 公司。

---

① Ofwat, 2018, *Bulk Charges for NAVs: Final Guidance*, https://www.ofwat.gov.uk/wp-content/uploads/2018/05/Bulk-charges-for-NAVs-final-guidance.pdf.

② Ofwat, 2014, *Improving Services For Customers On New Connections*, https://www.ofwat.gov.uk/wp-content/uploads/2015/11/prs_in1416newconnections.pdf.

③ Ofwat, 2016, *Enabling Effective Competition in the Provision of New Connections*, https://www.ofwat.gov.uk/wp-content/uploads/2015/09/pap_pos20160426developerservices.pdf.

其中，垄断性水务公司的主要职能体现在两方面：一方面，为家庭用户提供的新连接服务。这类服务又被细分为两类：一类是为了生活之目的（如烹饪、洗涤、集中供暖、卫浴设施）而提供的新连接服务，这些新连接须进入公共供水总管和公共下水道，因此这类服务也被称作是“申报使用基础设施”（Requisitioning Infrastructure）类服务；另一类是非生活类（游泳池、花园浇灌）的新连接服务。这些服务需求可以由住宅业主、使用者提出，也可以由发展商在开发建设住宅区时一并提出。对于家庭用户为了生活之目的而提出的新连接服务需求，垄断性水务公司根据《1991 年水工业法》赋予的法定职责必须回应和满足。对于非生活类的新连接服务要求，垄断性水务公司须在先确保供水能满足当地居民生活需求的前提下再予以考虑，而且须以公司与家庭用户之间签署协议的方式来提供服务，该协议条款则由 Ofwat 来确定；另一方面，为开发商、SLO、NAV 公司提供的服务。其中，开发商在建设民用或非民用工程时，必须按照有关规定做好包括自来水在内的公用事业管线终端接入的基础性工作。为此，英格兰和威尔士的所有水务公司于 2014 年 10 月全体签署了一套一致性服务标准，涵盖了管道连接过程中的所有关键步骤。英国政府也发布了《更好的连接：住宅公用设施建设实务指南》（Better Connected：A practical Guide to Utilities for Home Builders，2015），开发商须在符合有关住宅公用设施标准的前提下，才能申请接入公用事业管线。

SLO、NAV 公司既是连接市场上服务的提供者，同时也是垄断性水务公司的客户。Ofwat 要求所有垄断性水务公司应该对作为客户的开发商、SLO、NAV 公司进行区分，认识到这些客户的需求可能与供水和排污服务的终端用户不同，并对之贯彻良好的客户服务原则。[①] 垄断性水务公司有责任确保 NAV 公司、SLO 所使用的管网设施、施工程序、作业质量符合标准，并与每个与之合作的 NAV 公司、SLO 签署合作协议。这些合作协议必须遵守 Ofwat 制定的协议适用准则，此外，如果垄断性水务公司没有申请

① Ofwat，2014，*Improving Services For Customers On New Connections*，https://www.ofwat.gov.uk/publication/in-1416-improving-services-for-customers-on-new-connections/.

退出零售商业市场，也可以为商业用户提供用以商业、工业之目的连接服务。

另外，水工业界的行业协会，诸如英国水协会（Water UK）、“公平水连接”（Fair Water Connections）[1] 等，一方面对这些新兴的组织提供支持；另一方面也强化行业内部的行为自律，制订不少相关行业规则。如英国水协会于2017年5月发布第三版《自铺供水管道与服务实务守则——英格兰和威尔士》（Code of Practice for the Self-Laying of Water Mains and Services-England and Wales：Edition 3.1），对于进一步规范市场秩序也具有积极的意义。

目前，连接市场已经成为充分竞争的市场，所有终端用户（包括家庭用户，也包括非家庭用户）都可以自主选择连接服务供给主体中的任何一类。

4. 招投标市场

这里的招投标市场，指的是水务公司为了解决内部面临的问题、压力与挑战，采取外源化途径，通过招投标方式寻求第三方参与以提供解决方案。第三方供应商可以是其他水务公司，也可以是来自不同部门的独立公司。

水务招投标实质上是水务企业服务合同外包战略的构成部分，伴随着英格兰和威尔士水务市场服务外包的发展而发展。但与一般的服务外包不同的是，水务招投标市场作为一种竞争机制，外包出去的业务都与各水务公司每五年制定的《水资源管理计划》（WRMP）所载明的挑战性问题有关。近年来，这些问题集中在如下方面：供需平衡问题及其未来的压力，水资源和环境质量问题，服务系统和服务水平的维持、改善，用户对水费的承受力等。[2] Ofwat把招投标市场中第三方供应商参与解决的问题，限定在水资源、渗漏及需求管理三个方面。

解决这些问题，目前的水务市场上存在着两种选择：一是可以通过水

---

① 由特许自铺供应商成立的联合会。

② EA，NRW，2016，*Final Water Resources Planning Guidelines*，https://naturalresources.wales/media/678424/ea-nrw-and-defra-wg-ofwat-technical-water-resources-planning-guidelines.pdf.

权交易获得更多的水源；二是对用水需求进行优化管理，提高用水效率。一个有效运转的招投标市场可以使第三方能够参与进来并提供答案选择，从而使水务公司在更广阔的市场上找到新的更有价值的方式，善用外部资源来优化内部资源和关键业务，以更低的成本提高管理和服务效率。这正是水务招投标市场的意义所在。

但是，在零售市场、NAV 市场和连接市场风生水起的情况下，招投标市场近年来的发展态势反而逊色于以往，主要表现为第三方进入受阻。对此，Ofwat 认为，这可能是由于信息缺乏、竞标成本、水务公司偏好内部解决方案等原因导致的。[①] 为了刺激招投标市场的进一步发展，鼓励创新性解决方案，并给予潜在的第三方供应商以信心，Ofwat 提出了一些新方法，主要包括三大关键举措：一是要求水务公司提交招投标评估框架；二是建立水资源市场信息平台；三是鼓励水交易。

（1）公司招投标评估框架（Company Bid Assessment Frameworks，以下简称 CBAF）。这是 Ofwat 在 2016 年 5 月发布的《2020 年的水：我们对英格兰和威尔士供水与排污服务的监管方式》文件中首次提出的新举措。它要求 18 个区域垄断性水务公司应发布其招投标评估框架，列明它们在评估第三方供应商投标时所将遵循的策略和程序，其中把第三方供应商参与的领域限定在水资源供应、渗漏及需求管理三个方面。[②] 此后，Ofwat 把 CBAF 纳入了“2020—2025 年价格评审”（即 PR19）中。在 2017 年 7 月发布的 PR19 定价方式咨询文件附录 9 中，Ofwat 要求垄断性水务公司从 2019 年起须发布招投标评估框架，同时还列明了垄断性水务公司制订招投标评估框架时应遵守的三项关键原则，即透明原则、平等待遇原则和比例原则。

其中，透明度原则要求垄断性水务公司选择第三方供应商的程序和回报标准对所有投标者都是透明的，如此才能表明垄断性水务公司采购招标过程的每个步骤都遵循了平等待遇和不歧视原则。平等待遇原则要求垄断性水务公司应赋予所有潜在的供应商竞投合同的平等机会，所有的标书都

---

① Ofwat, 2016, *Water* 2020: *Our Regulatory Approach For Water and Wastewater In England and Wale*, https://www. ofwat. gov. uk/water – 2020 – regulatory-approach-water-wastewater-services/.

② Ibid. .

能够得到客观的比较。比例原则要求垄断性水务公司所采取的措施须有利于实现所追求的目标，不能超出实现这一目标所必需的条件，从而不给潜在的投标者增加投标成本。对这三项关键原则，垄断性水务公司在其招投标评估框架中应明确地承诺遵守。此外，Ofwat 还建议应分设单独的采购小组（即没有参与任何投标前的接触或参与其他现行业务）负责监督招标程序，以防止利益冲突，确保没有实际的或被感知的偏见，防止滥用投标者标书中所披露的商业敏感信息。①

把垄断性水务公司招投标评估框架纳入价格评审中，这一举措在以往的价格评审中不曾出现。这意味着，垄断性水务公司是否制订和发布招投标评估框架，以及其未来的招投标绩效，将成为 Ofwat 评审其收费水平的尺度之一。为了指导垄断性水务公司制定合格的招投标评估框架，Ofwat 还在 PR19 定价方式咨询文件附录 9 中提供了参考模板。

（2）水资源市场信息平台。为了支持招投标市场的发展和运作，使第三方供应商充分了解垄断性水务公司的现有水资源数据、需求管理、渗漏服务等关键信息，以确定最佳机会，Ofwat 要垄断性水务公司以一致的格式及时发布相关信息。2017 年 10 月，Ofwat 发布了《水资源市场信息指南》（Water Resources Market Information Guidance），阐述了对水务公司公开信息的要求，统一制作了“水资源市场信息电子表格模板”（Water Resources Market Information Spreadsheet Template）。这是一种 Excel 格式的标准模板，垄断性水务公司提交信息时须按照该模版填写。除了电子表格数据之外，各垄断性水务公司还须制作一份水资源区（Water Resources Zone，简称 WRZ）边界图，可导入地理信息系统（GIS）。各垄断性水务公司的电子表格数据和 WRZ 边界图都随其水资源管理五年计划（WRMP）一并提交、发布，其中的数据至少要有 25 年的有效期。Ofwat 的官网与各垄断性水务公司的水资源市场信息网页链接起来，任何人只要点开 Ofwat 或水务公司的相关网页，都可以搜索到各垄断性水务公司标准模板的水资源市

① Ofwat, 2017, *Delivering Water* 2020: *Consultation on PR*19 *Methodology Appendix* 9: *Company Bid Assessment Frameworks-the Principles*, https://www.ofwat.gov.uk/wp-content/uploads/2017/07/Appendix-9-Company-bid-assessment-frameworks-the-principles.pdf.

场数据信息和 WRZ 边界图。当然，这些信息的披露以不会违背国家安全利益、不会损害和影响任何人的利益为前提。

对水资源信息的监管，最重要的是对信息质量的监管。Ofwat 要求上述垄断性水务公司保证其发布的信息是真实可信的，并对每个公司的信息质量进行一系列测试。具体的监管措施和要求，落实在 Ofwat 针对每个垄断性水务公司而制定的“公司监管框架”中。

（3）水交易。水交易的实质是指供水公司从其他水务公司或第三方供应商那里购买原水或经处理的水，再向自己的用户供水。为了长期保证各地的供水服务，各个区域垄断性水务公司每五年制定的水资源管理计划中都包含了有关水交易的措施。

不过，水交易的发生并非是因为市场竞争推动的结果，而是水务公司的使命使然。当一个水务公司可供提取的水资源匮乏时，就会向其他水务公司购买。如今英格兰和威尔士水务公司之间的大部分水交易协议，是在 1989 年私有化之前就签署的而且永久有效的，不过实际上发生的交易量很低。自 1989 年以来，水交易量开始提升，大约占供水配水总量的 4%—5% 之间。随着零售市场、NAV 市场的开放，水交易也变成了有利可图的事情。为了推动市场的发展以及取得其他方面的效益如经济和环境效益，Ofwat 一直在推动提升水交易量。根据 Ofwat 公开的数据，几乎所有的区域垄断性水务公司都参与了水交易活动。

规范水交易活动，实质上是规范垄断性水务公司的批发行为和大宗供应行为。在进行 2015—2020 年价格评审（PR14）时，Ofwat 引入了水交易激励机制，旨在推动垄断性水务公司规范开展水交易活动，保障 2017 年 4 月 1 日开放的零售市场的发展。2018 年 5 月，Ofwat 发布了有关水交易及采购行为的准则，以指导水务公司之间或者与第三方供应商之间的水交易活动。其中提出 PR19 将继续坚持水交易激励机制，对于符合条件的水交易活动，Ofwat 将在水价上予以回报。[①]

---

① Ofwat, 2018, *Trading and Procurement Codes-Guidance on Requirements and Principles*, https://www.ofwat.gov.uk/wp-content/uploads/2018/05/Trading-and-procurement-codes-guidance-on-requirements-and-principles-final2.pdf.

四　小结

培育、促进和规范市场竞争行为，是英格兰和威尔士水务市场经济监管的重要内容。自 1989 年至今，不断推进水务市场竞争，是英国政府的一个重要使命，英格兰、威尔士甚至苏格兰水务市场上的竞争性体系都取得了长足进步。特别是最近十多年来，水务部门要应对未来的供水格局，考虑气候变化、人口增长以及干旱和洪水等自然灾害带来的挑战，同时还要应对客户更高的服务水平需求，必须采取新的政策方式和方法，促进水务行业内的竞争和创新。为此，英格兰和威尔士水务行业再度、逐步进行市场结构重组，采取了不少引入竞争机制的新措施，如放宽准入、取消新企业进入水务市场的法律壁垒，开放终端非家庭用户和大用户市场，拆分业务链条，支持区域垄断性水务公司打破原有的一体化业务模式、将具有自然垄断性的管输业务与竞争性的终端服务业务分离，从而实现管道的第三方准入，扩大批发授权以使新进入者能够在批发市场上获得资源并与现任水务公司公平竞争，允许参与的资本获取合理的利润等。这些措施使竞争性深深嵌入了这一自私有化之后所形成的传统的区域垄断性市场，形成了一些崭新的竞争性水务子市场和更高层次的竞争格局。

第八章　社会性监管：水资源保护管理

对水资源的保护和管理是水务领域社会性监管的重要内容。当代英国实行水资源的国家综合管理体制，制定水资源综合管理战略与规划是实施水资源综合管理的重要工具，也是水务政策制定部门及其执行机构贯彻落实水资源法律法规的行动步骤。目前在英格兰和威尔士，水资源管理战略规划由宏观决策部门、执行机构和水务公司三个层面分别制定发布，密切衔接，依次执行，逐级负责，从而在水资源保护管理方面建立了相对完善的机制，积累了值得学习的经验。本章主要介绍了英格兰和威尔士地区水资源环境保护管理的制度及实践。

一　水资源综合管理体制与战略

（一）水资源综合管理体制

当今英国实行以流域为基础的水资源综合管理体制（Integrated Water Resources Management，IWRM），这也是欧盟《水框架指令》的核心要求。在英格兰和威尔士，水资源由中央政府实施综合管制，包括规划、组织、指挥、协调和控制水资源利用的所有行为。具体而言，水资源综合管理包括水权管理、开发利用及利用效率、水质管理与排污控制等内容。

实行水资源的国家管制，必须先解决水资源产权问题。所谓水资源产权是指水资源稀缺条件下人们有关水资源权利分配的一套制度安排，包括对水资源的所有权、经营权、使用权和收益权。如第二章所述，英国长期奉行河岸权制度，不存在私人对水资源的独立的所有权，而是把水资源的权利与土地权利联结在一起，“水权只是依附于土地上的一种权利且不可与土地分割”[①]。进入现代社会以后，随着国家对水务干预的程度越来越深，河岸权开始发生变化，逐渐转变为水资源的国家所有制。这是一个持续了大约半个世纪的渐进过程，是与英格兰和威尔士水务综合性管理体制的创建过程融为一体的，这一过程可以划分为如下三大阶段，并以一些重要的水务管理制度创新事件为关键标志（见图 8－1）。

20世纪三四十年代：	20世纪五六十年代：	20世纪70年代以来：
1）1930年建立47个流域委员会，开始以流域为基础实施水资源管理； 2）1945年初创取水许可证制度； 3）1948年建立32个河流委员会，确立流域为基础的管理结构	1）1951年建立河流排污许可证制度； 2）1963年出台第一部水资源法，建立一个全国水资源委员会，和27个河流管理局，全面实施取水许可证制度	1）1973年建立国家水务委员会和10个地区水务局； 2）1987年组建国家河流管理局； 3）1989—1991年，在水务私有化的同时，进一步健全国家河流管理局水资源管理职能； 4）1996年成立环境署； 5）2003年改革和完善取水许可证制度，强化水资源监管合力； 6）2014年继续改进许可证框架，强化水资源利用的可持续性

图 8－1　英格兰与威尔士水资源管理制度变迁情况

以流域为基础实施水资源综合管理体制，正式起步于 20 世纪 30 年代，《1930 年土地排水法》是创建该体制的源头和起点，根据此法英格兰和威尔士建立了 47 个流域委员会。这一体制在接下来的十年间获得了新的发展，如《1945 年水法》标志着国家供水政策和取水许可制度的开始，《1948 年河流委员会法》正式规定以河流流域为基础建立综合性管理机构，以 32 个河流委员会取代了过去的流域委员会。在 20 世纪 50—70 年代，英国中央政府对水资源进一步集中管理，表现在：《1951 年河流（防治污染）法》引入了排污许可证制度；《1963 年水资源法》继续了创建水资源综合管理结构的过程，确立了取水许可制度，奠定了当代英国水资源管理

① 刑鸿飞：《论作为财产权的水权》，《河北法学》2008 年第 2 期。

的框架;《1973 年水法》规定在中央政府创建一个单一的统一机构,承担起全部水务功能,在地方上则以流域为基础建立了国家控制下的地区水务局。

20 世纪 80 年代以来,英国中央政府对水资源集中统一管理的程度进一步加强,各种相关制度也逐步更加完善。例如,《1989 年水法》设立了国家河流管理局的职权,根据此法还于同年修改了水资源许可证条例,形成了“中央对水资源按流域统一管理与水务私有化相结合的管理体制”①;《1991 年水资源法》再次对国家河流管理局的职能进行规设,规定国家河流管理局有权对违反水资源法的个人或公司提出刑事指控;《1995 年环境法》根据“全球水伙伴”(Global Water Partnership)有关建立“水资源综合管理”模式的要求,以及欧盟《水框架指令》有关水资源与自然环境综合管理的要求,撤销了国家河流管理局,成立了环境署,统一负责自然环境保护事宜;《2003 年水法》以保证水资源的可持续利用为指导思想,确立了 IWRM 模式,在各监管机构之间建立起水资源保护管理的合作框架,改变了以前取水许可证无期限的状态,规定其使用期限是 12 年,而且政府有权将其缩短到 6 年;《2014 年水法》改进了水资源管理和旱灾管理方式,改进了环境许可框架流程,简化运营商申请许可证的程序,把分散的许可证合并为一个许可证,把管理河流地图的责任移交给环境署和威尔士自然资源局。

总之,经过长达近一个世纪的努力,一个以流域为基础的、中央政府集中统一管理、水资源所有权与使用权相对分离的水资源体制建立了起来。这套体制镶嵌在国家对自然资源综合统一管理的体制框架内,水资源所有权属于国家,国家对水权进行初始配置,而对水资源的使用权则实行申请、许可、登记制度。在推动水资源综合管理的过程中,英国形成了一整套水资源管理的成文法。仅自 1963 年颁布首部水资源法迄今,英国议会、Defra 及其前身、三个授权地区的自治政府制定发布了 30 部以水资源

---

① 可持续流域管理政策框架研究课题组:《英国的流域涉水管理体制政策及其对我国的启示》,《水利发展研究》2011 年第 5 期。

命名的法律、法规和规章，其中属于一级立法的有 4 部，迄今有 3 部依然有效；水资源条例 20 部，部长令 4 部，都依然发挥着作用。

（二）水资源综合管理战略

水资源综合管理战略是英国中央政府、威尔士政府为落实水资源法律法规，而所做出的重大的、全局性的、未来的目标、方针和任务的谋划，是统筹全局的方略。根据相关战略，执行机构、地方当局及各区域垄断性水务公司再制定出相关的执行规划、行动计划，三个层面密切衔接，逐级负责（见图 8 –2）。

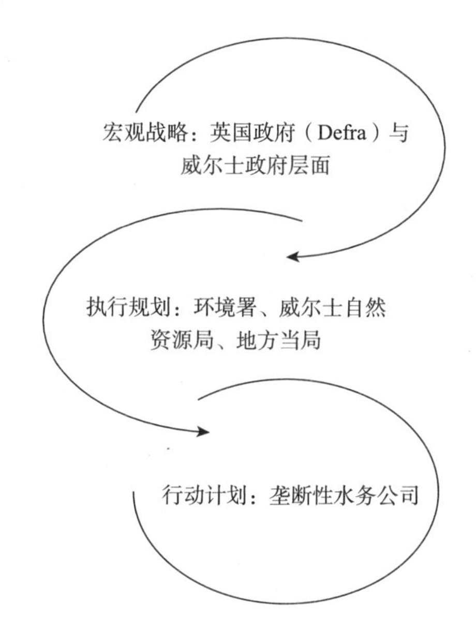

图 8 –2　英格兰和威尔士水资源管理战略规划结构体系

就宏观战略而言，水务私有化之后，特别是自欧盟《水框架指令》实施以来，包括英国在内的各欧洲国家都高度重视水资源管理和水务长期发展战略性政策的制定。其中，英国政府、威尔士政府所制定的影响重大的水资源管理战略如表 8 –1 所示；在苏格兰和北爱尔兰政府，基本上由执行机构代表内阁部门，直接制定行动规划。

表 8 –1　最近 20 年英国政府、威尔士政府关于水资源管理战略一览

名　称	主要内容
《负责任地取水：英格兰和威尔士取水许可证制度改革意见征询后的政府决定》（Taking Water Responsibly：Government Decisions Following Consultation on Changes to the Water Abstraction Licensing System in England and Wales. DETR and Welsh Office，1999）	提出了“国家取水管理战略”（National Abstraction Management Strategy），从国家发展战略层面论述了流域综合管理和取水许可证制度改革的愿景及策略。
《指点江河：未来水政策的优先事项》（Directing the Flow：Priorities for Future Water Policy. Defra，2002）	包括 5 章内容，提出了可持续发展的水政策框架，包括自 2002 年之后 20 年的战略目标、关键问题和优先事项、政策方向和原则、行动要点及水政策在一揽子政府目标中的定位。
《未来之水：英格兰的水战略》（Future Water：The government's Water Strategy for England. Defra，2008）	包括 10 章内容，对英格兰水资源面临的压力、水需求与供给状况及未来趋势、自然界中的水质、地表水排放、河流与海岸洪水、温室效应、水费、监管框架、竞争与创新等进行了系统的分析，提出了自 2008 年之后 30 年间八大新的战略愿景，以及相应的 61 项行动规划。
《生命之水：白皮书》（Water for Life：[White Paper]. Defra，2011）	包括 7 章内容，在取水许可制度、水务行业改革、水环境管理、节约用水等方面提出了全面的改革方针和行动措施，并辅以环境署的“改革案例”支持改革的证据。
《河流流域规划指南》（River Basin Planning Guidance. Defra，EA and Welsh Government，2006，2008，2014）	这三个版本的指南提出了制定流域管理规划的原则、关键步骤、内容框架，用以指导环境署、威尔士自然资源局制定流域管理规划，是指导这些执行机构实际落实欧盟《水框架指令》的法定指南。它们并没有详细阐述流域规划过程的细节，而是将其交付执行机构具体决定。
《威尔士水战略》（Water Strategy for Wales. Wales Government，2014）	该战略以《战略环境评估》和《生境监管评估》为支撑，为未来至 20 年及其后的水政策设定了战略方向，明确了威尔士政府的愿景、优先事项和原则。
《水资源规划：水务公司如何保证为家庭和商业用户安全供水》（Water Resources Planning：How Water Companies Ensure a Secure Supply of Water for Homes and Businesses. Defra，2017）	为英格兰和威尔士的水务公司如何制定其水资源管理规划提供指导。
英格兰和威尔士水资源战略（Water Resources Strategy for England and Wales，2009）	在水环境、水资源和水价值三个方面，提出了英格兰和威尔士到 2050 年及其后水资源管理的战略措施。

续表

名　称	主 要 内 容
威尔士水资源战略（Water Resources Strategy for Wales，2009）	在水环境、水资源和水价值三个方面，提出了威尔士到2050年及其后水资源管理的战略措施。由于威尔士水资源压力的性质和规模有时与英格兰不同，处理问题的立场和方法也有所不同，因此该战略只针对威尔士。

上述水资源管理战略要求政府职能部门、执行机构，以及关键的利益相关者合作，提高水资源使用效率和效益。其中，《负责任地取水》确立了最近20年来英格兰和威尔士流域综合管理和取水管理的制度框架，其中又包含两个最重要的战略：一是集水区取水管理战略（Catchment Abstraction Management Strategy，CAMS）；二是取水许可战略（Abstraction Licensing Strategies，ALSs）。

为了落实《1995年环境法》有关建立"水资源综合管理"模式的要求，英国开始启动了新的水资源体制改革，并从取水许可制度入手，这项改革被命名为CAMS。CAMS旨在从整体上对英格兰和威尔士地区特定河流或其他水体中可用于抽取的水量进行评估，以此决定是否、在多大程度上进行取水许可，从而保护水资源。CAMS包括国家层面和每个集水区层面两级战略，国家层面由环境署负责制定，集水区层面由各地方当局与关键利益相关者使用环境署规定的框架共同制定。

CAMS进程于1999年启动、2001年正式实施。1999年3月，Defra发布了政策文件《负责任地取水：英格兰和威尔士取水许可证制度改革意见征询后的政府决定》，从国家发展战略层面，论述了集水区综合管理和取水许可证制度改革的愿景及策略，要点有二：一是改变取水许可证授予的条件，除了具体的水资源权和职责能力等要素外，还应有其他要求，包括成本和收益、促进可持续发展和农村地区的需要等；二是将取水许可证的无限期使用改为有限期使用。根据这份文件，环境署于2000年4月制订发布了一份咨询文件，即《取水管理：走向共享战略》（Managing Water Abstraction：Towards A Shared Strategy），提出了构建CAMS的建议。经过广泛征询公众意见，最终于2001年4月发布了《取水管理：CAMS进程》

(Managing Water Abstraction：The CAMS Process，2001)。其中列出了CAMS的政策和监管框架，并解释了各个地方如何执行的问题。该文件标志着英格兰和威尔士正式开始实施CAMS，它成为环境署评估取水许可证期限、决定其是否需要更新，以及根据什么条件更新的载体和工具。

实施CAMS的区域，一般是欧盟《水框架指令》明确指定的水体。CAMS围绕水资源总体情况、水资源可用性现状、水资源可持续性三个维度展开评估，以六年为一个评价周期，目的是优化英国流域水资源配置，其中重点是推动取水许可证制度改革。其目标是：促进信息公开，使每个集水区内的水资源可用程度及许可证发放情况为公众所知；为地方水资源管理提供一个一致的、结构化的办法，同时认识到取水主体对水的合理需求与环境自身的需求；为流域内的公众提供更多的机会，以参与取水管理过程；提供一个限期许可证管理的框架；促进许可证交易，发展水资源市场。①

ALSs是CAMS进程的核心构成部分，是加强水资源综合管理的关键措施。该战略旨在对流域水资源供需、环境生态平衡、经济社会成本—效益等指标进行综合分析论证的基础上，通过取水许可证机制，实现流域内水资源的优化配置。换言之，ALSs以一种标准方式来评估各个流域水资源的存量和质量，同时基于供需平衡、环境平衡之分析，判断和确定是否以及在多大程度上实施取水许可，从而保证水资源利用的可持续性。“它可以提供相关的信息，即哪里的水可以抽取，从而显示发放新的取水许可证的可行性。而且它也可以表明，哪里需要减少现有取水率以及及时限制发放取水许可证。”②

这表明，水资源评估是取水许可的前提。环境署、威尔士自然资源局、苏格兰环境保护署充分利用其监测网络，每年都对各个流域的水资源及生态状况进行评估，并且使用“环境流量指标”(Environmental Flow In-

---

① EA，2002，*Managing Water Abstraction*：*The Catchment Abstraction Management Strategy process*，http://www.environment-agency.gov.uk/cams.

② EA，2016，*Managing Water Abstraction*，https://assets.publishing.service.gov.uk/government/uploads/system/uploads/attachment_data/file/562749/LIT_4892.pdf.

dicator，EFI）来判断河流流量是否足以支持一个健康的生态环境系统。由于河流流量在一年中处于自然变化之中，上述执行机构以四种不同程度的流量水平来计算水资源的可用性。这四种程度如图 8－2 所示：

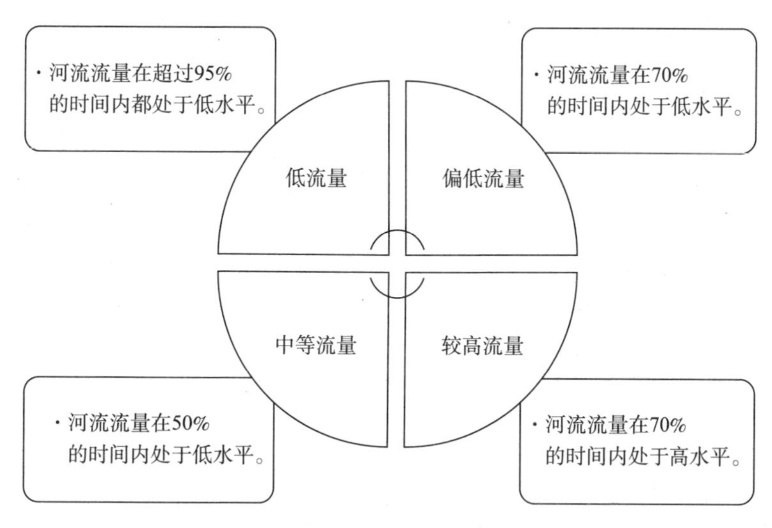

图 8－2：环境流量指标①

为了更加形象地表明某个流域区水资源的可用情况，这些执行机构还用不同的颜色来做标志，以五种色彩来标识水资源丰缺以及取水许可证受限情况。蓝色表示水资源充沛，大于环境所需，但为了保持水体的原生态性质，严格禁止再取水；绿色表示水资源充沛，大于环境所需，可以根据对上下游的影响考虑发放新的取水许可证；黄色表示限制取水，不再发放取水许可证，但可以通过与现有的取水许可证持有者交易而获得取水权；红色表示缺水严重，不再发放取水许可证，但可以通过与现有的取水许可证持有者交易而获得取水权，取水数额受限；灰色表示经重度改良的水体，通常被称为“受管制的河流”，其特点是水体流量受水库放水的影响。对灰色水体的管理，通常由水务公司根据运营协议来实施，供水量也取决于这些协议。②

---

① EA，2016，*Managing Water Abstraction*，https://assets.publishing.service.gov.uk/government/uploads/system/uploads/attachment_data/file/562749/LIT_4892.pdf.，根据其中数据制作。

② 同上。

对流域水情的测量，是一项常规工作，环境署每年度都会发布英格兰和威尔士地区每个流域取水许可证的发放指标情况。此外，自 20 世纪 50 年代后期，英国开始对国内所有河流做全面的水质调查，开发了一套测评河流水质的指标体系，每年测量河流中的生物和化学指标，保证河流水质处于良好状态。

在表 8 - 1 中，《指点江河》是 Defra 成立后次年所颁布的战略文件，也是 Defra 制定的第一部水务战略，作用范围限于英格兰。它特别强调要谨慎使用水资源，要遏制农业和城市排放对水的污染问题，要把水资源管理方式与经济、社会和环境的可持续发展密切融合在一起，要推动实现水政策的不同方面和不同标准之间、水政策与其他政策之间更多更好的整合，要保证水资源政策的稳定性和明确性。①

《生命之水：白皮书》则是 Defra 受英国皇室之命而制定并呈交议会的敕令书，是其成立迄今所制定的影响最大、最重要的水务战略性文件，也是英国政府全面贯彻落实《2003 年水法》的行动规划。而之所以颁布这部白皮书，其中一个背景是，自 20 世纪 90 年代末起开始推动的取水许可证制度改革在现实中遭遇到相当大的阻力。这是由于英国的取水许可制度的历史基础是河岸权制度，是由土地及水的私有制逐步发展形成的，历史上形成的大量的供水公司所持有的取水许可证都是无限期利用水资源。为了推动取水许可制度改革，《生命之水：白皮书》对取水许可证制度改革进行了深入而系统的研判，承诺新的取水许可证会考虑现存的许可证及实际用水量，并将根据供水总量进行动态调节；明确改革措施是通过逐步换发新的取水许可证向新的取水许可制度过渡，以化解改革所面临的阻力；改革目的是减少过度取水，重新评估水的价值，以满足未来可能增加的用水需求，保障供水的安全性、可持续性和适应性；承诺会尽可能地降低新的取水许可制度对投资者的阻碍。

概括起来，该白皮书要点体现在如下几个方面：一是明确取水许可证

① Defra, 2002, *Directing the Flow-Priorities for Future Water Policy*, http://www.defra.gov.uk/environment/quality/water/strategy/pdf/directing_the_flow.pdf.

改革的步骤和目的以及政府的承诺；二是加强涉水规划之间的统筹协调；三是促进基础设施投资；四是控制与减少水体污染；五是鼓励技术创新，提高用水效率；六是理顺水务市场竞争环境。《流域规划指南》则是制定《流域管理规划》的依据和方向，二者结合起来构成水资源综合管理制度的核心，为达成更好的流域管理目标提供一个框架，确保对流域区的管理经济又高效。

需要指出的是，水资源综合管理战略是英国国家自然资源综合统一管理框架的构成部分，而自然资源综合统一管理又是其可持续发展战略的构成部分。英国于1994、1999、2005年提出了数部可持续发展战略白皮书及相关指标体系，其中有关自然资源的政策框架、目标和战略越来越得到深度整合与综合。自然资源是一个有机的、各要素密切关联的系统，因此水资源政策必须与其他自然资源政策紧密结合，包括可持续发展的食品和农业、生物多样性、土地利用、旅游和娱乐、能源等方面的政策，涵盖经济、环境和社会诸方面。

正因为如此，水资源保护政策往往也融进了其他自然资源政策之中。上述战略都强调要发展更加综合的管理方式，促进对水、土地和其他资源的同等管理，确保最大化的经济效益和社会效益。例如，Defra于2011年发布、2017年更新的政策指导性文件《保护我们的水、土壤和空气》(Protecting Our Water, Soil and Air) 中要求，农民、种植者和土地管理人员应该遵循“良好农业实践守则”(Code of Good Agricultural Practice, CoGAP)，在发展农业经济的同时，最大限度地减少污染风险，保护自然资源；所有农场工作人员、承包商在处理、贮存、使用、播散或处置任何可能污染水、土壤或空气的物质或设备时，均应了解其责任，了解污染因果，了解如何、何时才能最佳操作并知道如何应对紧急情况。在自然环境白皮书《大自然的选择：保卫大自然的价值》(The Natural Choice: Securing the Value of Nature) 中，包括水资源在内的自然界的价值被作为国家的核心价值之一。在《创造一个宜于生活的伟大之地：Defra的2020年战略》(Creating a Great Place for Living: Defra's Strategy to 2020) 中，确定了英格兰自2016—2020年间水资源保护和管理的优先次序和方向，把实现更洁净的水并使其可持续利用这一战略目标与其他六项战略目标连为一体。在《绿色未来：改善环境25年规划》（A Green Future：Our 25 Year Plan to Improve the Environment）的六项关键政策行动中，[①] 有四项都包含着水资源的保护和管理方案，包括：在尊重自然规律前提下利用水资源，改革抽取地下水的方法，增加水供应，鼓励更高的用水效率和更少的个人使用；引入以水量地的新的农业耕作规则；扩大洪水管理政策的使用范围；建立更多的可持续排水系统，减少洪水、海岸侵蚀、干旱等环境灾害造成的风险；使洪水风险降低；减少废水的影响，减少水中化学污染的风险；确保可继续保持清洁的娱乐用水；等等。

此外，水资源管理战略还是Ofwat、环境署、饮用水督察署制定其他具体的水务管理行动规划的重要依据。

二　水资源综合管理行动规划

（一）执行机构的执行规划

环境署、威尔士自然资源局、苏格兰环境保护署、北爱尔兰环境署作为专司水资源保护职责的执行机构，履行着特定的功能，职责涵盖与水资源相关的多个方面，包括流域管理规划、取水许可、防洪抗旱、水质保护、废水减排、渔业等，为水资源综合管理奠定了组织基础。相比宏观决策部门，执行机构更注重如何行动，其行动部署的核心是行动规划，关注的是操作层面的具体方案、实施步骤、评价标准和行动效果。没有执行机构完善的规划与策略行动，宏观战略就会被束之高阁。

最近20年来，根据相关基本立法和政府宏观战略，执行机构发布的重要的战略规划如表8－2所示，其中河流流域管理规划、水工业国家环境规划、恢复可持续取水规划、抗旱规划、地表水管理行动规划、洪水风险管

---

① 这六项政策行动包括：可持续地利用和管理土地；恢复自然和提高景观的美丽；将人与环境联系起来，以改善健康和福祉；提高资源效率，减少污染和废弃物；确保清洁、健康、具有生产力和生物多样性的海洋；保护和改善全球环境。

理规划、饮用水安全规划等，都是事关英国水资源保护和发展的长期行动方案。下面择其要而叙之。

表 8－2　最近 20 年英国水务执行机构发布的水资源管理规划一览

名　称	功　能
河流流域管理规划（River Basin Management Plans，RBMP）	旨在研判英格兰和威尔士地区特定流域区的主要问题，确定行动措施，保护和改善水环境。
水工业国家环境规划（Water Industry National Environment Programme，WINEP）	国家环境规划（NEP）的构成部分，确保英格兰和威尔士地区的水务公司在解决不可持续的取水问题上发挥主导作用。
恢复可持续取水规划（Restoring Sustainable Abstraction Programme，RSAP）	用以审查英格兰和威尔士地区因无法持续取水而受到影响或造成损害的生境地点，调查原因，评估、选择并实施恢复可持续取水的措施。
抗旱规划（Drought Plans）	分别由环境署和威尔士自然资源局具体制订。前者为英格兰地区的旱灾预防和管理行动规划，包括高层规划和地方规划，前者由环境署统一协调英格兰地区的旱灾管理活动；对于后者，环境署只负责对具体的业务活动做出框架性安排；后者为威尔士地区的旱灾预防和管理行动规划，其体系与英格兰抗旱规划相同。
地表水管理规划（Surface Water Management Plan，SWMP）	规定了政府实施地表水管理，尤其是防范洪水灾害的行动步骤和措施，明确环境署、土地管理机构、地方洪灾管理机构、高速公路管理机构等有关单位的共同责任。
洪水风险管理规划（Flood Risk Management Plans，FRMPs）	全面论证了英格兰和威尔士地区河流、海洋、地表水、地下水和水库所面临的洪水的危险与风险，确定了风险管理组织体系及其职能，说明风险管理当局如何与社区合作共同管理洪水风险。
饮用水安全规划（Drinking Water Safety Plans）	出自 WHO 的《饮用水安全手册》。该手册为各国饮用水安全规划提供了框架和指导。
英格兰和威尔士水资源行动规划（Water resources action plan for England and Wales）	旨在将英格兰和威尔士的水资源战略付诸行动，包括短期（5 年）、中期（5—25 年）、长期（25 年以上）三部分，以及国家和地方两个层级。
威尔士水资源行动规划（Water resources action plan for Wales）	针对威尔士水资源战略中所规定的战略目标而单独制定的独立行动规划。
苏格兰河流流域管理规划（The River Basin Management Plans for Scotland）	由苏格兰环境保护署代表苏格兰政府制定。内容包括苏格兰境内的水环境状况、影响水环境质量的压力与挑战、保护和改善水环境的行动、执行后的效果等，从而为苏格兰所有负责水资源管理的机构提供了行动方向和方案。

续表

名称	功能
北爱尔兰河流流域管理规划（North Western River Basin Management Plan）	由北爱尔兰环境署代表北爱尔兰政府制定，内容包括北爱尔兰地区特定流域区的主要问题，确定行动措施，保护和改善水环境。

1. 河流流域管理规划（RBMP）

RBMP 是应欧盟《水框架指令》的要求而制定的，《水框架指令》把流域管理规划作为实现整个欧洲水环境的保护、改善和可持续利用的核心手段，要求欧盟各成员国把流域管理规划与公众参与、实现生态目标和水的可持续利用综合起来。作为水资源综合管理的重要手段，RBMP 旨在通过对每个主要河流流域区采取具有针对性的保护和管理措施，促进水、土地和有关资源的协调发展和管理，以最大限度地实现经济和社会福利发展而又不损害重要生态系统的可持续性。一个 RBMP 可以覆盖整个河流生态系统，包括河流、湖泊、地下水、河口和沿海水体、湿地等。每个 RBMP 都要包括如下内容：本流域区内的水资源环境状况；影响水资源环境质量的压力评估；保护和改善水环境的行动措施和方案；所要达到的阶段性目标；执行后的结果预估，以及上个规划执行结果摘要。实质上，RBMP 阐述的是水行业内的各类组织、利益相关者和社区将如何共同努力改善水环境。而且，每个 RBMP 都要与相邻流域区的规划相一致。

目前，英国全国共划分了 15 个流域区（River Basin District）。英格兰和威尔士共有 11 个流域区，苏格兰有 2 个。北爱尔兰境内的河流流域，则自行管理。一个流域区内，不但包括河流、溪流、湖泊等地表淡水资源，还包括地下水，以及一些依赖地下水、河口和沿海水域的湿地、沼泽、草甸等生态系统。每个流域区均设立一个流域区联络小组（River Basin District liaison Panel），其中环境署负责英格兰地区 7 条河流流域区的管理规划，与威尔士自然资源局共同负责迪河和塞文河两条河流流域区，与苏格兰环境保护署共同负责索韦特威德河流域区；威尔士自然资源局单独负责西威尔士河流流域区的管理规划，苏格兰环境保护署负责苏格兰的河流流域管理规划。

制定 RBMP 须遵循 Defra 所规定的原则。在 Defra 制定的三版《河流流域规划指南》中，2006 年版和 2014 年版都优先列举了制定 RBMP 的主要原则，共包括如下十项：第一，鼓励利益相关方广泛积极参与，并促进监管者、规划者、利益相关方和研究团体之间的信息、数据等知识的交流；第二，分析和决策过程清晰、透明、简便；第三，重点放在流域区一级；第四，与其他公共机构成为合作伙伴；第五，规划及过程集成、精简；第六，利用替代目标实现可持续发展；第七，使用更好的规制原则，并考虑各种可能的措施和机制的成本效益；第八，跨部门运作，包括不同的社会部门和不同的行业部门；第九，在不确定的管理中寻求透明；第十，随着更多信息的获得而开发更多的方法，细化分析。[①]

RBMP 每六年评估和更新一次。首批 RBMP 发布于 2009 年，此后到 2015 年的六年间，借助 RBMPs，英格兰和威尔士地区共有超过 9320 英里的河流得到保护和改善；第二批 RBMP 于 2015 年发布，规划在第二个六年时间内投入 30 亿英镑，使英格兰和威尔士水域面积的 14% 得到改善。[②] 目前正在执行第二批规划（见表 8－3）。

表 8－3　英国河流流域区管理规划（RBMP）一览（不包括北爱尔兰）

RBMP 体系构成（2015 年发布）	规划执行机构
盎格鲁河流域区管理规划（Anglian River Basin District RBMP） 亨伯河流域区管理规划（Humber River Basin District RBMP） 诺森伯瑞亚河流域区管理规划（Northumbria River Basin District RBMP） 西北部河流流域区管理规划（North West River Basin District RBMP） 泰晤士河流域区管理规划（Thames River Basin District RBMP） 东南部河流流域区管理规划（South East River Basin District RBMP） 西南部河流流域区管理规划（South West River Basin District RBMP）	环境署
塞文河流域区管理规划（Severn River Basin District RBMP） 迪河流域区管理规划（Dee River Basin District RBMP）	环境署；威尔士自然资源局

---

① Defra, Welsh Government, 2014, *River Basin Planning Guidance*, https://assets. publishing. service. gov. uk/government/uploads/system/uploads/attachment _ data/file/339471/river-basin-guidance-final. pdf.

② 来源：https://www. gov. uk/government/collections/river-basin-management-plans－2015。

续表

RBMP 体系构成（2015 年发布）	规划执行机构
西威尔士河流流域区管理规划（Western Wales River District RBMP）	威尔士自然资源局
索韦特威德河流域区管理规划（Solway Tweed River Basin District RBMP）	苏格兰环境保护署；环境署
苏格兰河流流域区管理规划（The River Basin Management Plan for the Scotland river basin district）	苏格兰环境保护署

2. 水工业国家环境规划（WINEP）

WINEP 是英国水工业领域中国家层面的环境行动规划，由环境署于 2009 年根据 Ofwat 提出的新的定价原则而制定。一方面，它确保区域垄断性水务公司履行其法定的环境保护义务，实现国家环境目标；另一方面，它是水价定期审查的关键组成部分之一。WINEP 包括两部分内容，即水资源改善规划和水质改善规划，它决定了区域垄断性水务公司在为期五年的价格评审期间所需要的总体投资水平，从而成为决定价格水平的关键因素之一。

更重要的是，WINEP 列出了区域垄断性水务公司为履行环境改善义务而须完成的行动清单。除了环境投资行动外，垄断性水务公司的行动还体现在如下各方面，包括：改善从污水处理厂排出的水质；调查某些化学品的风险并评估最佳处理方案；防止化学品渗入地下水；保护贝类水域；确保取水活动不会对法定保护的生境产生不利影响；提高游泳水水质；改善内陆渔业水域；降低水域“富营养化”风险。[①] 不过，鉴于各流域地区所面临的问题不同，各区域垄断性水务公司环境行动规划的要点并非整齐划一。

3. 恢复可持续取水规划（RSAP）

RSAP 是英国持续开展的一项水生态环境恢复项目，于 1999 年提出，旨在查明英格兰和威尔士地区那些疑似因过度取水而受到影响的河流、湿地、沼泽地点，特别是鸟类等动物栖息地，对之进行登记编录、原因调

---

① R. Hatch, EA , 2017, *Water Industry National Environment Programme* (*WINEP*), http://www.waterindustryforum.com/documents/uploads/Catchment%20Mgt%20WINEP.pdf.

查，并制定补救措施。RSAP 的焦点就是评估取水活动对该地方生态系统的可持续性所造成的影响，并制定措施以恢复原状，因此可以说这是一项推动水资源环境再生的补救策略。

环境署提出这项规划，有两大背景。一是来自环境团体的压力。英国拥有世界上最多的环境非政府组织，自 20 世纪 80 年代以后成为决定英国公众环境态度的最主要力量，对整个政治系统形成了某种压力。[①] 其中一些环境团体十分关注过度取水问题，不断发声敦促政府进行相关决策；二是欧盟《鸟类和栖息地指令》（EU Birds and Habitats Directives，编号为 Council Directive 92/43/EEC）的要求。该指令要求成员国环境机构保护野生鸟类及其栖息地，通过对这些特定地方的生态指数实施审查和取水许可，避免过渡取水问题。通过 RSAP，环境署可以对那些水资源正面临枯竭，或者取水活动可能会对野生动植物环境造成损害的地方，组织进行调查和评估，选择可行性恢复措施。

RSAP 主要包含两方面内容。一是编目列单，即环境署、威尔士自然资源局将疑似受到过度取水活动影响的地方列出清单；二是提供技术指导和“工具箱”，以最具成本—效益的方式解决问题。2001 年，环境署发布了《恢复可持续性取水技术指导》（Restoring Sustainable Abstraction Technical Guidance），指明哪些地方应列入目录，并提供了一种优先列入目录的方法，以便着力恢复那些风险最大的地方，同时还提供了一种循序渐进的方法，使利益相关者都能接受问题的解决方案。当然，这些目录是动态的，适时更新，等同于一个微观评估数据库。

变更取水许可证，减少取水年限、取水量或者暂停取水活动，以减少取水活动对这些地方的影响，是 RSAP 的核心举措。RSAP 的实施过程包括四个阶段。一是甄别，即对那些疑似因过度取水而产生负面影响的地方进行筛选，判断是否存在问题；二是调查，即取水活动实施如何影响这些地方，明确问题是什么；三是方案评估，即许可证需要如何更改，寻求最佳

---

① 李峰：《试论英国的环境非政府组织》，《学术论坛》2003 年第 6 期。

解决方案；四是执行，即变更或不变更取水许可证。[①] 环境署和威尔士自然资源局在地方上专门设置了工作小组，被称作是“恢复可持续取水工作小组”（Restoring Sustainable Abstraction Team），主要负责进行前三项工作，最后一项则由环境署或威尔士自然资源局实施。此外，Ofwat 也将 RSAP 纳入区域垄断性水务公司价格评审过程，激励其在提供供水服务时充分考虑环境影响，采取可持续取水方式。

最近 20 年来，环境署、威尔士自然资源局通过 RSAP，已成功与取水许可证持有者合作，通过改变取水许可权限，以减少上述特定地方的取水数量，恢复相关河流、溪流、湖泊、湿地和沼泽的水位。例如，变换现有特许取水的河段，在下游扩大取水量而在上游减少取水量；以取水量决定需用水量；设置许可证条件，只允许在最不可能危害环境的时候取水；寻找替代性解决方案，使水的使用更有效、对环境的损害更少；在具备替代性解决方案的时候，激励取水许可证持有者承诺减少取水量等；采取物理恢复方法，促进生境改善。

4. 洪水风险管理规划（FRMP）

FRMP 也是水资源综合管理框架中的重要内容。洪涝灾害是英国的主要自然灾害之一，防洪工作体系也是一个多部门、多机构合作的体系。其中，Defra、威尔士政府全权负责洪水灾害、海岸侵蚀等防灾减灾政策的制定，环境署、威尔士自然资源局全权落实防洪政策，各个地方当局则属地负责防洪事宜。此外，内阁应急委员会、气象部门等全部参与其中。

观察英国的防洪经验，可以看到，英国除了通过进行防洪工程建设、制作洪水风险地图、设立洪水风险基金、进行洪水风险分区、设立洪水保险业务、建立洪水预警系统等措施，来加强防洪能力建设之外，最重要的经验是其相关法制和规划建设。英国已经建立了一个比较完备的洪水风险管理法制和规划体系。历史上的多部综合性《水法》都对防洪事宜进行了规定，随着欧盟的《洪水指令》（Directive 2007/60/EC）的发布，Defra、

---

① EA, 2001, *Restoring Sustainable Abstraction Technical Guidance*, http://www.environmentdata.org/archive/ealit：2115/OBJ/20003106.pdf.

威尔士政府共同制定实施了《2009 年洪水风险条例》（Flood Risk Regulations 2009）和《2010 年洪水风险（跨界区域）条例》（Flood Risk（Cross Border Areas）Regulations 2010），把欧盟《洪水指令》转变为国内法。根据《2009 年洪水风险条例》，环境署负责制定洪水风险热点地区图，进行风险评估等；规定各个地方当局包括郡议会和单一行政当局作为领导洪水管理的地方责任主体，① 有明确的法定职责，负责具体管理来自地表径流、地下水和普通水道的洪水风险。2010 年，英国议会通过了《洪水与水管理法》（Flood and Water Management Act 2010），正式把洪水风险管理纳入法制体系。

近年来，英国更加注重洪水风险管理中的合作伙伴关系。例如，2008 年，Defra 提出要建设“一个多机构防洪规划”体系，并发布初步指导意见；② 2011 年，正式发布了《关于建设多机构防洪规划的详细指南》（Detailed Guidance on Developing a Multi-Agency Flood Plan 2011）；2018 年，发布了《多机构防洪规划评价：最后报告》（Multi-agency Flood Plan Review：final report，2018）。根据这些文件，英国建立了一个洪水风险管理的多元伙伴合作体系。目前，英格兰和威尔士、苏格兰的洪水风险管理的责任机构，除了政府职能部门外，还包括：环境署、威尔士自然资源局、苏格兰环境保护署、地方防洪领导当局、地区议会③、内陆排水委员会、水务公司、高速公路管理局、气象部门。其中，环境署和威尔士自然资源局分别负责为英格兰、威尔士的每个流域区制定洪水风险管理规划（FRMP），而且这些规划必须覆盖所有主要河流、海洋和水库；地方防洪领导当局负责为其所在的洪水风险区域制定洪水风险管理规划，④ 这些规划应该覆盖当

---

① 具体名称为“Lead Local Flood Authorities”，通常简称为 LLFAs。

② Defra，EA，2008，*Developing a Multi-Agency Flood Plan（MAFP）：Guidance for Local Resilience Forums and Emergency Planners.*（已废除）https://assets.publishing.service.gov.uk/government/uploads/system/uploads/attachment_data/file/60976/flooding_ma_planning_guidance_0208.pdf.

③ 没有单一行政当局的地区，由当地议会负责。

④ 根据 Defra、威尔士政府、环境署、威尔士自然资源局于 2014 年共同发布的、通过初步洪水风险评估所确定的洪水风险地图，英格兰和威尔士共有 18 个洪水风险区域（Flood Risk Areas），涉及 75 个地方洪水风险领导当局（LLFAs）。不在洪水风险区域的 LLFAs、流域区管理当局，在自愿的基础上可以与洪水风险区域的 LLFAs 建立联合伙伴关系，助益 FRMP 更好地实施。

地所有可能引发洪水的水源，包括地表水、普通水道和地下水。此外，环境署、威尔士自然资源局、苏格兰环境保护署还负责公开发布流域区、洪水风险区两级 FRMP。

在洪水风险管理战略上，2001 年以来，英国把洪水风险管理纳入政府规划政策体系中，形成了相互配套的洪水风险管理规划体系。如，2001 年，Defra 发布了《规划政策声明 25：发展与洪水风险——全面监管影响评估》（Planning Policy Statement 25：Development and Flood Risk，PPS25）及相关实务指南，阐述了政府关于发展和洪水风险的政策，其目的是确保在规划过程的各个阶段都考虑到洪水风险，建立洪水风险评估体系。2009 年，环境署公布第一批 FRMP；2010 年，Defra 发布了第二版 PPS25，对其做出进一步完善；2014 年，Defra 和威尔士政府制定了《洪水风险管理规划：如何准备》（Flood Risk Management Plans：How to Prepare Them，2014），指导环境署等机构着手进行第二批 FRMP 的制定；2016 年，第二批 FRMP 完成。此外，《洪水预警和应急反应一体化服务规划》《海岸管理规划》等也是洪水风险管理战略规划的重要构成。

在 2016 年发布的《洪水风险管理规划：2015—2021》（Flood Risk Management Plans：2015 to 2021）中，环境署解释了来自河流、海洋、地表水、地下水和水库的洪水风险，阐述了政府组织与非政府组织、水务公司、利益相关者和社区如何共同努力来管理洪水风险。

FRMP 与河流流域区管理规划密切衔接，也以六年为一个周期。英格兰、威尔士、苏格兰的每个流域区都制定了相应的洪水风险管理规划（见表 8－4）。

表 8－4　英国洪水风险管理规划（FRMP）一览（不包括北爱尔兰）

FRMP 体系构成（2015 年发布）	规划执行机构
盎格鲁河流域区洪水风险管理规划（Anglian River Basin District Flood Risk Management Plan） 亨伯河流域区洪水风险管理规划（Humber River Basin District Flood Risk Management Plan）	环境署

续表

FRMP 体系构成（2015 年发布）	规划执行机构
诺森伯瑞亚河流域区洪水风险管理规划（Northumbria River Basin District Flood Risk Management Plan） 西北部河流流域区洪水风险管理规划（North West River Basin District Flood Risk Management Plan） 泰晤士河流域区洪水风险管理规划（Thames River Basin District Flood Risk Management Plan） 东南部河流流域区洪水风险管理规划（South East River Basin District Flood Risk Management Plan） 西南部河流流域区洪水风险管理规划（South West River Basin District Flood Risk Management Plan）	环境署
塞文河流域区洪水风险管理规划（Severn River Basin District Flood Risk Management Plan） 迪河流域区洪水风险管理规划（Dee River Basin District Flood Risk Management Plan）	环境署；威尔士自然资源局
西威尔士河流流域区洪水风险管理规划（Western Wales River District Flood Risk Management Plan）	威尔士自然资源局
索韦特威德河流域区洪水风险管理规划（Solway Tweed River Basin District Flood Risk Management Plan）	苏格兰环境保护署；环境署
苏格兰河流流域区洪水风险管理规划（The Flood Risk Management Plan for the Scotland River Basin District）	苏格兰环境保护署

表 8－4 中每个流域区的洪水风险管理规划都包括 6—8 份文件。其内容分别是：关于规划内容的高度概述；整个流域区的信息和立法背景、洪水和海岸侵蚀风险管理目标，相关的咨询报告；每个流域区、洪水风险区域和其他战略区域的具体信息，包括显示洪水风险区域边界的地图，来自主要河流、海洋、水库、地表水、地下水、普通水道的洪水信息，以及从洪水灾害和风险图中得出的结论；为管理整个流域区的洪水风险而确定的措施，说明实施措施的拟议时间和方式、执行主体的责任等细节；跨界 FRMP 的制定；战略环境评估详细说明，包括实施 FRMP 措施时对人和环境产生的潜在影响，如何协调 FRMP 和 RBMP 的措施执行情况，预估经济成本和收益；生境规制评估详细说明，包括实施 FRMP 措施时对欧盟《鸟类和栖息地指令》指定地点的潜在影响；信息管理和分享。

洪水风险管理规划、流域区管理规划也与英国的海洋战略密不可分，共同为实现英国的内陆水资源及海洋环境的良好管理提供了一种一体化的方式。

5. 地表水管理规划（SWMP）

从广义上看，SWMP 是洪水管理的构成部分。不过，近年来英国地表水管理的关键在于建立可持续的排水系统，而洪水管理需要更多的举措。

地表水泛滥，尤其是城市地表水泛滥也是英国许多地方长期以来面临的严重问题，表现为地表水径流、雨洪水、地下水上冲、下水道溢水、担当城市排水功能的明渠和涵洞溃堤等。尤其是当过量降雨导致排水系统失灵时，就会导致地表水泛滥，而地表水泛滥往往增加了下流发生洪水的风险。而且地表水流通常夹杂着污染物质，导致河流和地下水水质污染。因此，地表水管理也是水资源和水环境管理体系的构成部分。

虽然环境署是地表水管理的主责机构，但 SWMP 是一项集体行动的结果。2004 年，Defra 提出了一项新的政府战略，即实行城市排水综合管理方式，以提高地表水管理水平。[①] 2008 年，Defra 在《未来之水》中提出要将 SWMP 作为管理地表水泛滥风险的主要手段，未雨绸缪，促使人们提高对城市防洪风险的认识，促进所有利益相关方合作；[②] 同年，Defra 还发布了其他两份文件，提出要实行地表水管理规划制度，建设可持续的城市排水系统；[③] 2009 年 2 月，环境署委托格洛斯特郡（Gloucestershire）、赫尔（Hull）、利兹（Leeds）、里士满与金斯敦（Richmond & Kingston）、萨彻姆（Thatcham）、沃灵顿（Warrington）六个地方当局，制定了首批 SWMP。同

---

① Defra, 2004, *Making Space for Water-Developing a New Government Strategy for Flood and Coastal Erosion Risk Management in England*, http://www.defra.gov.uk/environment/flooding/policy/strategy/index.htm.

② Defra, 2008, *Future Water: The Government's Water Strategy for England*, http://www.defra.gov.uk/Environment/quality/water/strategy/pdf/future-water.pdf.

③ Defra, 2008, *Improving Surface Water Drainage-Consultation to Accompany Proposals Set Out in the Government's Water Strategy*, http://www.defra.gov.uk/environment/flooding/documents/manage/surfacewater/swmp-consult.pdf - 2008, *The Government's Response to Sir Michael Pitt's Review of the Summer 2007 Floods*, http://www.defra.gov.uk/environment/flooding/documents/risk/govtresptopitt.pdf.

时，Ofwat 也要求区域垄断性水务公司与其他合作伙伴一起制定 SWMP。[①] 为了指导地方当局科学制定 SWMP，并协助地方当局协调、领导当地的洪水风险管理活动，Defra 于 2010 年制定了《地表水管理规划技术指南》（Surface Water Management Plan Technical Guidance，SWMPTG）；2014 年，Defra 发布了有关在英格兰建设可持续的排水系统的规划；2016 年，英国政府首次把地表水泛滥列入“国家风险评估”（National Risk Assessment）目录中，并作为一个单独的风险项目；2018 年，Defra 和环境署共同制定了《地表水管理：行动规划》（Surface Water Management：an Action Plan，SWMAP）。

在上面诸多有关地表水管理的规划中，SWMPTG 和 SWMAP 更具有操作意义。其中，SWMPTG 旨在提供一个简化的总体框架，以使不同的组织能够一起合作、达成共识，共同探寻解决地表水泛滥问题的最合适办法。根据其要求，地方当局在制定 SWMP 时，应着眼于长期行动规划，并对未来的资本投资、排水维修、公众参与和理解、土地利用规划、应急规划及未来的发展产生影响。而 SWMAP 则列明了地表水管理的优先战略，规定了政府、环境署和其他机构应采取的行动措施，包括完善风险评估和信息沟通方式，确保基础结构具有弹性，明晰地表水管理的责任分工，参与地表水管理规划，建设地方当局的能力等。SWMAP 的关键在于确定了有关地表水管理的五个行动领域及行动时间表，这五个方面包括国家立场、协同工作、技能、风险图和数据、预测。其中，国家立场意味着中央政府的行动，地表水泛滥风险已经被纳入英国政府整体风险管理建设体系中，列入了“国家风险登记册”（National Risk Register）中。为此，Defra 以合理的极端降雨事件为基础，制定了地表水泛滥风险国家规划方案，并组建专家小组对该方案的适用性及其对现有地表水风险图和国家目标的适用情况做出独立评估。除了中央政府的行动之外，地方风险管理当局、非政府组织、水务企业、社区结成有效的伙伴关系，围绕共同目标进行具体的接触

---

① Ofwat, 2008, *Sewerage System Design and Climate Change*, http://www.ofwat.gov.uk/pricereview/pr09phase2/ltr_pr0913_sewdesclimchge.

和协商，共同承担风险。技能、风险图和数据、预测三个方面都关涉水利科学领域，环境署负责开发实用的地表水风险管理技术和方法，绘制地表水泛滥风险图和风险矩阵，建立相关数据库，提高数据在相关责任部门和机构内部的可用性、一致性和准确性；负责与国家气象办公室、洪水预报中心等机构合作，改善地表水预测和信息沟通机制。①

目前，地表水管理规划与流域规划、环境规划一样，已经成为一种常规制度。在地表水管理规划中，建立并完善可持续的排水系统和排水工程技能是一项关键的战略任务，是英国政府竭力推广的一种新型排水理念、做法和技术。所谓可持续的排水系统，就是尽可能地模仿天然排水系统及其各种优点，包括减缓水流速度、减少地表水进入排水系统的水量、过滤污染物、补给地下水等，从而从排水系统上减少城市中地表水泛滥，并提高地表水的利用率，兼顾减少河流污染。政府一方面加强其在排水处理系统建设中作用，制定实施了一套排水系统设计、建造、运行和维护的国家标准；另一方面激励水务公司保持或提高对现有排水系统维修改造的投资额度，加强排水系统规划的战略性，并重塑水务公司在建设新的可持续的排水系统方面的企业责任。此外，还通过其他办法，实现对排水系统进行综合管理。例如，通过采取所有权转让的方式整合现有的小型私营排污管网，即将私人排污管道设施的所有权转让给水务公司，以解决包括堵塞在内的与所有权管理有关的一系列问题。

6. 抗旱规划（Drought Plans）

这也是水资源和水环境管理的至关重要的构成部分。原因在于，犹如洪涝灾害一样，干旱也是英国常见的气象灾害之一，平均每 5—10 年发生一次。在 20 世纪 90 年代之前，英国把旱灾定义为“连续 15 天每天降雨量少于 0.25 毫米（0.01 英寸）”。此后至今，把“至少连续 15 天每天降雨量少于 0.2 毫米（0.008 英寸）”定义为绝对干旱。长期干旱则是指，较之于通常降雨量，雨水缺少 50% 的气候超过三个月，或者雨水缺少 15% 的气

① Defra, EA, 2018, *Surface Water Management: An Action Plan*, https://www.gov.uk/government/uploads/system/uploads/attachment_data/file/725664/surface-water-management-action-plan-july-2018.pdf.

候超过 2 年。通常情况下，英国东南部最易发生干旱。鉴于干旱情况下整个生态系统、农业和经济都会受到影响，所以英国各地每年都会及时审查抗旱规划，并在适当时予以更新。

英格兰和威尔士的抗旱规划包括三个层次，一是 Defra、威尔士政府、环境署、威尔士自然资源局制定的指导性文件，旨在指导地方、水务公司如何撰写抗旱规划；二是环境署、威尔士自然资源局在每个地方上的分支机构制定的抗旱规划；三是各大水务公司制定的抗旱规划。这些规划有助于水资源管理执行机构、水务公司在适当的时间做出正确的决定。

此外，还需要指出的是，洪涝和旱灾均属于气象灾害，其管理体制和战略规划是英国气象灾害防御框架体系的构成部分。进入 21 世纪以来，英国逐步建立健全了以内阁、气象、交通、环境和紧急救援部门为基础的灾害预警和防范系统，分门别类地制定了完整而细致的灾害防御规划，要求利益相关者要及时进行灾害预警和风险评估，制定相应的预防、应急反应和处置、灾后恢复等措施。

（二）水务公司的行动规划

在英国全境，各个大型尤其是区域垄断性水务公司在执行水资源和水环境政策、政府水务规划中扮演着重要角色。为了完整、细致、系统地履行其法定职责，各个水务公司必须制定、提交关于建设和管理其供水系统、保护水资源的行动规划。目前，在英格兰和威尔士有 22 个水务公司必须制定水资源保护和管理行动规划，规划期限为 2015—2040 年；在苏格兰，只有苏格兰水务公司须制定水资源保护和管理行动规划，规划期限为 2010/11—2031/32 年；在北爱尔兰，也只有北爱尔兰水务公司须制定水资源保护和管理行动规划，规划期限为 2010/11—2034/35 年。

水务公司的行动规划具体包括三种：一是水资源业务规划（Water Resources Business Plans，WRBP）；二是水资源管理规划（Water Resources Management Plans，WRMP）；三是水务公司抗旱规划。其中，水资源业务规划关涉水务公司在一定时期内如何管理其商业业务以及把价格限制在什么样的水平上。因此，水资源业务规划随价格评审周期而制定，并被提交给 Ofwat。环境署在水资源业务规划咨询期内负责审查其内容是否与水资源管理规划相一致。水务公司的水资源管理规划是国家水资源管理规划的构成部分，关涉水务公司如何对水资源进行管理。在这三种规划中，后两者与水资源管理更直接相关。

在英格兰和威尔士地区，水务公司水资源管理规划的提交对象分别是环境署和威尔士自然资源局，还须获得 Defra 国务大臣或威尔士环境部长的批准。同时，Ofwat 也根据各水务公司的水资源管理规划，来评估公司在水服务方面的供需平衡情况、其所需承担的工作任务，并将之纳入对各水务公司的价格评审中。因此，水资源管理规划是水务公司的水资源业务规划的重要形成基础。

水务公司制定水资源管理规划时，须遵循相关法律法规、政府指南的规定并体现出其要求。这些法律、法规、指南主要包括：《1981 年野生生物与乡村法》（Wildlife and Countryside Act 1981）；《1991 年水工业法》37A—37D 的规定，以及根据此法而进行的所有二级立法和部长决定；《1991 年水资源法》；《1995 年环境法》；《2000 年乡村和道路通行权利法》（Countryside and Rights of Way Act 2000）；《2006 年自然环境和乡村社区法》（Natural Environment and Rural Communities Act 2006）；《2007 年水资源管理规划条例》（Water Resources Management Plan Regulations 2007）及相关政府指南；《2009 年鳗鱼（英格兰和威尔士）条例》（The Eels〔England and Wales〕Regulations 2009）；《2015 年福利与下一代（威尔士）法》（Well-being and Future Generations〔Wales〕Act 2015）》；《2016 年环境（威尔士）法》（Environment〔Wales〕Act 2016）；《2016 年水资源规划最终指南》（Final Water Resources Planning Guideline 2016）；《2017 年水资源规划：水务公司如何保证为家庭和商业用户安全供水》（Water Resources Planning：How Water Companies Ensure a Secure Supply of Water for Homes and Businesses 2017）。此外，还须遵守欧盟的《战略环境评估指令》《生境和野生鸟类指令》《水框架指令》《饮用水指令》的要求。

根据威尔士政府和 Defra 共同制定发布的《2007 年水资源管理规划条例》、环境署和威尔士自然资源局共同制定发布的《2016 年水资源规划最终指南》、Defra 制定发布的《2017 年水资源规划：水务公司如何保证为家庭和商业用户安全供水》的要求，水务公司制定的水资源管理规划为期 25 年，即对未来 25 年内的水供需状况进行预测，提出相应的管理措施，保证其在 25 年时间内为客户提供安全的水服务，同时又要求水务公司每五年对其水资源管理规划进行一次调整更新。因此可以说，水资源管理规划的核心在于表明水务公司将如何保持其服务区域内的水需求和供给之间的平衡。

为了说明如何保持供需平衡，水务公司的水资源管理规划必须至少体现如下三方面的内容：首先，须精准预测本服务区域内的水供求情况，包括人口增长情况，未来 25 年新增住房和商业发展情况，气候变化导致的天气变化模式（如降雨量减少或干旱的程度，水库水位下降的程度，实施水管禁令的频率，等等）。在这些预测的基础上，一方面须表明水务公司将如何采取措施以灵活应对气候变化，保证安全的供水，满足用户需求；另一方面须列明采取这些措施将产生的成本和效益。其次，应对需求大于供给时将发生的情况进行比较精准的预测，并相应给出所有可能的解决方案。这些方案包括：减少渗漏；寻找新的水资源；从其他地区引水；改变用户服务，如强化水管禁令；增加或强制水表安装；引导用户明智用水；等等。每个水务公司的水资源管理规划还须表明采取这些方案将可能对本地区用户和环境产生的影响，以及水务公司如何与其他水务公司、农民、环境保护组织进行合作。最后，须说明监管机构、用户及其他利益相关者应如何参与该规划的制定过程。此外，水务公司的水资源管理规划还必须与如下相关规划保持着高度的内在一致性，主要包括：河流流域管理规划；水资源业务规划；水务公司的抗旱规划；环境署或威尔士自然资源局的抗旱规划；洪水风险管理规划；地方当局制定的相关规划。

水务公司制定抗旱规划，如同水资源管理规划一样每五年调整一次，应分别提交给环境署和威尔士自然资源局，并须获得 Defra 国务大臣、威尔士环境部长的批准。同时，抗旱规划的制定也须遵循 Defra、环境署或威尔士自然资源局制定的相关指南，并在制定过程中与监管机构、用户、其他利益相关者及时有效地进行协商。Defra、环境署于 2015 年制定了指导性文件《撰写抗旱规划》，专门指导水务公司如何撰写抗旱规划，明确了水务公司抗旱规划的写作框架。[①] 例如，水务公司的抗旱规划除了表明在寻常干旱时将采取的应对措施，还应该通过本地区旱灾的历史记录，对未来可能发生的降雨量长期低于历史记录的严重旱灾进行预测，并提供相应的弹性行动框架。抗旱规划应确定旱灾诱因，如本地区的降雨量、水库蓄水存量、河流流量、地下水水位等的变化曲线和图谱，说明如何进行旱灾情景测试，表明在何时需要采取何种相关行动，以及如何对这些行动产生的影响进行评估。如果水务公司抗旱规划的内容没有遵循 Defra 和环境署的指南要求，须给出解释。

三　水资源综合管理的重要制度

（一）取水许可证制度

英国自《1963 年水资源法》规定全面实行取水许可证以来，经《1991 年水资源法》和数部综合性水法尤其是《2003 年水法》《2014 年水法》的持续修改和补充，已经形成了一套完善的取水许可管理制度，取水许可证就成为实现水权和水量分配、平衡流域内地表水和地下水开采量、支持流域规划目标的首要机制。[②] 在英格兰和威尔士地区，取水许可证管理目前分别由环境署、威尔士自然资源局负责，在苏格兰地区由苏格兰环境保护署负责，它们均有权授予、变更或拒绝相关申请，撤销现有的取水许可证。

1. 取水许可证的申请条件

在英格兰和威尔士，根据相关法律及 Defra 发布的《水资源（取水和蓄水）条例》（The Water Resources〔Abstraction and Impounding〕Regula-

---

① Defra, EA, 2015, *How to Write a Drought Plan*, https://www. gov. uk/government/collections/how-to-write-and-publish-a-drought-plan.

② 有关英格兰和威尔士地区申请办理取水许可证的情况，环境署制订了具体的指导，参见 EA, 2014, *Abstracting Water: A Guide to Getting Your Licence*, https://assets. publishing. service. gov. uk/government/uploads/system/uploads/attachment_ data/file/716363/abstracting-water-guide-to-getting-licence. pdf。

tions，2006，2008）及环境署的指导性规定，任何从地表水（包括河流、溪流、湖泊、泉水、沟渠等）或地下水中每天取水 20 立方米以上者，都必须事先向环境署或威尔士自然资源局申请获得取水许可证，方能按照许可证载明的地点和时间、数量和用途进行取水活动。许可证还对取水者施以若干条件，以保证其履行保护水资源和水环境的义务。环境署、威尔士自然资源局在考虑是否授予取水许可证时，首先根据取水地点的水资源可持续利用情况而定，以取水量不损害自然环境为原则。如果水资源可持续利用情况不佳，这些执行机构会根据“恢复可持续取水规划”而进行调整。

具体而言，对于以下用途的取水活动，须申请取水许可证：一是农业用水和渔业用水；二是城镇公共供水；三是工业和矿业用水；四是其他商业用水如以公众娱乐、泳池等为目的的用水。凡以此目的进行的取水活动，无论是用水主体直接抽取地表水或地下水，还是经由供水企业提供用水，取水者都必须申请取水许可证，缴纳相应取水费，登记注册，并负有法定责任以确保水资源的最佳利用。从上述用水权的优先顺序方面看，为家庭生活用水及公共用水之目的的取水活动被放在优先地位。

在这一通则之外，还存在其他一些特殊情况，无须申请取水许可证。根据 Defra 于 2017 年发布的《取水和蓄水（豁免）条例》（The Water Abstraction and Impounding〔Exemptions〕Regulations，2017）规定，如下特殊情况无须申请许可证：第一，无论取水用途如何，日取水量少于 20 立方米的；第二，经环境署或威尔士自然资源局的同意，每天取水虽然超过 20 立方米，但却是以测试地下岩层中的存水及其数量或质量为目的的；第三，内陆排水管理当局为土地排水作业之目的而取水的；第四，航运、港口、水利当局、干船坞为履行职责而用水的活动，船只等用于压载或饮用之目的而取水的活动；第五，用于消防灭火之目的而取水的；第六，预防或消除井矿、建筑施工过程中可能发生的危害性影响之目的而取水的；第七，建筑或工程施工过程中提取地表水的活动。[①]

① Defra，2017，*The Water Abstraction and Impounding（Exemptions）Regulations* 2017，http://www.legislation.gov.uk/uksi/2017/1044/pdfs/uksi_20171044_en.pdf.

在苏格兰和北爱尔兰，虽然水务企业公有制占据主导地位，但也采取了取水许可制度。原因主要有二：第一，近年来两个地区都开始实行政企分开体制，水务监管体系与水务运营体系已经分开，水务监管体系是水资源的保护者和管理者，公有水务运营体系主要承担的是日常供水和废水处理服务的提供，其服务提供以获得监管体系颁发的取水许可证、排污许可证为前提；第二，两个地区都存在着一些历史上形成的法定私人供水公司，同时偏远地区还存在着家庭用户自我供水的情况，这些私人供应行为同样受到政府的监管和控制，须受取水许可制度约束。

例如在苏格兰地区，根据《2013年水资源（苏格兰）法》（Water Resources〔Scotland〕Act 2013）规定，除了免于申请的情况外，其他任何主体在苏格兰内陆地区进行取水活动，如果每日取水量超过10000立方米，须向苏格兰政府申请取水资格。而免于申请许可的几种情况是：苏格兰水务公司（Scottish Water）为履行其法定供水职责而进行的取水活动；为水力发电之目的而进行的取水活动；农业灌溉或园艺用水；渔业养殖用水；维持采石场、煤炭矿井或其他矿井作业而进行的取水活动。相较之下，英格兰和威尔士地区对取水活动的管控比苏格兰和北爱尔兰地区更加严格。

2. 取水许可证的期限与类型

（1）期限。《2003年水法》正式将英格兰和威尔士地区的取水许可证由无限期改为有限期，通常为12年；一些例外情况下，期限可以更短或延长。许可证到期后可以续期，但续期前须重新申请。

之所以将取水许可证由无期限改为有期限，是由于过去的绝大多数取水许可证都是自1965年以后授予的，依然基于土地私有及河岸权制之上，没有时间限制。这种无时限的取水许可制度造成了过度取水问题，已经不适应气候变化、人口增长和社会发展条件下水资源保护和利用的新情况。改革取水许可制度，对许可证加以时间限制，主要目的就是为了减少过度取水，重新评估水的价值，以满足未来可能增加的用水需求，保障供水的安全性、可持续性和适应性；改革的方向是借此提高取水价格，以更好地反映水资源的价值、稀缺性及生态系统服务价值，并改革取水许可交易规则，减少交易壁垒，促进潜在的取水许可交易，提高可用于交易的取水量，促使取水许可证发挥更大作用，从而推动水资源的高效利用。通过对取水许可证设置期限，政府可以引进水量调控措施，强化对取用水总量的控制能力，以更公正公平地对待所有取水者，更灵活地应对水资源供求变化。

因此，近年来，为促进此项改革，英格兰和威尔士采取了如下政策措施：凡新申请或变更申请的取水许可证，除了少数减少了取水量或对环境不产生消极影响者外，均施以时间限制；旧的取水许可证必须更新，环境署、威尔士自然资源局通过逐步换发新的取水许可证的办法，以实现向新的限期性取水许可制度过渡。此外，还通过反向拍卖，政府从旧许可证持有者手中回购可能对环境造成损害的取水许可证；而从 2012 年开始，政府开始采取强制措施，在不给予补偿的情况下撤销或变更对环境造成严重损害的取水许可证。通过取水许可证机制，政府能够有效地对水源供应进行调控，避免水资源过度开发。Defra 于 2017 年发布的《取水与蓄水（豁免）条例》规定，现有的根据《1991 年水资源法》第 2 部分第 2 章规定授予的取水许可证停止使用。

取水许可证期限少于 12 年或长于 12 年的，均属于例外的特殊情况。其中少于 12 年的特殊情况包括如下条件：申请者要求少于 12 年；申请者经主管机构同意，可以在议定的期限内利用另外的尚未使用的许可证；该地区取水管理方案或规划期限较短；预计该地区可利用的水源将会减少；已知该地区环境所受到的影响并且这些影响可以接受；未知该地区环境所受到的影响，但需要确定一定的时期以进行适当的监测；该地区与其他合约安排如非化石燃料公约（Non Fossil Fuel Obligation）、水电工程合同或有时限的矿产开采规划许可相关；基于可持续性原则而须限制许可时期，如集水区取水管理战略已确认该地区水资源已接近被充分开发利用；该地区未来规划已经确定的相关目标（如河流质量目标）将改变现有水资源存量；该地区对水的需求不确定或者有可能改变；该地区基于集水区水源的活动（如采石活动）不确定。许可证期限可以长于 12 年，只能是在如下特殊情况下发生的，即在该流域内预计不会出现水资源可持续性难题。不过，即使在这一特殊情况下，许可证的时限最长也不能超过 24 年。[①]

取水许可证到期后必须更新。更新许可证须符合三项条件，一是取水地区环境的可持续能力；二是续期的合理性；三是对水的有效使用。否则，许可证即被另行处理。

（2）类型。根据《1991 年水资源法》《2003 年水法》《2014 年水法》的规定，依据取水的用途和时间，英格兰和威尔士地区的取水许可证被划分为三种类型，即全权许可证（Full Licence）、转让许可证（Transfer Licence）和临时许可证（Temporary Licence）。全权许可证是适用最多的一种类型，持有此类许可证者，无论用水目的为何，都可以从一个水源地连续取水超过 28 天或更长时间。转让许可证授权持证者从一个水源地取水超过 28 天或更长时间，但只能用于如下目的：把水运至另一个供水点；或者是在同一个水源地，取水目的是为了采矿、采石或挖沙、工程、建筑或其他作业。临时许可证用于颁给那些从一个水源地连续取水的时间少于 28 天的申请者。

3. 取水许可证的申请、变更与执法

（1）申请程序。除了临时取水许可证的申请程序相对简单之外，申请其他两种取水许可证的程序都相对复杂和严格。

通常，申请者事先应与环境署或威尔士自然资源局进行沟通，双方就拟取水的地点、数量、用途等进行讨论，环境署或威尔士自然资源局就相关地方的水资源议题提供信息和建议，如申请者有特殊情况，则给予指导。如果申请者是从地下水源中取水，还须事先自行进行技术测试。在正式申请取水许可证时，申请者必须向环境署或威尔士自然资源局提交拟取水地点的水资源地图，以及相关报告等信息资料；必须按照环境署或威尔士自然资源局要求的形式填写申请表格、撰写申请报告；必须缴纳申请费。

环境署或威尔士自然资源局收到申请之后，采取如下步骤：正式知会

---

① EA, 2017, *WR－253 Long Duration Licences-Guidance Note*, https://assets.publishing.service.gov.uk/government/uploads/system/uploads/attachment_data/file/665624/GEHO0910BTBS-E-E.pdf.

申请者；如果需要，环境署或威尔士自然资源局还将在自己的官方网站或地方报纸上对申请资料进行公告，而如果是在地方报纸上公示申请资料，公告费用由申请者另行支付；对申请资料进行技术审核，就是否申请成功给予书面回复；做出拒绝申请或者授予取水许可证的最终决定。

如果申请者对审批决定不满意，可以在自收到环境署或威尔士自然资源局决定书之日起的28天时间内向环境大臣提出申诉，由环境大臣启动听证、质询程序；经过听证和质询程序后，如果环境大臣不同意授予许可证，则驳回申请者的申诉；如果环境大臣做出同意授予许可证的决定，则指导环境署或威尔士自然资源局签发或修改许可证。

上述程序所需要的时间一般为13周，而申请临时取水许可证则只需28日。

此外，从2018年1月起，英格兰和威尔士开始对取水许可证进行数字化方式管理。

（2）变更。取水许可证变更主要发生在这样的情况下，即环境署或威尔士自然资源局为保护水资源环境，维护供水与需求之间可持续的平衡，在对某些取水区域经过调查之后，认为需要调整现行取水许可证的取水量、时限、用途，即会通知持证者，并就变更内容和条件等与之进行协商，讨论最优选择方案。《1991年水资源法》第51节规定了取水许可证变更的最简便方式，即持证者自愿申请变更取水许可证，减少取水量。在此情况下，环境署或威尔士自然资源局将给予申请者某些优惠举措，如取消取水费。

如果持证者不愿意自愿申请变更，环境署或威尔士自然资源局则根据《1991年水资源法》第52节的规定做出处理决定，如对取水许可证施加新的时间限制；如果持证者对此不同意，可以向环境大臣提出相关申诉，经由听证、质询等环节，环节大臣做出如下几种决定：按照环境署或威尔士自然资源局的意见变更取水许可证；以其他方式变更；不予变更。不过，在多数情况下，变更取水许可证证成为必然的选择。在此被动变更的情况下，持证者不能享受自愿变更情况下政府所给予的优惠待遇。

（3）取水许可证的交易。促进取水许可证的交易，是英格兰和威尔士集水区取水管理战略的目标之一。目前存在如下两种交易方式：一是直接从许可证当前持有人那里采购，当事者之间就取水权的转让可以讨价还价，可以整体购买，也可以采购其中一部分权利。该方式可称之为“继承方式”，权利只在当事者双方之间转让。不过，采购者必须符合与许可证当前持有者同样的资格条件；二是主管机构经申请者申请而在某个取水点签发新的许可证，而新许可证的签发依据的是其他取水点现有许可证的变更情况，也即新许可证的取得是因其他取水点现有许可证被撤销或权利被变更。因此，该方式可称之为“调迁方式”，权利是在取水地点之间转让。

（4）执法。环境署或威尔士自然资源局负责定期或不定期对取水许可证持有者的取水行为进行检查，违反许可证规定的取水地点、取水量、取水用途等内容和条件的，将遭到相关处罚，如罚款或撤销取水许可证。2006 年颁布的取水许可证条例详细规定了执行机构的执法措施，包括公布执法对象的姓名、地址，说明其违法行为，明确违法取水行为所发生的水源地，叙述其行为对环境造成或可能造成的损害，明确执法处理决定，说明执法根据及执法对象的申诉权利等。

目前，在英格兰地区，共有 2300 个取水许可证。随着自然环境和社会环境的变化，英格兰和威尔士正在加快推进取水许可证改革的步伐。环境署已经制定了一套具体的行动计划，其中一些关键的步骤包括：到 2018 年底，环境署将吊销约 600 个“僵尸”取水许可证，这些证照均未曾使用过；2019 年 12 月 31 日之前，之前根据《取水和蓄水（豁免）条例》规定被免予申请取水许可证的取水主体，也被纳入到申请体系；2020 年，取水许可与环境许可一体化；2021 年，更新发布 10 个流域区取水许可战略规划，对 2300 个限期许可证全部进行评审。①

（二）水资源费制度

1. 水资源费的内涵

水资源费，也被称作取水费（Water Abstraction Charge），是指对取水

① EA，2018，*Environment Agency Enforcement and Sanctions Policy*，https://www.gov.uk/government/publications/environment-agency-enforcement-and-sanctions-policy.

单位征收的费用。作为一种经济监管工具，水资源费的基本原理是政府通过颁发取水许可证并对取水许可证的持有者征收相应的费用，以管理取水者、控制水资源需求量、保护水环境。在现代国家，水费价格的制订首先与其水资源存量和开发利用状况直接相关。

水资源费的制度由来已久，《1963 年水资源法》的颁布标志着水资源费制度的正式诞生。“在这种制度下，除了某些个例之外，试图从自然水源中取水或者用水的任何人，都必须取得相关政府部门颁发的许可证”[①]。该法明确规定，在英格兰和威尔士实行取水付费制度，要求取水者对所取用的水付费。1969 年 4 月，该部法律开始实施，河流管理机构向那些直接从地表或地下水中取水的主体征收水资源费。之后的几部重要的水法，包括《1989 年水法》《1990 年环境保护法》《1991 年水资源法》《2003 年水法》《2014 年水法》，以及一些附属法规和水资源政策，包括《2003 年水资源（环境影响评价）（英格兰和威尔士）附属条例》《2006 年水资源（抽取和存储）附属条例》《2007 年水资源管理规划附属条例》等，都延续了这一制度规定。

1995 年环境署成立后，接管了先前国家河流管理局发放取水许可证、征收取水费的职责。根据上述法律法规规定，在英格兰和威尔士地区，凡从地表或地下取水，日取水量超过 20 立方米的取水户，都需要向环境署申请取水许可证并缴纳相应费用。[②]

取水费用标准由环境署根据《1995 年环境法》第 41—41c、42 部分所赋予的法定权力而调整。一般而言，水资源费收取的原则是：取水费要反映出水资源和水环境改善的管理成本；收取的费用应能够满足供水和开发水资源的费用要求；取水费用根据许可的取水量而非实际取水量；取水的水源地、季节、用途等都是取水费用计算的考量因子。[③] 环境署根据年度财务支出计划，确定该年度水资源费用的总额，再根据取水户被许可的取

---

① 胡德胜：《英国的水资源法和生态环境用水保护》，《国外水利》2010 年第 5 期。

② 不过，土地排水工程取水、给船只灌水、在环境署知情下测试地下水质时取水、消防用水，以及其他紧急用水等，可得到赦免。

③ 姜翔程、方乐润：《英国水价制度介绍及启示》，《水利经济》2000 年第 1 期。

水量、取水水源、取水时间、取水用途、取水地区、环境改善等要素，确定针对不同取水主体的收费标准。

水资源费每年征收一次。每年环境署发布取水费用征收方案（Abstraction Charges Scheme），方案有效期自当年4月1日至次年3月31日，内容包括制订该方案的法律依据、取水费所包含的项目、取水费的计算方法、取水费缴纳时间、不同地区取水费费率，等等。

2. 水资源费的外延

多年来，英格兰和威尔士取水费用由四部分构成，即取水许可预申请费、申请费、广告管理费和年度取水费。[①] 其中，前三种均为申请费。具体规定如下：

（1）取水许可证的预申请费（Pre-application Charge）。拟取水者在正式申请许可证之前，如果需要就申请抽水或泵水许可方面的事宜，向环境署进行先期咨询或与之讨论、征询建议，咨询时间在15小时之内的无须缴费，但超过15小时后，每小时征收125英镑的咨询费用。需说明的是，预申请费用不是必需项目，取决于申请者是否需要向环境署进行先期咨询。

（2）取水许可证申请费（Application Charge）。根据《1991年水资源法》，新申请取水许可证，或者变更取水许可证，都要向环境署缴纳申请费。

但在下列五种条件下，取水许可证的申请是免费的：第一，根据《1991年水资源法》第59A部分的规定，申请许可证转让；第二，根据《1991年水资源法》第59C和59D部分的规定，分配得到许可证；第三，根据《1991年水资源法》第51（2）和（4）部分的规定，申请变更许可证是为了减少已经许可的取水量；第四，根据《1991年水资源法》第59（1）部分的规定，申请撤销许可证；第五，根据《1991年水资源法》第

---

① 有关取水费的构成、计算方式等规定，参见EA，2018，*Abstraction Charges Scheme* 2018 *to* 2019，https://www.gov.uk/government/uploads/system/uploads/attachment_data/file/691736/Abstraction-Charges-Scheme-2018-2019.pdf；NRW，2018，*Our Charges*：*Water Resources Application Fees* 2017-2018，https://naturalresources.wales/permits-and-permissions/water-abstraction-and-impoundment/our-charges/?lang=en。

51（2）部分的规定，申请变更许可证是为了施加时间限制。

申请费又包括高、低两种收取标准。前者针对的任何新申请取水许可证、变更许可证、转让许可证或者取水，是为了直接用于电力生产等情形；后者主要适用于现有许可证的更新申请。2014 年以来，低标准的申请费用一直是 135 英镑，高标准的申请费用则是 1500 英镑。

（3）广告管理费（Advertising Administration Charge）。除了临时许可证之外，其他类型的取水许可证在申请或批准的过程中，作为程序的一部分，需要环境署广告公示，环境署为了收回此项行政成本，对申请者收取广告管理费用，标准为 100 英镑/次。

（4）年度取水费用（Annual Charge）。由标准收费（Standard Charge）和补偿收费（Compensation Charge）两部分组成。标准收费是年度费用中的首要部分，环境署通过标准收费，来收回取水管理和规制的成本，恰如其分地发挥许可证制度在水资源管理中的作用。补偿收费是年度费用中的次要部分，环境署通过它，可以在标准收费之外，收回其对许可证撤销或变更事务进行管理的行政成本。大多数类型的取水行为都必须缴纳年度取水费用，但下列几种许可取水的情形则可免交费用：取水是为了直接用于电力生产，或者用于发电站其他形式的动力之源，或者发电装置能力小于 5 兆瓦的取水；经环境署或其前任机构批准、从平均氯化物含量超过 8000mg/L 的内陆水域中取水；持临时许可证取水；持转让的许可证取水。这四种类型的取水都无须缴纳年度取水费用。

就收费标准而言，申请费用和广告费用一般是固定的，但年度取水费用的标准每年都有所调整，由环境署根据其行政支出预算中应由取水费补偿的金额来确定，最低为 25 英镑。

3. 水资源计算公式

水资源费收取有一套计算公式。根据环境署的年度取水收费计划，对水务公司及其他需要从自然水源中取水的水服务承担者，实施年度取水收费的计算公式是：

$$年度收费 = 标准收费 + 补偿收费 = V \times A \times BC \times SUC + V \times B \times C \times$$

D × EIUC

其中：V = 年度许可取水量（单位：千立方米）

A = 取水的水源因子（Source Factor）

B = 取水的季节因子（Season Factor）

C = 取水过程中的漏损耗水因子（Loss Factor）

D = 调整后的水源因子（Adjusted Source Factor）

SUC = 标准费率（Standard Unite Charge）（单位：英镑/1000 立方米）

EIUC = 环境改善费率（Environmental Improvement Unit Charge）（单位：英镑/1000 立方米）

上述诸因素中，水源因子分为三类：非保护区域的水源（Unsupported Source），指所有水源，包括地下水；受保护区域的水源（Supported Source），如水库，受保护区域的取水受流量的严格限制；内陆水域中潮汐性水源（Tidal Source），如季节性的洪水积水。三类因子在取水费用计算权重中的系数分别是 1.0、3.0、0.2。

季节因子也分为三类，即：夏季，从 4 月 1 日到 10 月 31 日；冬季，从 11 月 1 日到 3 月 31 日；全年。夏季取水许可只能用于夏季的时段内；冬季取水许可只能用于冬季的时段内，全权类许可的则不限取水期限。夏季、冬季和全年三类季节因子在取水费用计算权重中的系数分别是 1.6、0.16、1.0。

耗水因子分为 4 类，包括：高耗水，中等耗水，低耗水，以及非常低耗水。它们在取水费用制订中的权重系数分别是 1.0、0.6、0.03、0.003。

经过调整的水源因子，适用于补偿收费标准的计算中。又被分为两类：非潮汐性水源（既包括保护区域，也包括非保护区域）和潮汐性水源，其计算权重分别是 1.0 和 0.2。

标准费率和环境改善费率在各个流域间并不相同。2014 年至今，环境署制定的最高标准费率是 27.15 镑/1000 立方米，最低标准费率是 11.63 镑/1000 立方米，环境署为各流域制定的标准费率如表 8 - 5 所示。环境改善费率除了在不同流域间存在差别外，在水服务的承担者和非承担者之间也有差异，2014 年迄今，环境署为两类取水者所制定的环境改善费率见表 8－6 所示。此外，根据《2014 年水法》中的新规定，取消了水务公司在其执照被环境署变更或撤销的情况下获得补偿的权利，因此环境改善费也因不再适用于水务公司而被取消。

表 8－5　2014—2018 年英格兰和威尔士主要流域水资源费标准费率

单位：英镑/1000 立方米

收费流域	标准费率		收费流域	标准费率	
	2014/2015 年	2017/2018 年		2014/2015 年	2017/2018 年
盎格鲁	27.51	27.51	英格兰西南部（包括威克塞斯）	19.71	19.71
英格兰中部	14.95	14.95	泰晤士	13.84	13.84
诺森伯兰	29.64	16.66	约克郡	11.63	11.63
英格兰西北部	12.57	12.57	迪谷	15.16	14.40
英格兰南部	19.23	19.23	怀河	15.16	14.40

资料来源：EA, 2014, *Abstraction Charges Scheme* 2014 *to* 2015, https://www.gov.uk/government/uploads/system/uploads/attachment_data/file/691736/Abstraction-Charges-Scheme－2014－2015.pdf;

EA, 2018, *Abstraction Charges Scheme* 2018 *to* 2019, https://www.gov.uk/government/uploads/system/uploads/attachment_data/file/691736/Abstraction-Charges-Scheme－2018－2019.pdf。

表 8－6　2014—2018 年英格兰和威尔士水资源费中的环境改善费率

单位：英镑/1000 立方米

收费流域	非水服务承担者		水服务承担者	
	2014/2015 年	2017/2018 年	2014/2015 年	2017/2018 年
盎格鲁	13.71	0	9.96	—
英格兰中部	0.00	0	6.19	—
诺森伯兰	0.00	0	0.00	—
英格兰西北部	3.86	3.86	8.91	—
英格兰南部	12.11	0	8.26	—
英格兰西南部（包括威克塞斯）	12.91	12.91	0.00	—
泰晤士	0.83	2.3	8.24	—
约克郡	0.00	0	0.00	—

续表

收费流域	非水服务承担者		水服务承担者	
	2014/2015 年	2017/2018 年	2014/2015 年	2017/2018 年
迪谷	8.69	0	0.00	—
怀河	8.69	0	0.00	—

资料来源：同表 8－5。

（三）排污许可证制度

1. 排污许可管理

英国已经建立了一整套排污监管制度，对于每项活动都有一套规则，包括污染物排放标准、环境许可监管、规则遵守指南及风险评估。这些有可能影响环境的生产活动包括：废物的生物处理；洪水风险活动；设施装置[①]；废物贮存、转移、处理、回收、使用等；金属回收/废金属；材料回收和循环；陆上油气勘探和采矿废料作业；非核场所的放射性物质；垃圾焚烧；溶剂排放；生产骨料或建筑材料的处理；地表和地下水排放等。实施上述每类活动，如果可能造成对空气、水和土壤的污染，或引发洪水风险，或对土地排水造成不利影响，活动主体都必须事先申请环境许可证。根据活动和污染风险，政府环境部门及其执行机构或地方当局分别行使许可权力。

地表和地下水排放许可证（以下简称排污许可证）是这套许可证体系中的一个构成部分，是控制水质恶化、保护水资源生态平衡的关键机制。在英国，排污许可证针对两种活动：一种是独立的地表水排放活动，即将污染液体或废水释放到河流、溪流等地表水及土地中；另一种是独立的地下水排放活动，即直接或间接将污染液体或废水排放到地下水中。

在英国不同地区，不同机构分别负责排污许可证的审核发放。在英格兰地区，由环境署负责；在威尔士地区，由威尔士自然资源局负责；在苏格兰地区，由苏格兰环境保护署负责；在北爱尔兰地区，由北爱尔兰环境

① 指生产潜在有害物质的工业设施、制造场或其他企业，如垃圾填埋场、大型鸡场、食品厂、家具厂、干洗店、加油站等。

署负责。

以英格兰和威尔士地区为例。Defra 和环境署于 2016 年发布了最新指南文件《向地表水和地下水排放：环境许可》（Discharges to Surface Water and Groundwater-environmental Permits，2016）及《环境许可收费指南》（Environmental Permitting Charges Guidance，2018），对排污许可证的类型、豁免类型、申请许可证的程序、排污费等细致地进行了规范。

2. 排污许可证类型

主要包括标准规则许可（Standard Rules Permit）和特定许可（Bespoke Permit）两类。

（1）标准规则许可。《2010 年环境许可（英格兰和威尔士）条例》（The Environmental Permitting（England and Wales）Regulations 2010）第四章列示了有关向地表水实施排放活动的标准规则许可的条件。环境署特别将其单独择出，以单项法定指南的形式重新公布，即《2010 年第 3 号标准规则：地表水排放》（SR2010 Number 3：Discharge to Surface Water）。据此，凡将经二级处理的生活废水、每日处理最大量为 5—20 立方米、排放进内陆淡水或沿海水域或相关领海水域者，须申请标准规则许可。

这里包含几个条件：必须是民用生活废水，不含《1991 年水资源法》第 221 部分规定的工业污染物；必须经过污水二级处理厂的处理；日均处理最大量在 5—20 立方米；排放的内陆淡水水域或海岸水域通常常年有水；而且排放水域不包括池塘、湖泊或者距离如下区域在 1000 米以内的上游水域：已确定的游泳水域，已划定的贝类养殖水域，欧盟指令（Directives 79/409/EEC、Directives 92/43/EEC）指定的特殊保护区或候选特殊保护区，拉姆萨尔公约划定的拉姆萨尔湿地地点（Ramsar Sites），具有特殊科学价值的地点，地方自然保护区，其他任何生长着受保护物种的水体，距地方野生生物保护地点 100 米以内的水体。此外，污水二级处理厂的设计、建设、管理运营和维护也必须符合相关规定。

（2）特定许可。如果不符合申请标准规则许可证的条件，又不符合环境许可的豁免条件，则必须申请特定许可证。此类许可证通常根据排污单位的排污内容、污染风险程度、治理计划等要素，由环境署、威尔士自然资源局与排污单位协商而特别定制的。申请和审批特定许可证，比申请标准规则许可证更为复杂，历时时间也较长。两类许可证之间可以转化，但须经申请。此外，排污许可证也可以进行交易。

从流程上看，申请者申请排污许可证，须完成如下步骤：填写相关表格，这些表格均由环境署制定；拟定并提交排污管理制度；污染风险评估；其他支持性材料，如相关地图、计划等；缴纳费用。

3. 排污费用

申请排污许可证以及申请成功之后需要交纳的费用，有些属于固定费用，有些属于时间和材料费用。其本质也是用以补充作为监管机构相关工作的成本。包括：第一，申请费，费用额取决于申请者的排污活动和所申请的许可证类型。申请费分为如下几种情况：申请新的许可证费用，以及申请变更或转让或注销许可证的费用。第二，年度维持费，申请成功之后需要交纳，用以支持监管机构的监管活动开展，如进行现场检查以确保排污单位遵守许可证中的约定条件。第三，补充费用。这是监管机构在审核许可证申请之时或签发许可证之后推出的额外收费，是按最高额度对某些申请者收取的固定申请费、时间和材料费、年度维持费。补充费用只适用于监管机构需要做额外或不寻常的监管工作时才会收取。有关费用的标准，不同业务领域、不同类型的排污费用标准不等，但有一些是固定的。

具体见表 8 – 7[①]：

表 8 – 7　英格兰和威尔士排污费类型与收费标准（非全部）

（截至：2018 年 6 月底）

类型	事由与标准
咨询服务费	在前期申请或预申请阶段，申请者如果需要监管机构提供咨询服务而须交纳的费用，监管机构按每小时 100 英镑收取。

① Defra，EA，2018，*Environmental Permitting Charges Guidance*，https://www.gov.uk/government/publications/environmental-permitting-charges-guidance/environmental-permitting-charges-guidance；Defra，2018，*The Environment Agency*（*Environmental Permitting*）（*England*）*Charging Scheme* 2018，https://assets.publishing.service.gov.uk/government/uploads/system/uploads/attachment_data/file/722656/EPR-charging-scheme-with-schedule.pdf.

续表

类型	事由与标准
广告费	如果监管机构需要在报纸上公示申请者的申请材料，则需要收回投放广告的成本，申请者须缴纳这笔费用。每登一个广告，收取500英镑。
重复发送通知费	在审核申请的过程中，因申请者提供的信息不全面而需要监管机构发送相关通知，如果监管机构就同一问题发送了三次或更多次相关通知，则收取额外的成本费用。每发一次通知，收取1200英镑。
修改申请的费用	如果申请者在申请资料提交之后、监管机构做出决定之前需要修改申请，则须支付额外的费用。每修改一次，收取1930英镑。
计划评估费	如果监管机构需要对某一特定地点的某项活动进行额外的评估，则将因这项工作收取额外的评估费用，计划评估费一般发生在申请者申请新的许可证，或申请许可证变更而需要提交一个新的计划时。不同类型的计划，有着不同的评估费标准。例如，对野生生物栖息地的生境进行风险计划评估，每次收费为779英镑；对排放管理计划进行评估，每次收费为1241英镑；对废物回收计划进行评估，每次收费1231英镑。
注销许可证	如果许可证持有者在尚未开展业务之前全部或部分注销许可的事项，则必须支付770英镑。

（四）其他重要制度

除了上述关键制度之外，还有如下几项重要的辅助性制度。

1. 水环境补助制度（Water Environment Grant，简称WEG）

这是由Defra、英国农村支付局（Rural Payment Agency）、环境署，以及非政府组织“自然英格兰”联合于2017年开始举办的一个新项目，是乡村发展政策的构成部分，目前主要在英格兰地区实施。[①] 项目的目的是为改善英格兰农村的水环境提供资金，包括改善河流和河口、湖泊、运河、湿地、地下水、沿海水域等水体环境，使之符合欧盟《水框架指令》及各河流流域管理规划有关内陆地表水、地下水、河口、沿海水域，以及其所确定的赖水性（water-dependent）的生境地点保护目标，从而促进乡村社区和经济的进一步改善。

① Defra, EA, Natural England, Rural Payments Agency, 2018, *Guide for Applicants: Water Environment Grant*, https://www.gov.uk/government/publications/water-environment-grant-weg-handbooks-guidance-and-forms/guide-for-applicants-water-environment-grant.

WEG 主要用于资助如下活动：创建和恢复赖水性生物栖息地，如水道、湖泊或湿地，恢复赖水性生境中的生态系统；消除鱼类活动的障碍，建造鱼类洄游通道，恢复鱼类迁徙的畅通无阻，保护鱼类生存；管理水污染源头，遏制农村地区的弥漫性污染；消除或减少非本地物种的存在；水资源的可持续利用；有助于改变农业实践从而改善水环境的支持性活动；为解决赖水性生境中的环境问题而开展的可行性研究等。所有这些活动都凝聚为一个主要目的，即促进乡村发展。

环境署与自然英格兰携手，成立了一个专门团队，负责 WEG 项目的运作和管理。WEG 的资金主要来源于欧洲乡村发展农业基金（European Agricultural Fund for Rural Development，EAFRD）和英格兰乡村发展计划（Rural Development Programme for England，RDPE）。申请者申请成功后，由英国农村支付局负责支付款项。

WEG 实行申请制，具有竞争性，对申请者的资格也有所限制。WEG 管理团队根据项目规则和优先级别，采取计分方式，审核并决定对该补助金的申请。有资格申请 WEG 资金的，包括慈善团体、部分公共机构、土地管理者等，另有一部分主体被明确排除其申请资格（见表 8 - 8）。即使是有资格申请的主体，也受到一些条件的约束。例如，有申请资格的公共机构，作为其职责构成部分的工作活动不列入申请范围；公共机构的租户，其租赁协议中包含的活动，不列入申请范围；私有水务公司，申请该补助经费不能用于营利目的，且需提交相关证明。

表 8 - 8　英格兰 WEG 资金申请资格

有资格申请的主体：	无资格申请的主体：
1）慈善团体：包括非营利组织； 2）公共机构：包括地方当局，教区议会，各个国家公园管理机构，内陆排水委员会，公营公司； 3）土地管理人员：包括农夫，林业工人，土地所有人，公共机构的租户； 4）私有公司：水务公司	1）政府部门及其执行机构； 2）非部门公共机构（NDPBs）：如环境署，自然英格兰，林业委员会，历史英格兰① 3）皇室机构：英国文化协会（British Council），皇家公园

① 历史英格兰（Historic England）：负责宣传保护英格兰历史文化遗迹、遗址的一个公共机构。

2. 增加资本免税计划（Enhanced Capital Allowance，ECA）

20 世纪 90 年代，为响应里约全球环境首脑会议要求，英国率先制定了可持续发展的国家战略。此后，几乎每隔五年左右，英国都会更新可持续发展战略，完善相关指标和措施，确保经济、社会和环境同步发展。其中，在自然资源和环境领域，推行节能减排是保护和改善环境、促进其可持续利用的重要措施之一。节能减排政策旨在强化对社会各单位包括企业、家庭以及公共部门的约束和激励，特别是强调运用税费减免、资金支持、基金互助等方式帮助企业、家庭节能减排。其中，ECA 就是政府通过财政奖励以支持节能减排、应对气候变化的核心举措之一。

ECA 于 2001 年被正式提出和实施，主要是向那些购买合格的节能设备的企业提供税收减免，其中包括如下三种设备采购活动：节能设备采购，节水设备采购，低排量汽车采购。ECA 的核心举措在于，如果企业在政府制定和管理的“能源技术清单”（Energy Technology List，ETL）[①] 中购买节能设备，就可以在进行投资的当年，在该支出上获得 100% 的免税。因此，ETL 是实施 ECA 计划的重要构成部分。能够被列入 ETL 中的产品，必须符合特定的节能或能效标准。英国商业能源和工业战略部（BEIS）负责每年审查符合纳入条件的技术和产品，而 ETL 的日常运行则由英国碳信托有限公司（Carbon Trust）代表 BEIS 来进行管理。该公司于 2001 年成立，采取公私合作形式，负责该基金的日常运作，为此专门成立了 ETL 团队，帮助企业进行技术创新。

在水务领域中，ECA 计划及相关清单由 Defra、英国皇家税务海关总署（HM Revenue and Customs）负责管理。Defra 负责制定水技术清单（Water Technology List），该清单包括了各种水技术和设备，如自来水水龙头、卫生间、水质监测设备和工业清洗设备等，Defra 每年都审查水技术和产品及相关标准，增加或减少部分技术和产品，为企业采购符合标准条件的水技术设备，以及如何申请相关免税提供了指南，以此鼓励企业和社会提高用水效率，改善环境和水质。

① 或称“节能技术产品名录”（Energy Technology Product List，ETPL）。

根据相关指南，企业申请ECA的流程十分简单，第一步，查阅相关技术和产品清单，弄清楚哪些水技术设备被列入清单之内，哪些没有被列入清单之内；第二步，实施采购，即购买清单内的技术产品设备；第三步，向Defra、皇家税务海关总署递交申请资料；第四步，在采购设备的首年，获得100%公司税或收入税减免。从水务领域的ECA计划实施效果看，它的确为企业带来了可观的财政节约，同时减少了相关业务对水资源环境的影响，在一定程度上提高了企业对水资源的使用效率。

此外，最近十余年来，英国政府还开始在公共部门尤其是政府部门中推广实施“用水产品”的政府购买标准（Government Buying Standards，GBS），规定中央政府所有部门及其相关机构在购买“用水产品”及服务时，必须确保其符合政府采购标准，并在招标中注明GBS规定的产品规格。同时，也要求其他公共部门按照此标准购买节水产品。自2008年至今，英国政府已经就以下“用水产品”制定了政府采购标准（见表8－9）。①

表8－9　英国政府有关用水产品的采购标准

洗碗机的政府购买标准（GBS for dishwashers，2008，2011，2015）
雨水收集设备的政府购买标准（GBS for rainwater harvesting equipment，2008，2014，2015）
淋浴、水龙头、洗手间和小便池设施的政府购买标准（GBS for showers，taps，toilets and urinals，2008，2010，2014，2015）
洗车水回收装置的政府购买标准（GBS for vehicle wash water reclaim units，2008，2014，2015）
洗衣烘干机的政府购买标准（GBS for washer dryers，2008，2015）
洗衣机的政府购买标准（GBS for washing machines，2008，2011，2015）
节水型工业清洁设备的政府购买标准（GBS for water-efficient industrial cleaners，2008，2014，2015）

3. 节约用水机制

节水管理目前也是英国各地区政府水务监管部门的重要责任。鉴于在过去30年来英国用水量逐年增加，供求平衡在近年来越来越难以保持。英国政府已经把节约用水当作管理水资源、实现供需平衡的基本要素，号召

① Defra，2014，*Procurer's Note：Water-Using Products*，https://www.gov.uk/government/uploads/system/uploads/attachment_data/file/341555/GOV.UK_GBS_Water_using_products_procurers_note.pdf.

公私部门、家庭个人通过各种渠道节约用水。

根据《2003年水法》规定，Defra大臣每三年应向英国议会报告有关促进节约用水的举措、成效及未来的政策建议。2014年6月，Defra发布了第三份节约用水报告，向议会概述了自2010—2013年间政府在保护水资源、促进节约用水方面所取得的进展及此后的行动方向。[①] 根据该报告，英国政府采取了多种多样的措施鼓励社会各界节约用水。例如，鼓励居民家庭安装水表；要求水务公司确定用水类型，及时更新水管理计划；鼓励各类组织在屋顶和停车场等地方安装雨水收集系统，用雨水来冲厕所和洗车；安装废水循环系统，将浴室洗漱用的废水用来冲厕所；设立节水奖，以表彰对节约宝贵水资源做出特殊贡献的组织；加大节水宣传，在环境署网站上提供了从防止自来水管渗漏到小便池用水控制、从浴室到厨房等各种家庭节约用水的办法。

上述举措中，比较重要的是推进家庭用户安装水表，以及要求水务企业强化渗漏管理。自20世纪90年代中期起，英国政府开始推进家庭用户安装水表和防止渗漏工作，水务公司须承担为家庭用户免费安装水表和防止水管渗漏的责任。到2008年，安装水表的居民用户占居民用户总数的33%；到2015年，英格兰地区家庭用户已基本上全面安装了水表，其余地区则在2023年前普及。[②] 此外，在干旱期间，政府更是强化对用水的管理，下达干旱许可令和禁令，严格限制花园灌溉、洗车、游泳池充水、建筑物清洗等用水行为，违者可处以最高1000英镑罚金。水管渗漏防止工作也取得较大进展，目前英格兰和威尔士地区的水管渗漏情况至少减少了超过1/3。政府对每个水务公司设定了减少渗漏的约束性目标，并对不达标的公司采取处罚措施。

---

① Defra, 2014, *Action Taken by Government to Encourage the Conservation of Water*. https://assets.publishing.service.gov.uk/government/uploads/system/uploads/attachment_data/file/308019/pb14117-water-conservation-action-by-government.pdf.

② EA, 2008, *Intelligent Metering for Water: Potential Alignment With Energy Smart Metering*, https://www.gov.uk/government/uploads/system/uploads/attachment_data/file/290979/scho0508bobg-e-e.pdf.

四　小结

英国自 20 世纪三四十年代正式确立现代水资源管理体制以来，逐步确立了目前的国家对水资源实施综合统一管理的制度框架，实行水资源所有权与使用权相对分离的水权制度，采取了一系列具体可行的水资源保护和管理制度、机制，包括流域管理规划、取水许可、排污许可及水资源费、排污费制度等，有效保护了水资源和流域生态系统，促进其健康和可持续利用，实现了经济、社会和生态环境的协调发展。根据环境署的最新调查，由于实行了比较科学的流域管理规划和最严格的水环境保护标准，目前英格兰与威尔士的河流、湖泊、沿海水域、港湾可能比工业革命前还要洁净，超过 95% 的地表水水质属于优质或良好的等级，污水处理达标率几乎百分之百。

在各种制度安排中，政府有关水资源保护和管控的各种规划、计划，对于水资源的有效利用和管理提供了可预期的目标和行动方向、路线和步骤，具有十分重要的战略指导意义。然而，也存在一些问题，主要是由于涉水监管涉及不同的机构，各机构针对不同的涉水领域分别制定独立的规划和计划，虽然内容密切相关，但相互之间缺乏足够的协调。例如，不同规划的期限有所不同，英格兰十个流域制定的流域管理规划周期为 6 年，水务公司编制的水资源管理计划周期为 25 年，政府抗旱计划周期为 3.5 年，水务监管机构对水务公司的价格评审周期为 5 年。因此须克服不同涉水规划间统筹协调性不足的问题，加强各规划机构之间的联系与合作，将包括流域管理规划、水资源规划机制、价格评审、抗旱规划等水资源规划协调起来，并且让水务企业也参与到水务部门的规划中，以提高整个行业的适应能力，应对未来挑战。

此外，由于英格兰、威尔士、苏格兰和北爱尔兰四个地区都具有比较高度的自治权，因此不同地区水务部门的规划之间也存在着不协调问题。近年，四个地区的水务部门近年愈益注意到合作的重要性，其开始采取政府间协议的方式解决地区在水资源保护、供水和水质管理等方面的合作问题。

第九章　苏格兰的水务运营和监管模式

20世纪晚期，在英格兰及威尔士进行水务私有化改革时，苏格兰地区的水务行业却一直保持其公有制主导的性质不变，其背后的主要动因是政治分权。不过，虽然英格兰和威尔士水务私有化的浪潮没有触湿苏格兰，但其面临的投资和效率困难迫使其不得不进行改革。一方面，对延续已久的分散管理型水务模式进行整合，在保持公有制地位不变的同时引入市场竞争机制，允许私有水务企业进入苏格兰水务市场从事有限的业务，以实现吸纳投资、降低水务运营成本、提高服务效率之目的；另一方面，建立起分权共治的新型监管体系。这种新型的监管体系，在结构、功能、行动准则和服务标准等方面与英格兰、威尔士两个地区高度一致，反映出英国不同地区的水务模式虽然存在着差异性，但在共同的政治传统背景下，其水务治理格局也呈现出共同性。

本章的任务是梳理分析苏格兰水务经营与管理体系的来龙去脉、框架特点，以及它与英格兰和威尔士水务模式的异同之处。

一　历史和政治基础

（一）政治分合的历史循环

苏格兰和英格兰之间存在着千年恩怨，存在着政治分合的历史循环。1706年，苏格兰与英格兰签订了《联合条约》（Treaty of Union），1707年双方的议会和政府合并，宣告成立大不列颠联合王国，但苏格兰仍然保留自己的社会特征。作为联合王国的组成部分之一，苏格兰在联合王国议会中拥有席位和代表权，中央政府负责苏格兰的国防、外交及其他重大领域，苏格兰地区内部的公共服务事务实行自治。

但事实上，苏格兰人并不愿意接受威斯敏斯特的议会。从19世纪后期开始，政治运动就此起彼伏。1866年就有人主张民族自治，并成立了苏格兰自治协会。[①] 1913年，英国议会中的苏格兰议员抛出了苏格兰自治议案，虽然没有通过，但也再次点燃了苏格兰的民族主义。此后，各种争取自治的政治力量联合起来，于1934年成立了苏格兰民族党，致力于推动苏格兰独立运动。1974年，苏格兰民族党在英国议会获得了7个席位，在当年的另一次大选中再次获得11个席位。[②] 1979年，英国工党为了吸引选票，就承诺了地方自治目标，并策划推动了苏格兰、威尔士恢复地区议会的全民公决，结果因两个地区的支持率未达到既定标准而失败。[③] 英国保守党上台后，强调威斯敏斯特议会的主权一直是保守党治理国家的信念，撒切尔夫人更是强调要加强中央政府的权力。她曾说："我天生就是一个反对北爱尔兰自治的人，所以我也不喜欢对苏格兰做出'权力下放'的承诺。"[④] 但苏格兰争取政治自治的行动没有停止，1989年又一个政治组织——苏格兰制宪会议宣告成立，声明其唯一的目标就是争取建立苏格兰议会，同年召开第一次会议，宣布："我们，集合在苏格兰制宪会议上，特此宣布苏格兰人民拥有自由选择最符合他们需要的政府形式的主权，特此宣布并发誓在我们所有的行动和审议中，苏格兰人民的利益将高于一切。"[⑤] 1995年的苏格兰制宪会议发布了报告《苏格兰的议会，苏格兰的权力》，直接

---

① 杨义萍、申义怀：《苏格兰民族独立运动及其影响》，《现代国际关系》1992年5期。

② 岳恒：《浅析英国国内的苏格兰民族主义》，《西安文理学院学报》（社会科学版）2009年第6期。

③ 韩昕：《英国大选中的苏格兰独立问题》，《世界知识》1992年第9期。

④ ［英］玛格丽特·撒切尔：《通往权力之路：撒切尔夫人》，李宏强译，国际文化出版社2005年版，第270页。

⑤ ［英］安德鲁·甘布尔：《欧盟的不联盟》，楼苏萍编译，《马克思主义与现实》2006年第6期。

推动了1997年工党所采取的政治权力下放政策。

保守党对地区政治权力的忽视及其对地方责任和公民个人责任的过度强调，导致了它在1997年大选中的落败。工党当然要在中央与地方关系上避免重蹈保守党的覆辙，因此在竞选纲领中强调权力下放，并向苏格兰承诺按照苏格兰制宪会议达成的协议创建能够立法的议会。1997年5月，工党重新上台执政后，本就是苏格兰人的布莱尔立即兑现竞选承诺，在苏格兰和威尔士下放权力，重建地方民主。[①]

在布莱尔政府支持下，英国议会通过了第一个法案，即《1997年公决（苏格兰和威尔士）法》。苏格兰率先就中央政府向苏格兰下放权力问题举行了全民公决，参与投票的选民中有74.3%的人支持设立苏格兰议会，苏格兰自治的政治愿望再次从历史深处走出并得以达成。接下来，1998年11月，英国议会通过了《1998年苏格兰法》；1999年苏格兰议会（Scottish Parliamentary）自1707年消失、历经300年之后再次诞生。[②]

（二）新的政治框架

重生的苏格兰议会是苏格兰的权力中心，具有法人资格。《1998年苏格兰法》以默示的方式授予苏格兰议会对包括水务在内的多个公共事务领域进行立法的权力，这类事务被称作“下放事项”，包括：教育与培训，体育和艺术，盖尔语；医疗卫生，住房，社会工作；司法、警察和消防，法律和民政事务；地方政府，规划和统计；旅游、经济发展和对工业的财政支持；农业、林业和渔业；部分交通运输事务（包括苏格兰公路网络，公共汽车政策，港口和码头）；环境，自然和人文遗产。其中，水务被包含在自然环境事务中。

同时，《1998年苏格兰法》还明确列举了英国议会所拥有的“保留事项”，

---

① ［英］托尼·布莱尔：《新英国：我对一个年轻国家的愿望》，曹振寰译，世界知识出版社1998年，第66页。

② 权力下放的进程同样也在英格兰地区、威尔士地区、北爱尔兰地区进行着。如威尔士成立了威尔士议会，英格兰则建立了“大伦敦政府”，北爱尔兰也设立了行政院。不过，虽然四个地区都成为中央政府权力下放的“授权区”，但由于历史的原因，苏格兰和北爱尔兰的自治显然比英格兰和威尔士走得更远一些，说明英国的地区主义在新的时代背景下再次彰显。

包括宪法、外交、国防、宏观经济、金融和财政政策、就业和社会保障等。这些事项与苏格兰有关，但会影响英国全国甚至产生国际影响。苏格兰议会不能染指属于英国议会的保留事项，英国议会虽然可就任何问题制定于苏格兰适用的法律，但也不会未经苏格兰议会同意而对“下放事项”进行立法。

苏格兰议会由129名议员组成，从中选出1名议会主席、2名议会副主席。议会内部的组织结构主要包括四大块：一是苏格兰议会法人团体（Scottish Parliamentary Corporate Body，SPCB），主要负责为议会开展工作而需要的人员、食宿等服务；二是议会局（Parliamentary Bureau），主要负责拟订拟议的事务计划、安排议会会议议程；三是领导小组（Leadership Group），是苏格兰议会的高级管理小组，负责制定议会的战略方向、组织目标和价值，监测议会组织运行绩效；四是议会委员会（Parliamentary Committees），是苏格兰议会的中心构成，在苏格兰议会日常立法运作中发挥着重要的作用。

苏格兰议会主要以两种方式运作，即议会全体会议和委员会会议。除了少数重要问题由全体会议讨论外，几乎所有的具体事务都交由相关的议会委员会处理。议会委员会的职能是：审查苏格兰政府的工作，包括审议预算提案；对与委员会工作有关的议题进行调查；审查立法，包括法案和附属立法；取证调查；受理公众和社会团体提交的请愿书。各议会委员会呈交的报告和建议，在全体会议上审议、确定。每个议会委员会均由议员组成，成员人数从5—15人不等。每个议会委员会的组成都会在成员配置上充分考虑不同政党势力之间的平衡。

根据设立的依据，议会委员会分为强制委员会（Mandatory Committees）和专门委员会（Subject Committees）两类。前者是根据法律必须设立的；后者则是因具体的经济社会事务而设立，数量上可灵活掌握。苏格兰议会自1999年开始运行至今，不同时期所成立的议会委员会数量不等，最多时有28个，目前为19个。①

---

① 来源：http://www.parliament.scot/parliamentarybusiness/committees.aspx。数据截至2018年6月底。

根据《1998年苏格兰法》，还组成了一套向苏格兰议会负责的公共行政体系，其中最重要的是苏格兰行政院（Scottish Executive）。原先英国中央政府的苏格兰事务办公室及其他相关部门中的“下放事项”都移交给了苏格兰行政院，因此它也被称作是“苏格兰授权政府”（Devolved Government for Scotland）。2012年和2016年，英国议会两次修改《苏格兰法》，在财政税收、公共选举、社会福利等领域进一步下放给苏格兰更多的权力。期间，根据2012年《苏格兰法》，苏格兰行政院正式更名为苏格兰政府。

苏格兰政府在政治上是苏格兰劳动党和苏格兰自由民主党等主要党派的联合体，成员基本上是来自苏格兰议会中拥有最多席位的政党。尽管苏格兰政府声称它不同于苏格兰议会，但在成员实际构成上两者区别不大。

苏格兰政府由部长们组成，故而又常常把苏格兰政府称为“苏格兰部长们”（Scottish Ministers）。最高官员被称为“苏格兰首席部长”，由苏格兰议会选出、英国女王委任，领导苏格兰政府的全部工作，对苏格兰议会负责。苏格兰政府实行内阁制，内阁是苏格兰政府的决策机构，由首席部长、所有内阁大臣、议会事务部部长和常务秘书组成；苏格兰总检察长（Solicitor General）也可以以苏格兰政府首席法律顾问的身份出席内阁会议。内阁大臣由苏格兰首席部长从议员中提名任命，其他绝大多数部长同时也是议会的议员。每个内阁大臣都负责主持某一个部门的事务，每个部门都设有其他部长，这些部长不进入内阁，其职责是辅佐和支持内阁大臣的工作，确保其掌管的部门事务有效运转。“部”之下还设立了若干个“司”（Directorates），每个司在相应的内阁大臣、部长领导下开展工作，有些“司”同时受两个“部”的领导。

综上所述，20世纪以来，英国成为一个中央集权的单一制国家的特征十分明显，与此同时，在国家统一的外表下，苏格兰、北爱尔兰和威尔士本土的政治、法律和文化都得到了充分的尊重和继承。特别是在苏格兰和北爱尔兰，其多数法律制度都迥异于英格兰，自治权力也相当大。不过这并没有消弭历史上所形成的积怨，英国不同民族地区之间的历史遗恨与文化传统的区别，使英国的政治治理并不太平，苏格兰、北爱尔兰和威尔士的地区认同与民族认同一直没有消失，也一直在重申它们的政治愿望，一直在争取和强化它们的自治权。英国政府为解决地区和民族冲突进行了长期的努力，在地区政治治理上凸显了特有的英国做派。其中，承诺地方自治更一直是工党获取选票的重要筹码，1997 年工党在大选中获胜，终于找到了兑现承诺的历史契机。

而另一方面，1997 年之后英国中央政府的权力下放与地方主义盛行，来自国际上的影响也不容忽视。自 20 世纪 70 年代后期开始，全球范围内掀起了地方政府改革的浪潮，欧美各国的改革更是呈现出分权化的趋势，建立起分散化、多层次的治理框架。受此影响，英国保守党政府自 1979 年上台后，一直试图在地方政府中构建企业文化，构建中央政府、地方政府和企业之间的伙伴关系，从而形成了英国特色的“新地方主义”战略，核心措施就是在保持英国中央集权主义政治文化的同时，在国家最低标准和政策优先的框架内将管理权力和资源下放给一线管理者、地方民主实体、地方消费者和社区居民。[①] 2011 年 11 月，英国议会通过了关于地方政府改革的《2011 年地方主义法》（Localism Act 2011），针对中央政府长期干预地方政府自治权的顽疾，提出了扩大地区政府、地方政府和社区[②]的权力与资源，真正发挥其在公共治理中的作用，落实公共服务提供的责任机制。[③]

因此，分权化和地方主义为苏格兰的自治提供了新的历史性的制度平台，其长期以来的自治愿望在 20 世纪 90 年代末获得了新的释放，而各种政治利益的纠葛使苏格兰的公共服务模式被框定在英国的整体模式中，又塑造出一些不同于英格兰和威尔士的道路、特点，其中就包括了它们的水务模式。

二　公有垄断模式的形成：2003 年之前

就城市水务的发展轨迹而言，苏格兰和英格兰一样走过了从最初的私

① D. Wilson, C. Game, 2011, *Local Government in the United Kingdom*, Hampshire and New York: Palgrave Macmillan, pp. 391 - 401.

② 这里的“地区”，指的是英国的四个组成部分即英格兰、威尔士、苏格兰和北爱尔兰，“地方”指地区之下的行政区划，“社区”是英国最基层的行政建制。

③ 宋雄伟：《英国地方政府治理：中央集权主义的分析视角》，《北京行政学院》2013 年第 5 期。

营到政府公营的过程，沿着私有私营—分散公营—相对集中公营—公有垄断经营的轨迹发展变化，两者的不同之处在于，在最后一环，苏格兰坚持以公有制为主，而英格兰又回归到私有私营状态。

（一）从私有私营到分散公营

大约从19世纪早期起，苏格兰的大城市中开始出现具有商业性质的私人供水商，用简陋的技术向有限的家庭用户供水。随着污水处理和输送技术的发展，爱丁堡、格拉斯哥等大城市中私人供水公司迅速发展起来。从城市供水服务商业化伊始，英国政府就通过皇家特许令的方式介入水务领域，获得这些特许令的私人供水公司就成为“法定供水承办商”（Statutory Water Undertakers），产权归私人所有。19世纪中期及以后，随着城市化的发展及城市人口的爆发性增长，苏格兰的水务自由市场也遇到了“公地悲剧”式的困境，私人供水商不但不对穷人提供服务，而且无力解决排水和污水处理问题，水源严重污染，公共卫生事件层出不穷。

为解决此问题，一方面，苏格兰充分依靠地方立法权，推动政府介入水务领域。例如，爱丁堡市议会在大主教推动下，采取了两项措施：一是出台了《爱丁堡市改进法》（Edinburgh City Improvement Act 1867），允许市区的地方当局（Local Authority）以优惠的利率贷款，筹资建设排水和污水处理工程，这使得排水和污水处理的投资水平快速上升；二是创建“水信托”（Water Trust）机构。1869年，爱丁堡水务公司作为当时最大的水务公司，被转在水信托机构监管之下，负责向全市区供水。上述措施，可视为苏格兰城市水务公有制的开端。另一方面，英国议会也通过立法允许苏格兰地方政府占有无主的水务设施所有权。1897年8月6日，英国议会通过《公共卫生（苏格兰）法》（Public Health〔Scotland〕Act 1897）[①]。这是第一部专门适用于苏格兰的公共卫生法律，大大拓展了地方当局对排污和污水处理设施的所有权和运营管理权。根据该法第六部分规定，苏格兰的各种地方当局及为了执行本法的规定而形成的各种组织形式，如管理

① 此后又分别在1904年、1907年、1939年、1945年修正或修订。

委员会、水信托机构、供水机构等，有权接管不属于私人财产或者已经被废弃失修的下水道、井池、水闸等设施，也有权在本辖区内新建排污设施，有权对任何向任何水源抛扔垃圾、动物尸体等污染物的人进行处罚。该法赋予了地方当局对排污和污水设施的所有权和运营、管理权。

此后经过半个世纪的发展，到“二战”之前，苏格兰各地相继建立起地方水务局（Local Water Authorities），开始承担起公共供水服务。对私人供水公司，则采取赎买的办法获得所有权，对于不愿出售所有权的私人公司，如果未经其同意，地方政府也不该介入其供水服务区域，但对其卫生状况负有监督管理职责。

“二战”前后，随着英国的第一次国有化运动，苏格兰水务公营的程度、能力快速提高，特别是在“二战”后，苏格兰最后一家带有私人性质的水务公司被移交给市政部门，从此苏格兰的市政事业全部实行公有公营。战后苏格兰水务公有公营体制的法律基础，是20世纪40年代英国议会颁布的两部《水（苏格兰）法》（Water〔Scotland〕Act，1946，1949）和《1944年乡村供水和排污法》（Rural Water Supplies and Sewerage Act 1944）。根据这些法律，苏格兰（包括英格兰和威尔士）地区水务运营的财政支付，由英国中央政府负担。例如，根据《1944年乡村供水和排污法》，中央政府为苏格兰提供了637.5万英镑的财政拨款，同时也为英格兰和威尔士提供了1500万英镑的拨款；根据《1949年水（苏格兰）法》，拨款金额提升到2000万英镑。然而，苏格兰的水工业资产设施都归各类地方当局所有，这又区别于英格兰和威尔士，后者的水务资产设施归中央政府所有。

而且，苏格兰地方当局的形式比较复杂，这在很大程度上源于其行政单位的复杂性，从而导致公共权力介入水务运营管理之后非常分散的格局。1889年到1975之前，苏格兰共设立了32—37个“郡”（County），实行议政合一的“郡议会”（County Council）制。[①] 郡级区划包括自治都市、

① 苏格兰从10世纪开始，以治安官管辖区为地理细分的基础，建立“郡”（County）制。一开始“郡”被谓之“Sheriffdom”或者“Shire”，后来作为伯爵世袭领地的“county”一词与这两个词汇交互使用，进入18、19世纪后“county”成为主流概念。1889年，英国议会出台第一部《地方政府（苏格兰）法》，规定建立经选举产生的“郡议会”，这一制度一直持续到1975年。

大自治市（Burgh）[1] 以及设区（District）[2] 的郡三类，每个郡辖区内还包括一些小自治市镇、教区等建制，也都分别建立自己的民选议会。其中，“镇议会”（Town Council）在20世纪初到《1967年水（苏格兰）法》出台之前，是苏格兰最重要的水服务“生产”者，此外少数郡议会也直接负责此事务。再加上其他形式，苏格兰水务公有公营模式共有六种表现形式（见表9-1），经营管理主体达193个。各种经营管理主体间虽然有合作关系，但没有隶属关系，各自为政、独立运营，呈现出典型的分散公营特征。这种局面一直持续到《1967年水（苏格兰）法》出台之前。

表9-1　20世纪60年代末之前苏格兰地方水务经营管理形式

经营管理主体	数量（个）	经营管理主体	数量（个）
镇议会（Town Council）	143	（都市）公司（Corporation）	4
郡议会（County Council）	27	联合水务委员会（Joint Water Committee）	3
水务委员会（Water Board）	15	水（资源）信托机构（Water Trust）	1

来源：Water（Scotland）Act 1967. 根据相关内容整理、制作。

说明：其中实行公司制的只有爱丁堡、阿伯丁、格拉斯哥、邓迪四个主要城市；实行水务委员会制的主要在设区的郡里，建立在区一级；实行联合水务委员会制的，是两个行政区划因水源相连等因素面临着共同的利益，需要制订共同的计划。

（二）走向相对集中公营

1967年7月27日，英国议会通过了第三部《水（苏格兰）法》，对水务管理体制做出较大调整。根据此法，在苏格兰建立了13个新型的“地区水务委员会”（Regional Water Boards）[3] 和一个“苏格兰中央区水务发展委员会”（见表9-2），取代了众多分散的地方水务管理部门，它们的供水职能、水务资产、人员[4]等分别按照区划移交给这批地区水务委员会。

---

① 其中，根据1929年苏格兰地方政府法规定，超过20000人口的为大自治区市，1975年前有21个；小自治市有176个。大自治市高度独立于郡，小自治市虽然依赖郡提供的服务，却也相对独立。

② “设区的郡”中的“区”通常被称作“近陆区”（Landward Districts），权力有限。

③ 这次水务管理体制改革中的区，只是在地理意义划分，因此称之为“地区”。

④ 按照第三部苏格兰水法规定，不能被接收的人员则根据《1860年水务官员补偿法》（Water Officers Compensation Act 1960）规定予以补偿。

同时，该法赋予苏格兰中央区水务发展委员会向作为其成员单位的其他7个地区水务委员会供水的权能，规定地区水务委员会与苏格兰中央区水务发展委员会之间应就共同利益、运营绩效等事宜，相互协商和合作。[①] 这是苏格兰水务第一次迈向有限的集中公营。

表9－2　根据《1967年水（苏格兰）法》设立的水务委员会

1）阿盖尔水务委员会（Argyll Water Board）
2）艾尔郡和比特水务委员会（Ayrshire and Bute Water Board）
3）苏格兰东部水务委员会（East of Scotland Water Board）
4）法夫和金罗斯水务委员会（Fife and Kinross Water Board）
5）因弗内斯郡水务委员会（Inverness-shire Water Board）
6）拉纳克郡水务委员会（Lanarkshire Water Board
7）劳尔克莱德水务委员会（Lower Clyde Water Board）
8）中部苏格兰水务委员会（Mid-Scotland Water Board）
9）苏格兰北部水务委员会（North of Scotland Water Board）
10）苏格兰东北部水务委员会（North-East of Scotland Water Board）
11）罗斯和克罗马蒂郡水务委员会（Ross and Cromarty Water Board）
12）苏格兰东南部水务委员会（South-East of Scotland Water Board ）
13）苏格兰西南部水务委员会（South-West of Scotland Water Board）
14）苏格兰中央区水务发展委员会（Central Scotland Water Development Board）

20世纪70年代初期，英国掀起第二次国有化浪潮。在这股浪潮中，苏格兰除了极少数偏远乡村外，所有城镇全部确立了公有公营的水务体制，并进一步趋向相对集中公营，这一体制的建立是在苏格兰地方政府改革的过程中完成的。1973年和1975年，英国议会连续出台了两部《地方政府（苏格兰）法》（Local Government〔Scotland〕Act，1973，1975），据此对苏格兰400多个各种类型的地方政府单位重新划分，其中还废除了已经存在数世纪的古老的郡和自治市系统，在内陆建立起统一的两级制（Two-tier）即行政区—次区（Region-district）[②] 的地方政府体系，其中行政区有9个，之下共设53个次区，分别建置行政区议事会（Regional Council）、

① 来源：Water（Scotland）Act 1967. http://www.legislation.gov.uk/ukpga/1967/78/pdfs/ukpga_19670078_en.pdf。

② 在这次地方政府改革中，Region成为苏格兰行政区划的第一层级，因此称之为“行政区”。

次区议事会（District Council）；在3个海岛区①建立了一级制（Unitary）议事会。9个大行政区议事会和3个海岛区议事会均负责辖区内供水、排水和污水处理事务

相应地，1967—1968年间建立的水务管理结构也被整合。根据上述新的行政区划，原来的14个水务委员会的职责被划给12个行政区和海岛区的议会（见表9-3）。除了中央区议会继续保留了原来的水务发展委员会之外，其他区级议会又分别成立了新的水务委员会。这一格局一直持续到1994年。

表9-3　1975—1994年苏格兰的地方水务机构

1）边界区水务委员会（Borders Water Board）
2）中央区水务发展委员会（Central Water Development Board）
3）邓弗里斯和加洛威区水务委员会（Dumfries and Galloway Water Board）
4）法夫区水务委员会（Fife Water Board）
5）格兰匹安区水务委员会（Grampian Water Board）
6）高地区水务委员会（Highland Water Board）
7）洛锡安区水务委员会（Lothian Water Board）
8）斯特拉斯克莱德区水务委员会（Strathclyde）
9）泰赛德区水务委员会（Tayside Water Board）
10）奥克尼群岛水务委员会（Orkney Islands Water Board）
11）设德兰群岛水务委员会（Shetland Islands Water Board）
12）西部群岛水务委员会（Western Islands Water Board）

（三）从相对集中到垄断

撒切尔领导的保守党政府执政后，在英格兰和威尔士地区水务行业实行了私有化改革，同时也有意变革苏格兰的水务体制。1992年，苏格兰保守党发布了一份关于苏格兰水务行业前景的咨询报告，提出在苏格兰水务行业中吸引私人部门对水务领域进行更大范围和更长时期的资本投入，从而不再增加政府的财政压力。苏格兰保守党还计划以水务改革为契机，在苏格兰进行更大范围的政府改革。

---

① 即西部群岛、奥克尼群岛和设得兰群岛。

紧接着，英国议会通过了《1994 年地方政府诸（苏格兰）法》（Local government etc. 〔Scotland〕Act 1994），专辟章节对重组苏格兰水务予以规定，该法于 1996 年 4 月 1 日起开始生效。根据该法，苏格兰行政区划再次被调整。全境重新被划分为 32 个单一管理区（Unitary Authority Regions），单一管理区下不再设置“次区”，实行一级制的地方政府体制，每个统一管理区分别成立独立的单一议会，从而强化了地方的政治权力。如同 1975 年时一样，重组包括水务在内的苏格兰公用事业管理体制，被作为地方政府改革进程的构成部分。

根据《1994 年地方政府诸（苏格兰）法》第三部分规定，对供水和污水处理当局进行重组。主要采取了如下三大措施：

第一，成立新的地方水务管理局。把以前的 12 个地方水务发展委员会合并为三家地方水务局（Local Water and Sewerage Authorities），即北苏格兰水务局、东苏格兰水务局、西苏格兰水务局，为苏格兰全境提供供水和污水处理服务。三家地方水务局从 1996 年 4 月 1 日起正式成立、运行。在组织性质上，三家地方水务局为国家机构，拥有国家机构的地位、豁免权和优先权，免纳税费，其员工为公务员，资产归国家所有。它们既是水务管理部门，也是公共企业，政企合一。如果事关英国国家水资源安全或突发事故，英国内阁环境大臣有权对这些水务局进行质询并提出问题解决的方向性建议，这些水务局须遵循这些建议。

第二，强调保护消费者利益。成立了苏格兰水务用户委员会（Scottish Water and Sewerage Customers Council，SWSCC），代表供水和排污服务领域的消费者行使调查投诉权、审核水费计划以及其他所有事关消费者利益的水务事项，代表消费者并向地方水务局征询意见，就水服务的标准和方式向英国国务大臣提出建议。

第三，创建行业监管体系。解散了苏格兰中央区水务发展委员会，成立苏格兰水工业专员和咨询委员会（Water Industry Commissioner for Scotland and Consultative Committees），负责调查研究并起草苏格兰水工业发展的立法。此外，英国议会出台了新的《1995 年环境法》，据此成立苏格兰环境保护署（Scottish Environment Protection Agency，SEPA）。这也是推进苏格兰水务私有化的准备工作的构成部分。

上述水务重组从1996年开始，到1998年还没有结束。尽管苏格兰水务行业在过去半个世纪内经历了最彻底的重组，但1996—1998年的改革所采取的重大步骤，依然被称作是苏格兰“半个世纪以来最激进的重组”。显然，1996—1998年重组苏格兰水务体制的主要动因是为私有化做准备，使苏格兰水务与英格兰、威尔士水务体制改革的格局一致。但是，水务连同其他公用事业的私有化政策在苏格兰地区遇到了强烈反对，更有一些激进者把私有化政策称作是对“苏格兰公共部门的玷污”[①]。私有化政策之所以在苏格兰遭到强烈反对，主要是因为政治因素。

首先，在这种由政府提供水服务及其他市政服务的制度安排背后，是英国工党对苏格兰政治的把控。自进入20世纪后，工党就逐渐成为苏格兰政坛上最重要的政治力量，“二战”后更是成为苏格兰最大的政党，此后50多年间一直占据着苏格兰的政治统治地位，[②] 为苏格兰的国有化运动保驾护航。在20世纪90年代，苏格兰工党仍然掌控着苏格兰议会。它对撒切尔政府提出的一系列经济政策都提出了反对意见，更是坚决反对把苏格兰的公用事业私有化。

其次，苏格兰民众强烈反对私有化政策。1994年3月，斯特拉思克莱德（Strathclyde）地方议会组织该地区居民通过邮寄方式，就是否赞成水务私有化进行公投，70%的居民都回寄了问卷。对1228623份民意调查问卷的统计结果表明，反对者达1194667，赞同者仅有33956，也就是说97%的居民反对水务私有化。而全苏格兰全境的居民中，反对私有化的比例大约在86%—91%之间。[③] 原因在于，苏格兰的国有经济体系建立起来之后，地方经济发展和民众的生计主要依靠国有工业特别是国有重工业支撑。国有工业养活着苏格兰庞大的产业工人群体，大批中产阶级和专业人才也在

---

① R. Parry, 1986, “Privatisation and the Tarnishing of the Scottish Public Sector”, in D. McCrone ed., *The Scottish Government Yearbook*, published by the University of Edinburgh's Unit for the Study of Government in Scotland, pp. 137 – 156.

② 直到2007年5月的英国地方选举时，工党失去了50多年来在苏格兰的统治地位，倾向苏格兰独立的苏格兰民族党成为苏格兰议会第一大党。

③ 资料来源：http://en.wikipedia.org/wiki/Water_supply_and_sanitation_in_Scotland。

公营部门工作。撒切尔政府旨在调整苏格兰产业结构的“去工业化”战略及其私有化政策，直接影响到苏格兰成千上万个家庭的生计。对此，苏格兰工党必须站在选民一边。

此外，此时期也正是苏格兰要求重建议会、要求中央政府权力下放的敏感时期。政治上自治的要求大于其他一切改革。

因此，在英格兰和威尔士地区推行的水务私有化政策无法在苏格兰落地，甚至连这个话题都一度成为苏格兰政治讨论的禁忌。结果是，苏格兰水务不但没有走向私有化，反而在保持公有制不变的前提下走向了更加高度集中的垄断经营模式。

（四）垄断经营和分权监管模式的形成

高度垄断模式的形成，是苏格兰议会于2002年进行的水工业立法及体制改革的结果。这次改革的动因在于，1996年启动的改革，在短时间内效果似乎不如人意。三家地方水务局成立后，尽管对其前任的独立管理和作业系统进行了综合性改进，却没有消除其同时所继承的困难，并且还发生了一些新的问题，使公众对新的制度安排表现出持续的不满。如1997年冬天在格拉斯哥郊区发生的水污染事件、对苏格兰近海海水状况的担忧、伦敦的国务大臣所定下的大幅提升的水价、水务行业裁员及其所导致的罢工威胁，等等。“对于那些在这些行业中工作的人来说，这一切都预示着一个更大的不确定性、更大的变化和快速创新时期的开始。”[①] 这都表明，苏格兰的水务体制改革还有未完成的任务。为了提高投资水平和水务行业效率，须再度改革水务管理体制。为此，英国中央政府和刚刚重生的苏格兰议会都采取了行动。

在中央政府层面，英国议会通过了《1999年水工业法》，其第二部分专门对1994年苏格兰地方政府法进行了修改，增加了若干新内容。主要是：成立苏格兰水工业专员（Water Industry Commissioner for Scotland，WICS），

---

① J. W. Sawkins, 1997, “Reforming the Scottish Water Industry: One Year On”, *Quarterly Economic Commentary*, Vol. 22, No. 3. pp. 31 – 43. – 1998, “The Restructuring and Reform of the Scottish Rater Industry: A Job Half Finished”, *Quarterly Economic Commentary*, Vol. 23, No. 4. pp. 41 – 51.

担负起促进苏格兰水工业发展的使命；撤销苏格兰水务用户委员会，其职能并入 WICS；三个地方水务局都必须成立水工业咨询委员会（Water Industry Consultative Committee），就促进消费者权益事项向 WICS 提供建设性意见。[①]

WICS 于 1999 年 11 月 1 日正式建制，在性质上，它是一个公法人组织，专员本人由英国内阁环境大臣任命，并向该大臣负责并报告工作。WICS 的功能包括：促进消费者利益，负责对苏格兰北、东、西三个地方水务局的服务绩效进行监管；全方位推动苏格兰水工业经济发展；根据经济发展水平及地方水务局的效益、效率、成本和借贷能力，就水价制定计划向英国环境大臣提出建议，英国环境大臣在 WICS 行使职责时，可以在征询后者意见后提出方向性或具体的指示，后者须遵循该指示。

同时，刚刚运转起来的苏格兰议会着手开展了一项关于苏格兰水务行业所面临挑战的系统性调研，调研结果形成了《2002 年水工业（苏格兰）法》（Water Industry〔Scotland〕Act 2002）。还制定、出台了《2002 年苏格兰公共服务监察专员法》（Scottish Public Services Ombudsman Act 2002）。根据这些法律，对苏格兰水务体制再次做出如下重大改革：

第一，成立苏格兰水务公司（Scottish Water，SW）。把北苏格兰水务局、东苏格兰水务局、西苏格兰水务局三家地方水务局合并、改组，成立苏格兰水务公司，实行政企分离。与前任相比，SW 在组织性质和所有权归属上已经发生重大变化。体现为：它不再是国家机构，不再拥有国家机构的地位、豁免权或特权，它虽然也拥有自己雇用的员工队伍，但员工都不再是国家公务员；它成为苏格兰议会及其政府直接控制下的公共企业（Public Corporation），公司资产属于苏格兰议会所有，董事会成员由苏格兰政府任命，进行独立预算，对苏格兰议会和政府负责。目前，SW 是苏格兰境内公共饮用水的唯一提供者，日均提供 13 亿升饮用水，处理 8.4 亿废水，所服务的用户为 245 万个家庭用户，占苏格兰人口的 97%，此外还

① Water Industry Act 1999，pp. 12 – 13.

包括13万个商业用户。[①]

SW的成立，意味着苏格兰长达近百年的分散公营水务模式最终走向了统一公营模式，而且经营管理权力集中在了苏格兰议会及苏格兰政府手中。从这一点上看，苏格兰和英格兰、威尔士、北爱尔兰一样，水务监管体制的变迁路径最后都殊途同归，集中统一在政府手中，由政府统一管理和保护水资源环境、实施统一的管理规则和服务标准。不同的是，除了企业所有权配置的公私差别外，如今英格兰的水务归英国中央政府负责，威尔士、苏格兰、北爱尔的水务则由其自治政府负责。

第二，组建新的水务经济和社会监管体系。包括如下举措：

一是保留了WICS的建制和功能，并做出新的规定。WICS负责对SW的服务绩效进行监管，核心是监督确定水价，确保其产生良好的收益和价值，保护和促进苏格兰水务消费者的利益，促进苏格兰水工业经济发展。具体职能包括：批准SW的运作章程；向苏格兰议会和政府提出有关SW所需要的岁入总额和政府投资计划，审查和批准SW提交的年度报告和年度核算，以保证SW有能力向消费者提供可持续的供水和污水处理服务；就SW与其消费者之间所发生的各种关系、水行业服务标准和消费者关心的事项，向苏格兰环境大臣提出建议和意见；调查处理SW未能解决的顾客投诉。

作为一个公法人组织，WICS成立时共有22名职员，其中包括专员本人。这22名职员被划分为五个小组，分别负责成本和绩效、投资和资产管理、收入和税费、竞争和消费者服务、内部事务。其中，内部事务组规模最大，负有综合性职责，范围包括：监督和信息，顾客投诉，通信联络，信息技术，报告出版，媒体宣传，办公室日常管理。

WICS专员的任命权由英国环境大臣改为由苏格兰环境大臣掌有，并向苏格兰环境大臣负责并报告工作。苏格兰环境大臣拥有指导WICS的权力，但不可以控制WICS，因为WICS拥有法定的权力和措施以保护其独立的意见，而且还有权出席苏格兰议会的会议并提出建议。WICS的办公资

---

① 来源：http://www.scottishwater.co.uk。

金来源于苏格兰水工业税收，WICS 每年提出法人年度工作计划时确定其岁入额度，由苏格兰环境大臣审定。[①]

二是成立苏格兰饮用水质量监管署（Drinking Water Quality Regulator for Scotland，DWQR）。DWQR 作为法定机构，是独立的权威建制。其职责是就 SW 提供的饮用水水质是否与欧盟公布的饮用水质标准一致，进行独立而权威的监督检查。首批监管员于 2002 年 4 月被苏格兰议会任命，拥有强制性权力。相较之下，DWQR 与英格兰和威尔士地区的饮用水督察署（DWI）具有相似的作用，但也有不同。DWQR 独立于苏格兰环境大臣，直接负责执行欧盟饮用水标准和苏格兰供水水质监管法规。而在英格兰和威尔士，饮用水督察署是代表英国内阁环境大臣执行这一执法功能的。

三是根据《苏格兰公共服务监察专员法》，建立苏格兰公共服务监察专员（Scottish Public Services Ombudsman，SPSO），按照分权、问责、准入、参与以及机会均等等原则，建立起对公共服务的申诉服务体系和机制；保留 1995 年成立的苏格兰环境保护署（SEPA），并赋予其更高的法律地位。根据《1995 年环境法》，SEPA 不执行代表官方的职能。但《2002 年水工业（苏格兰）法》规定它作为苏格兰政府的执行机构，可以直接参加苏格兰政府的会议，并提出政策建议。

四是新成立"水用户咨询小组"（WCCP），代表苏格兰水务领域消费者的利益，对水价、SW 的服务水平进行监督。

此外，还有其他一些公共机构参与到苏格兰的水务监管网络中。例如，苏格兰国民健康安全执行局（Health and Safety Executive），作为英国国民健康和安全管理体系（NHS）的构成部分，负责对所有关涉国民健康和安全的事项进行执法监管；自称是"苏格兰水业看门狗"的非政府组织"苏格兰水观察"（WWS），则专门负责调查处理水务投诉，保护消费者权益。

至此，苏格兰建立起了公有公营、高度集中、垄断经营、分权监管的水务体制（见图 9－1）。在 20 世纪以来苏格兰水务改革发展史上，这套体

---

① WICS, 2003, *Annual Investment and Asset Management Report: Costs and Performance Report 2002/2003*, http://www.watercommission.co.uk.

制把苏格兰的政治传统与治理的现代性融合在一起，富有特色。

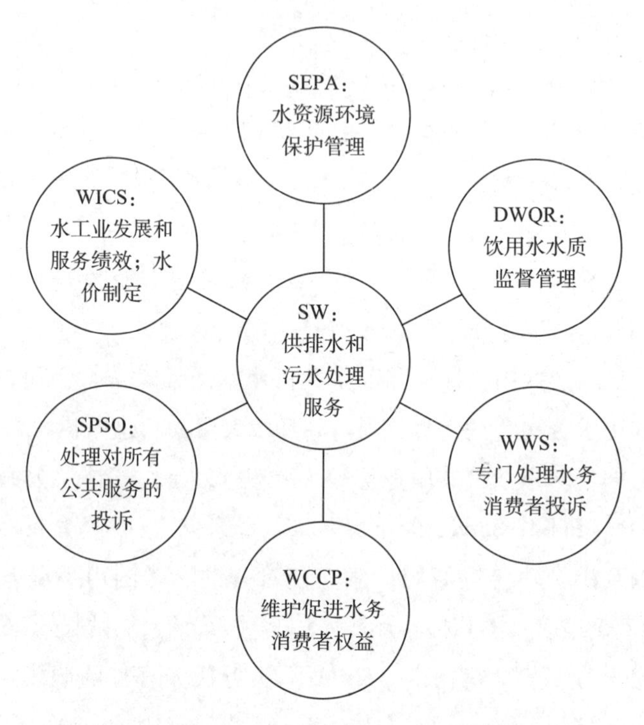

图 9－1　2002 年建立的新型水服务及监管执行体系

在这套新体系中，SW 作为一个公共法人，对苏格兰议会和苏格兰人民负责，在工作流程中对苏格兰政府及其所属的环境和乡村事务部负责，并同时受其他六个公共机构的监督。这六个公共机构组成了强有力的经济监管和社会监管团队，负责监督、保证 SW 执行法律法规所规定的公共服务任务。

三　市场化改革及监管体系的完善

（一）新的挑战

2002 年 SW 的组建、新的水务监管框架的成立，反映了苏格兰的政策制定者意欲提高水务行业服务绩效的愿望。不过，这套高度集中的公有制水务模式依然无法解决其时代困境，首要体现为投入不足。

财政投入不足，导致苏格兰水务行业整体落后于英格兰及威尔士。英格兰和威尔士水务产业私有化后，政府基本上不再对水务行业进行财政投资，水务基础设施几乎全部依赖私人水务企业的资本。仅在1990—2005年间，英格兰和威尔士的水务公司共投入了500多亿英镑用以改善基础设施、水质和保护环境，[①] 而苏格兰水务行业却一直处于捉襟见肘的困境，其原因在于苏格兰水务行业资金来源只依赖政府的拨款和用户缴纳的水费。SW成立之后，水务基础设施已严重老化，部分污水处理设施甚至已经超过百年。尽管SW尽力节约开支，通过裁减人员、变换供水和污水处理过程中所需的化学原料、出售房产等途径，在成立首年把运营成本降低了10%，[②] 以期挪出资金，但依然无法满足水务基础设施更新换代的投资需求。据估计，当时SW的缺口高达10亿英镑。[③]

除了投入不足的困境外，当时苏格兰还面临着来自英国环境国务大臣和欧盟的压力，而后两者的目标是一致的，即落实欧盟《水框架指令》中规定的水资源和水环境的管理任务，达到它所提出的改善水质的标准。由于投资不足，苏格兰水务管理和欧盟要求的目标有一定差距。

同时，苏格兰水务行业也面临着来自国际水务市场的压力。20世纪90年代以来国际上如火如荼的水务体制改革给苏格兰带来了挑战，各国的水务巨头在国际水务市场上各领风骚，英格兰的大型水务公司也参与其中，但SW却无力与私有性质的国际水务巨头竞争以分到红利，这无论对苏格兰的决策者还是SW来说，都是一种压力。

因此，改革还需深化。由于苏格兰水务行业的变革不能采取私有化途径，就只能在体制机制上进行创新。在此情况下，适应性治理方式成为苏格兰深化水务改革的最好选择，即在维护公共企业合理垄断的前提下走向市场化，通过引入市场竞争机制而吸纳私人资本，使高度垄断的水务体制

---

① Ofwat, 2005, *Annual Report* 2004/2005, http://www.ofwat.gov.uk/publications/.

② SW, 2003, *Costs and Performance Report* 2002/2003, http://www.watercommission.co.uk/UserFiles/Documents.

③ S. Hobson, 2006, "Scottish Water's Billion Pound Gap", *Utility Week*, Vol. 24, No. 19.

演变为在所有权上具有混合性、在业务经营上具有竞争性的新体制。这既可以把效率与福利水平放在同一层面上考虑，又能把市场化风险控制在可接受的水平。

（二）市场化举措

接下来的改革体现在几部重要的水法中，其中最重要的是《2003 年水环境与水服务（苏格兰）法》《2005 年水服务诸（苏格兰）法》，前者进一步明确且补充了 SEPA 对水资源环境的监管职责，力图提升苏格兰境内的水资源管理水平和欧盟《水框架指令》的执行效果；后者则为苏格兰的水务竞争创造出了市场、消除了进入壁垒、设定了竞争框架和规则，同时严格保护公共资产、公有企业的市场地位和居民消费者的利益。主要举措包括如下几项：

第一，开放垄断市场，焦点在于再塑 SW。从 2005 年 11 月起，SW 进行财务和法律上的清算，为拆分其批发业务和零售业务做准备。2007 年底，SW 完成批发业务和零售业务的分流并且通过合规性审计。从 2008 年 4 月 1 日起，正式把 SW 的业务一分为二：一方面为家庭用户提供供水和污水处理服务。另一方面商业用户供水市场完全开放，通过特许经营方式允许私有水务企业进入面向商业用户的供水和污水服务领域，SW 则保持其垄断性批发商的地位。禁止 SW 以外的供应商对家庭用户提供供水和污水处理服务，禁止 SW 以外的供应商使用公共给排水管网系统。鼓励 SW 成立子公司，吸纳社会股权，投资有利的业态，参与国际市场竞争。

市场开放后，到 2017 年底，有 30 家私人水务企业进入了苏格兰水务商业用户市场，其中还包括英格兰和威尔士的水务公司。而 SW 在不到 10 年的时间内，内部结构经不断调整，从单一的公有产权企业，发展成以公有产权为主、拥有三家子公司的混合性企业（见图 9－2）。[①] 目前，SW 旗下有三家公司，其中地平线控股有限公司（Scottish Water Horizons Holdings

---

① 来源：http//www：scotishwater. co. uk/business/about-us/governance/scotish-water-structure。

Ltd，简称地平线公司）是 SW 旗下全资子公司，负责利用 SW 资产的商业价值，发展可再生能源，推动可持续发展。而地平线公司下属的两个商务流公司（Scottish Water Business Stream）成立于 2006 年，是 SW 两种业务分离的结果，专门参与市场竞争，并且像其他竞争者一样须申请零售许可证，以同样的方式经营零售业务；苏格兰水务国际有限公司（Scottish Water International）的使命是参与国际水务市场竞争。两个解决方案有限公司（Scottish Water Solutions）是 SW 的创新合作伙伴，帮助 SW 提供有效的资本投资方案，SW 在该两个公司中都分别持股 51%。[1] SW 作为母公司，还向新进入水务零售市场的公司提供水的批发服务，申请进入零售市场的水务公司必须申请零售业务许可证。政府支持成立新的管理机构，对零售活动、零售商与批发商之间的业务流进行技术管理。

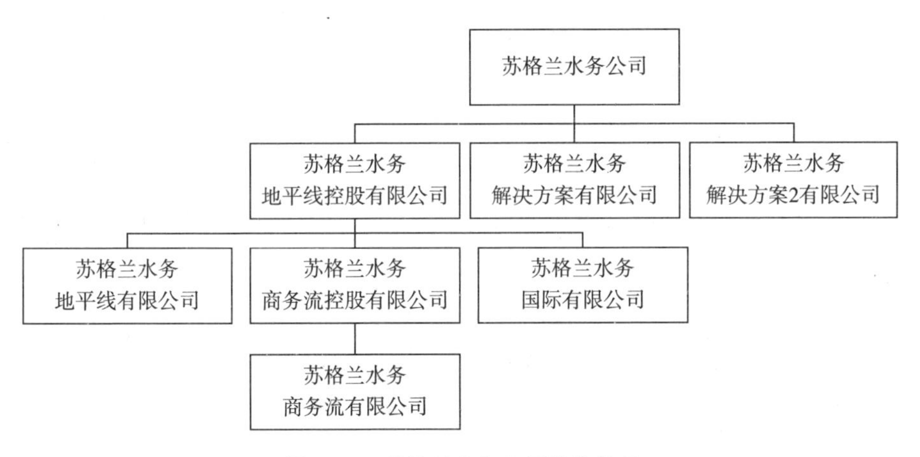

图 9－2　苏格兰水务公司结构体系

来源：http://www.scottishwater.co.uk/about-us。

对 SW 进行改革后，在苏格兰水务公有制的格局下，商业用户首次有权选择不同的服务供应商，这是苏格兰水务体制改革的一大进步。更重要的是，SW 的业务通过拆分获得了新的生命力。可见，苏格兰水务行业的市场化，并不是私有化，而只是引入竞争机制，引入私人投资者与政府结成合作伙伴。

① 来源：http://www.scottishwater.co.uk/about-us。

第二，通过私人融资倡议，吸纳私人资本。近年来，苏格兰加大了水务市场吸纳私人资本的步伐，苏格兰议会接受了英国政府提出的“私人融资倡议”（Private Finance Initiative，PFI）模式，引入私人部门资金对老化已久的水务基础设施进行更新。2011 年 3 月，苏格兰政府签发了第一个水务招标合同，包括供水和污水处理两个项目，总金额为 2.2 亿英镑、为期 3 年。从这项招标中，苏格兰政府节约了 4310 万英镑。苏格兰政府某部长对此发表评论说：“这一领域实现公共支出的节约是前所未有的，其重要性不言而喻。由于英国与苏格兰都在采取紧缩的财政政策，因此，一系列项目的公共支出都要被大幅削减。引入招投标方式不但可以加强企业在这一领域的竞争，更能节省纳税人的钱。”“这是一个非常重要的合同，它再次强调了招投标在水处理行业所起到的关键作用，为国民提供高质量的水资源以及高效的配套服务奠定了基础。同时，这也为苏格兰其他公共部门的用水服务经费削减起到了一定的帮助作用。”① 此后至今，苏格兰又对十多个污水处理项目进行融资建设，按照 DBFO 模式（即设计、建造、融资、经营）进行运作，吸纳资金超过 6 亿英镑。

苏格兰水务的市场化改革引起了英国中央政府的极大关注。2006 年 3 月，英国财政部提议 SW 作为英国当年的私有化候选企业，并预估资产交易将带来超过 20 亿英镑的财政收入。这一次的私有化提议，苏格兰议会积极响应，但遭到英国工业联合会（Confederation of British Industries）的极力反对。而在苏格兰民间，对于上述举措依然存在着反对的声音，主张只要竞争不要私有化。

从总体上看，苏格兰水务是在公有制为主的格局下走上了非私有化的市场化道路，引入竞争机制，消费者也首次有权选择不同的服务供应商，这是苏格兰水务体制改革的最新进步。作为苏格兰唯一的公共水务企业，SW 的业务通过拆分和竞争获得了新的生命力。与 2002 年相比，其运行成本到 2006 年时已经降低了 40%；② 与此同时服务质量显著提升，2002 年

---

① 戴正宗：《苏格兰水务服务引入招投标》，《中国政府采购报》2011 - 03 - 24。

② SW，2007，*Costs and Performance Report* 2006/2007，http://www.watercommission.co.uk/UserFiles/Documents.

公共供水入户水质达标率为99.28%；2012年达到99.89%；2015年终于达到了欧盟《水框架指令》所要求的标准即99.92%。[①] 苏格兰水务建设的资金也由过去的依靠政府提供，转型为主要依靠用户缴费和吸纳社会资本，苏格兰政府只提供必要的财政支持。这些绩效表明，苏格兰水务模式既实现了水务产业的自然集中，也实现了市场竞争之后的合理性垄断，更激活了市场活力。

（三）对水务监管框架的适应性完善

在监管体系建设方面，2003年以来苏格兰议会做出了如下完善举措：

第一，完善水务经济监管体系。撤销了苏格兰水工业专员，成立了一个新的更具独立性的水务行业经济监管机构，即苏格兰水工业委员会（Water Industry Commission for Scotland，WICS）。其组织使命是致力于构建一个简单、公平、促进价值与选择的竞争框架，以实现多方利益共赢。

第二，成立中央市场局（Central Market Agency，CMA），作为苏格兰供水和污水处理市场中零售服务的管理组织，负责SW与新进水务公司之间批发业务流量的记录和核算，是苏格兰水务行业竞争性制度安排的枢纽。

第三，根据《2012年苏格兰法》，把苏格兰行政院更名为苏格兰政府，充实其水务管理职能；出台《2013年苏格兰水资源法》，并据此充实苏格兰水资源管理体系。

第四，建构新的消费者利益保护体系。2010年，出台《公共服务改革（苏格兰）法》，2011年修改了2002年的《苏格兰公共服务监察专员法》，进一步强化SPSO的地位、权力和功能；2011年撤销水用户咨询小组（WCCP），其功能并入苏格兰消费者焦点（CFS）；2014年撤销“苏格兰水观察”（WWS），其职能分别移交给CFS和SPSO。

如今，苏格兰水服务及监管体系的主体框架如下图9－3所示：

---

① DWQR, 2015, *Enforcement Policy*, http://dwqr.scot/about-us/.

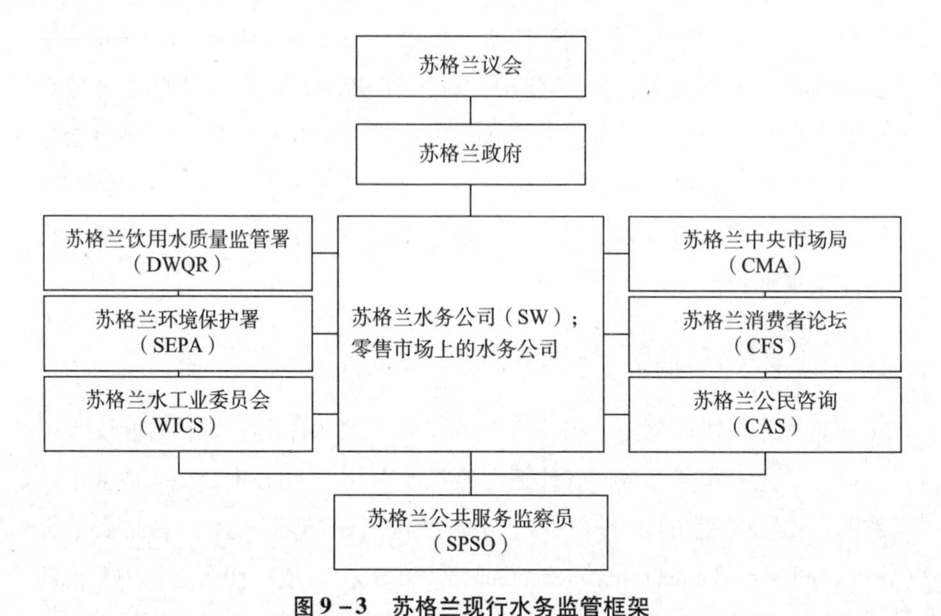

图 9－3　苏格兰现行水务监管框架

来源：http://www.scottishwater.co.uk/about-us，有改动。

1. 立法与宏观调控主体

在这套体系中，苏格兰议会是苏格兰地区的权力中心，在法律上是SW的所有者，也是对涉水事务进行立法决策的最高机关。其作用体现在三个方面：一是立法功能，即制定水务法律；二是人事功能，负责选出苏格兰政府首席部长、SW董事会主席，提名一些重要的独立执行机构的负责人，而首席部长负责任命相关内阁大臣，内阁大臣任命相关独立执行机构负责人，从而形成了层层负责的体系。这一执法体系最终负责的对象是苏格兰议会和苏格兰人民；三是监督作用，定期听取苏格兰政府及相关独立执行机构的工作汇报，有权通过质询、调查、不信任投票及弹劾方式，敦促苏格兰政府、SW及监管机构履行职责。

在日常情况下，苏格兰议会中负责水务立法工作的是专门委员会，但水务工作是与其他事务合并在一起的。苏格兰议会自1999年恢复运转以来，在不同阶段，负责水务等相关工作的委员会名称都有变化（见表9－4）。2011—2016年，苏格兰议会中有两个委员会都对水务负有职责，其中基础设施和资本投资委员会就SW的投资事务向议会报告。乡村事务、气候变化和环境委员会负责检查苏格兰政府有关水质、气候变化、海洋规划等方面的政策及支出情况。2016 年苏格兰议会大选后成立的环境、气候变化和土地改革委员会承继了之前的乡村事务、气候变化和环境委员会的职责。

表 9－4　1999—2017 年苏格兰议会负责水务工作的委员会变化情况

时间	负责水务等相关工作的委员会
1999/5/12—2003/3/31	交通和环境委员会（Transport and the Environment Committee）
2003/5/7—2007/4/2	环境和乡村发展委员会（Environment and Rural Development Committee）
2007/5/9—2011/3/22	乡村事务和环境委员会（Rural Affairs and Environment Committee）
2011/5/11—2016/3/23	基础设施和资本投资委员会（Infrastructure and Capital Investment Committee） 乡村事务、气候变化和环境委员会（Rural Affairs, Climate Change and Environment Committee）
2016/5 至今	环境、气候变化和土地改革委员会（Environment, Climate Change and Land Reform Committee）

苏格兰政府负责执行苏格兰议会的立法、制定相关执行性政策，在首席部长领导下开展工作。具体决策职责是为苏格兰水务发展制定战略规划、政策目标、相关法规和法令，制定水工业发展和水服务的责任、标准和程序，并鼓励、指导执行机构和水务公司严格履行这些责任和标准，提高水服务质量。其中，苏格兰政府的环境、气候变化和土地改革部具体负责拟定环境保护、水土资源可持续开发利用的政策建议和草案；乡村经济部也有责任在促进乡村发展的同时，保护农业自然环境，提出政策建议和草案，同时保证这些政策正式出台后在苏格兰得到贯彻执行；环境和林业司负责水资源和饮用水安全、土壤、空气、森林和绿地、景观、生物多样性的保护和管理。

2. 执法机构

如果说苏格兰议会和苏格兰政府在现行水务管理中发挥的作用是间接、相对宏观的，那么其他承担着某项具体任务的公共机构则发挥着直接的监管作用。如同在英格兰和威尔士一样，苏格兰的行政体系十分复杂，除了政府内阁部门及下属的“司”之外，还存在着大量的其他类型的行政组织或准行政组织，这些组织统称为“公共机构”。水务执法体系就属于这些公共机构序列，因此有必要了解一下苏格兰的公共机构。

首先需明确苏格兰公共机构的概念及范围。“明确公共机构的概念及其覆盖面，对于了解苏格兰政府所负责的各种组织，以及个别组织的内部治理及其问责范围，是很重要的。虽然‘公共机构’一词被普遍用来描述苏格兰公共部门中的任何组织，但这可能会产生误导。准确地说，‘公共机构’一词描述了与苏格兰政府或苏格兰议会有直接关系并为此负责的公共机构的范围。并非所有公共部门中的机构都与政府有相同的关系，或在适用于上述公共机构类别的框架内运作。”① 可见，在这一条件约束下，苏格兰的公共机构有一定的范围边界。苏格兰政府专门制作了苏格兰《国家公共机构名录》（*National Public Bodies Directory*），列举公示了这类公共机构。

公共机构在苏格兰公共服务提供中发挥着重要的作用，是苏格兰公共服务“生产”体系的重要而广泛的构成部分，并为实现苏格兰政府的任务、宗旨和战略目标作出重大贡献。苏格兰政府每年度用于维持公共服务运转的财政预算超过300亿英镑，基本上是通过各种形式的公共机构及各种类型的地方当局来具体使用、投入于各类公共服务中的。一般而言，公共机构凭借专门的知识和技能来关注具体的公共问题，其功能在于为苏格兰议会或苏格兰政府部长就优先事项提供帮助，促进或生产公共服务、资助和审查公共服务，或向部长、议员、公众和其他公共服务人员提供中立专业的意见。② 截至2017年底，苏格兰共有121个直接受苏格兰议会或苏格兰政府控制的公共机构。③ 根据其法律地位，主要有如下七类（如表9－5所示）。

---

① Scottish Government, 2018, *Public Bodies in Scotland: Guide*, https://beta.gov.scot/publications/public-bodies-in-scotland-guide/.

② Ibid..

③ Ibid..

表9－5　苏格兰公共机构构成现状（2017年）

执行局（（Executive Agencies，7个）
执行性非部门公共机构（Executive Non-departmental Public Bodies，简称Executive NDPBs，38个）
咨询性非部门公共机构（Advisory Non-departmental Public Bodies，简称Advisory NDPBs，6个）
裁决性非部门公共机构（Tribunal Non-departmental Public Bodies，简称Tribunal NDPBs，8个）
公共企业（Public Corporations，5个）
国民卫生服务机构（National Health Service Bodies，23个）
非内阁的部门Non Ministerial Departments，简称NMDs，8个）
专员和监察员（Commissioners and Ombudsmen，6个）
其他重要的国家机构（Other Significant National Bodies，20个）

在水务领域，从角色和功能的角度，这些公共机构分为三类，包括水资源和水质监管机构、水工业经济监管机构、消费者利益保护机构。无论是作为苏格兰唯一的公有水务企业SW，还是经过特许经营进入市场的新的水服务承担者，都在财务和经济、水资源和环境影响、饮用水质量、消费者利益这四个关键领域内受到这些特定公共机构的监管。这些公共机构各司其职，分权合作，共同构建了一个“强调问责和伙伴关系、以监管为基础、以绩效为导向的治理新框架”①。

（1）水资源保护监管体系。主要由水资源保护监管机构SEPA及其合作伙伴组成。SEPA是苏格兰最重要的环境监管执行机构，负责苏格兰水资源的保护、监督和管理，拥有一系列执法权力。英国议会制定的《1995年环境法》规定了它的主要法定职能、职责和权力。《2014年监管改革（苏格兰）法》再次明确了SEPA存在的目的，是确保苏格兰的环境得到保护和改善，确保以可持续的方式管理和开发自然资源。2014年12月，苏格兰政府经与SEPA协商后起草、发布了一份框架文件，进一步明确了SEPA的角色、功能、作用、责任、运行机制及其与苏格兰政府之间的关系。虽然这份文件没有赋予SEPA任何法律权力，但在目前它构成了SEPA问责和治理框架的关键部分。根据这份框架文件，SEPA在保护苏格兰自然环境和人类健康方面发挥着广泛的作用。其任务是：保护和改善苏格兰

① B. Wagner, N. Fain, 2017, “Regulatory Influences on Innovation in the Public Sector: the Role of Regulatory Regimes”, *Public Management Review*, Vol. 19, No. 2.

的土地、空气和水资源环境，减轻和适应气候变化，确保苏格兰的自然资源可持续利用并促进经济可持续增长。

就水资源环境而言，SEPA 的具体职责包括：对一切取水、蓄水、排水活动进行检查监督；对一切有可能污染水资源的工程项目或活动进行监察监管，控制水污染并防止污染源的扩散；审批颁发与水资源保护管理有关的七类许可证，其中包括取水许可证、排污许可证；发布洪水预警，负责洪水防护工作；进行海洋科学监测工作，对水生物环境进行保护和分类；经营管理苏格兰“水环境基金”；其他一切与水环境保护相关的监督管理工作，并向苏格兰政府提供相关咨询建议。

SEPA 的权力核心是理事会，其作用在于负责 SEPA 的组织运行方向和组织绩效，确保 SEPA 实现法定的组织目标。理事会的具体职责包括：在政策和资源框架内确定该组织的战略方向；监督战略计划的实施；确保组织运作的良好基础和政策环境；制定组织内部治理的规则和标准；确保公共资金的使用符合法定要求。理事会成员由苏格兰环境大臣依据《苏格兰部长公职任命实务守则》任命，由苏格兰公职任命专员负责监督管理。目前，SEPA 理事会共有 10 名成员，他们来自多种学科背景和各个行业，具有丰富的专业知识。理事会主席对 SEPA 负有全面领导责任，并直接对苏格兰环境大臣及相关部长负责，可以直接参加苏格兰政府的会议，提出政策建议。理事会成员任期为四年，可以连任，但是否能够连任则取决于理事个人的业绩表现及其他相关素质要求。理事会之下设有执行团队，包括首席执行官和 6 个处室，分别是环境保护与促进处、人力资源与组织发展处、财务与公司服务处、环境和组织战略处、环境科学处、联络处。其中，首席执行官也是理事会成员。执行团队负责执行理事会批准的工作计划以及与组织日常运作和业绩有关的决策。目前，SEPA 的整个工作团队约 1300 人，分布在苏格兰各地。由于对工作人员专业素质的要求十分严格，因此这也是一个拥有强大科学基础的组织。

根据《2013 年水资源（苏格兰）法》规定，还有如下四个法定机构与 SEPA 合作共治：

第一，作为公共企业的 SW，它既是水服务的直接提供者，同时也有义务采取措施保护水资源，并向 SEPA 提供合理建议。作为公共法人，SW 在苏格兰水资源保护、水务资产发展和商业增值、支持可再生能源方面负有主要责任。《2013 年苏格兰水资源法》规定，SW 可以从事其认为将有助于发展苏格兰水资源价值的任何活动，但同时有义务就水资源保护、水务资产发展等向苏格兰政府提供合理的政策建议。

第二，苏格兰自然遗产局（Scottish Natural Heritage）[1]，负责保护被划入自然遗产保护区范围内的水资源。苏格兰自然遗产局是由苏格兰政府的环境与林业司资助的非部门公共机构，其宗旨是：促进、关心和改善苏格兰的自然遗产，“帮助人们负责任地享受大自然，提高对大自然的理解和认识”[2]。其具体职责是向苏格兰政府相关职能部门及其部长们报告有关苏格兰自然和景观的信息、问题并提供建议，管理苏格兰境内的自然保护区、风景名胜区、国家公园、特殊科学价值地点及其他特殊区域。苏格兰自然遗产局的合作对象包括英国政府、欧盟委员会及其他一批公共组织，主要是英国“联合自然保护委员会”“中部苏格兰绿色网络”“苏格兰环境和乡村服务”“国家绩效框架”国家公园管理局各地方政府等。

第三，苏格兰企业局（Scottish Enterprise），是苏格兰促进经济发展政策的主要执行机构，在性质上也属于非部门公共机构。其宗旨是与公共和私营部门的合作伙伴共同努力，寻找并创造出能够为苏格兰经济带来重大、持久影响的最佳机会，通过创新、国际化、投资和包容性增长，塑造苏格兰的国际竞争力。为了实现这一目标，苏格兰企业局与工业领域和公共部门中的一系列地方的、国家的和国际的战略伙伴建立了合作关系，其中苏格兰投资银行更是苏格兰企业局的臂膀。SW 的战略投资计划必须征询苏格兰企业局的意见和建议，苏格兰境内所有企业的发展计划和项目必须以保证水资源环境的可持续利用为前提，而苏格兰企业局为此负有把关的义务。

第四，高地和岛屿企业局（Highlands and Islands Enterprise），也是苏

---

① 依据《苏格兰自然遗产法（1991）》（Natural Heritage〔Scotland〕Act 1991）成立，时为苏格兰的环境保护管理部门。

② 来源：http://www.snh.gov.uk/about-snh/。

格兰政府的一个执行机构，在其管辖区内履行与苏格兰企业局类似的责任，负责推动和促进苏格兰高地和岛屿地区的经济发展。其宗旨是与私营企业、志愿组织和公共机构合作，进一步改善该地区的经济和生活质量，为该地区企业发展计划和项目是否能够保证水资源的可持续利用把关。

在这套体系中，以 SEPA 为核心，五个公共机构组成了强有力的水资源环境社会监管团队。除了上述这些机构外，还有一些河川流域组织负责保护管理特定流域的水资源，它们共同构成了一套水资源综合管理和适应性治理的混合体系。①

（2）饮用水水质监管体系。DWQR 在确保苏格兰饮用水质量安全、卫生、达标方面扮演主角。在组织属性上，DWQR 是一个非部级公共机构，但独立于苏格兰政府部长们行事。2008 年，DWQR 获得了国际标准化组织《质量管理体系》的国际标准认证（ISO 9001：2008）。DWQR 的具体职能包括五项：

第一，公共供水质量监管。依据苏格兰议会和苏格兰政府制定的相关法规及法定文件，监督苏格兰全境公共供给的饮用水质量，每年发布苏格兰饮用水质量报告。SW 提供的饮用水水质是 DWQR 监管的重点，为此，DWQR 可以采取如下四项措施：

一是监督察查。这是 DWQR 日常监管 SW 运营的重要方式。通过对 SW 的水处理厂、实验室、业务活动的日常技术检查，并参与 SW 的投资规划流程，以保证 SW 尽职尽责，保证 SW 所采取的任何有关改善饮用水质量的措施是必要的、适当的、适时的。一般情况下，DWQR 采取基于风险评估的方法，定期抽选某些地方察查如下方面的情况：净水厂、配水系统的管理、水样及测析服务、消费者联系制度。对于察查结果，DWQR 会公开发布，并以表格的形式发送到消费者手中。有时也采用评分系统，对其需要审查的各个方面进行打分。该评分系统有六个要点（见表 9 -6）：

---

① J. J. Rouillard, K. V. Heal, T. Ball, A. D. Reeves, 2013, "Policy Integration for Adaptive Water Governance: Learning from Scotland's Experience", *Environmental Science & Policy*, Vol. 33, No. 12.

表 9-6　SW 水厂服务情况量化评分表

分值	描述	评分依据
1	很差	水质处理能力有限，存在重大技术缺陷，有些环节已经对水质造成严重风险，需要立即处理。
2	较差	一些因素令人满意，但在关键领域还存在一些问题，有可能影响到水质。
3	一般	积极的方面大于消极的方面，但仍然存在一些需要纠正的缺陷，尽管这些缺陷对水质没有直接的风险。
4	好	整体条件和绩效是可以接受的，所发现的任何弱点都不会对水质造成风险。
5	很好	水质处理能力强大，设备设施健全、有效；没有发现严重的缺陷。
6	优秀	证据表明已处于行业内最佳水平，运营质量极高。没有发现缺陷。

来源：DWQR，2012，*Enforcement Policy*，（http://dwqr.scot/about-us/.）。

对于每次监督察查中发现的不足，DWQR 都会提出技术性的改进建议，要求 SW 付诸行动。DWQR 会跟踪 SW 的改进过程，有时候还会到现场回访，以检查所有的改进措施是否得到执行。在大多数情况下，SW 都会与 DWQR 合作，使问题得到迅速解决。如果情况比较严重，而且 SW 不予以纠正，DWQR 可以对 SW 采取威慑性的执法行动。

二是要求承诺。根据依然有效的《1980 年水（苏格兰）法》76E 部分的规定，苏格兰水务承担者应向苏格兰政府做出如下承诺：执行法律准则，履行职责和任务，落实质量标准，对于重复发生的水质问题，应在一定的日期内解决。DWQR 负责跟进工作进度。如果 SW 没有按照承诺完成改进工作，而且事先没有征得同意，DWQR 将可能会采取强制执行行动。

三是强制执行。根据《2002 年水工业（苏格兰）法》等法律框架的规定，DWQR 拥有如下强制执行的权力：获得信息的权力；进入现场或检查的权力；采取强制执行的权力。强制执行的权力只在 SW 不遵守其法定义务的情况下行使，当 DWQR 确信 SW 在某些方面没有按其职责提供安全卫生的饮用水时就可以动用这些权力。DWQR 在采取强制执行行动时，通常遵循如下步骤：公开发出强制执行通知，告知 SW 和公众强制执行行动所涉及的事项领域；要求 SW 必须在指定时限内改进不足；如果 SW 拒不遵守执法通告，则对其进行起诉；安排其他承包商完成必要的工作，并从

SW 扣取费用；更改或撤回执法通告，但保留对该执法通告的记录。[①] 自2007 年到 2011 年，DWQR 就发出了 5 份强制执行通知。

四是水质事件调查。通常情况下，苏格兰的饮用水水质是安全达标的，但偶尔也有一些事件影响到水的质量。一旦发生这样的事件，SW 必须要向 DWQR、地方当局及国民健康安全委员会报告，DWQR 则负责对这些事件进行调查评估，提出改进建议，或者针对 SW 采取进一步的行动。从 2009 年到 2014 年底，DWQR 共发布了 196 份水质事件评估报告，其中 2009 年 12 份；2010 年 26 份；2011 年 85 份；2012 年 24 份；2013 年 22 份；2014 年 7 份。

第二，间接监管私人供水水质。由于历史原因及自然地理因素，迄今为止，苏格兰境内大约有 3% 的人口需要自己从井窖、河流、山泉等水源中直接取水以供饮用。[②] 这些地方一般地处偏远，SW 的供水管道无法延及。目前，私人供水水质检测及相应的风险管理责任由当地当局承担，DWQR 不直接对私人供水的水质进行监管，但有责任监督地方当局履行职责的情况，敦促、督查地方当局在评估和改善私人供水质量方面的工作进展情况，为地方当局在监管过程中遇到的问题提供工作指导，同时也接受各地呈报的私人供水水质数据并进行技术分析、予以公告，从而确保私人供水质量也符合法定标准。通常情况下，就私人供水的水质问题，DWQR 与地方当局进行正式沟通交流的主要手段是私下发函，就地方当局如何监管私人供水的技术问题提出目标预期和指导意见。

第三，调查处理消费者投诉。一般而言，如果消费者遇到饮用水水质问题，可以直接向 SW 反映。如果没有得到满意答复，则可以接着向 DWQR 反映或投诉。DWQR 接受消费者投诉的前提，就是消费者此前已经和 SW 有过联系但无果。同样地，私人供水者向地方当局反映水质问题但没有得到满意结果时，也可以向 DWQR 投诉。无论是消费者对 SW 水质问题的投诉，还是对有关地方当局执行私人供水条例情况的投诉或意见，

① DWQR, 2015, *Enforcement Policy*, http://dwqr.scot/about-us/.

② Ibid..

DWQR 都有责任进行调查处理，把调查结果向投诉者、SW 或地方当局反馈，在 DWQR 网站上发布这些调查结果，并帮助 SW 或地方当局采取改进措施。

第四，相关公共决策建言。就与苏格兰饮用水质量有关的政策，向苏格兰环境大臣、部长及其他相关部门提供建议。

第五，促进合作。为了履行职责，DWQR 主动、广泛地与其他许多机构结成合作伙伴，相互之间签订《理解备忘录》。近年以来，DWQR 先后签订的备忘录如表 9 －7 所示。

表 9 －7　近年来 DWQR 签订的理解备忘录

《英国饮用水监管机构与环境保护局理解备忘录》①（2012）
《英国皇家认证委员会与全国饮用水监管机构理解备忘录》（2013）
《苏格兰饮用水质量监管署、苏格兰环境保护署与苏格兰水务公司理解备忘录》（2014）
《苏格兰饮用水质量监管署与苏格兰消费者论坛理解备忘录》（2014）
《苏格兰公共服务督察专员与苏格兰饮用水质量监管署理解备忘录》（2014）
《苏格兰饮用水质量监管署与苏格兰公民咨询理解备忘录》（2016）
《苏格兰公共服务督察专员与苏格兰饮用水质量监管署理解备忘录》（2017）

签订备忘录的各方都是独立的公共法人团体，相互之间地位平等。这些机构间的合作不是法定地捆绑在一起，没有法定的相互协助关系，其合作的基础来自于各自的组织使命，但这些理解备忘录为它们的合作提供了框架。

（3）水务经济监管体系。主要由 WICS、CMA 构成。其中，WICS 是水价、市场竞争和 SW 服务绩效的最重要的监管机构。在机构性质上，WICS 同样是一个负有法定职责的、非部级公共机构，独立运作，不受苏格兰部长管辖。具体职责主要包括三个方面：

第一，设定水价。苏格兰水务市场化后，也实行了水价上限控制战略，但与英格兰和威尔士的五年水价周期不同，苏格兰水价的调整周期是六年，即 WICS 每六年调整一次供水和污水处理服务的价格，并将之命名

① 这份备忘录的参与者，包括苏格兰饮用水质量监管署、英格兰和威尔士饮用水督察署、北爱尔兰饮用水督察处、北爱尔兰环境署。

为“水价评审战略”。水价设定应保证水务行业发展的总成本合理，并与苏格兰政府大臣制定的政策目标相一致，这些目标包括改善水质，保证水环境绩效，实现优质的客户服务。除了定价之外，WICS 还负责监督并报告 SW 的执行情况，以保护消费者的利益。2014 年 11 月，WICS 发布了《2015—2021 水价评审战略》，为该价格周期设置了收费上限。其中规定，家庭用户的水费在这六年期间每年只能增加 5 镑甚至更低。这一价格监管框架已经为消费者带来了明显的效益，家庭用户水费支出平均低于英格兰和威尔士的价格水平。目前，《2021—2027 年的水价评审战略》草案也已经拟出，正处于广泛征求意见、讨价还价阶段。

第二，促进竞争。促进苏格兰水务行业的竞争也是 WICS 的重要职责，具体负责落实《2005 年水服务诸（苏格兰）法》所规定的相关制度框架，有权通过特许经营的方式，许可除 SW 以外的私有水务公司向商业用户提供供水和污水处理服务，并负责向这些私有水务公司颁发许可证；同时致力于构建一个简单、公平、促进价值与选择的竞争框架，实现多方利益共赢。其中，所谓“简单”，意指服务供给者和消费者双方都能够理解并充分利用市场所呈现的机会；所谓“公平”，意指所有的服务供给者都在同等的地位上展开竞争；所谓“促进价值和选择”，意指消费者能够选择到物美价廉的服务。

第三，绩效监督。负责对 SW 的服务和经营绩效进行监督，重点在其客户服务、投资、成本、漏损率等几个关键环节，并每年向公众报告监管结果。

中央市场局（CMA）是水务市场零售服务的管理组织，职能与英格兰和威尔士水务市场上的“市场运行服务有限公司”（MOSL）一样。在组织形式上，CMA 虽然也被称之为“局”，但同时也是一家由担保公司和会员所拥有的有限公司，在性质上却又属于非营利组织。其核心职能是负责在技术流程上保证水务市场的正常运行，具体包括两项：一是注册，即对已经获得许可证的水服务零售商的供水交易进行记录；二是结算，即对零售商和 SW 之间的业务流进行核算。具体而言，CMA 扮演着记录人、清算人的角色，运营着水务市场管理的计算机系统，负责记录水务市场中零售商的活动，包括用水流量、价格等，然后再负责核算每个供应商每个月从SW那里所获得水量的批发费用。此外，CMA还扮演着“传导器”的角色，为水务市场的参与者提供数据和信息交换服务。[①]

截至2018年6月底，CMA的会员共有23家水务公司，除了苏格兰本地的水务公司外，还包括英格兰和威尔士地区的水务公司，如联合公用事业、泰晤士水务等，今后新进入这个市场的供应商也将成为CMA的会员。

就功能区分而言，WICS是执法者，负责水务行业法律制度等得以贯彻执行、制订和调整水价标准，督查SW的成本–效益；而CMA则从技术上、财务流程上保证苏格兰水务零售市场的竞争机制得以有序运转。

（4）消费者保护体系。虽然上述机构的宗旨和使命在根本上都是保护和促进苏格兰民众的利益，但如前所述，苏格兰还专门设置了代表、维护和促进水务领域消费者利益的公共机构。这些公共机构的名称、规模随着经济社会的变化而又所变化。目前主要包括三个机构：水用户论坛、苏格兰公民咨询消费者未来部、苏格兰公共服务监察专员（SPSO），它们肩负不同的使命，共同构成了苏格兰水务市场上的消费者利益保护体系。其中，SPSO原本负责调查处理公众对所有公共服务机构的投诉，其调查对象包括十类公共管理当局，如苏格兰议会法人团体、苏格兰政府及其部门、地方政府、全国卫生服务机构、住房和租赁协会、学院和大学、监狱、仲裁机构、苏格兰水务公司及其他大多数苏格兰公共服务和管理机构，等等。如果公众对上述公共服务机构的投诉得不到回应或者不满意，则可向SPSO投诉，SPSO可以随时调查任何相关事宜，并采取相关行动措施，必要时可向苏格兰议会提交特别报告。[②]

SPSO的内部治理结构在纵向上分为三级，即监察专员—高级主管—业务管理人员，横向上则包括两个部分：一是投诉标准局，职能是帮助、支持公共服务部门提高投诉处理的能力和水平；二是业务系统。其内部治理

---

① CMA, 2017, *Business Review* 2016/2017, http://www.cmascotland.com/about-us/.

② 根据《苏格兰公共服务监察专员法》第16节规定，当调查发现有人因行政失当或服务失败而遭受了不公正或艰难待遇、尚没有或者将不会获得纠正和补救时，苏格兰公共服务监察专员可以直接向苏格兰议会提交特别报告。

结构如图 9 –4 所示：

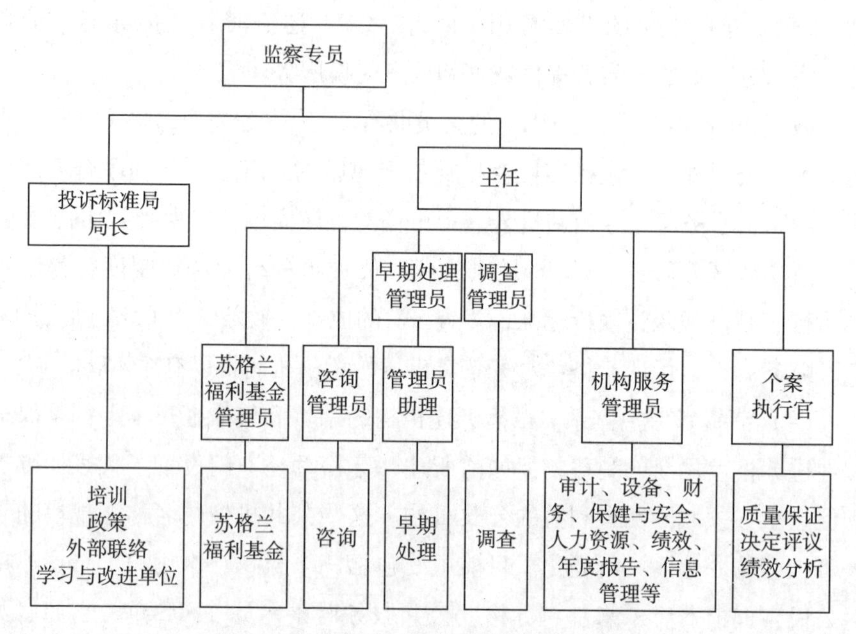

图 9 –4　苏格兰公共服务监察专员组织结构

自 2011 年 8 月 15 日起，SPSO 也负责调查解决有关供水和污水处理的投诉案件，可以调查处理的水务企业包括 SW 及其子公司，其他经特许授权的持证私人供水商可以选择受 SPSO 的监管，也可以接受 WICS 的监管。到 2012 年 8 月，SPSO 调查处理的水务案件总数量为 318 件，占当年度全部投诉案件量的 8%，在排行榜中名列第二，仅次于对监狱的投诉量；① 到了 2016 年底，这一比例已经下降到 4. 72%。② 同时，SPSO 还有权调查处理公众对其他所有水务监管机构的投诉，如果公众对这些监管机构的投诉得不到回应或者不满意，SPSO 就在最后阶段介入调查，并采取相关行动措施。

特别需要指出的是，SPSO 是一个完全独立的法定机构，在苏格兰公共

① 这是因为苏格兰水观察（WWS）的案子也一并交给了 SPSO。

② SPSO，2012，*Annual Report* 2011/2012，https://www. spso. org. uk/sites/spso/files/SPSOAnnualReport2011 – 12. pdf. – 2016，*Annual Report* 2016/2017，https://www. spso. org. uk/sites/spso/files/SPSOAnnualReport2016 – 17. pdf.

部门中发挥着独一无二的监管作用。监察专员由苏格兰议会提名、由英国女王任命，任期不超过八年。监察专员职务的免除权也由女王行使，其前提是监察专员本人请求免除职务，或者经苏格兰议会至少2/3议员投票决定免除其职务。《苏格兰公共服务监察专员法》还规定，监察专员的人员薪金和工作经费由苏格兰议会法人团体支付。正因为如此，SPSO在行使职权时不受苏格兰政府、苏格兰议会或议会法人团体中任何成员的指示或控制。

总之，在立法和监管执法方面，如今的苏格兰水务监管体制与英格兰和威尔士已经十分相似，当然也有明显区别，主要体现在两点：一是企业所有权性质。SW属于公有产权，迥异于英格兰和威尔士的水务公司。二是监管执法机构的地位。苏格兰的一些监管执法机构直接由苏格兰议会依法设立，向苏格兰议会负责，这更能够实现权威性和独立性。而英格兰的水务监管执法机构，主要由相关内阁大臣依法设立，执法机构通过对内阁大臣负责而实现对议会负责。从中也可以看到，只要建立良好的监管框架，引入良性的市场竞争，公用事业企业的所有权无论属于公还是属于私，都可以为公众提供优质的公共服务。

四　小结

综上所述，在二百多年的水务发展史上，苏格兰走出了一条私有私营—地方分散公营—相对集中公营—公有垄断经营—公有制主导下的市场竞争之路径，显示出其在传统与现代性之间保持平衡、弹性适应新形势的能力。

特别是在最近几十年来，在英格兰和威尔士大规模的水务私有化浪潮下，苏格兰选择了不同的改革道路，坚持水务设施和资产的公有制地位。进入21世纪之后，在内部财政压力和外部市场压力之下，顺应时代的变化和挑战，在保持公有制主导地位的前提下，走向市场化道路。但其市场开放程度是有限的，重点放在引入私人资本和竞争服务机制上。而在吸纳私人资本的方式上，苏格兰偏好“私人融资倡议”模式，在该模式下，私人部门作为政府的合作伙伴，为政府的水务项目买单以分享这些建设项目所带来的利润，从而走向了公有制主导下的混合所有制与公私伙伴关系模式，并平衡各方的收益和风险。

在走向市场化的同时，也配置了现代性的分权合作的监管执法模式。十分注重对水资源环境保护和水服务质量的监管，并随着政治经济形势的变化对水务监管执法框架进行与时俱进的调整，保证苏格兰议会和政府的水务法律和政策得到严格执行。这表明苏格兰地区的水务经营和管理模式，如同它的其他公共服务模式一样，镶嵌在苏格兰的政治和政府管理框架中，是把政治传统与治理的现代性融合在了一起，在公有制框架内采纳合理的市场化运作方式，在既要破解公有制企业垄断和低效，又尽量降低私人资本逐利而导致消费者受损的两难困境之间寻找平衡，以达到提高绩效、改善服务、多方共赢之目的。

苏格兰的水务制度变革轨迹显示，这是一个比较成功的适应性治理案例。苏格兰水务行业在面对效率低下、私有化冲击、欧盟水质标准的压力和国际水务市场竞争加剧等内外挑战下，适时调整政策，应对不断变化的外界环境，既保持了自己的制度传统，又突破了发展的瓶颈。如今，公有制、市场竞争、公私合作、精明监管等要素共同构成了水务治理的“苏格兰模式”，成为当今世界水务改革的又一个典范。

第十章　北爱尔兰的水务运营和监管模式

与苏格兰一样，北爱尔兰也一直保持着水务行业的公有公营性质，并且有着深远独特的政治历史基础。自1998年以来作为中央政府权力下放的“授权区”，北爱尔兰地区享有高度的自治权，其公共服务也自成体系。目前，北爱尔兰的供水和污水处理服务由北爱尔兰水务公司（NIW）提供，这是一家占有绝对主导地位的政府企业。在监管体制上，近年来也开始建立分权共治的体系。本章的任务是梳理、分析北爱尔兰水务经营与管理体系的来龙去脉与现状特点。

一　历史和政治基础

（一）北爱尔兰的政治变迁

1. 北爱尔兰自治政府的形成

北爱尔兰原本是爱尔兰的一部分。英格兰于12世纪末就开始了征服爱尔兰的进程，直到19世纪初双方才定下合并法案，于1801年成立大不列颠与爱尔兰联合王国。此后一百多年，英国王室在都柏林（Dublin）派驻总督，管理爱尔兰事务。

19世纪中后期，爱尔兰遭遇巨大的经济困难，爱尔兰民族独立运动也拉开了序幕。1919—1921年爱尔兰独立战争爆发，英国中央政府与爱尔兰民族独立力量边打边谈。在此背景下，英国议会出台了《1920年爱尔兰政府法》（Government of Ireland Act 1920），[1] 宣布实行爱尔兰自治，爱尔兰南北两个地区分别成立自治机构，都继续作为大不列颠及爱尔兰联合王国的一部分。不过，这部法律没有生效。爱尔兰独立战争的结果是1921年12月《英爱条约》（Anglo-Irish Treaty）的订立。据此条约，爱尔兰南部26郡成为自由邦，北部6郡则以"北爱尔兰"的名义依然保留在联合王国版图内。

《1920年爱尔兰政府法》有关北爱尔兰自治机构的规定，在北爱尔兰地区发挥了作用。1921年6月，北爱尔兰议会（Parliament of Northern Ireland）成立，分上下两院，它可选举12名议员参加英国议会下院，可就一些地方性事务进行立法。同时由它组建北爱尔兰内阁（Cabinet of Northern Ireland），管理行政事务，但北爱尔兰的国防、外交、财政、邮电和部分税收权力均由英国中央政府所有并直接管理。1927年，英国正式改国名为"大不列颠与北爱尔兰联合王国"。

北爱尔兰内阁成立时，设置了如下部门：首相（Prime Minister）；副首相（Deputy Prime Minister）；财政部（Ministry of Finance）；内政部（Ministry of Home Affairs）；农业部（Ministry of Agriculture）；商务部（Ministry of Commerce）；社区关系部（Ministry for Community Relations）；发展部（Ministry of Development）；教育部（Ministry of Education）；卫生和地方政府部（Ministry of Health and Local Government）；劳动部（Ministry of Labour）；公共安全部（Ministry of Public Security）；此外，还有下议院的部长和领袖。这些部门搭建了北爱尔兰行政体系的基础。此后，北爱尔兰的行政机关基本上是建立在这些部门的基础上。水务管理被划归到发展部，但该部门长期没能运转起来。

从1921年北爱尔兰议会成立到1972年被撤销，英国中央政府和北爱尔兰自治政府共同为治理北爱尔兰付出了巨大努力。这期间，有关北爱尔兰各类公共事务治理的法律、法规、法令和规则多达8655部，其中属于北

---

① 该法的全称是《为更好的爱尔兰政府所提供的一项法律》（An Act to provide for the better government of Ireland），通常也被称作《第四自治法》（Fourth Home Rule Act）。

爱尔兰议会的立法就有 707 部，[①] 这些立法的重点在于塑造和健全北爱尔兰的地方政府和公共服务体制。

2. 北爱尔兰自治政府的震荡

然而，政治局势的不稳定一直影响着北爱尔兰的自治地位和经济社会的发展。自 1937—1949 年间，爱尔兰自由邦先是更名为“爱尔兰”，继而脱离英联邦，成为独立的国家，而且爱尔兰宪法内依然保持着对北爱尔兰 6 郡拥有主权的条款。这成为北爱尔兰政治冲突的重大导火索之一。20 世纪 60—70 年代初，政治冲突越演越烈，致使北爱尔兰自治政府无法掌控局势。

因此，1972 年 3 月 30 日，英国政府暂时停止了北爱尔兰的自治权，成立了北爱尔兰事务部，直接管制北爱尔兰。从 1972 年到 1973 年，英国议会通过了如下几部法律，重新安排北爱尔兰的政治和行政体制：《1972 年北爱尔兰法》（Northern Ireland Act 1972）、《1972 北爱尔兰（临时规定）法》（Northern Ireland〔Temporary Provisions〕Act 1972）、《1973 年北爱尔兰宪法法》（Northern Ireland Constitution Act 1973）、《1973 年北爱尔兰议会法》（Northern Ireland Assembly Act 1973）。据此废除了北爱尔兰总督、原来的北爱尔兰议会和北爱尔兰内阁，成立了新的北爱尔兰议会（Northern Ireland Assembly）和北爱尔兰行政院（Northern Ireland Executive）。

然而，新的北爱尔兰议会因阿尔斯特工人理事会（Ulster Workers′ Council）组织的大罢工事件，于 1974 年被废除。直到 1982 年才又重新成立，负责审查中央政府北爱尔兰事务部部长的行动。但这个重生的机构难以得到北爱尔兰民族主义者的支持，并于 1986 年再度被解散。

3. 北爱尔兰自治政府的再生

20 世纪 90 年代，梅杰政府采取的一些措施才使得长期的动荡缓和下来。其中，第一项措施是英国与爱尔兰于 1993 年联合发表《唐宁街宣言》，就北爱尔兰是继续保持在联合王国内还是合并于爱尔兰的问题表态，双方均表示尊重北爱尔兰 6 郡多数人的选择。第二项措施是英国和爱尔兰

---

① 根据英国政府立法网（http://www.legislation.gov.uk/）资料统计而得。

同北爱尔兰境内的各派政治势力进行谈判并签署了一份联合框架文件。文件的主要内容是：爱尔兰承诺修改宪法，取消对北爱尔兰6郡拥有主权的条款，英国则承诺将以法律形式确认北爱尔兰人民有选择自己未来的权利；按照比例代表制原则选举产生北爱尔兰地区议会，地区议会将被赋予广泛的立法权；成立由北爱尔兰地区议会代表和爱尔兰议会代表组成的南北跨界机构，以加强南北在农业、运输业、旅游业和能源领域的管理，协调双方利益。第三项措施是英国和爱尔兰就解除北爱尔兰境内各种准军事组织的武装问题提出“双轨政策”[①]，成立一个由美国人担任主席的独立的国际委员会，就如何促使北爱尔兰各种准军事组织解除武装的问题提供咨询性意见。但是，梅杰政府没能就这些问题取得更大进展。

1997年，英国工党上台执政。1998年，在布莱尔政府积极务实的政策促使下，英国首相、爱尔兰总理、北爱尔兰境内8个党派的领导人三方就北爱尔兰的政治前途问题，签订了历史性的《北爱尔兰和平协议》（Northern Ireland Peace Agreement 1998）。主要内容为：第一，爱尔兰修改宪法，放弃对北爱的领土要求。英国则将废除1920年制定的爱尔兰法案，并在北爱大多数人表示赞同的前提下，承认南北爱尔兰统一的可能性。第二，北爱尔兰议会按各党派比例选举产生，共设108个议席，天主教徒和新教徒议席均等。北爱尔兰议会拥有立法权和管治权，接管北爱尔兰政府所行使的旅游、运输、农业等方面的职能，负责建立一个为协调北爱尔兰与爱尔兰关系的部长级“南北委员会”。第三，英国和爱尔兰两国建立不列颠群岛理事会，成员包括英爱两国政府、两国议会以及苏格兰、威尔士、北爱尔兰三个地区议会的代表，协调不列颠本土与爱尔兰之间的多边关系。第四，英国政府减少驻扎在北爱尔兰的警察和武装部队。[②]

《北爱尔兰和平协议》签订后，为结束北爱尔兰多年的教派冲突和暴力事件提供了保证，爱尔兰放弃对北爱尔兰领土的主权要求，英国向北爱

---

① 即解除准军事组织的武装与和平谈判同时进行。

② 刘金源：《布莱尔当政后的北爱尔兰和平进程》，《世界民族》2005年第1期；章毅君：《北爱尔兰和平进程述论》，《中央民族大学学报》（哲学社会科学版）2007年第4期；邱显平、杨小明：《北爱尔兰民族冲突化解途径分析》，《世界民族》2008年第6期。

尔兰移交地方事务管理权，这被认为是北爱尔兰和平进程的重要里程碑。1998 年 7 月，北爱尔兰议会第四次重生，继承的是 1973 年的一院制；1999 年，北爱尔兰议会选举产生了新的北爱尔兰行政院作为其执行机关，行政院实行首席大臣（也称首席部长）负责制，北爱尔兰议会和北爱尔兰行政院成为北爱尔兰自治地区政权的核心构成部分。

（二）北爱尔兰自治的法律基础

1998 年 11 月，英国议会通过了《人权法》（Human Rights Act 1998）和《北爱尔兰法》（Northern Ireland Act 1998），这既是为了保障《北爱尔兰和平协议》的落实，也是布莱尔政府权力下放的内容之一。2000 年、2006 年、2007 年、2009 年，《北爱尔兰法》又经过四次修正，更加丰富和完善了自治的内容。

根据《北爱尔兰法》，英国中央政府与北爱尔兰之间的关系呈现出这样的结构特征：北爱尔兰地区是大不列颠与北爱尔兰联合王国的一个组成部分，由大不列颠与北爱尔兰联合王国行使国家主权；中央政府负责管理北爱尔兰的外交和国防、金融货币和税收等事务；[①]正常情况下，北爱尔兰地区的其他公共事务由北爱尔兰议会及其行政院管理；当北爱尔兰遭遇政局和社会动荡时，中央政府可以停止北爱尔兰地区政权的运作，直接接管北爱尔兰事务；北爱尔兰议会根据《北爱尔兰法》的授权范围及征得相关大臣同意，可以制定地区性法律，但不影响英国议会为北爱尔兰制定法律的权力。北爱尔兰司法系统是英国司法系统的有机组成部分，北爱尔兰普通法院法官由英国中央政府任免。除了上述内容外，《北爱尔兰法》还就居民的人权与机会平等保障制度、政府间多边对话机制进行了明确规定。显然，《北爱尔兰法》呈现出如下特征：北爱尔兰享有高度的自治权，但依然是有限的自治权，它必须与联合王国保持在一个主权国家的政治框架内，同时中央政府通过财政手段保持对北爱尔兰的控制。英国中央政府每

① 北爱尔兰没有独立的财经税务制度，但北爱尔兰地区政权机关可以在本区域内征收适用于本地区的地方税种。

年拨给北爱尔兰的补助金，占北爱尔兰地区政府总开支的50%—60%，占中央政府总开支的25%左右。不过，如果中央政府认为北爱尔兰地区的政府行为没有绩效，即有权减少或停止拨款。

不过，此后的自治发展也并不顺利，北爱尔兰自治政权多次停止运作。特别是在2002年至2007年的五年间，由于北爱尔兰新芬党曝出间谍案，英国中央政府再度将北爱尔兰地区政府的自治权收回。2007年以来，新芬党与北爱尔兰民主统一党达成协议，双方建立联合政府，才重新恢复地方自治。

综上，北爱尔兰的政治问题，使中央政府不得不将其置于自己严格的管制之下，其自治地位远逊于威尔士、苏格兰。[①] 而其政治上的长期动荡和不顺利的自治模式，造就了其最终不同于英格兰等地区的公共服务模式，其中包括水务模式。

二　水务运营管理发展的历史

（一）1972年之前：地方议会责任制

1. 近代的制度探索

在近现代政治动荡的夹缝中，一方面，北爱尔兰大城市中的公共权力对水务的介入程度比英格兰和威尔士都更深一些。另一方面，这也与公共部门在市政服务中发挥作用的历史传统有关。

北爱尔兰城市供水的早期历史，与爱尔兰的城市发展和教会的作用密不可分。在英格兰征服爱尔兰之前，爱尔兰的大城市如都柏林就已经开始有限地使用管道供水，这主要是由教会的僧侣发起、修建。16世纪中期，都柏林的市长被城市议会授权，开始负责管控一些供水管道，地方豪强也介入其中，因此直到19世纪之前，都柏林的城市供水设施一直由市政当局和一些伯爵们共同所有。而在另一些城镇如贝尔法斯特（Belfast），直到

---

① 刘绯：《英国的地方政府》，《欧洲》1993年第3期。

18 世纪之前，居民用水都直接取自泉水。到 18 世纪晚期，随着城市的发展和人口增长，干净清洁的泉水开始供不应求，贝尔法斯特议会认识到必须对供水实施管制。1795 年，贝尔法斯特议会把对供水的控制权授予给了贝尔法斯特慈善会（Belfast Charitable Society），[①] 由其负责管理供水事宜。[②]

此后，在 1801—1921 年的大不列颠与爱尔兰联合王国存在时期，英国议会将诸如供水这样的民生事务自治权授予给爱尔兰的一些城镇议会，这些城镇议会在市政管理中发挥着重要作用。例如，《1840 年城市法人法（爱尔兰）》（Municipal Corporations Act〔Ireland〕1840）授予都柏林、贝尔法斯特等 10 个城镇以“自治市”（Borough）的地位，同年，贝尔法斯特市议会就通过了首部城市水法，即《1840 年贝尔法斯特水法》。[③] 根据该水法规定，设立贝尔法斯特市和区水务专员（Belfast City and District Water Commissioners）。水务专员是一个公共机构，专员的职位由市议会选举产生，使命是向当时已达 7 万之多的市民供水，并改善贝尔法斯特城市的供水水平。

而此时期英国议会也开始制定专门法律，促进爱尔兰的公共卫生建设，其中最早、最重要的法律是《1878 年（爱尔兰）公共卫生法》（Public Health〔Ireland〕Act 1878）。它要求在爱尔兰全面实施公共卫生制度，在爱尔兰的城市和乡村划分公共卫生管理区，设立公共卫生管理局和公共卫生官员；公共卫生管理局的一项重要职责是负责供水，管理下水道，监督污水处理，为此它可以赎买私人的供水和排污管道，使之成为国家资产。[④] 不过，贝尔法斯特的市和区水务专员制度依然存在并发挥着作用。

1888 年 1 月 1 日，英国王室通过《贝尔法斯特城市宪章》（Charter Granting Belfast City Status 1888），正式授予贝尔法斯特以城市（City）的地位和建制。此后，市议会通过了《1893 年贝尔法斯特水法》（Belfast

---

① 贝尔法斯特慈善会成立于 1752 年，在该市近代社会服务发展中发挥了重要作用。它不但承接了供水的任务，而且还启动其他一系列社会服务，包括助贫、医疗、警察服务等。

② W. R. Darby, 2012, *Short History of Belfast's Mourne Water Supply*, http://www.earc.org.uk/ShortHistoryofBelfastWaterSupply.htm.

③ 该法在 1912 年和 1920 年经过了两次修改。

④ Public Health (Ireland) Act 1878. pp. 15 – 37, pp. 61 – 76.

Water Act 1893)，大力推动供排水工程建设。一系列供排水工程在此时期建成，其中包括著名的本克伦水库（Ben Crom Reservoir）、斯通福特水厂（Stoneyford Works）。

2. 1921—1972 年的制度发展

爱尔兰南部独立建国、北爱尔兰归属英联邦之后，早期建立的城乡供水管理体制基本上保留了下来，北爱尔兰地区的自治机关在建立和完善市政供水体制方面发挥了重大作用。从 1921 年到 1972 年，北爱尔兰议会在之前的水法基础上，通过了 100 多部涉水的法律、法规和法令。其中，与供排水直接相关的一级法律有：《贝尔法斯特水法（北爱尔兰）》（Belfast Water Act〔Northern Ireland〕1923, 1924）、《供排水法（北爱尔兰）》（Water Supplies and Sewerage Act〔Northern Ireland〕1945）、《水法（北爱尔兰）》（Water Act〔Northern Ireland〕1972）。相关的法令有：《贝尔法斯特水务法令（北爱尔兰）》（The Belfast Water Order〔Northern Ireland〕1948, 1953, 1965, 1967, 1972）、《财政部供排水资金条例（北爱尔兰）》（The Ministry of Finance Water Supplies and Sewerage Fund Regulations〔Northern Ireland〕1949）、《供排水郡法院规则（北爱尔兰）》（The Water Supplies and Sewerage County Court Rules〔Northern Ireland〕1955）等。这一时期，北爱尔兰议会还通过了四部《地方政府法（北爱尔兰）》（Local Government Act〔Northern Ireland〕1923, 1934, 1966, 1972）和《部门法（北爱尔兰）》（Ministries Act〔Northern Ireland〕1944）。①

上述这些法律、法令中，最重要的是《1945 年供排水法（北爱尔兰）》《1972 年水法（北爱尔兰）》《1972 年地方政府法（北爱尔兰）》。它们的实施，对于推动北爱尔兰的水务发展起到了重要作用，水务治理的框架初步搭建起来。

从 1921 年到 1972 年间，北爱尔兰地区水务管理体制呈现出如下特点：

第一，在首府城市贝尔法斯特，实行水务专员制。水务专员具体负责提供贝尔法斯特市区及周边的供水和排污服务，兴修、保护和管理供排水

① 1944 年的《部门法（北爱尔兰）》规定，设立北爱尔兰卫生和地方政府部。

工程设施，保证供水水质清洁安全。这一制度从1840年诞生，一直延续到1972年。

第二，在贝尔法斯特之外，各个地方议会（Local Council）负责本地的供水和排污服务。在1972年之前，北爱尔兰各地的地方议会包括郡议会、郡级自治市议会、自治市议会、城市市级和区级议会（city and district）、乡村的区议会等多种形式。《1972年地方政府法（北爱尔兰）》出台后，北爱尔兰全境被划分为26个地方政府区（Local Government Districts），各自设立议会。地方政府区的议会被划分为三种，即：区议会（District Council）、自治市议会（Borough Council）和城市议会（City Council），它们共同推举代表构成北爱尔兰议会。名称虽然统一，但各个地方政府区议会的性质和行政地位依然按照传统来确定，它们各自负责对本地的供排水水务进行决策。

第三，根据北爱尔兰境内的公共卫生管理区区划，在各毗连区域设立了若干联合委员会，负责河流污染防治。设立了7个区域水务委员会（Regional Water Board），负责洪涝管理、土地排水事务。

第四，在北爱尔兰行政体系内部，为了与英国中央政府环境部相对应，北爱尔兰内阁于1965年正式设立了发展部的部长职位，发展部开始正式运转，负责管理北爱尔兰境内的水资源环境保护事务。

第五，根据《1972年水法（北爱尔兰）》，成立了北爱尔兰水事申诉委员会（Water Appeals Commission for Northern Ireland），专门负责处理水服务工程中发生的纠纷和争议。

（二）1973—2005年的体制转变

1. 1973—1998年

1973年1月，英国女王枢密院发布了《供水和排污服务（北爱尔兰）令》（Water Supplies and Sewerage Services〔Northern Ireland〕Order 1973）。这是一部十分重要的法令，重塑了北爱尔兰的水务行政管理和服务体系，确立了北爱尔兰水务行业的国有国营体制。主要内容是：

第一，规定了北爱尔兰水务行业的主管部门及其职能。根据该法令，北爱尔兰发展部承担起如下职能：水的提供和分配，保证民用水清洁卫生；以合理的成本，兴建、维护用于排放民用废水、地表水及商业污水的下水管道；制定污水处理的有关制度；保护水资源，防止水资源污染。发展部在履行职能时，应每年至少一次与26个地方政府区的议会咨询协商。

第二，成立北爱尔兰水务理事会（Northern Ireland Water Council）。其主要功能是，就发展部如何履行水务管理职能提供意见和建议。

第三，保留北爱尔兰水事申诉委员会。规定：发展部履行水务职责时，如果侵犯了人们的合法权益，任何人都可以向该申诉委员会提出申诉，申诉委员会则应将其处理决定向发展部通告。

第四，水权及水服务设施国有化。根据此法令，水权由国家收购，发展部可以从北爱尔兰境内任何河流、地下水中取水蓄水。而且为履行职能的缘故，发展部可以根据协议获得或租赁北爱尔兰境内任何土地，或者通过强制手段获得土地，并对土地进行处理。根据《1972年地方政府法（北爱尔兰）》规定，原来由26个地方政府区议会所有的下水道、排水渠、供水管道、水厂、水站等供排水设施设备，全部移交发展部；对于私人拥有的上述水服务设施，发展部可以根据协议购买和接收，协议不成时可根据本法令强制接管。①

第五，关于水费的规定。发展部按照成本回收原则，对两种用户收缴水费：一是土地租金占其年收入不少于2/3的地主；二是房屋或物业场所的房东，凭房屋或处所进行收费。

从1973年开始，北爱尔兰境内的供排水事务由各地方议会、水务专员那里，被转移到了北爱尔兰发展部统一管理。发展部在内部成立了一个组织即“水务执行局”（Water Executive），具体负责供排水服务的提供和管理事务。

然而，20世纪70年代初，随着北爱尔兰政局的动荡，该地区政权机关也发生了重大调整。英国中央政府在直接接管北爱尔兰事务的那段时期内，对照中央政府管理水资源环境的体制，又重新构建了北爱尔兰的水务

---

① 这一点完全不同于英格兰、威尔士和苏格兰，后者对私人水务公司的意愿都保持了尊重。

行业主管部门。1973年12月，英国女王枢密院签发了《1973年部门（北爱尔兰）令》（The Ministries〔Northern Ireland〕Order 1973），成立了北爱尔兰环境部（Ministry of the Environment for Northern Ireland），代替了发展部的职能，发展部所属的相关组织也一并移交。1984年，出台《普通消费者委员会（北爱尔兰）令》（The General Consumer Council〔Northern Ireland〕Order 1984），成立了北爱尔兰普通消费者委员会（GCCNI），代表和维护包括水务用户在内的普通消费者。

在20世纪七八十年代北爱尔兰动荡的时局中，北爱尔兰环境部及水务执行局艰难地履行着职责。发生在英格兰和威尔士的水务市场化大变革，在北爱尔兰那样一个缺乏安定的政治社会环境中无以酝酿和动议。20世纪90年代中期，在相对缓和的局势下，英国中央政府执行局化的行政改革多少也影响到了北爱尔兰。1996年，水务执行局正式变成北爱尔兰环境部的一个执行机构，更名为“北爱尔兰水务局”（Northern Ireland Water Service）。

2. 1999—2005年

1999年，新的北爱尔兰授权政府成立。女王枢密院签发了新的《部门（北爱尔兰）令》（The Departments〔Northern Ireland〕Order 1999），据此建立一套新的政府行政部门。其中，新成立的地区发展部（Department for Regional Development）、环境部（Department of Environment）、文化艺术休闲部（Department of Culture, Arts and Leisure）分别承担起水务管理职责。新的水务经营管理体制如图10-1所示：

地区发展部属于综合性部门，其机构宗旨是通过维持和扩大重要的基础设施服务和塑造地区发展战略，提高和促进北爱尔兰人民的生活质量。地区发展部的职责主要是制定北爱尔兰地区的发展战略和规划，其中包括运输发展战略，运输政策及其支持系统，港口和机场发展政策，道路建设和养护政策，水资源政策，供水和污水处理服务的提供、维持和发展政策。其中的水务管理职能是从旧的环境部那里被转移过来的，主要是水务经济监管职能。

地区发展部实行大臣负责制，在大臣之下设立一名常务秘书和两名副

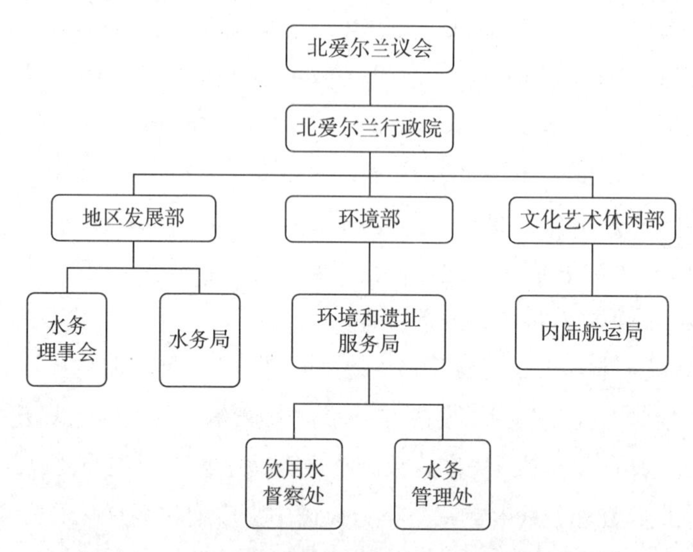

图 10 - 1　1999 年北爱尔兰建立的水务经营管理体制

常务秘书，其中两名副常务秘书一般也是地区发展部执行机构的负责人。常务秘书下共设立了地区计划和运输局、道路服务局、地区管理服务局、水务局四个执行机构，每一个执行机构下又设置若干下属组织。其中，北爱尔兰水务局是从旧的环境部那里移交过来的，成为地区发展部的执行机构。同时，北爱尔兰水务局也是一个国营企业，实行政企合一、集经营和管理于一体，直接向地区发展部大臣负责和报告工作。

水务经营和管理是地区发展部极其重要的使命，这从其员工分布结构上就得以说明。例如，2005 年地区发展员工约有 4960 名，其中 2042 名员工在水务局工作，2350 名员工在道路服务局工作，剩余的 568 名在其他两个执行机构工作。

1999 年的改革保留了北爱尔兰水务理事会，地区发展部还负责资助北爱尔兰水务理事会，根据后者所行使的咨议服务效果拨付款项。北爱尔兰水务理事会的咨议职责所涉及范围很广，从清洁的饮用水的提供和污水的安全处理服务，到工业和农业用水需要、水上娱乐、水资源保护等事宜。其所发挥的作用主要有两个：一是监督作用，即监督、保证北爱尔兰水务法律和政策得到正确地贯彻执行；二是调研和咨议功能，即通过调查研究，向地区发展部等与水业管理有关的部门及时汇报水务领域中发生的各种问题。这些问题包括：北爱尔兰水资源保护，增进航运水路和地下含水层的清洁程度，水的提供和分配，公共下水道的维修和改善，岛屿水上娱乐事业的规划和促进，水务领域利益冲突的平衡，等等。针对各种问题，北爱尔兰水务理事会以其相对独立的地位和专业知识，提出解决对策或建议。

除了地区发展部外，北爱尔兰环境部也承担一定的水务管理责任，负责保护和加强北爱尔兰的水资源及其他自然环境。环境部的职责具体体现为：促进北爱尔兰水资源的养护；促进河道和地下水的清洁；制定水管理规划，制定不同水域的水质分类标准和制度，订立水质目标并促进其实现；防止、治理水域污染。在行使有关水资源保护及净化的职能时，环境部还须顾及工农业发展的需要，保护渔业，保护公共卫生，保护动植物，保护具有特殊利益的地质或地文及考古、历史、建筑等传统文化利益。

环境部最大的组成机构是“环境和遗址服务局”，拥有员工 600 名，负责北爱尔兰环境政策的实施。环境和遗产服务局之下又设立了两个水务管理机构：一是饮用水督察处（Drinking Water Inspectorate）；二是水务管理处（Water Management）。饮用水督察处负责监管饮用水质量。具体职责是：根据欧盟及英国饮用水标准评估饮用水水质，监督检查饮用水提供者采集水样标本及分析处理的过程；评估水的分配政策及实践；发布北爱尔兰年度饮用水水质报告，就饮用水质量问题提出政策和监管建议；处理消费者投诉及影响或可能影响饮用水质量的事故。而水务管理处负责执行英国和欧盟关于水质的立法，管理淡水资源和海洋资源，监督水质，履行航道水质管理责任，防止和治理污染，对造成污染者和不履行水法义务者采取强制行动。

北爱尔兰文化艺术休闲部下设内陆航运处，负责内陆航道水域的管理。

3. 水务法制建设

1973 年至 2005 年间，北爱尔兰议会几经被废，几乎无法正常运行，但它和它的执行机关依然在艰难的政治局势中承担着包括供水在内的民生服务责任，并出台了一些相关法规和法令（见表10－1），推动着北爱尔兰水务法制体系缓慢发展。

表10－1　1973—2005年北爱尔兰的水务法规和法令

《供水和排污服务（北爱尔兰）令》（Water and Sewerage Services〔Northern Ireland〕Order 1973, 1985, 1993）

《供水和排污服务管理条例（北爱尔兰）》（The Water and Sewerage Services Regulations〔Northern Ireland〕1973）

《水费管理条例（北爱尔兰）》（The Water Charges Regulations〔Northern Ireland〕1973）

《水务管理条例（北爱尔兰）》（The Water Regulations〔Northern Ireland〕1974, 1991）

《普通消费者委员会（北爱尔兰）令》（The General Consumer Council〔Northern Ireland〕Order 1984）

《危险物质污染水体管理条例（北爱尔兰）》（The Pollution of Waters by Dangerous Substances Regulations〔Northern Ireland〕1990，1992）

《游泳水水质管理条例（北爱尔兰）》（The Quality of Bathing Water Regulations〔Northern Ireland〕1993）

《私人供水管理条例（北爱尔兰）》（The Private Water Supplies Regulations〔Northern Ireland〕1994）

《水质管理条例（北爱尔兰）》（The Water Quality Regulations〔Northern Ireland〕1994）

《桶装饮用水管理条例（北爱尔兰）》（The Drinking Water in Containers Regulations〔Northern Ireland〕1994）

《城市废水处理管理条例（北爱尔兰）》（The Urban Waste Water Treatment Regulations〔Northern Ireland〕1995，2003）

《地表水（分类）管理条例（北爱尔兰）》（The Surface Waters［Classification］Regulations〔Northern Ireland〕1995）

《地表水（饮用取水）（分类）管理条例（北爱尔兰）》（The Surface Waters〔Abstraction for Drinking Water〕〔Classification〕Regulations〔Northern Ireland〕1996）

《保护水体免受农业硝酸盐污染管理条例（北爱尔兰）》（The Protection of Water Against Agricultural Nitrate Pollution Regulations〔Northern Ireland〕1996，1997，1999，2003，2004，2005）

《水中石棉控制管理条例（北爱尔兰）》（The Control of Asbestos in Water Regulations〔Northern Ireland〕1995, 1996）

《地表水（贝类）（分类）管理条例（北爱尔兰）》（The Surface Waters〔Shellfish〕〔Classification〕Regulations〔Northern Ireland〕1997）

《地表水（鱼类）（分类）管理条例（北爱尔兰）》（The Surface Waters〔Fishlife〕〔Classification〕Regulations〔Northern Ireland〕1997，2003）

《地表水（危险物质）（分类）管理条例（北爱尔兰）》（The Surface Waters〔Dangerous Substances〕〔Classification〕Regulations〔Northern Ireland〕1998）

《水务（北爱尔兰）令》（The Water〔Northern Ireland〕Order 1999，2001）

《环境影响评估（海洋水域鱼类养殖）条例（北爱尔兰）》（Environmental Impact Assessment〔Fish Farming in Marine Waters〕Regulations〔Northern Ireland〕1999）

《天然矿泉水、泉水和瓶装饮用水管理条例（北爱尔兰）》（Natural Mineral Water, Spring Water and Bottled Drinking Water Regulations〔Northern Ireland〕1999，2003，2004）

续表

《供水（水质）条例（北爱尔兰）》（The Water Supply [Water Quality] Regulations〔Northern Ireland〕2002，2003）
《毗邻水域边界（北爱尔兰）令》（The Adjacent Waters Boundaries〔Northern Ireland〕Order 2002）
《水环境（水框架指令）条例（北爱尔兰）》（The Water Environment〔Water Framework Directive〕Regulations〔Northern Ireland〕2003）
《估价（水务承办）条例（北爱尔兰）》（Valuation〔Water Undertaking〕Regulations〔Northern Ireland〕2003）
《水资源（环境影响评估）条例（北爱尔兰）》（The Water Resources〔Environmental Impact Assessment〕Regulations〔Northern Ireland〕2005）

上表中，有些法令是由英国女王的枢密院签发的，如《供水和排污服务（北爱尔兰）令》《水务（北爱尔兰）令》；有些在立法形式上属于联合王国法令文书，如《毗邻水域边界（北爱尔兰）令》。它们的位阶等同于基本法，发挥着基础性、最重要的调控作用。

综上所述，在近代历史上，北爱尔兰的水务事业与英格兰、威尔士、苏格兰几乎同步。但相较之下，北爱尔兰的政治地位逊于威尔士和苏格兰，英国中央政府对其所实施的政治控制也较强，由此导致北爱尔兰地区长期以来的政治冲突，地区政权机构及自治权利屡遭撤除，这在很大程度上塑造了北爱尔兰的公共服务模式。就水务模式而言，公权力对水务领域介入的程度更深。同时，由于缺乏一个长期稳定的政治环境，水务体制改革的步伐也非常缓慢。在20世纪80年代末英格兰和威尔士的水务体制改革时，当2002—2005年苏格兰进行水务市场化选择时，北爱尔兰都正陷于政治秩序冲突之中，因此未能与这些地区保持同步。尽管如此，北爱尔兰地区的议会和政府为促进水服务水平，依然付出了巨大的努力。

三　水务运营管理体制改革

（一）启动改革：政企分开

从图10－1可以看出，北爱尔兰的水务经营体制高度集中，而管理体制却非常分散，阻碍了其水服务水平的提升。而且数十年来，北爱尔兰的居民家庭用户免费享受水服务，只有非家庭用户才安装水表并计表缴费，水价低廉，这为政府带来了沉重的财政负担。进入21世纪以后，欧盟水资源政策和水服务标准的严格要求，同时英格兰、威尔士和苏格兰的水务市场化改革所引发的效率提升，都刺激着北爱尔兰。特别是欧盟《水框架指令》要求，成员国应考虑水服务成本的弥补原则（包括环境和资源成本），应保证水价政策能够为用户有效地使用水资源提供足够的激励，从而为指令所提出的环境目标做出贡献。该指令还要求成员国到2010年应该出台合理的、充分考虑到水服务成本的水价政策。这对于长期以来实行几乎免费的水服务政策的北爱尔兰而言，倍感压力。

因此，大约从2002年起，北爱尔兰也酝酿着一股思潮，即对其政企不分的经营管理体制寻觅新的出路。水务改革计划的中心议题是向用户计收水费，缩小北爱尔兰水务局的规模，推动北爱尔兰的供水和排污服务自筹资金。此后经过了大约两年的广泛磋商。2004年8月，地区发展部大臣放出口风：要成立一家国有水务公司，向所有用户收取供水和排污服务费，凡新建住房一律安装水表，实行计表收费。2004年底至2005年3月，地区发展部又进行了历时14周的民意调查，共发布了1000份咨询文书。地区发展部提出收取水费的理由，就是为了和欧盟《水框架指令》的成本原则相一致。然而，民意调查结果显示，几乎100%的公众反对收费，也反对北爱尔兰水务局的行为超越中央政府授权的范围。北爱尔兰水务理事会也认为，并不是所有与欧盟法令相一致的改革选择都可以尝试，其中对家庭用户直接收费就是无法实行的方案。

尽管政府的改革意图和公众的意见反差巨大，但没有动摇政府改革的决心。地区发展部在北爱尔兰议会及行政院支持下明确表示，压缩现有的北爱尔兰水务局的规模势在必行，坚定地推动用户安装水表、收取水费，调整政府水务管理体制。

2006年12月14日，由北爱尔兰议会制订、由英国女王枢密院签发了第四部《供排水服务（北爱尔兰）令》（The Water and Sewerage Services〔Northern Ireland〕Order 2006），正式启动了水务体制改革。这部法令长达

304页，在1993年第三版的《供排水服务（北爱尔兰）令》基础上对供排水服务体制做出了重大调整。[①] 这部新法令的主要内容，可以概括为如下几部分：

第一，重构水务监管体系。该法令第二部分题目为“监管当局及其一般职责”，对水务监管机构进行了重新设计。

首先，它将北爱尔兰能源监管局（Northern Ireland Authority for Energy Regulation）更名为北爱尔兰公用事业监管局（Northern Ireland Authority for Utility Regulation，通常简称为The Utility Regulator）。[②] 北爱尔兰公用事业监管局成立后将承担供水和排污服务的监管职责。在组织结构上，北爱尔兰公用事业监管局设一名主席，其他组成成员中有不少于三人应由北爱尔兰财政人事部（Department of Finance and Personnel）任命。

其次，它勾列了水务领域各个相关职能部门和机构之间的分工合作框架。根据这部法令，承担涉水职能的部门有：地区发展部，环境部，农业农村发展部，文化艺术休闲部，财政人事部，卫生、社会服务和公共安全部，最重要的是前三个部门；承担涉水监管职能的法定机构有：北爱尔兰公用事业监管局，北爱尔兰普通消费者委员会，北爱尔兰水事申诉委员会。这部法令对这些部门和机构在水务领域所承担的职能以及它们相互之间的合作关系，进行了具体的规定。

第二，授权新的水服务承办者。法令规定，地区发展部可以授权某个公司成为水服务承办者；或者经地区发展部同意，或者按照地区发展部所给予的一般授权，北爱尔兰公用事业监管局也可以授权给某个公司，使其成为水服务承办者。水服务承办者包括供水服务承办者，也包括污水处理服务承办者，或者两种服务兼备。能够成为水服务承办者的公司，必须是有限责任公司，必须严格按照授权的范围、条件和绩效标准，履行服务职责。

---

① 此后在2007年、2010年和2016年又三次微调，持续完善。

② 北爱尔兰能源监管局是根据《能源（北爱尔兰）令》（The Energy〔Northern Ireland〕Order 2003，也是以女王枢密院令的形式签发的）所设立的团体法人，属于法定机构。

水务承办者的一般职责包括供水和排污处理服务两大方面。其中在供水方面的职责是，开发和维护一个高效且经济的区域供水系统，保护和改善供水设施；保护和改善水质，为用户提供符合标准、健康有益的自来水，并为用户安装水表；制订和实施水资源管理计划；制订抗旱计划；允许任何人从公共水管中取水灭火；根据市政管理要求，提供市政用水，包括消防用水、清洁污水渠或排水渠的用水、道路清洗用水、公共绿化用水、公共景观用水等。在排水和污水处理服务方面，水服务承办者的职责包括：建设和改善公共下水道系统及其他公共排水沟渠、污水处理设施，及时维修、疏浚及保养，确保其服务区的排水系统能够持续有效地利用；及时、有效地对废水、污水进行净化处理，使其可循环再用。

水务承办者在提供服务时，应和地区发展部、环境部，以及北爱尔兰公用事业监管局、北爱尔兰普通消费者委员会密切合作，服从指导和管理。与此同时，政府也会给予水务承办者一定的财政补贴。

该法令还对水服务承办者的权力进行了细致的规定，其中包括收费权力、取水和蓄水权力、土地处理权力①、在街道或其他土地下铺设管道的权力、实施工程及为处理污水之目的而排放地表水的权力、安装管闩的权力、调查寻水的权力、为履行职责而进入公私场所的权力等。同时，水服务承办者的供排水设施、设备受法律保护。

第三，确立了用者付费制度。该法令明确规定，水服务领域的消费者，无论是个体还是组织，都必须向水服务承办者缴纳水费；在北爱尔兰全境推动用户使用水表，实行计量收费；水服务承办者有权力制定收费标准，并要求用户缴纳费用。为此，水务承办者须制定年度或周期性水费计划，对家庭用户和非家庭用户实行区别收费。地区发展部、北爱尔兰公用事业局负责监管水价计划与标准。

---

① 水务承办者处理土地的权力是有限的，它们无权处理任何受保护的私人土地。对于其他土地，在经地区发展部同意或一般授权下，则可以为了履行职责的目的而进行处理。

第四，推动水务竞争。该法令专门辟出一节，对竞争问题进行了初步规定。据此，北爱尔兰公用事业监管局和英国公平贸易办公室共同负责促进北爱尔兰地区的水务竞争。其中，英国公平贸易办公室根据英国议会通过的《2002 年企业法》的规定，推动与供水或污水处理服务有关的商业活动的发展；北爱尔兰公用事业监管局根据英国议会通过的《1998 年竞争法》的规定，可以与英国公平贸易办公室一起行使有关职权。此外，该法还专门对“大宗供水”进行了初步规定，这些规定为推动未来北爱尔兰水务向市场化方向发展埋下了伏笔。

第五，保护消费者的利益。该法令确定了北爱尔兰普通消费者委员会代表和保护水务领域用户利益的功能，具体被界定为两项：一是保护用户享受供水服务的权益；二是保护用户享受排污处理服务的权益。而且还规定，北爱尔兰普通消费者委员会在代表和保护水务用户权益时，还应关注特殊群体的利益，包括残疾或长期患病者、收入过低者、退休金或抚恤金领取者，以及农村地区的居民等。

根据 2006 年的这项法令，北爱尔兰行政院立即对水务体制进行了一次大的调整。实行政企分离，将北爱尔兰水务局的行政管理职能划归北爱尔兰公用事业局，并撤销北爱尔兰水务局，新成立北爱尔兰水务公司（Northern Ireland Water，NIW）。2007 年 1 月 1 日，北爱尔兰水务公司正式诞生，4 月 1 日正式营业。

北爱尔兰水务公司在组织性质上是一个非部门公共机构（NDPB），受北爱尔兰地区发展部资助。在所有权上，北爱尔兰水务公司是英国中央政府所拥有的公司，是法定的商业机构，向北爱尔兰全境提供供水和排污处理服务。作为一个公司，北爱尔兰水务公司须根据英国公司法运作经营，主要法律依据是英国议会通过的《2006 年公司法》（Companies Act 2006），其法人治理结构和章程必须符合该法规定的英国公司治理准则（见图 10 - 2）。

北爱尔兰水务公司开始运营后，推出了向包括居民家庭在内的所有用户收取水费的计划。但这项收费计划立即引发了一场较大规模的游行示威行动。而且北爱尔兰境内的各个政党派别为了讨好选民，都纷纷表明自己

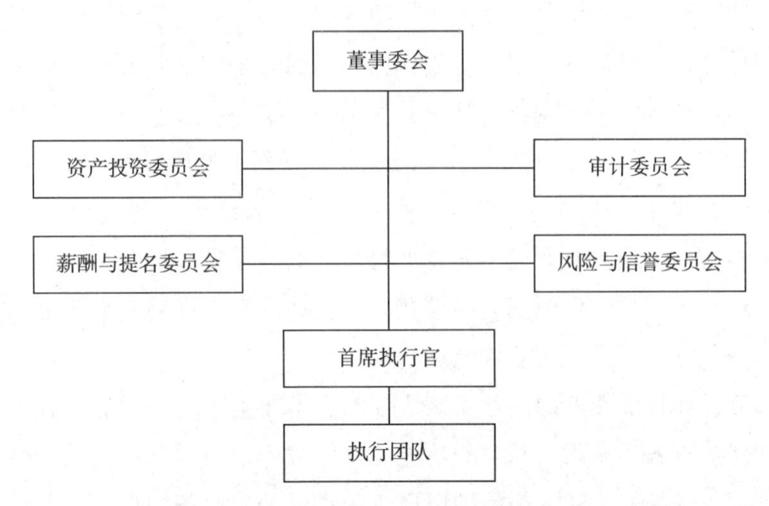

图 10－2　2007/2008 年 NWI 的治理结构

资料来源：NWI，2008，Annual Report and Accounts 2007/08. https://www. niwater. com/annual-report－2008/。

是这场反对收费运动的首倡者、领导者。一场简单的水费收取计划，被政治竞争卷裹在一起。由于居民普遍反对收取水费以及复杂的政治情况，导致了向家庭用户收取水费的计划被搁置。[①]

这次从 2002 年动议、2007 年实施的改革，尽管未能实现全部意图，但在北爱尔兰水务发展史上已经是一次进步。它剥离了政府在日常水服务过程中的“直接生产”职能，实现了政企分开；它建立了类似英格兰和威尔士的水务经济监管制度，还引入绩效基准；它也向全社会传递了一个信息：水服务是有成本的，不能永远免费享用。

目前，北爱尔兰水务公司是北爱尔兰唯一的公有公营水务企业，是最大的水务公司，拥有 1300 人的工作团队，服务近 180 万人，日均供水 5.6 亿升、日均处理废水 3.3 亿升。[②] 经过 10 余年的发展，北爱尔兰水务公司的治理结构也不断完善（图 10－3）。

① 迄今，这一问题仍然没有解决。

② 数据来源：https://www. niwater. com/about-us/。

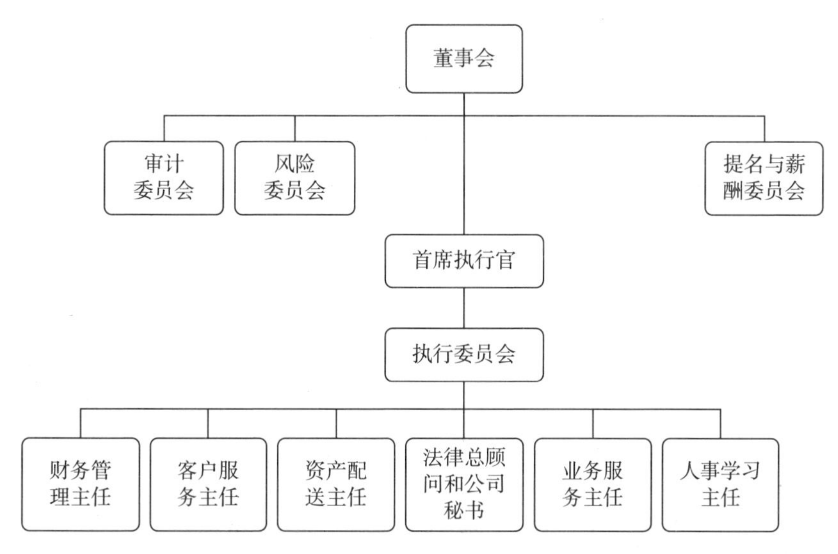

图 10 –3　2017—2018 年北爱尔兰水务公司的治理结构

资料来源：NWI, 2018, *Annual Report and Accounts* 2017/2018, https://www.niwater.com/annual-report-2018/。

（二）水务监管体制的持续完善

2007 年以来，北爱尔兰的水务监管体制又得到了持续完善，并与北爱尔兰地方政府改革、政府机构改革的进程密切结合在一起。

从 2007 年到 2015 年间，北爱尔兰对行政区划、政府机构及其职能进行了比较大的调整。例如，2015 年 4 月，北爱尔兰废除原来的 26 个地方政府区，改设为 11 个；2016 年，北爱尔兰议会出台了《部门法（北爱尔兰）》（Departments Act〔Northern Ireland〕2016），推动和指导新一轮的北爱尔兰政府机构改革。同年，北爱尔兰议会出台了新的《供水和排污服务法（北爱尔兰）》（Water and Sewerage Services Act〔Northern Ireland〕2016）。这部法律自 1945 年首次通过后，期间经过 1953、1973、2010 年和 2013 年四次修改；2016 年的新法是第五次重大修改，它结合当年的机构改革，对北爱尔兰的供水和排污服务行业运行机制和监管体制进行了最新优化。最新的水务监管体制如图 10 –4 所示：

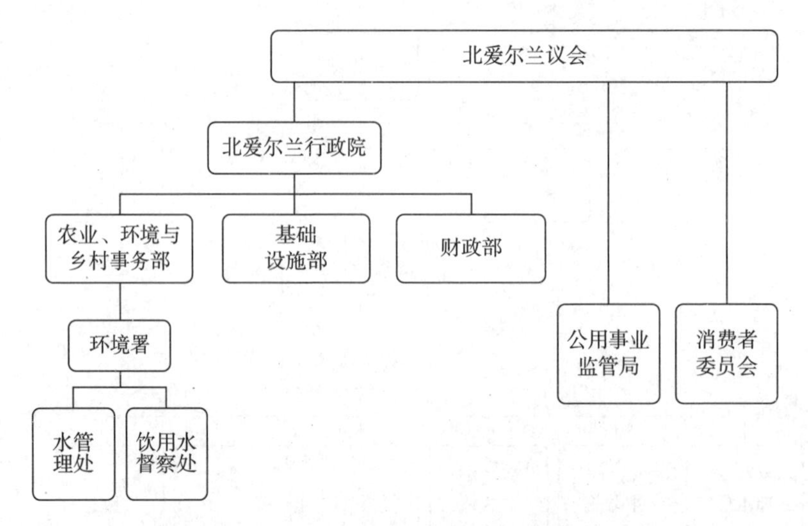

图 10－4　2016 年确立的北爱尔兰水务监管体系

1. 北爱尔兰议会

根据 1998 年的《北爱尔兰法》，北爱尔兰议会是英国中央政府在北爱尔兰的下放立法机关，负责就中央政府下放给北爱尔兰的事项进行立法，并审查北爱尔兰行政院及其部长们的工作。北爱尔兰议会由法定委员会（Statutory Committees）和常设委员会（Standing Committees）组成，但这些委员会的数量、名称和任务不是固定的，而且根据每届任期内的任务而安排、设置的。根据北爱尔兰议会 2017—2022 年期间的任务，其构成包括 9 个法定委员会、7 个常设委员会。其中，属于法定委员会序列的基础设施委员会（Committee for Infrastructure）和农业、环境与乡村事务委员会（Committee for Agriculture, Environment and Rural Affairs）对水服务行业、水资源环境管理事务承担责任。这些委员会的具体功能是，就其职责范围内的事项向北爱尔兰行政院基础设施部，以及农业、环境与乡村事务部的部长提供咨询和协助，对该两部制定的相关水务政策进行审查审议。同时，另一个法定委员会即财政委员会也承担类似的功能，具体负责审议财政部对北爱尔兰水务公司的拨款事项。

2. 北爱尔兰行政院及其相关部门

北爱尔兰行政院是北爱尔兰的“授权政府”，也是北爱尔兰议会的行政分支。在 2016 年的政府机构改革中，北爱尔兰行政院的组织体系经历一个大的调整，有些部门被撤销，如环境部、文化艺术休闲部、就业和学习部都被解散，职能被重组给其他部门；有些部门被更名，如“首席部长和代理首席部长办公厅”更名为“行政院办公厅”（the Executive Office）；还有些部门不但被更名，职能也被重新配置，如地区发展部更名为基础设施部，财政人事部更名为财政部，农村农业发展部更名为农业、环境与乡村事务部，企业、贸易与投资部被更名为经济部，卫生、社会服务和公共安全部被更名卫生部，社会发展部被更名为社区部。调整后的北爱尔兰行政院总共包括 7 个部。

其中，对北爱尔兰水务行业负有直接监管责任的是如下三个部：基础设施部（Department for Infrastructure，DfI），农业、环境与乡村事务部（Department of Agriculture，Environment and Rural Affairs，DAERA），财政部（Department of Finance）。

农业、环境与乡村事务部负责北爱尔兰地区的食品、农业及农村部门、渔业、林业、自然资源与环境的可持续性发展。英国中央政府的环境、食品和农村事务部（Defra）所制订的影响到整个联合王国的计划在北爱尔兰地区的实施，以及欧盟的农业、环境、渔业和农村发展政策在北爱尔兰的适用情况，均由农业、环境与乡村事务部负责监督落实。在水务领域，农业、环境与乡村事务部负责在考虑工农生产和保护公共卫生所需要的同时，通过调节水质和水文过程来保护水环境。具体负责河流流域管理和取水蓄水许可，防止水体污染，管制农业活动，保护地下水源，管制和保护饮用水、游泳水水质。

为了履行这些职责，农业、环境与乡村事务部下设立了两个执行机构，一是北爱尔兰环境署（Northern Ireland Environment Agency，NIEA）；二是森林服务署（Forest Service）。同时，资助并与如下五个非部门公共机构（NDPBs）建立了合作伙伴关系：农业、食品和农村企业学院；农业食品和生物科学研究所；畜牧和肉类委员会；北爱尔兰渔业海港管理局；农业食品战略委员会。此外，还与其他一些环境保护领域、渔业发展领域的非政府组织合作。在这些公共机构中，北爱尔兰环境署与水服务领域直接有关。

基础设施部负责公共交通和水务管理，制定地区战略规划，推动地区战略发展。在水务领域，基础设施部的使命是确保供水和排污服务基础设施的安全。它是北爱尔兰水务公司的主管、主办者，也是北爱尔兰水务公司的唯一、全资股东。它根据北爱尔兰公用事业监管局为北爱尔兰水务公司制定的服务产出目标，对北爱尔兰水务公司的年度财务和绩效报告进行审查监督，从中发现问题并提供建设性意见。同时，基础设施部负责为北爱尔兰水务公司提供具体财务支持和组织支持，具体包括：向北爱尔兰水务公司支付用户补贴，通过用户补贴为北爱尔兰水务公司提供资金支持；为北爱尔兰水务公司的投资项目提供贷款；支持北爱尔兰水务公司的年度预算和运营计划；任命北爱尔兰水务公司董事会成员。此外，还负责监督北爱尔兰水务公司对《供水（水配件）管理条例（北爱尔兰）》（Water Supply〔Water Fittings〕Regulations〔Northern Ireland〕2009）的执行情况。基础设施部在内部设置了一个供排水政策司（Water and Drainage Policy Division），专门负责履行上述职责。

北爱尔兰财政部不直接介入水务领域，但负责制定公共资金的使用和管理制度，北爱尔兰水务公司必须遵守财政部制定的北爱尔兰公共资金管理指导办法，每年制定公司财务备忘录和管理声明，并实施财务问责。

3. 独立机构

对北爱尔兰水务公司直接负有监管职责的执行机构有三个，一是北爱尔兰环境署；二是北爱尔兰公用事业监管局；三是北爱尔兰消费者委员会。

北爱尔兰环境署由农业、环境与乡村事务部设立，有权力和责任对北爱尔兰水务公司实施监督管理，以确保北爱尔兰水务公司遵守环境保护法律政策。北爱尔兰环境署在内部设立了两个水事管理专业机构：一是水务管理处（Water Management Unit），负责水资源环境保护的具体事宜，如监督水质，拟订水质管理规划，控制污水排放，采取行动打击或尽量减少污染的影响，支持环境研究。二是饮用水督察处（Drinking Water Inspectorate），负责与北爱尔兰卫生管理机构协商，监测和规范公共及私人供应的饮用水质量。

北爱尔兰公用事业监管局是一个独立的非部级政府部门，向北爱尔兰议会负责，承担着对北爱尔兰地区的电力、燃气和自来水行业实施经济监管的职能。在水务领域，其职能是确保北爱尔兰的水工业法律和政策被贯彻执行，为北爱尔兰水务公司制定服务标准并监督其实施；通过周期性的价格控制来调节北爱尔兰水务公司的收入并确定其资本和营运开支的水平；监督北爱尔兰水务公司全面履行其经营许可证所规定的义务。

北爱尔兰消费者委员会（CCNI）的前身是北爱尔兰普通消费者委员会，于 2012 年更名。这是一个独立的、法定的非部门公共机构，拥有 30 多年的历史。在 2016 年的改革中依然被保留下来。在水务领域，该委员会代表和保护消费者的利益，并为消费者提供咨询和信息服务，对消费者的投诉进行调查和研究。

显然，与英格兰、威尔士和苏格兰相比，北爱尔兰的水务监管体制中政府承担的职能更广，除了负责制定水务法律、政策、标准、规划之外，还负责对北爱尔兰水务公司进行财政投入；在部级部门，监管职能也是分散的。此外，专司水务监督管理的机构在法律地位并不一致，如饮用水督察处，在法律地位上只是北爱尔兰环境署的内部处室，而北爱尔兰环境署是农业、环境与乡村事务部的执行机构。尽管如此，还是可以看出，北爱尔兰的水务监管框架设计，正在向其他三个地区趋同。

四　小结

北爱尔兰现代水务事业，与英格兰、威尔士、苏格兰大致同时起步。虽然也有私人力量参与了这一进程，但由于北爱尔兰在英国政治体系中的特殊地位及其本身的政治动荡，国家力量在水务发展过程中介入较多、较深，所以这种不稳定的政治秩序也使其无暇与英格兰和威尔士同步进行水务体制改革。直到最近 10 多年，由于《北爱尔兰法》的实施和政治社会秩序的逐渐稳定，才开始对水务体制进行有限的政企分开改革，并尽量建立起一套将水务经济监管和社会监管分开的体制。

目前北爱尔兰水务公司也在努力尝试吸引投资，但吸引外界投资水务的力度也远远不如英国的其他三个地区。北爱尔兰水务公司的主要活动并非发生在竞争性的市场上，资金来源主要是政府拨款、借款及非家庭用户缴纳的水费，因此经济监管的核心并非水价。不过，北爱尔兰政府的水务改革政策已经显示出了未来的发展方向，也正在向市场化竞争道路迈进。

讨论与总结：走向精明监管

制度发展的核心是其适应与应变能力。无论是政治系统还是经济系统，那些能让行为主体尝试不同方法的规则和规范，都会增强其适应能力。[①] 英国现代水务行业经历了三百多年的发展历程，而政府对水务行业的干预和管理也经历了100多年，在漫长的水务发展史上，走出了一条私有私营—地方分散公营—相对集中公营—公有垄断经营—以市场化为底色、多种模式共存的英国之路，显示出其在传统与现代性之间保持平衡、弹性适应新形势的能力。梳理英国百年来的水政模式，可以发现市场、地方政府和社会、中央政府的力量循序进入水务行业，当市场失灵的时候，政府强有力的干预必不可少，而社会力量尤其是消费者权益组织又成为政府和市场效用不足时必不可少的功能替代者。正是这种建立在法治、分权、独立、专业、责任、弹性、消费者至上等监管原则之上的英国水务监管模式，有效保证了其水务行业的可持续发展和使用。

概括起来，英国水政模式的经验性特点主要体现在五个方面：一是坚守法律保留传统，坚持立法先行道路；二是保持地方制度多样性，联合王国内四种水政模式共存；三是建构水务领域消费者利益的法定组织，强调和保护消费者主权；四是坚持水资源市场的可持续发展，维护市场上各类利益相关者的利益均衡；五是加强对监管者的监管，强调精明监管，推动

---

① D. C. North, 1990, *Institutions, Institutional Change and Economic Performance*, New York: Cambridge University Press, pp. 80 – 81.

走向更好的监管。

第一，坚守法律保留传统。作为世界上最早进行工业化的国家，英国在工业化、城市化的过程中逐渐建立了一套水务法律体系，并随着社会与经济的发展与时俱进地修正、完善。作为议会主权国家，英国在促进和规范水务发展的过程中又坚持法律保留原则，严格遵循着立法先行的路径，水务体制的调整基本上都是以议会立法为依据。可以说，是英国的立法机关，而不是行政机关有权决定水务改革发展的性质和进程。议会勤奋行使职权，制定出台或及时修正成套的、详细的水务法律，保证每一步水务改革行动都具有法律依据和实施程序，使改革在完备的法律体系下规范有序地进行。

在法律位阶上，一方面议会立法具有高度的权威性、稳定性、系统性、整体性、规范性，不但为水务行业改革提供了一个宏观的法律制度安排，同时还为改革的推进提供了法律程序上的保障。而另一方面在法律保留原则下，通过议会授权立法，行政机关灵活地根据国内外市场和社会的最新变化，以落实议会立法为目的，制定条例、命令、指引等，从而形成了以基本法律—行政条例—行政令—行政指引为结构的梯次型水法体系。

水法制定过程中的充分讨论及开放程度，也是英国水法建设的重要特点。每部水法的通过，都须经如下主要程序，确保立法经过充分、科学的讨论和论证：提出法案；上下两院审议和辩论；议会专门委员会审议；公众参与磋商；上下两院通过；呈送英王批准颁布；生效后定期评估实施效果。[①] 议会立法的程序也被贯彻到行政决策过程中。例如，制定水价作为水务经济监管中最重要的内容，在每个评审定价的周期中都经过了充分讨论，讨论历时两到三年之久，水务公司、水务消费者、投资者及其他社会各界广泛、深度参与其中，从而使各方面的利益诉求都得到充分表达，这是英国水价评审过程最值得称道的特点。只有经过公众充分参与制定的制度，才能够在后续的执行中得到充分的理解和服从。

---

① 张建华：《英国：立法过程对公众开放》，《参考消息》2015 年 3 月 9 日。

第二，保持地方制度多样性。目前，在水资源国家所有的前提下，英格兰、威尔士、苏格兰、北爱尔兰的水政模式各有不同，却均在不同程度上实现了多元主体合作监管。其中，在英格兰实行的是水务企业私有私营制度。英格兰的大型区域垄断性水务公司都是上市公司，从而使水务行业成为资本密集型产业，实现了水务资产与大资本的对接。在威尔士，最大的水务企业威尔士水务公司于2001年被格拉斯·西姆鲁（Grassi Catalugve）公司收购和管理，格拉斯·西姆鲁是一家受担保限制的公司，没有股东。因此，威尔士水务公司也成为英国唯一一家没有股东的水务公司，在性质上成为非营利组织。公司运营实行会员制，它所拥有的客户群体多达300多万人，都是其会员，其运营完全是为了客户的利益，这在英国乃至世界供水和排污服务领域都独树一帜。

苏格兰和北爱尔兰则坚持水务设施和资产的公有制地位，水务体制的调整改革都是其历次地方政府改革的构成部分，两个地区的政治地位为这种公有制选择提供了政治保障。不过，两者的公有制模式又存在着不同。苏格兰在20世纪的百年间逐步从地方分散化的公有公营模式走向地区高度集中的公有公营模式，进入21世纪之后由于内部财政压力和外部市场压力，走上了适应性治理的道路，它顺应时代的变化和挑战，在保持公有制主导地位的前提下打破了水务公有公营垄断格局，有限地开放水务市场。它的市场化没有采取像英格兰和威尔士那样剥离产业的做法，而是拒绝把公有水务资产私有化，只限于引入市场竞争机制和社会资本，从而走向了公有制主导下的混合所有制与公私伙伴关系，并平衡各方的利益和风险。这些举措与全球性的在公共服务领域引入竞争机制的做法是一致的，因而不但具有全球意义，而且“创造出了一个公共部门的成功故事”①。

在北爱尔兰，由于其本身长期的政治动荡及其在英国政治体系中的特殊地位，政府力量在水务发展过程中介入较多、较深，长期实行水务公有

① S. Hendry, 2016, “Scottish Water: A Public Sector Success Story”, *Water International*, Vol. 41, No. 6, pp. 1 - 16.

公营模式。英格兰、威尔士水务体制改革取得的成效，特别是苏格兰水务也引入市场竞争机制之后，在一定程度上也触动了北爱尔兰的地方当局。2006年北爱尔兰开始对水务体制进行有限的政企分开改革，并尽量建立起一套将水务经济监管和社会监管分开的体制。目前的北爱尔兰水务公司虽然是一家政府完全控股的国有企业，但也开始尝试吸引社会投资，水务改革政策也已经显示出了未来的市场化方向，不过可以预见公有制的主导地位在一定时期内是不可动摇的。

第三，强调消费者主权。这体现在两大方面：一是强调消费者团体在水务治理体系中不可替代的作用。在英格兰和威尔士，《1983年水法》就规定成立水务消费者利益团体，《1989年水法》《1991年水工业法》以及此后的水法都继承了这一规定；在苏格兰，自1996年至今，水务消费者团体都是以专业化的法定机构身份而存在并展开活动；在北爱尔兰，虽然没有建立专门的水务消费者利益团体，但相关法律规定了北爱尔兰消费者委员会的功能范围，即它只能在能源、自来水、公交、邮政服务和食品五个领域内开展活动，因而也可以视为水务领域消费者利益的维护者。总起来看，水务领域的消费者组织分布在英国各地，在性质上它们都是依据某个法律而设立的组织，职责权限直接来自于法律授权，独立于政府部门和其他公共机构，在水价制订、服务质量、纠纷调处等方面广泛地代表、维护和促进消费者的利益，促使政府部门、执行机构和水务公司把消费者的利益放在心中。二是坚持基本公共服务的“普遍义务”原则。无论是Defra、Ofwat，还是苏格兰、北爱尔兰的水务经济监管部门，都制定了有关保护弱势群体享受自来水服务的政策，积极监督水务企业履行社会责任，针对失业工人家庭、破产家庭、残疾人家庭、甚至学生家庭等特殊社群，以及宗教场所和慈善机构，在提供水服务时予以免费或优惠。

第四，保证利益配置合理公正。这突出地体现在水价监管上。英国的水价确定原则可概括为公平、合理利润、区别性、利益相关者参与四项，这在英格兰和威尔士、苏格兰、北爱尔兰都有体现。上述原则的宗旨是，至少要在五个方面实现水资源权益分配的公正公平，从而实现利益共赢：一是水价必须是绝大多数消费者能够承担得起的；二是对无力负担的低收入群体给予政策照顾；三是必须实现代际之间的用水公平，把水资源的可利用性、可持续性、经济性结合在一起；四是水价必须保证水务公司具有履行其供水和排污服务职能的财务能力；五是水价应保证水务投资者的利益。这意味着，对水务监管的核心任务是实现自来水服务的消费者和生产者的利益公平，实现融资者和投资者的利益公平，保护水资源环境的可持续利用，保证现在和未来的用水权益。

第五，强调水务精明监管。在水务企业所有制上，英国各地尽管实行了不同的模式，但都在不同程度上构建起分权合作又相对独立的监管执法体系，水务公司在财务和经济、水资源和环境影响、饮用水质量、消费者利益这四个关键领域内受到特定公共机构的监管。各个监管公共机构各司其职，周期性地复查水务企业所提供的服务是否符合规定的标准，有权稽核并采取强制措施使水务企业遵守法则。更重要的是，监管过程和程序是透明的，从而保证了监管机构的公信力。其中，独立的监管机构在对水务产业进行经济和社会监管中发挥了极其重要的作用。也可以说，英国的水务监管模式既注重对过程的经济和社会监管，也注重对结果的监管，以期达到企业经济效益和全社会公共利益的和谐统一。

从广阔的层面看，强调精明监管是英国水务监管的精髓，也是其他公用事业监管制度运转的关键。而精明监管的要义，不仅仅在于对市场和企业行为的监管，更在于对监管者的监管。唯有加强对监管者的监管，才能实现精明监管，才能走向更好的监管，这是不争的事实。在这方面，英国的实践历程和经验同样值得关注。

从宏观上观察，水政模式变革的本质是政府监管改革，换言之，水政模式变革是政府监管体制变革在水务领域的映像。仅从 20 世纪 80 年代至今，英国政府监管改革的取向主要经历了三种变化，即从放松监管到优化监管再到精明监管。其间，政党轮替所带来的不同，主要体现为政府对市场和社会的监管是多一些还是少一些。总体上，在保守党执政时，以放松监管为主流，并相应地采取措施控制公共机构的数量和预算，而工党执政时期则以强化监管为主，而且公共机构的数量和预算也会相应增多。但无论何党执政，有一点是共同的，即把加强对监管者（包括监管机构及其官员）的监管与约束，作为提高公共监管质量的关键途径。

英国对监管者的监管，重点放在大部制的前提下对公共机构实施行政评审和政治监督。政府部门设立公共机构的宗旨，主要是借助这些公共机构对公用事业实施直接监管。公共机构的相对独立性虽然有利于它们履行公共使命，但其自身也可能缺乏约束性并可能造成过度监管甚至过失监管，从而会得不偿失地损害公共利益。因此，英国政府自推动公用事业市场化以后就十分重视对监管者的监管，在构建水务等公用事业独立监管机构的同时，也开始努力寻求一种英国特色的体系和机制。这些努力主要体现在如下两大方面：一是部门内部的约束。体现在政府各部门通过框架协议的方式，对由本部门设立或资助或结为合作伙伴的监管机构实施内部约束。政府部门还在其内部建构跨界的监管者网络，成员不但包括其麾下的各相关公共机构，还包括其他相关部门。政府部门为直接监管机构制定统一的行动原则和实务守则；二是部门外部的约束。体现在：通过在政治上监督各部部长对公共机构的人事任命，确保公共机构负责人的品质和能力与其公共使命相一致。对监管机构的监管绩效实施外部评估审查，旨在监督监管政策的制定、执行过程及成本效益，同时设置专门评审监管机构之监管绩效的评估机构，使其肩负起从外部评估监管绩效的责任。继承了议会至上的传统，沿袭质询和辩论的方式，充分发挥议会对政府部门及监管机构的政治监督功能。

这些监管机制的建构，也经历了一个不断探索的过程。这一历程，从撒切尔夫人上台执政时期就开始了。众所周知，放松监管是撒切尔政府经济政策的首要主题，其目的是为市场和企业解除不必要的约束和负担。从其措施上看，放松监管的另一面却是优化监管。它采取“遵从成本评估”（Compliance Cost Assessment）的举措，用以审查和评价所有政府部门及公共机构提出的监管方案是否符合企业的成本。在这十年间，撒切尔政府在大刀阔斧地削减一些公共机构的同时，又设置了一批机构，从跨部门层面执行监管绩效评审工作。但随着市场化的推进，注重企业利益的“遵从成本评估”制度日益暴露出其缺陷。例如，它并不评估监管机构的成本收益，从而对非企业的利益相关者显失公平，也使政府通过该制度调控监管机构的能力难以提升。因此，在20世纪90年代晚期，英国开始使用一套新的监管评估系统，即“监管影响评价”（Regulation Impact Assessment，简称RIA），以之取代了过去的“遵从成本评估”方法。“监管影响评价”制度源自美国，它不仅考虑到监管行为对企业带来的成本影响，也考虑到对消费者、政府及其执行机构、慈善和志愿部门所带来的收益，而且这套体系中的评价程序和制度因素都得到加强。

1997年托尼·布莱尔赢得大选后，把致力于公共服务改革作为其政策重点之一，推动和实践“整体性政府”改革方案，从“整体性政府”的视角进一步改良过去的监管评估机构，确保RIA得到良好的执行，从而进一步提升监管质量。为此，工党政府在大选胜利后的当年，就立即用“优化监管”概念代替了之前的“放松监管”概念，内阁办公室发布了《优化监管指南》（Better Regulation Guide 1998）。① 随后，相关工作小组发布了一套有关优化监管的基本原则，作为检验任何监管机构的任何监管措施、行动是否与监管目的相适合的试金石。这套原则共包括如下五项：一是比例，即监管机构只有在必要时才能介入，补救措施应与所形成的风险、已经确定的最小化的成本相称；二是问责，即监管机构应该为其决定做出合理解释，并接受公众的监督；三是一致，即政府的规则和标准必须相互联结，并得到公平的执行；四是透明，监管机构应保持开放，简化规则、方便对象；五是针对性，即监管行动应该集中于问题上，并尽量减少副作用。② 这五项原则被内阁批准后，随即向各政府部门及其他公共机构推广，内阁办公室要求所有政府部门及监管机构每年都必须呈递监管绩效报告。政府各关键部门也都相应成立了本部门内部的专门工作组，监督、指导该部门及其监管机构的行为，确保本部门的监管工作质量。

2001年大选后，工党连任。新政府坚持了“优化监管”的政策主题，并采取了进一步行动。议会于同年通过了《监管改革法》（Regulatory Re-

---

① Deregulation 1948 –2006. https://www.regulation.org.uk/deregulation –1948_to_2006.html.

② Better Regulation Task Force, 2003, *Principles of Good Regulation*. http://webarchive.nationalarchives.gov.uk.

form Act 2001),[①] 政府依据此法在此后连续出台了50多个监管改革令。2005年大选后，工党再次执政，监管改革开始朝向基于风险的、更广泛的政策影响和精明监管（Smarter Regulation）方向演进。执政当年，工党政府就发布了《优化监管行动规划》(Better Regulation Action Plan)，开始大规模地用“标准成本模式”（Standard Cost Mode）调查监管行动所产生的行政负担。为此，英国内阁办公室于2006年专门成立了“优化监管委员会”(Better Regulation Commission，BRC)。

此时期，经济合作组织理事会（OECD Council）为了协助成员国和非成员国经济体加强监管改革，于2009年成立了监管政策委员会。英国作为成员国随后也做出了响应，同年就由英国内阁商业、创新和技能部设立了监管政策委员会（Regulatory Policy Committee，RPC)，并负责资助。RPC拥有跨部门的职能，负责审查政府各部门及监管机构提交的监管措施，重点审查监管方案中那些支持其成本和收益估算的证据及分析过程。此后至今，RPC一直发挥着作用。

2010年以来，受政府政策更替的影响，英国政府除了继续执行优化监管的任务之外，还进一步减少监管和监管机构，这种变化是在卡梅伦政府有关公共机构改革的过程中发生的。卡梅伦政府建构了深入推进监管改革的跨部门协同架构，其中内阁办公室扮演着协调跨部门协同行动的指挥使角色。2010年，英国内阁采取了三个重大举措：一是发布了《2010—2015年公共机构改革规划》，计划把当时存在的共约900个跨越了17个政府部门的公共机构削减1/3；二是设立了“放松监管次级委员会”（Reducing Regulation Cabinet Sub-committee，RRC)，负责对政府的监管框架进行战略性审查，协调政府监管的目标和原则。它拥有前所未有的权力以阻止各部门的文牍主义，促使各部门选择更加有效的监管措施；三是设立了“公共机构改革小组”(Public Bodies Reform Team)，负责就公共机构的政策、设计和治理问题向部长提供咨询意见，协调公共机构改革的目标和行动原则，从而提高政府监管的整体质量。到2015年下半年，卡梅伦政府已经对

① 该法取代了《1994年放松管制和合同外包法》(Deregulation and Contracting Out Act 1994)。

500 多个公共机构进行了不同程度的改革，减少了 290 多个公共机构，保留下来的公共机构也接受了实质性的改革。① 不过，卡梅伦政府的公共机构改革对水务监管机构的影响不大，这些公共机构基本上都保留了下来。

《2016—2020 年公共机构转型规划》继续了前一阶段的思路，通过功能审查和定制式审查（tailored reviews）两种方式，以确定公共机构存在的必要性、对其改革的时机与程度以及如何对其进行监督。对于保留下来的公共机构，必须满足如下三项检测条件中的一项，以便继续与政府保持“一臂之距”：一是执行技术功能；二是需要通过其活动体现政治公正；三是需要独立行动以确立事实。在此届政府任期内，政府将对所有的非部委公共机构、执行机构和非内阁部门至少审查一次。

经过长期的调整，目前英国中央政府中拥有跨部门职能、负责对监管机构的监管质量进行评审监督的组织体系，主要包括如下机构：第一，监管政策委员会（RPC），向内阁办公室及商业、能源和工业战略部报告工作，拥有跨部门的权力，审查政府部门及监管机构提出的新的监管议案的影响评估报告，验证各部门及监管机构有关监管成本—收益估算数据的证据和计算方法，向内阁放松监管次级委员会提供有关建议；第二，内阁放松监管次级委员会（RRC），向内阁办公室负责并报告工作，主要职能是对政府的监管框架（包括监管政策、监管原则）进行战略性监督，协调各个部门及监管机构的监管目标和行动；第三，优化监管执行局（BRE），向内阁办公室及商业、能源和工业战略部报告工作，拥有跨部门的权力，负责内阁“优化监管”政策在各部门及监管机构的落实，就《优化监管框架》如何操作、如何监测商业影响目标等提供有关指导，向各部门优化监管小组提供咨询和支持；第四，部门优化监管小组（BRUs），设立在每个政府部门内，向所在政府部门报告工作，负责监督所在部门有关优化监管的改革进程，就如何符合优化监管的原则和要求，以及与脱欧谈判相关的

① UK Cabinet Office, 2015. *Public Bodies* 2015. https://assets.publishing.service.gov.uk/government/uploads/system/uploads/attachment_data/file/506880/Public_Bodies_2015_Web_9_Mar_2016.pdf; https://www.gov.uk/government/speeches/achievements-of-the-2010-15-public-bodies-reform-programme.

监管规定提供指导；第五，政府内部审计局（GIAA），向财政部报告工作，负责为中央政府各部门及其机构提供独立、客观的审计监督和服务，包括内部风险管理及控制、财务审计、合法性审计、绩效审计、反欺诈调查等。

此外，自1997年“优化监管”成为英国政府推进监管改革的主题以来，英国议会、英国内阁办公室及相关政府部门相继出台了不少法律和行政指南，形成了一套比较成熟的原则和守则。这些法律和指南主要有《2001年监管改革法》（Regulatory Reform Act 2001）、《2006年立法与监管改革法》（Legislative and Regulatory Reform Act 2006）、《2011年公共机构法》（Public Bodies Act 2011）、《优化监管指南》（Better Regulation Guide 1998）、《良好监管的原则》（Principles of Good Regulation 2003）、《监管者守则》（The Regulators' Compliance Code 2012）、《优化监管框架手册：英国政府官员实务手册》（Better Regulation Framework Manual：practical Guidance for UK Government Officials 2013）、《优化监管框架：暂行指导》（Better Regulation Framework：Interim guidance 2018），等等。这些法律和指南，成为包括水务监管部门及其公共机构在内的行政组织的行动准则、实务守则。

英国政府还在人事任命上对包括水务监管机构在内的公共机构把关。目前，负责监管公共机构人事任命事务的是“公共任命专员”（Commissioner for Public Appointments）。“公共任命专员”既是一个职位、一个角色，也是一个公共机构。这一角色由女王根据专门的枢密院令即《公共任命枢密院令》而进行任命，通常由一名德高望重的权威人士担当，并与内阁办公室一起工作。其职能是对政府各部部长任命公共机构理事会人员时的候选人资格、过程和程序进行监管，确保任命过程和程序的公平、公开、透明，符合公共任命的基本原则、治理守则及其公共价值。

除了上述各种制度安排外，英国议会对政府及监管机构的监管，更是常态的、权威的和强制性的。议会的主要职责之一是审查和挑战政府的工作，下议院和上议院通过行使质询权、提问权及辩论方式，审查政府部门及其机构的工作。例如，Defra、Ofwat、环境署（EA）、饮用水督察署

（DWI）都须向议会汇报并对其直接或间接负责，每年议会都会对这些部门和机构的工作报告进行评估。平时，针对一些重大的水服务事故如供水中断或水污染事件，Defra 相关负责人都必须及时在下议院就事故情况发表声明，说明情况，接受询问。更重要的是，议会也审查那些对监管机构实施监管的机构的工作效率。这样的责任流程，也同样在苏格兰和北爱尔兰实施。

总之，英国的监管做法在全世界受到高度重视，政府的一系列举措和监管机构自身的努力，使得监管绩效普遍改善。[①] 精明监管、公有制和私有制并存、市场竞争、公私合作、消费者主权和公众参与，正是英国水政模式的构成要素。这一模式的形成过程中，既贯穿着"路径依赖"和管理传统，又体现出其政治系统的自我强化及对外界的积极反馈能力。可见，制度创新能力的高低并不取决于其所处系统如市场或计划、民主制度或威权制度、公有制或私有制的特性，"而是取决于该系统能提供多少'最大限度地反复修补'的机会，无论在什么样的政治经济体中，反复修补都需要有一种开放态度，允许随时在制度、过程及行为主体等层面发现新颖的解决方法"[②]。

---

① UK Cabinet Office, 2017, *Regulatory Futures Review*, https://assets.publishing.service.gov.uk/government/uploads/system/uploads/attachment_data/file/582283/Regulatory_Futures_Review.pdf.

② N. N. Taleb, 2007, *The Black Swan: The Impact of the Highly Improbable*, Random House (U. S.) Allen Lane (U. K.).

英国水务行业主要组织机构英文名称

环境释放咨询委员会（Advisory Committee on Releases to the Environment）

商务、能源和工业战略部（Department for Business, Energy & Industrial Strategy, BEIS）

不列颠水协会（British Water）

（苏格兰）中央市场局（Central Market Agency, CMA）

英国特许生态与环境管理学会（Chartered Institute of Ecology and Environmental Management, CIEEM）

苏格兰公民咨询（Citizens Advice Scotland）

气候变化委员会（Committee on Climate Change）

竞争与市场管理局（Competition and Markets Authority）

竞争上诉法庭（Competition Appeal Tribunal）

竞争委员会（Competition Commission）

竞争服务署（Competition Service）

水务消费者委员会（Consumer Council for Water, 简称 CCWater）

北爱尔兰消费者委员会（Consumer Council for Northern Ireland, 简称 CCNI）

苏格兰消费者焦点（Consumer Focus Scotland）

苏格兰公民咨询消费者未来部（Consumer Futures Unit of Citizens Advice Scotland）

客户服务委员会（Customer Service Committees，CSC）

农业渔业和粮食部（Department of Agriculture，Fisheries and Food，DAFF）

（北爱尔兰）农业、环境与乡村事务部（Department of Agriculture，Environment and Rural Affairs，DAERA）

环境、粮食与乡村事务部（Department for Environment，Food & Rural Affairs，简称 Defra）

环境运输和地区事务部（Department of the Environment，Transport and the Regions）

（北爱尔兰）基础设施部（Department for Infrastructure）

（北爱尔兰）财政部（Department of Finance）

苏格兰授权政府（Devolved Government for Scotland）

饮用水督察署（Drinking Water Inspectorate，DWI）

苏格兰饮用水质量监管署（Drinking Water Quality Regulator for Scotland，DWQR）

（英国）环境署（Environment Agency，EA）

（北爱尔兰）环境和遗产服务局（Environment and Heritage Service，EHS）

欧洲国家水服务协会联合会（European Federation of National Associations of Water and Wastewater Services，EurEau）

未来水协会（Future Water Association）

北爱尔兰普通消费者委员会（General consumer Council for Northern Ireland，GCCNI）

皇家污染监察署（Her Majesty's Inspectorate of Pollution）

联合自然保护委员会（Joint Nature Conservation Committee）

湖区国家公园管理局（Lake District National Park Authority）

海洋管理局（Marine Management Organization）

国家审计办公室（National Audit Office）

自然英格兰（Natural England）

威尔士自然资源局（Natural Resources Wales，NRW）

国家河流管理局（National Rivers Authority，NRA）

北爱尔兰议会（Northern Ireland Assembly）

北爱尔兰能源监管局（Northern Ireland Authority for Energy Regulation）

北爱尔兰公用事业监管局（Northern Ireland Authority for Utility Regulation，通常简称为 The Utility Regulator）

北爱尔兰议会（Northern Ireland Parliament）

北爱尔兰环境署（Northern Ireland Environment Agency，NIEA）

北爱尔兰水务局（Northern Ireland Water Service，NIWS）

公平贸易办公室（Office of Fair Trading）

国家统计局（Office for National Statistics，ONS）

水务办公室（Office of Water，Ofwat）

海洋渔业局（Sea Fish Industry Authority）

苏格兰政府（Scottish Government）

苏格兰企业局（Scottish Enterprise）

苏格兰行政院（Scottish Executive）

苏格兰环境保护署（Scottish Environment Protection Agency，SEPA）

苏格兰自然遗产局（Scottish Natural Heritage）

苏格兰议会（Scottish Parliamentary）

苏格兰议会法人团体（Scottish Parliamentary Corporate Body，SPCB）

苏格兰公共服务监察专员（Scottish Public Services Ombudsman，SPSO）

苏格兰水务用户委员会（Scottish Water and Sewerage Customers Council，SWSCC）

（苏格兰）水用户咨询小组（Water Customer Consultation Panels）

苏格兰水用户论坛（Water Customer Forum Scotland）

苏格兰水工业专员和咨询委员会（Water Industry Commissioner for Scotland and Consultative Committees）

苏格兰水工业专员（Water Industry Commissioner for Scotland，WICS）

苏格兰水工业委员会（Water Industry Commission for Scotland，WICS）

威尔士水业论坛（Water Industry Forum for Wales）

水服务监管局（Water Services Regulation Authority，Ofwat）

苏格兰水观察（WaterWatch Scotland，WWS）

英国水协会（Water UK）

英国水工业研究会（United Kingdom Water Industry Research）

英国内阁办公室（UK Cabinet Office）

英国议会环境审计委员会（UK Parliament Environmental Audit Committee）

参考文献

导　论

1. ［英］戴维・M. 纽伯里：《网络型产业的重组与规制》，何玉梅译，人民邮电出版社2002年版。

2. ［加拿大］杜奇・米勒：《全球供水行业私有化没有掌声鼓励》，中国网（http://www.h2o-china.com/news/18366.html）。

3. 郭蕾、冯佳璐：《契约规制：城市水务产业规制革新的应然逻辑》，《宏观经济研究》2016年第12期。

4. 郭蕾、肖有智：《政府规制改革是否增进了社会公共福利》，《管理世界》2016年8期。

5. 吕映南：《城市公用事业PPP模式下多主体合作治理问题》，《现代经济信息》2017年第7期。

6. 娜拉：《世界水务民营化改革的教训和启示》，《科技管理研究》2015年第14期。

7. 丘水林：《英国水务民营化治理机制、绩效评价及启示》，《城镇供水》2017年第5期。

8. 邱卫东：《城市供水市场化改革势在必行》，《中国建设信息》2002年12期。

9. 沈静涛：《自来水行业民营化的弊端及应对措施》，《辽宁科技大学学报》2011年第2期。

10. 苏波、王蔚：《水资源私有化及其解决途径：观照拉丁美洲》，《重庆社会科学》2014 年第 9 期。

11. 王衍：《英国的水务管理体制改革》，《中国水利》1993 年第 3 期。

12. 王亦宁：《政府和市场的关系：城市水务市场化改革透视》，《水利发展研究》2014 年第 3 期。

13. 汪永成：《公用事业市场化政策潜在的公共风险及其控制》，《江海学刊》2005 年第 2 期。

14. 朱晓林：《自来水行业民营化改革的可行性分析》，《经济研究导刊》2007 年第 6 期。

15. A. Bhattacharyya, E. Parker, K. Raffiee, 1994, "An Examination of the Effect of Ownership on the Relative Efficiency of Public and Private Water Utilities", *Land Economics*, Vol. 70, No. 2.

16. B. de Gouvello, C. A. Scott, 2012, "Has Water Privatization Peaked? The Future of Public Water Governance", *Water International*, Vol. 37, No. 2.

17. D. Hall, E. Lobina, 2008, "Water Privatization: the International Experience", *Frontiers in Immunology*, Vol. 6, No. 1.

18. E. Idelovitch, K. Ringskog, 1995, *Private Sector Participation in Water Supply and Sanitation in Latin America*. World Bank Publications.

19. E. L. Lynk, 1993, "Privatisation, Joint Production and the Comparative Efficiencies of Private and Public Ownership: The UK Water Industry Case", *Fiscal Studies*, Vol. 14 , No. 2.

20. J. A. Beecher, 1997, "Water Utility Privatization and Regulation: Lessons from the Global Experiment", *Water International*, Vol. 22, No. 1.

21. J. Ernst, 1994, *Whose Utility?: The Social Impact of Public Utility Privatization and Regulation in Britain*, London: Open University Press.

22. S. P. Holland, 2006, "Privatization of Water-Resource Development", *Environmental & Resource Economics*, Vol. 34, No. 2.

23. V. V. Ramanadham, 1993, *Constraints and impacts of privatization*. London: Routledge.

24. V. V. Ramanadham, 1994, *Privatization and After: Monitoring and Regulation*. Bristol: Policy Press.

第一章

1. 边立明：《调水工程公私合作供给机制与实施研究》，中国水利水电出版社 2013 年版。

2. 曹冬英、王少泉：《新公共管理理论对民营化理论的扬弃》，《重庆科技学院学报》2015 年第 3 期。

3. 曹远征：《基础设施商业化与政府监管》，《经济世界》2003 年第 4 期。

4. 陈晶晶：《水务市场化中的政府风险》，《法制日报》2004 年 10 月 27 日。

5. 程国栋：《虚拟水——中国水资源安全战略的新思路》，《中国科学院院刊》2003 年第 4 期。

6. 崔竹：《市政公用事业市场化的理论基础》，《中共中央党校学报》2006 年第 10 期。

7. ［英］达霖·格里姆赛、［澳］莫文·K. 刘易斯：《公私合作伙伴关系：基础设施供给和项目融资的全球革命》，济邦咨询公司译，中国人民大学出版社 2008 年版。

8. ［美］E. S. 萨瓦斯：《民营化与公私部门的伙伴关系》，周志忍译，中国人民大学出版社 2002 年版。

9. 丰云：《公用事业市场化产权模式构建》，《经济与管理》2012 年第 2 期。

10. 郭鹰：《民间资本参与公私合作伙伴关系（PPP）的路径与策略》，社会科学文献出版社 2010 年版。

11. 何文盛、杨亚琼、王艳：《西方公用事业民营化改革研究回顾及对我国的启示》，《中国行政管理》2016 年第 12 期。

12. 贾康、孙洁：《公私合作伙伴关系理论与实践》，经济科学出版社 2014 年版。

13. 金三林：《公用事业改革的国际经验及启示》，《中国城市经济》2008 年第 6 期。

14. 句华：《公共服务中的市场机制：理论、方式与技术》，北京大学出版社 2006 年版。

15. 孔营：《公共服务民营化的理论逻辑与实践反思》，《观察与思考》2017 年第 5 期。

16. 来有为：《从经济规制理论的发展演进看如何处理好政府和市场之间的关系》，《发展研究》2017 年第 7 期。

17. 李庆滑：《普遍服务的理论基础——公民资格社会权利理论的视角》，《中共贵州省委党校学报》2010 年第 7 期。

18. 林光彬：《私有化理论的局限》，经济科学出版社 2008 年版。

19. 林海涛：《中国市场化改革与市场化程度研究》，《当代经济》2013 年第 11 期。

20. 林卫斌：《政府失灵与市场失灵：网络型产业市场化的理论检讨与启示》，《学术交流》2010 年第 1 期。

21. 刘树杰：《论现代监管理念与我国监管现代化》，《经济纵横》2011 年第 6 期。

22. 刘树杰：《价格监管的目标、原则与基本方法》，《经济纵横》2013 年第 9 期。

23. 刘薇：《PPP 模式理论阐释及其现实例证》，《改革》2015 年第 1 期。

24. 骆梅英：《通过合同的治理——论公用事业特许契约中的普遍服务条款》，《浙江学刊》2010 年第 3 期。

25. 骆梅英：《从“效率”到“权利”：民营化后公用事业规制的目标与框架》，《国家行政学院学报》2013 年第 8 期。

26. 骆梅英：《民营化后公用事业企业的性质之辨——基于案例的比较观察》，《法治研究》2015 年第 1 期。

27. 马欣华：《水资源的公共属性与水务管理刍议》，《河北水利》2016 年第 7 期。

28. 马英娟：《政府监管机构研究》，北京大学出版社 2006 年版。

29. ［加拿大］莫德·巴洛、［加拿大］托尼·克拉克：《蓝金——向窃取世界水资源的公司宣战》，张岳、卢莹译，当代中国出版社 2004 年版。

30. 宁立波、徐恒力：《水资源自然属性和社会属性分析》，《地理与地理信息科学》2004 年第 1 期。

31. 欧纯智、贾康：《PPP 在公共利益实现机制中的挑战与创新——基于公共治理框架的视角》，《当代财经》2017 年第 3 期。

32. 欧亚 PPP 联络网（EU-Asia PPP Network）主编：《欧亚基础设施建设公私合作（PPP）案例分析》，王守清译，辽宁科学技术出版社 2010 年版。

33. 潘禄璋、刘振坤：《地方政府业务外包机制研究——公私协力视角下的理论分析》，《法制与社会》2012 年第 12 期。

34. 秦虹、盛洪：《市政公用事业监管的国际经验及对中国的借鉴》，《城市发展研究》2006 年第 1 期。

35. ［美］热拉尔·罗兰：《私有化：成功与失败》，张宏胜等译，中国人民大学出版社 2013 年版。

36. 宋波、徐飞：《公私合作制（PPP）研究——基于基础设施项目建设运营过程》，海交通大学出版社 2011 年版。

37. ［美］斯蒂夫·H. 汉克：《私有化与发展》，管维立译，中国社会科学出版社 1989 年版。

38. ［美］斯蒂芬·J. 贝利：《公共部门经济学》，白景明译，中国税务出版社 2005 年版。

39. ［俄罗斯］斯维特兰娜·巴甫洛芙娜：《私有化：概念、实施与效率》，李红霞译，中国社会科学出版社 2015 年版。

40. 谭海鸥：《投资渠道、利益补偿与水务市场属性》，《改革》2011 年第 5 期。

41. 王浩、龙爱华、于福亮、汪党献：《社会水循环理论基础探析Ⅰ：定义内涵与动力机制》，《水利学报》2011 年第 4 期。

42. 王俊豪：《城市水务监管体制研究》，《浙江社会科学》2017 年第

5 期。

43. 王梅：《市政工程公私合作项目（PPP）投融资决策研究》，经济科学出版社 2008 年版。

44. 王锐：《当代自然垄断理论研究发展述评》，《当代经济研究》2009 年第 4 期。

45. 王跃：《城市供水企业财务状况分析与对策》，《公用事业财会》2008 年第 2 期。

46. ［德］魏伯乐、［美］奥兰·扬、［瑞士］马塞厄斯·芬格：《私有化的局限》，王小卫、周缨译，上海三联书店、上海人民出版社 2006 年版。

47. 肖林：《自然垄断行业的进入管制悖论——普遍服务义务、可维持性和市场效率》，《东南大学学报》（哲学社会科学版）2010 年第 3 期。

48. 肖旭、刘秀清、门贵斌：《自然垄断行业实现普遍服务目标政策分析》，《大连铁道学院学报》2005 年第 9 期。

49. 徐金海：《水政治、水法与水法体系建设》，《水利发展研究》2012 年第 9 期。

50. 许圣如：《全民水政治》，《南风窗》2009 年第 8 期。

51. 许新：《转型国家私有化模式比较》，《俄罗斯中亚东欧研究》2003 年第 8 期。

52. 袁卓异：《基于城市水务市场化改革：模式、绩效及深化选择》，《财经界》（学术版）2015 年第 6 期。

53. ［美］约瑟夫·E. 斯蒂格利茨：《私有化更有效率吗?》，《经济理论与经济管理》2011 年第 10 期。

54. 张春虎：《公用事业改革的国际经验及借鉴》，《管理观察》2009 年第 3 期。

55. 张菊梅：《民营化与逆民营化：比较与反思》，《河南大学学报》（社会科学版）2016 年第 3 期。

56. 张万宽：《公私伙伴关系治理》，社会科学文献出版社 2011 年版。

57. 张学勇、宋雪楠：《“私有化”与“国有化”的动机与效果：历史经验与研究进展》,《经济学动态》2012 年第 5 期。

58. 赵颖:《我国城市公交服务的制度选择——公私合作机制研究》,中国社会科学出版社 2014 年版。

59. [日] 植草益:《微观规制经济学》, 朱绍文、胡欣欣等译, 中国发展出版社 1992 年版。

60. J. C. Poudou, M. Roland, 2017, "Equity Justifications for Universal Service Obligations", *International Journal of Industrial Organization*, Vol. 52, No. 5.

61. J. Pierre, 1995, "The Marketization of the State: Citizens, Consumers, and the Emergence of Public Market", in B. G. Peters and D. Savoie ed., *Governance in a Changing Environment*, Montreal: McGillQueen's University Press.

62. S. A. Smith, 2000, "Public Private Partnership and the European Procurement Rules: EU Policies in Conflict", *Common Market Law Review*, Vol. 37, No. 3.

第二章

1. 安中仁:《私有化体制下的英国供水业》,《水利建设与管理》2000 年第 4 期。

2. 车雷:《英国执行局化改革之二十年: 回顾与启示》,《行政法学研究》2013 年第 3 期。

3. 陈维权:《赴英国考察报告英国国有企业改革的个案分析》,《管理评论》1996 年第 3 期。

4. 陈云卿:《英国的水费欠款》,《管理观察》1996 年第 4 期。

5. 崔建远:《水权与民法理论及物权法典的制定》,《法学研究》2002 年第 3 期。

6. 大河:《伦敦下水道"工业奇迹"的传奇与困顿》,《中国国家地理》2011 年第 9 期。

7. 邓郁松:《英国天然气市场重构的历程与启示》,《国际石油经济》

2017 年第 2 期。

8. 冯娅：《英国公共卫生之父——查德威克》，《世界文化》2012 年第 5 期。

9. 高俊杰：《“二战”后英国公用事业改革评述及其启示》，《行政法论丛》2015 年第 1 期。

10. ［英］哈罗德·J. 拉斯基：《欧洲自由主义的兴起》，林冈、郑忠义译，中国人民大学出版社 2012 年版。

11. 何琍：《试析撒切尔政府的国有企业改革及实践》，《学术探索》2001 年第 12 期。

12. 侯珺然：《试论英国的国有企业改革》，《河北大学学报》（哲学社会科学版）1999 年第 3 期。

13. 胡常萍：《十九世纪中后期英国城市改造的启示》，《上海城市管理》2008 年第 5 期。

14. 蒋浙安：《查德威克与近代英国公共卫生立法及改革》，《安徽大学学报》2005 年第 3 期。

15. 金海、孙笑春：《英国水行业私有化案例研究》，《中国水利》2003 年第 7 期。

16. 雷玉桃：《国外水权制度的演进与中国的水权制度创新》，《世界农业》2006 年第 1 期。

17. 李罡：《论英国的结构改革与经济增长——对撒切尔结构改革及其影响的再解读》，《欧洲研究》2015 年第 4 期。

18. 李晶等：《水权与水价》，中国发展出版社 2003 年版。

19. 李伟、左晨：《英国水务公司的漏损控制》，海口：“2001 年全国管道漏损控制研讨会”，2011 年 11 月 1 日。

20. 梁远：《近代英国城市规划与城市病治理研究》，江苏人民出版社 2016 年版。

21. 梁中芳：《英国国有化经济的历史回顾》，《商场现代化》2005 年第 4 期。

22. 林德山：《坚持实用主义路线的英国工党——工党保持大党地位的

历史经验》,《当代世界》2013 年第 11 期。

23. 刘成:《公有制与英国工党》,《历史教学》(下半月刊),2014 年第 10 期。

24. 刘重力、武津辉:《英国国有企业体制改革带给我们的思考》,《南开管理评论》1999 年第 3 期。

25. 刘景华:《城市转型与英国的勃兴》,中国纺织出版社 1994 年版。

26. 陆伟芳:《英国城市公用事业的现代化轨迹》,《扬州大学学报》2004 年第 6 期。

27. 陆伟芳:《英国公用事业改制的历史经验与启示》,《探索与争鸣》2005 年第 4 期。

28. 栾爽、刘旺洪:《论英国城市自治与近代宪政制度构建及对我国的启示》,《南京社会科学》2013 年第 4 期。

29. 骆梅英:《基于权利保障的公用事业规划》,浙江大学 2008 年博士学位论文。

30. 吕磊、陈晓律:《当代西方福利国家的危机——以英国为例》,《南京大学学报》2011 年第 11 期。

31. 毛利霞:《疾病、社会与水污染——在环境史视角下对 19 世纪英国霍乱的再探讨》,《学习与探索》2007 年第 6 期。

32. 毛利霞:《19 世纪中后期英国关于河流污染治理的博弈》,《理论月刊》2015 年第 2 期。

33. 毛利霞:《19 世纪伦敦的供水改革与霍乱防治》,《云南民族大学学报》2017 年第 7 期。

34. 毛锐:《撒切尔政府私有化政策研究》,中国社会科学出版社 2005 年版。

35. 梅雪芹:《英国环境史上沉重的一页——泰晤士河三文鱼的消失及其教训》,《南京大学学报》2013 年第 6 期。

36. 梅雪芹:《“老父亲泰晤士”——一条河流的污染与治理》,《经济社会史评论》2008 年第 1 期。

37. 倪学德:《论战后初期英国工党政府的国有化改革》,《华东师范大学学报》2006 年第 5 期。

38. 舒丽萍：《19 世纪英国的城市化及公共卫生危机》，《武汉大学学报》2015 年第 5 期。

39. 苏禾：《泰晤士河百年治污启示录》，《看世界》2015 年第 10 期。

40. 苏禾：《1858 年的“伦敦大恶臭”》，《国家人文历史》2016 年第 23 期。

41. 孙媛媛、贾绍凤：《水权赋权依据与水权分类》，《资源科学》2016 年第 10 期。

42. 唐军：《工业化时期英国城市的河流污染及治理探析》，《甘肃社会科学》2007 年第 4 期。

43. 童素娟、瞿雅峰：《撒切尔“去福利化”改革及其启示》，《理论探索》2013 年第 7 期。

44. 王俊豪：《英国政府管制体制改革研究》，上海三联书店 1998 年版。

45. 王俊豪：《英国城市公用事业民营化改革评析》，《中国建设报》2004 - 03 - 19。

46. 王小军：《水权概念研究》，《时代法学》2013 年第 4 期。

47. 王衍：《英国的水务管理体制改革》，《中国水利》1993 年第 3 期。

48. 王友列：《从排污到治污：泰晤士河水污染治理研究》，《齐齐哈尔师范高等专科学校学报》2014 年第 1 期。

49. 魏亚光：《论凯恩斯主义的施行对英国福利国家制度的影响》，《学理论》2014 年第 21 期。

50. 吴飞：《紧缩政治学视域下社会福利政策的变迁——以撒切尔政府社会福利改革为考量》，《河南大学学报》（社会科学版）2015 年第 1 期。

51. 辛群：《英国反垄断执法监管情况报告（一）》，《中国价格监管与反垄断》2014 年第 5 期。

52. 刑鸿飞：《论作为财产权的水权》，《河北法学》2008 年第 2 期。

53. 徐景翼：《英国供水公司的私有制转换及多种经营》，《城镇供水》1994 年第 6 期。

54. 徐林、傅莹：《英国城市公共管理边界不断变化》，《中国社会科学报》2014 年 7 月 21 日。

55. 杨婧:《19 世纪英国公共卫生政策领域的中央与地方关系》,《衡阳师范学院学报》2008 年第 1 期。

56. 尹建龙:《从隔离排污看英国泰晤士河水污染治理的历程》,《贵州社会科学》2013 年第 10 期。

57. 张丹郧:《“英国病”与撒切尔政府的对策》,《国际问题研究》1985 年第 8 期。

58. 张卫良:《工业革命前英国的城镇体系及城镇化》,《经济社会史评论》2015 年第 10 期。

59. 赵玉峰:《战后初期英国工党政府国有化政策的成因解析》,《求实》2007 年第 5 期。

60. 郑海航、马怀宝、高旭东:《英国国有企业体制改革考察》,《经济学动态》1996 年第 5 期。

61. 钟红、胡永红:《英国国企改造对中国国企改革的启示》,《企业经济》2005 年第 12 期。

62. 周琪:《凯恩斯主义对英国工党社会民主主义理论的冲击》,《欧洲研究》1985 年第 3 期。

63. 朱建明:《战后初期英国国有化政策探析》,《新学术》2007 年第 10 期。

64. A. Hardy, 1987, “Pollution and Control: A Social History of the Thames in the Nineteenth Century”, *Medical History*, Vol. 31, No. 2.

65. A. Hardy, 2001, “The Great Stink of London: Sir Joseph Bazalgette and the Cleansing of the Victorian Capital”, *Medical History*, Vol. 45, No. 1.

66. B. M. Jessalyn, 2011, *Water Privatization in England*, Sess Press.

67. D. Fraser, 1984, *The Evolution of the British Welfare State: A History of Social Policy Since the Industrial Revolution*, London and Basingstoke: The Macmillan Press Ltd.

68. E. Parkes, 2013, “Mode of Communication of Cholera by John Snow”, *International Journal of Epidemiology*, Vol. 42, No. 6.

69. H. Mayhew, V. Neuburg, 1965, *London Labour and the London Poor*, Oxford: Oxford University Press.

70. J. Foreman-peck, R. Millward, 1994, *Public and Private Ownership of British Industry* 1820—1990, Oxford: Oxford University Press.

71. J. Hillier, 2014, "Implementation Without Control: The Role of the Private Water Companies in Establishing Constant Water in Nineteenth-century London", *Urban History*, Vol. 41, No. 2.

72. J. M. Eyler, 2008, "The Strange Case of the Broad Street Pump: John Snow and the Mystery of Cholera", *Journal of Interdisciplinary History*, Vol. 39, No22.

73. J. Thornton, P. Pearson, 2013, "Bristol Water Works Company: a Study of Nineteenth Century Resistance to Local Authority Purchase Attempts", *Water History*, Vol. 5, No. 3.

74. L. Ball, 2009, "Cholera and the Pump on Broad Street: The Life and Legacy of John Snow", *History Teacher*, Vol. 43, No. 1.

75. L. E. Breeze, 1993, *The British Experience with River Pollution*: 1865—1876, New York: Peter Lang Publishing Inc.

76. L. Tomory, 2017, *The History of the London Water Industry*: 1580—1820, Baltimore: Johns Hopkins University Press.

77. L. Tomory, 2015. "Water Technology in Eighteenth-century London: the London Bridge Waterworks", *Urban History*, Vol. 42, No. 3.

78. L. Turner, 2013, "Let's Raise A Glass of David Denny: A Brief History of the Glasgow Water Works", *History Scotland Magazine*, Vol. 13, No. 5.

79. M. S. R. Jenner, 2007, "Monopoly, Markets and Public Health: Pollution and Commerce in the History of London Water 1780—1830", in M. S. R. Jenner, P. Wallis ed., *Medicine and the Market in England and its Colonies*: 1450—1850, London: Palgrave Macmillan.

80. N. Tynan, 2013, "Nineteenth Century London Water Supply: Processes of Innovation and Improvement", *Review of Austrian Economics*, Vol. 26, No. 1.

81. S. Halliday, 2006, "The Great Stink of London: Sir Joseph Bazalgette and the Cleansing of the Victorian Metropolis", *Science of the Total Environment*, Vol. 360, No. 1.

82. V. D. B. Caroline, 1997, "Water Privatisation and Regulation in England and Wales", *World Bank Other Operational Studies* , Vol. 71, No. 5.

第三章

1. 蔡守秋:《论水权体系和水市场》,《中国法学》2001（增刊）。

2. 陈坦:《地下水，不珍惜就是泪水》,《大自然》2017 年第 4 期。

3. D. M. 拉姆斯博滕、S. D. 韦德、I. H. 汤恩德:《英国气候变化风险评估》,《水利水电快报》2012 年第 1 期。

4. H. 科布斯、郑丰:《地下水管理问题》,《水利水电快报》1998 年第 13 期。

5. 胡德胜:《最严格水资源管理制度视野下水资源概念探讨》,《人民黄河》2015 年第 1 期。

6. 李爽、韩伟:《英国水务绩效管理经验研究》,《城镇供水》2012 年第 1 期。

7. 刘丽、陈丽萍、吴初国:《英国自然资源综合统一管理中的水资源管理》,《国土资源情报》2016 年第 3 期。

8. 鲁宇闻:《英国水务管理及近远期规划研究——以泰晤士水务为例》,《净水技术》2016 年第 a01 期。

9. N. 沃特森、朱庆云:《英国水资源综合管理的战略途径》,《水利水电快报》2015 年第 3 期。

10. P. 怀特黑德、A. 韦德、D. 布特菲尔德、童国庆、李红梅:《气候变化对英国六条河水质的潜在影响》,《水利水电快报》2010 年第 10 期。

11. 石秋池:《英国关于未来气候变化的报告》,《中国水利》2006 年第 4 期。

12. 苏时鹏、贺亚萍:《国际水务公共服务绩效管理体制比较分析——以英国、美国、法国、荷兰为例》,《福建农林大学学报》（哲学社会科学版）2014 年第 4 期。

13. 谭新华：《英国地下水资源的保护及对我国的启示》，《科教文汇》2008 年第 7 期。

14. 王正旭：《英国的水库安全管理》，《水利水电科技进展》2002 年第 4 期。

15. 闫桂玲、孙福德：《关于水资源概念界定的探讨》，《黑龙江水利》2006 年第 8 期。

16. 张仁田、童利忠：《水权、水权分配与水权交易体制的初步研究》，《中国水利报》2002 年 6 月 26 日。

17. 周长瑚：《地下水资源概念及评价》，《工程勘察》1981 年第 2 期。

18. Blueprint for Water, 2015, *The Shocking State of England's Rivers*, http://blueprintforwater. org. uk/publications/.

19. Central Market Agency (CMA), 2017, *Business Review* 2016/2017, http://www. cmascotland. com/about-us/.

20. Committee on Climate Change (CCC), 2017, *UK Climate Change Risk Assessment* 2017, https://www. gov. uk/government/uploads/system/uploads/attachment_ data/file/584281/uk-climate-change-risk-assess – 2017. pdf.

21. Consumer Council for Northern Ireland (CCNI), 2012, *Consumer Council for Northern Ireland Response to Consultation Regulated Industries Unit-Proposal for Design Principles*, http://www. consumerfocus. org. uk/files/2012/07/39 – Consumer-Council-for-Northern-Ireland. pdf.

22. Defra, 2018, *Water Abstraction Statistics*: *England* 2000 *to* 2016, https://www. gov. uk/government/uploads/system/uploads/attachment _ data/file/679918/Water_ Abstraction_ Statistics_ England_2000_2016. pdf.

23. Defra, 2017, *Historical Water Usage on Farms*, *England*, https://www. gov. uk/government/statistics/historic-water-usage-on-farms-england.

24. Defra, EA, 2017, *Water Resources Planning*: *How Water Companies Ensure a Secure Supply of Water for Homes and Businesses*, https://www. gov. uk/government/publications/water-resources-planning-managing-supply-and-demand/

water-resources-planning-how-water-companies-ensure-a-secure-supply-of-water-for-homes-and-businesses.

25. Defra, Welsh Government, Scottish Government, Department of Agriculture, Environment and Rural Affairs (Northern Ireland), 2017, *Consultation on the Environmental Impact Assessment-Joint Technical Consultation (planning changes to regulations on forestry, agriculture, water resources, land drainage and marine works)*, https://www.gov.uk/government/uploads/system/uploads/attachment_data/file/669486/eia-consult-government-response-final.pdf.

26. Defra, 2016, *Creating a Great Place for Living Enabling Resilience in the Water Sector*, https://www.gov.uk/government/uploads/system/uploads/attachment_data/file/504681/resilience-water-sector.pdf.

27. Defra, 2016, *The Groundwater (Water Framework Directive) (England) Direction* 2016, https://www.gov.uk/government/publications/the-groundwater-water-framework-directive-england-direction – 2016.

28. Defra, EA, Natural England, Ofwat, The Rt Hon Elizabeth Truss MP, 2015, 2010 *to* 2015 *Government Policy: Water Quality*, https://www.gov.uk/government/publications/2010 – to – 2015 – government-policy-water-quality/2010 – to – 2015 – government-policy-water-quality.

29. Defra, 2014, *The Groundwater (Water Framework Directive) (England) Direction* 2014, https://www.gov.uk/government/publications/the-groundwater-water-framework-directive-england-direction – 2014.

30. Defra, 2013, *Water Stressed Areas-Final Classification*, https://www.gov.uk/government/uploads/system/uploads/attachment_data/file/244333/water-stressed-classification – 2013.pdf.

31. Defra, 2011, *Water for Life*, https://www.gov.uk/government/uploads/system/uploads/attachment_data/file/228861/8230.pdf.

32. Defra, 2010, *River Water Quality Indicator for Sustainable Development* – 2009 *Annual Results*, https://www.gov.uk/government/uploads/system/uploads/attachment_data/file/141697/rwq-ind-sus – 2009 – resultsv2.pdf.

33. Defra, 2009, *Protecting our Water, Soil and Air*, https://www.gov.uk/government/uploads/system/uploads/attachment_data/file/268691/pb13558-cogap-131223.pdf.

34. Defra, 2008, *Future Water: The Government's Water Strategy for England*, https://www.gov.uk/government/uploads/system/uploads/attachment_data/file/69346/pb13562-future-water-080204.pdf.

35. EA, 2018, *The State of the Environment: Water Resources*, https://assets.publishing.service.gov.uk/government/uploads/system/uploads/attachment_data/file/709924/State_of_the_environment_water_resources_report.pdf.

36. EA, 2018, *The State of the Environment: Water Quality*, https://www.gov.uk/government/uploads/system/uploads/attachment_data/file/683352/State_of_the_environment_water_quality_report.pdf.

37. EA, 2018, *Water Situation: National Monthly Reports for England 2018*, https://www.gov.uk/government/uploads/system/uploads/attachment_data/file/680668/Water_situation_report_January_2018.pdf.

38. EA, 2017, *Water Situation: National Monthly Reports for England 2017*, https://www.gov.uk/government/uploads/system/uploads/attachment_data/file/673143/Water_situation_report_December_2017.pdf.

39. EA, 2015, *Water Supply and Resilience and Infrastructure: Environment Agency Advice to Defra*, https://www.gov.uk/government/uploads/system/uploads/attachment_data/file/504682/ea-analysis-water-sector.pdf.

40. EA, 2013, *Food and Drink Manufacturing Water Demand Projections to 2050: Main Rreport*, https://www.gov.uk/government/uploads/system/uploads/attachment_data/file/297233/LIT_8767_4d1fe5.pdf.

41. EA, 2013, *Climate Change Approaches in Water Resources Planning: Overview of New Methods*, https://www.gov.uk/government/uploads/system/uploads/attachment_data/file/291598/LIT_7764_ea1e43.pdf.

42. EA, 2011, *Surface Water Flood Warning Project Summary*, https://www.gov.uk/government/uploads/system/uploads/attachment_data/file/290500/

scho0811buat-e-e. pdf.

43. EA, 2011, *Impact of Long Droughts on Water Resources*, https://www. gov. uk/government/uploads/system/uploads/attachment_ data/file/291597/scho1211buvx-e-e. pdf

44. EA, 2008, *Water Resources in England and Wales: Current State and Future Pressures*, http://webarchive. nationalarchives. gov. uk/20140329213237/http://cdn. environment-agency. gov. uk/geho1208bpas-e-e. pdf.

45. EA, 2007, *Using Science to Create a Better Place: Climate Change Impacts and Water Temperature*, https://www. gov. uk/government/uploads/system/uploads/attachment_ data/file/290975/scho0707bnag-e-e. pdf.

46. EA, 2005, *Groundwater-Surface Water Interactions: a Survey of UK Field Site Infrastructure*, https://www. gov. uk/government/uploads/system/uploads/attachment_ data/file/291491/scho0605bjcm-e-e. pdf.

47. EA, 2005, *Groundwater Source Protection Zones*, https://www. gov. uk/government/uploads/system/uploads/attachment_ data/file/290723/scho0199betq-e-e. pdf.

48. G. Walker, 2018, *Untapped Potential: Consumer Views on Water Policy*, https://www. cas. org. uk/spotlight/consumer-futures-unit.

49. J. Baxter, 2016, *Challenges for Water Use in UK Industry (conference paper)*, https://www. imeche. org/docs/default-source/1 – oscar/reports-policy-statements-and-documents/challenges-for-water-use-in-uk-industry. pdf? sfvrsn =0.

50. M. B. Charlton, N. W. Arnell, 2011, "Adapting to Climate Change Impacts on Water Resources in England: an Assessment of Draft Water Resources Management Plans", *Global Environmental Change*, V. 21, No. 1.

51. M. E. L. Research Environmental Management Unit, 1996, *Tap Water Consumption in England and Wales: Findings from* 1995 *National Survey*, http://dwi. defra. gov. uk/research/completed-research/reports/dwi0771. pdf.

52. Northern Ireland Freshwater Taskforce, 2013, *Sustaining Water Use in Northern Ireland*, http://www. irishenvironment. com/reports/sustaining-water-

use-in-northern-ireland.

53. Northern Ireland's Environment Agency (NIEA), 2013, *From Evidence to Opportunity: a Second Assessment of the State of Northern Ireland's Environment*, http://www.doeni.gov.uk/niea/stateoftheen-vironmentreportfornorthernirelandwater.pdf.

54. Northern Ireland Water (NIW), 2016, *Annual Information Return Public Domain Version*, https://www.niwater.com/sitefiles/resources/pdf/reports/annualreport/air/air16_public_domain_version.pdf.

55. Office for National Statistics (ONS), 2017, *UK natural Capital: Ecosystem Accounts for Freshwater, Farmland and Woodland*, https://www.ons.gov.uk/economy/environmentalaccounts/bulletins/uknaturalcapital/landandhabitatecosystemaccounts#ecosystem-accounts-for-freshwater.

56. Office for National Statistics (ONS), 2017, *Population Estimates for UK, England and Wales, Scotland and Northern* Ireland, https://www.ons.gov.uk/peoplepopulationandcommunity/populationandmigration/populationestimates.

57. Scottish Natural Heritage (SNH), 2001, *Natural Heritage Trends* 2001 *Scotland*, http://www.snh.org.uk/pdfs/strategy/trends/snh_trends.pdf.

58. Scottish Natural Heritage (SNH), 2002, *Fresh Waters*, http://www.snh.org.uk/futures/Data/pdfdocs/Fresh_waters.pdf.

59. S. J. Christie, 2011, *UK National Ecosystem Assessment Northern Ireland Summary*, http://uknea.unep-wcmc.org/LinkClick.aspx? fileticket = mYewbZ5ifj0%3D&tabid = 82.

60. S. Littlechild, 2014, "The Customer Forum: Customer engagement in the Scottish water sector", *Utilities Policy*, V. 31, No. 12.

61. Water Customer Forum (WCF), 2017, *Water Customer Forum for Water in Scotland Statement of Purpose and Work Plan*, https://www.customerforum.org.uk/wp-content/uploads/Statement-of-purpose-final.pdf.

62. Waste and Resources Action Programme (WRAP), 2011, *Freshwater Availability and Use in the United Kingdom*, http://www.wrap.org.uk/sites/

files/wrap/PAD101 - 201% 20 - % 20Freshwater% 20data% 20report% 20 - % 20FINAL% 20APPROVED% 20for% 20publication% 20vs2 - % 2005% 2C04% 2C12. pdf.

63. Water Research Centre (WRc), 1980, *Drinking Water Consumption in Great British: a Survey of Drinking Habits with Special Reference to Tap-water Based Beverages*, WRc Technical Report TR137.

64. UK Groundwater Forum, 2018, *Groundwater Resources*, http://www.groundwateruk. org/downloads/groundwater_ resources. pdf.

第四章

1. 阿力江·依明:《论欧盟法与其成员国法律之间的关系》,《今日中国论坛》2013 年第 z1 期。

2. [英] 安东尼·奥格斯:《规制——法律形式与经济学理论》,骆梅英译,中国人民大学出版社 2009 年版。

3. 蔡高强、刘健:《论欧盟法在成员国的适用》,《河北法学》2004 年第 4 期。

4. 陈光伟、李来来:《欧盟的环境与资源保护——法律、政策和行动》,《自然资源学报》1999 年第 3 期。

5. 褚江丽:《英国宪法中的议会主权与法律主治思想探析》,《河北法学》2010 年第 9 期。

6. 邓位:《英国退欧后拟将欧盟相关法律转为国内法》,《国际城市规划》2017 年第 4 期。

7. 傅聪:《试论欧盟环境法律与政策机制的演变》,《欧洲研究》2007 年第 4 期。

8. 弋浩婕、许昌:《从宪法惯例到制定法:英国议会审查条约的法定化发展》(上/下),《中国人大》2015 年第 20、21 期。

9. [德] Hans-Peter Lühr:《欧盟成员国有关污水处理的政策与立法》,《中国环保产业》2003 年第 2 期。

10. 胡必彬、杨志峰:《欧盟水环境政策研究》,《中国给水排水》2004

年第 7 期。

11. 胡必彬：《欧盟不同环境领域环境政策发展趋势分析》，《环境科学与管理》2006 年第 3 期。

12. 胡德胜：《英国的水资源法和生态环境用水保护》，《中国水利》2010 年第 5 期。

13. 胡康大：《英国议会权力的转移及其特点》，《欧洲研究》1991 年第 4 期。

14. 黄德林、王国飞：《欧盟地下水保护的立法实践及其启示》，《法学评论》2010 年第 5 期。

15. 蒋劲松：《英国的法案起草制度》，《中国人大》1996 年第 10 期。

16. 靳克斯：《英国法》，张季忻译，中国政法大学出版社 2007 年版。

17. 金铮：《国际条约在英国国内法解释中的作用》，《法制与社会》2006 年第 8 期。

18. 李伯钧：《英国议会是如何对政府法案进行审议的》，《人民政坛》1996 年第 6 期。

19. 李店标、付媛：《当代英国议会立法概览（上）》，《人大研究》2012 年第 8 期。

20. 李捷音：《英国脱欧的影响及未来走向》，《法制与社会》2016 第 12 期。

21. 李靖堃：《议会法令至上还是欧共体法至上?》，《欧洲研究》2006 年第 5 期。

22. 李林：《英国议会及政府的立法权限》，《学习时报》2005 年 3 月 28 日。

23. 李晓莉、乐琴：《浅议公共行政民营化中的法律保留》，《经济研究导刊》2010 年第 33 期。

24. 林征：《英国的立法制度》，《中国人大》1994 年第 15 期。

25. 刘登伟：《欧盟最新保护水资源政策浅析及对我国的启示》，《水利发展研究》2014 年第 12 期。

26. 刘光华、闵凡祥：《运行在国家与超国家之间：欧盟的立法制度》，江西高校出版社 2006 年版。

27. 刘建飞、刘启云：《英国议会》，华夏出版社 2002 年版。

28. 刘伟：《欧洲水制度及其对我国的启示》，《欧洲一体化研究》2004 年第 1 期。

29. 刘兆兴：《论欧盟法律与其成员国法律之间的关系》，《环球法律评论》2006 年第 3 期。

30. 马元珽：《英格兰和威尔士水资源管理的现行法律法规框架》，《治黄科技信息》2005 年第 5 期。

31. 迈克尔·赞德：《英国法：议会立法、法条解释、先例原则及法律改革》，江辉译，中国法制出版社 2014 年版。

32. 尼格尔·G. 福斯特：《欧盟立法》，何志鹏译，北京大学出版社 2007 年版。

33. 祁建平：《英国议会制度的变迁：从“议会主权”到“行政集权”》，《人大研究》2006 年第 11 期。

34. 秦蒬：《论英国宪法框架下国际条约的法律地位》，《中国外资月刊》2013 年第 6 期。

35. 丘日庆：《英国议会制定的法律的编号和称谓》，《国外法学》1983 年第 5 期。

36. 史际春、肖竹：《公用事业民营化及其相关法律问题研究》，《北京大学学报》2004 年第 4 期。

37. 水利部国际经济技术合作交流中心：《国际涉水条法选编》，社会科学文献出版社 2011 年版。

38. 司马俊莲：《略论英国法治发达之成因》，《法学评论》2006 年第 4 期。

39. 孙昂、王丽玉：《试论条约的国内法效力》，《法学评论》1986 年第 5 期。

40. 孙金华、陈静、朱乾德：《国内外水法规比较研究》，《中国水利》2015 年第 2 期。

41. 万其刚：《西方发达国家的授权立法》，《人大研究》1996 年第 11 期。

42. 王玉玮：《论欧盟法的直接效力原则和优先效力原则》，《安徽大学法律评论》2007 年第 2 期。

43. 温明月：《法律保留原则探析》，《行政与法》2006 年第 9 期。

44. 肖主安、冯建中：《走向绿色的欧洲：欧盟环境保护制度》，江西高校出版 2006 年版。

45. 姚建波：《论英国立法中的起草专员制度》，《法制博览》2015 年第 32 期。

46. 叶勇：《论法律保留原则及其界限》，《澳门法学》2011 年第 1 期。

47. 于安：《德国行政法》，清华大学出版社 1999 年版。

48. 张彩凤：《英国法治研究》，中国人民公安大学出版社 2001 年版。

49. 张虹：《论欧盟环境立法政策的发展演变》，载吕忠梅主编《环境资源法论丛》，法律出版社 2006 年版。

50. 张玲：《英国脱欧　难舍欧盟法》，《法治周末》2017 年 4 月 7 日。

51. 张英：《欧共体环境政策的法律基础、目标和原则探析》，《法学评论》1998 年第 4 期。

52. 章志远：《行政法学视野中的民营化》，《江苏社会科学》2005 年第 4 期。

53. 赵媛：《国际环境法将深刻影响英国环境立法》，http://study. ccln. gov. cn/fenke/faxue/fxxxlj/fxfdzl/400256. shtml。

54. 曾令良：《论欧共体法与成员国法的关系》，《法学论坛》2003 年第 1 期。

55. 郑艳馨：《英国公用企业管制制度及其借鉴》，《宁夏社会科学》2012 年第 2 期。

56. C Fitzpatrick, 2011, *UK: Parliament Discusses Future Water Legislation*, https://iwapublishing. com

57. CIEEM, 2015, *EU Environmental Legislation and UK Implementation*, https://www. cieem. net/data/files/Resource_Library/Policy/Policy_work/CIEEM_EU_Directive_Summaries. pdf.

58. C. T. Reid, 2016, "Brexit and the future of UK environmental law",

Journal of Energy & Natural Resources Law, Vol. 34, No. 4.

59. D. J. Hassan, 1995, "The Impact of EU Environmental Policy on Water Industry Reform", *Environmental Policy & Governance*, Vol. 5, No. 2.

60. Full Fact, 1998, *UK Law: What proportion is influenced by the EU*? https://fullfact.org/news/what-proportion-uk-law-comes-brussels/.

61. G. T. G. Scott, 1963, "Water Resources Control Legislation in Great Britain", *Journal-American Water Works Association*, Vol. 55, No. 8.

62. J. Burrows, 2011, "Legislation: Primary, Secondary and Tertiary", *Victoria University of Wellington Law Review*, Vol. 42, No. 1.

63. Ofwat, 2015, *The Development of the Water Industry in England and Wales*, https://www.ofwat.gov.uk/wp-content/uploads/2015/11/rpt_com_devwatindust270106.pdf.

64. R. Macrory, J. Newbigin, 2018, *Brexit and International Environmental Law*, https://www.cigionline.org/publications/brexit-and-international-environmental-law.

65. S. Hallett, N. Hanley, I. Moffatt, K. Taylor-Duncan, 1991, "UK Water Pollution Control: a Review of Legislation and Practice", *Environmental Policy & Governance*, Vol. 1, No. 3.

66. T. Turpin, 1993, "EC and UK Legislation on Environmental Assessment and its Effect on the UK Water Industry", *Water & Environment Journal*, *Vol.* 7, No. 3.

67. Water UK, 2018, *Legislation and Regulation*, https://www.water.org.uk/policy/legislation-and-regulation.

68. UK Parliament, 2018, *Making laws*, https://www.parliament.uk/about/how/laws/.

第五章

1. ［英］比尔·考克瑟、［英］林顿·罗宾斯、［英］罗伯特·里奇：《当代英国政治》，孔新峰、蒋鲲译，北京大学出版社2009年版。

2. 曹凯：《“国王”并非可有可无》，《历史学习》2009 年第 3 期。

3. 陈水生：《国外法定机构管理模式比较研究》，《学术界》2014 年第 10 期。

4. 段秀清：《英美政府机构名称》，《语言教育》1992 年第 10 期。

5. ［英］丹尼斯·卡瓦纳：《英国政治：延续与变革》，刘凤霞、张正国译，世界知识出版社 2014 年版。

6. 傅小随：《政策执行专职化：政策制定与执行适度分开的改革路径》，《中国行政管理》2008 年第 2 期。

7. 宫可成：《英美政府部门首长名称》，《语言教育》1999 年第 9 期。

8. 江宗植：《关于英国内阁制几个主要惯例的形成和确立的问题》，《西华师范大学学报》（哲学社会科学版）1992 年第 4 期。

9. 刘炳香：《英国政府机构改革对中国的几点启示》，《天津行政学院学报》2002 年第 1 期。

10. 陆柯萍：《英国执行局化改革对我国行政改革的启示》，《中国行政管理》2004 年第 2 期。

11. ［英］奈杰尔·福尔曼、［英］尼古拉斯·鲍德温：《英国政治通论》，苏淑民译，中国社会科学出版社 2015 年版。

12. 任进、石世峰：《英国地方自治制度的新发展》，《新视野》2006 年第 1 期。

13. 申喜连：《英国执行局的行政改革及其对我国行政改革的启示和借鉴》，《青海师范大学学报》（哲学社会科学版）2004 年第 2 期。

14. 孙法柏：《英国环境法律政策整合的机制与实践》，《山东科技大学学报》（社会科学版）2012 年第 1 期。

15. 孙宏伟：《英国地方自治的发展及其理论渊源》，《北京行政学院学报》2013 年第 2 期。

16. 孙迎春：《英国行政制度的现代化改革》，《国家行政学院学报》2001 年第 5 期。

17. 王鼎：《英国政府管理现代化：分权、民主与服务》，中国经济出版社 2008 年版。

18. 王健:《英国竞争主管机构的法律改革及其对我国的启示》,《中南大学学报》(社会科学版) 2005 年 6 期。

19. 王千华、王军:《公共服务提供机构的改革:中国的任务和英国的经验》,北京大学出版社 2010 年版。

20. 王小曼:《论英国的责任内阁制》,《欧洲研究》1989 年第 3 期。

21. 王由礼:《英国环境保护机构:官办正转为民办分散在走向统一》,《环境导报》1996 年第 4 期。

22. 尹继友:《英美政府首长名称一览》,《语言教育》1992 年第 10 期。

23. 赵静:《英国内阁制两党制与其宪政体制的关系》,《法制与社会》2012 年第 2 期。

24. 甄鹏:《英国官职翻译》,《英语世界》2008 年第 8 期。

25. 中央编办赴英国培训团:《英国的环境保护管理体制》,《行政科学论坛》2017 年第 2 期。

26. 周志忍:《大部制溯源英国改革历程的观察与思考》,《行政论坛》2008 年第 2 期。

27. 周志忍:《英国执行机构改革及其对我们的启示》,《中国行政管理》2004 年第 7 期。

28. 卓越:《欧洲国家一般内阁制的特点》,《欧洲研究》1992 年第 6 期。

29. Competition and Markets Authority, 2013, *Towards the CMA: CMA Guidance*, https://assets.publishing.service.gov.uk/government/uploads/system/uploads/attachment_data/file/212285/CMA1_-_Towards_the_CMA.pdf.

30. Competition and Markets Authority, 2017, *Competition and Markets Authority Annual Plan* 2017 *to* 2018, https://www.gov.uk/government/publications/competition-and-markets-authority-annual-plan-2017-to-2018.

31. Competition and Markets Authority, 2013, *CMA Board Rules of Procedure*, https://assets.publishing.service.gov.uk/government/uploads/system/uploads/attachment_data/file/511598/CMA_Board_Rules_of_Procedure.pdf.

32. Competition and Markets Authority, 2016, *Code of Conduct for CMA*

Panel Members, https://www.gov.uk/government/publications/cma-panel-code-of-conduct.

33. Competition and Markets Authority , 2018, *CMA Structure Chart as at March* 2018, https://assets.publishing.service.gov.uk/government/uploads/system/uploads/attachment_data/file/690893/CMA_organogram.pdf.

34. Defra, EA, 2017, *Framework Document*, https://assets.publishing.service.gov.uk/government/uploads/system/uploads/attachment_data/file/641424/Environment_Agency_Framework_Document.pdf.

35. Defra, 2018, *Department for Environment, Food and Rural Affairs Single Departmental Plan*, https://www.gov.uk/government/publications/department-for-environment-food-and-rural-affairs-single-departmental-plan.

36. DWI, 2012, *Guidance on the Implementation of the Water Suppy* (*Water Quality*) *Regulation* 2000 (*as amended*) *in England*, http://dwi.defra.gov.uk/stakeholders/guidance-and-codes-of-practice/WS (WQ) -regs-england2010.pdf.

37. EA, 2014, *Environment Agency Area and Region Operational Locations*, https://assets.publishing.service.gov.uk/government/uploads/system/uploads/attachment_data/file/549638/Environment_Agency_areas_map.pdf.

38. EA, 2016, *Creating a better place Our ambition to* 2020, https://assets.publishing.service.gov.uk/government/uploads/system/uploads/attachment_data/file/523006/Environment_Agency_our_ambition_to_2020.pdf.

39. EA, 2018, *Environment Agency Organisation Structure Chart*, https://assets.publishing.service.gov.uk/government/uploads/system/uploads/attachment_data/file/696692/EA_Organisation_Chart_April2018.pdf.

40. ICO, 2014, *Definition Document for Welsh Government Sponsored Bodies and Other Public Authorities*, https://ico.org.uk/media/for-organisations/documents/1261/definition-document-welsh-government-sponsored-bodies.pdf.

41. Ofwat, 2017, *Rules of Procedure for the Water Regulation Services Authority* (*Ofwat*), https://www.ofwat.gov.uk/wp-content/uploads/2017/07/Rules-of-Procedure-for-the-Water-Regulation-Authority-Ofwat-Oct – 2017.pdf.

42. Ofwat, Competition and Markets Authority, 2016, *Memorandum of Understanding Between Ofwat and the Competition and Markets Authority*, https://www. ofwat. gov. uk/wp-content/uploads/2015/10/Memorandum-of-understanding-between-Ofwat-and-the-Competition-and-Markets-Authority. pdf.

43. Ofwat, Welsh Ministers, 2011, *Memorandum of Understanding Between Ofwat and the Welsh ministers*, https://www. ofwat. gov. uk/wp-content/uploads/2015/10/Memorandum-of-understanding-between-Ofwat-and-the-Welsh-ministers. pdf.

44. Ofwat, DWI, 2008, *Memorandum of Understanding Between Ofwat and the Drinking Water Inspectorate*, https://www. ofwat. gov. uk/wp-content/uploads/2015/10/Memorandum-of-understanding-between-Ofwat-and-the-Drinking-Water-Inspectorate. pdf.

45. Ofwat, Defra, 2015, *Memoranda of Understanding Between Ofwat and Defra*, https://www. ofwat. gov. uk/wp-content/uploads/2015/10/Memoranda-of-Understanding-between-Ofwat-and-Defra. pdf.

46. Ofwat, EA, 2007, *Memorandum of Understanding Between Ofwat and Environment Agency*, https://www. ofwat. gov. uk/wp-content/uploads/2015/10/Memorandum-of-understanding-between-Ofwat-and-Environment-Agency. pdf.

47. Ofwat, CCwater, 2007, *Memorandum of Understanding Between Ofwat and Consumer Council for Water*, https://www. ofwat. gov. uk/wp-content/uploads/2015/10/Memorandum-of-understanding-between-Ofwat-and-Consumer-Council-for-Water1. pdf.

48. Ofwat, Health and Safety Executive, 2003, *Memorandum of Understanding Between the Office of Water Services and the Health and Safety Executive*, https://www. ofwat. gov. uk/publication/memorandum-of-understanding-between-the-office-of-water-services-and-the-health-and-safety-executive/.

49. Welsh Government, 2017, *Strategic Priorities and Objectives Statement to Ofwat Issued under Section 2B of the Water Industry Act* 1991, http://www. assembly. wales/laid%20documents/gen-ld11283/gen-ld11283 – e. pdf.

50. Wales Government, 2017, *Executive WGSB Contact Details*, https://gov.wales/docs/caecd/publications/170711 – sponsored-bodies-en.pdf.

51. UK Cabinet Office, 2017, *Public Bodies* 2017, https://assets.publishing.service.gov.uk/government/uploads/system/uploads/attachment_data/file/663615/PublicBodies2017.pdf.

52. UK Cabinet Office, 2015, *Public Bodies* 2015, https://assets.publishing.service.gov.uk/government/uploads/system/uploads/attachment_data/file/506880/Public_Bodies_2015_Web_9_Mar_2016.pdf.

53. UK Cabinet Office, 2016, *Public Bodies Transformation Programme* 2016 *to* 2020, https://www.gov.uk/guidance/public-bodies-reform#public-bodies-transformation-programme – 2016 – to – 2020.

54. UK Cabinet Office, 2017, *Partnerships Between Departments and Arm's Length Bodies: Code of Good Practice*, https://www.gov.uk/government/publications/partnerships-with-arms-length-bodies-code-of-good-practice.

55. UK Government, UK Parliamentary Commissioner for Administration, 2003, *Memorandum of Understanding on Co-operation Between Government Departments and the Parliamentary Commissioner for Administration on the Code of Practice on Access to Government Information*, https://www.ofwat.gov.uk/publication/memorandum-of-understanding-on-co-operation-between-government-departments-and-the-parliamentary-commissioner-for-administration-on-the-code-of-practice-on-access-to-government-information/.

第六章

1. 董石桃、蒋鸽：《英国水价管理制度的运行及其启示——基于泰晤士水务的分析》，《价格理论与实践》2016 年第 12 期。

2. 郭艳玲、曾建军：《英国自来水价格机制的启示》，《中国经贸导刊》2006 年第 11 期。

3. 姜翔程、方乐润：《英国水价制度介绍及启示》，《水利经济》2000 年第 1 期。

4. 李俊辰：《私营水务价格有效控制的英国样本》，《长三角》2009 年第 8 期。

5. 刘渝、杜江：《价格上限管制下的英国水价运行机制》，《价格理论与实践》2010 年第 2 期。

6. 毛春梅、蔡成林：《英国、澳大利亚取水费征收组成对外国水资源费征收的启示》，《水资源保护》2014 年第 2 期。

7. 曲世友：《发达国家供水价格管理模式比较与借鉴》，《价格理论与实践》2007 年第 1 期。

8. 唐婷婷：《中英城市供水价格管理制度的比较研究》，《现代商贸工业》2010 年第 12 期。

9. 陶小马、黄治国：《公用事业定价理论模型比较研究》，《价格理论与实践》2002 年第 7 期。

10. 万军：《英国的水价管理》，《人民长江》2000 年第 1 期。

11. 王含春、李文兴：《强自然垄断规制定价模式分析》，《北京交通大学学报》（社会科学版），2008 年第 3 期。

12. 向云、李振东：《强自然垄断行业的定价理论研究》，《时代金融》2014 年第 1 期。

13. 严明明：《公共服务供给模式的选择》，《齐鲁学刊》2011 年第 4 期。

14. 于孝同：《城市公共服务的定价》（下），《外国经济与管理》1986 年第 3 期。

15. 张璐琴：《典型国家城市供水价格体系的国际比较及启示》，《价格理论与实践》2015 年第 2 期。

16. 张雅君、杜晓亮、汪慧贞：《国外水价比较研究》，《给水排水》2008 年第 1 期。

17. 中国华禹水务产业投资基金筹备工作组：《英国水务改革与发展研究报告》，中国环境科学出版社 2007 年版。

18. A. Walker, 2009, *The Independent Review of Charging for Household Water and Sewerage Services: Final Report*, https://www.gov.uk/government/uploads/system/uploads/attachment_data/file/69459/walker-review-final-report.

pdf.

19. H. Averch, L. Johnson, 1973, "Behavior of the Firm under Regulatory Constraint: a Reassessment", *American Economic Review*, Vol. 63, No. 2.

20. S. Littlechild, 2003, "The Birth of RPI-X and other Observations", in Ian Bartle ed., *The UK Model of Utility Regulation.* CRI Proceedings 31, University of Bath. http://www.bath.ac.uk/management/cri/pubpdf/Conference_seminar/31_Model_Utility_Regulation.pdf.

21. D. S. Saal, D. Parker, 2001, "Productivity and Price Performance in the Privatized Water and Sewerage Companies of England and Wales", *Journal of Regulatory Economics*, Vol. 20, No. 1.

22. Defra, 2017, *The Government's Strategic Priorities and Objectives for Ofwat*, https://assets.publishing.service.gov.uk/government/uploads/system/uploads/attachment_data/file/.

23. Ofwat, 2018, *Charges Scheme Rules*, https://www.ofwat.gov.uk/wp-content/uploads/2018/07/Charges-scheme-rules.pdf.

24. Ofwat, 2017, *Delivering Water* 2020: *Our Final Methodology for the* 2019 *Price Review*, https://www.ofwat.gov.uk/wp-content/uploads/2017/12/Final-methodology-1.pdf.

25. Ofwat, 2017, *Welsh Government Priorities and Our* 2019 *Price Review Final Methodology*, https://www.ofwat.gov.uk/wp-content/uploads/2017/12/Welsh-Govt-priorities-FM.pdf.

26. Ofwat, 2016, *Water* 2020: *Regulatory Framework for Wholesale Markets and the* 2019 *Price Review*, https://www.ofwat.gov.uk/wp-content/uploads/2015/12/pap_tec20150525w2020app4.pdf.661803/sps-ofwat-2017.pdf.

27. Ofwat, 2014, *Board Leadership*, *Transparency and Governance-Principles*, https://www.ofwat.gov.uk/wp-content/uploads/2015/10/gud_pro20140131leadershipregco.pdf.

28. Ofwat, 2014, *Board Leadership*, *Transparency and Governance-Holding Company Principles*, https://www.ofwat.gov.uk/wp-content/uploads/2015/10/

gud_pro20140131leadershipholdco. pdf.

29. Ofwat, 2014, *Setting Price Controls for* 2015 – 20 – *Overview*, https://www. ofwat. gov. uk/wp-content/uploads/2015/10/det_pr20141212final. pdf.

30. Ofwat, 2012, *Involving Customers in Price Setting-Ofwat's Customer Engagement Policy*: *Further Information*, https://www. ofwat. gov. uk/wp-content/uploads/2015/11/prs_in1205customerengagement. pdf.

31. Ofwat, 2011, *Involving Customers in Price Setting-Ofwat's Customer Engagement Policy Statement*, https://www. ofwat. gov. uk/wp-content/uploads/2015/11/pap_pos20110811custengage. pdf.

32. Ofwat, 2009, *Future Water and Sewerage Charges* 2010 – 15: *Final Determinations*, https://www. ofwat. gov. uk/pricereview/pr09phase3/det_pr09_finalfull. pdf.

33. Ofwat, 2004, *Future Water and Sewerage Charges* 2005 – 2010: *Final Determinations*, http://www. ofwat. gov. uk/pricereview/pr04/det_pr_fd04. pdf.

34. Ofwat, 1999, *Final Determinations*: *Future Water and Sewerage Charges* 2000 – 2005, http://www. ofwat. gov. uk/pricereview/pr99/det_pr_fd99. pdf.

35. Ofwat, 1994, *Future Charges for Water and Sewerage Services*: *the Outcome of the Periodic Review*, http://www. ofwat. gov. uk/pricereview/det_pr_fd94. pdf.

36. Walsh Government, 2017, *Strategic Priorities and Objectives Statement to Ofwat*, http://www. assembly. wales/laid% 20documents/gen-ld11283/gen-ld11283 – e. pdf.

第七章

1. 杜英豪：《英格兰和威尔士的水务监管体系》，《中国给水排水》2006 年第 4 期。

2. 周小梅：《论自来水产业的市场结构重组及其管制政策》，《工业技术经济》2007 年第 10 期。

3. C. Cabodi, 2002, "Europe: Outsourcing Potential in the Municipal Water and Wastewater Sector", *WaterWorld*, 2002 – 11 – 04.

4. Defra, 2018, *Water Industry: Guidance to Ofwat for Water Bulk Supply and Discharge charges*, https://assets. publishing. service. gov. uk/government/uploads/system/uploads/attachment _ data/file/696389/ofwat-guidance-water-bulk-supply-discharge-charges. pdf.

5. Defra, 2017, *Consultation on Draft Regulations: Code Appeals for the Water Supply and Sewerage Licensing Regime-Summary of Responses and the Government's Response*, https://assets. publishing. service. gov. uk/government/uploads/system/uploads/attachment_ data/file/588981/water-code-appeals-consult-sum-resp. pdf.

6. Defra, 2017, *Water Supply Licence and Sewerage Licence* (*Modification of Standard Conditions*) *Order* 2017, http://www. legislation. gov. uk/uksi/2017/449/pdfs/uksi_20170449_en. pdf.

7. Defra, 2016, *WSSL Standard Conditions*, https://assets. publishing. service. gov. uk/government/uploads/system/uploads/attachment_data/file/508326/wssl-licence-conditions –2016. pdf.

8. Defra, 2016, *Standard Licence Conditions for Water Supply Licences with Wholesale and Supplementary Authorisations*, https://assets. publishing. service. gov. uk/government/uploads/system/uploads/attachment_ data/file/561878/wssl-slc-wholesale-supplementary-authorisations. pdf.

9. Defra, 2016, *Consultation on Draft Regulations: The Water and Sewerage Undertakers* (*Exit from Non-household Retail Market*) *Regulations-Summary of Responses and the Government's Response*, https://assets. publishing. service. gov. uk/government/uploads/system/uploads/attachment _ data/file/525999/retail-exits-consult-sum-resp. pdf.

10. Defra, 2016, *Water Supply and Sewerage Licences* (*Cross-Border Applications*) *Regulations* 2016, http://www. legislation. gov. uk/uksi/2016/181/pdfs/uksiem_20160181_en. pdf.

11. Defra, EA, Ofwat, 2015, 2010 *to* 2015 *Government Policy: Water Industry*, https://www. gov. uk/government/publications/2010 – to – 2015 – gov-

ernment-policy-water-industry/2010 – to – 2015 – government-policy-water-industry.

12. Defra, 2014, *Retail Exit Reform*, https://assets. publishing. service. gov. uk/government/uploads/system/uploads/attachment_data/file/326196/retail-exit-reform. pdf.

13. Defra, 2014, *Retail Exit Fact Sheet*, https://assets. publishing. service. gov. uk/government/uploads/system/uploads/attachment_data/file/385313/retail-exits-factsheet – 201412. pdf.

14. Defra, 2013, *Water Bill Reform of the Water Industry: Retail Competition*, https://assets. publishing. service. gov. uk/government/uploads/system/uploads/attachment_data/file/259662/pb14068 – water-bill-retail-competition. pdf.

15. Defra, 2011, *A Summary of Responses to the Consultation on the Cave Review of Competition and Innovation in Water Markets*, http://archive. defra. gov. uk/environment/quality/water/industry/cavereview/documents/cave-review-consult-summary. pdf.

16. Defra, 2011, *Water for Life: Market Reform Proposals*, https://assets. publishing. service. gov. uk/government/uploads/system/uploads/attachment_data/file/69480/water-for-life-market-proposals. pdf.

17. Defra, 2005, *The Water Supply Licence (Application) Regulations* 2005, http://www. legislation. gov. uk/uksi/2005/1638/pdfs/uksi_20051638_en. pdf.

18. Defra, 2005, *The Water Supply Licence (Modification of Standard Conditions) Order*, http://www. legislation. gov. uk/uksi/2005/2033/contents.

19. Defra, 2005, *The Water and Sewerage Undertakers (Inset Appointments) Regulations* 2005, http://www. legislation. gov. uk/uksi/2005/268/pdfs/uksi_20050268_en. pdf.

20. Defra, 2000, *The Water and Sewerage Undertakers (Inset Appointments) Regulations* 2000, http://www. legislation. gov. uk/uksi/2000/1842/pdfs/uksi_20001842_en. pdf.

21. Defra, National Assembly for Wales, 2005, *Water Supply Licence (New*

Customer Exception) Regulations 2005, http://www.legislation.gov.uk/uksi/2005/3076/pdfs/uksi_20053076_en.pdf.

22. Defra, National Assembly for Wales, 2005, *Water Supply Licence (Prescribed Water Fittings Requirements) Regulations* 2005, http://www.legislation.gov.uk/uksi/2005/3077/pdfs/uksi_20053077_en.pdf.

23. Department of Trade and Industry, 2001, *A World Class Competition Regime*, https://assets.publishing.service.gov.uk/government/uploads/system/uploads/attachment_data/file/265534/5233.pdf.

24. J Stern, 2012, "Developing Upstream Competition in the England and Wales Water Supply Industry: a New Approach", *Utilities Policy*, Vol. 21, No. 2.

25. J. Stern, 2010, "Introducing Competition into England and Wales Water Industry: Lessons from UK and EU Energy Market Liberalisation", *Utilities Policy*, Vol. 18, No. 3.

26. J. W. Sawkins, 2001, "The Development of Competition in the English and Welsh Water and Sewerage Industry", *Fiscal Studies*, Vol. 22, No. 2.

27. M. Cave, 2009, *Independent Review of Competition and Innovation in Water Markets: Final Report*, https://assets.publishing.service.gov.uk/government/uploads/system/uploads/attachment _ data/file/69462/cave-review-final-report.pdf.

28. M. Cave, J. Wright, 2010, "A Strategy for Introducing Competition in the Water Sector", *Utilities Policy*, Vol. 18 , No. 3.

29. MOSL, 2018, *The CEO Quarterly Market Review Q*1 2017/2018, https://www.open-water.org.uk/about-open-water/market-reports/test-market-report-5/.

30. OFT, 2010, *Guidance on the Application of the Competition Act* 1998 *in the Water and Sewerage Sectors*, https://assets.publishing.service.gov.uk/government/uploads/system/uploads/attachment_data/file/386916/Guidance_on_the_application_of_the_Competition_Act_1998_in_the_water_and_sewerage_sectors.pdf.

31. Ofwat, 2018, *Bulk Charges for NAVs: Final Guidance*, https://www.ofwat.gov.uk/wp-content/uploads/2018/05/Bulk-charges-for-NAVs-final-guidance.pdf.

32. Ofwat, 2018, *Application Process for Water Supply and Sewerage Licence Limited to Self-supply: Decision Document*, https://www.ofwat.gov.uk/wp-content/uploads/2018/05/Application-process-for-WSSL-limited-to-self-supply-decison-document.pdf.

33. Ofwat, 2018, *Market Arrangements Code* (*V2* – *V8*), https://www.mosl.co.uk/market-codes/codes.

34. Ofwat, 2018, *Wholesale-Retail Code Change Proposal-Ref CPW036*, https://www.ofwat.gov.uk/wp-content/uploads/2018/06/Wholesale-Retail-Code-Change-Proposal-Ref-CPW036.pdf.

35. Ofwat, 2018, *Audit Opinion for the Annual Performance Report* 2017/2018, https://www.ofwat.gov.uk/wp-content/uploads/2018/05/Audit-Opinion-for-the-Annual-Performance-Report – 2017 – 18.pdf.

36. Ofwat, 2018, *Applications for New Appointments and Variations* (*NAVs*) *under the "Unserved Criterion"*, https://www.ofwat.gov.uk/wp-content/uploads/2018/01/Applications-for-New-Appointments-and-Variations-NAVs-under-the – %E2%80%9Cunserved-criterion%E2%80%9D.pdf.

37. Ofwat, 2017, *New Connections Charges Rules from April* 2020 – *England: Decision Document*, https://www.ofwat.gov.uk/wp-content/uploads/2017/11/New-connections-charges-rules-from-April – 2020 – %E2%80%93 – England-Decision-Document.pdf.

38. Ofwat, 2017, *Study of the Market for New Appointments and Variations-Summary of Findings and Next Steps*, https://www.ofwat.gov.uk/wp-content/uploads/2017/10/20171010 – NAV-study-findings-and-next-steps-FINAL.pdf.

39. Ofwat, 2017, *New Appointee Charging for Non-household Customers in an Area Affected by Retail Exit*, https://www.ofwat.gov.uk/wp-content/uploads/2017/12/New-appointee-charging-for-non-household-customers-in-an-area-

affected-by-retail-exit – 1. pdf.

40. Ofwat, 2017, *Protecting Customers in the Business Market-Principles for Voluntary TPI Codes of Conduct*, https://www. ofwat. gov. uk/wp-content/uploads/2017/03/Protecting-customers-in-the-business-market-principles-for-voluntary-TPI-codes-of-conduct. pdf.

41. Ofwat, 2017, *Guidance on Ofwat's Approach to the Application of the Competition Act* 1998 *in the Water and Wastewater Sector in England and Wales*, https://www. ofwat. gov. uk/wp – content/uploads/2017/03/Guidance-on-Ofwats-approach-to-the-application-of-the-Competition-Act – 1998 – in-the-water-and-wastewater-sector-in-England-and-Wales. pdf.

42. Ofwat, 2017, *Customer Protection Code of Practice for the Non-household Retail Market*, https://www. ofwat. gov. uk/wp-content/uploads/2017/03/Customer-Protection-Code-of-Practice. pdf.

43. Ofwat, 2017, *Interim Supply Code*, https://www. ofwat. gov. uk/wp-content/uploads/2017/03/Interim-Supply-Code. pdf.

44. Ofwat, 2017, *Retail Exit Code*, https://www. ofwat. gov. uk/wp-content/uploads/2017/11/Retail-Exit-Code-v2. 0. pdf.

45. Ofwat, 2016, *Legal Framework for Retail Market Opening*, https://www. ofwat. gov. uk/wp-content/uploads/2017/02/Legal-framework-for-retail-market-opening-updated-February – 2017. pdf.

46. Ofwat, 2016, *Integrated Plan for Opening of the Retail Water Market*, https://www. ofwat. gov. uk/publication/integrated-plan-for-opening-of-the-retail-water-market/.

47. Ofwat, 2016, *Critical Path for Retail Market Opening*, https://www. ofwat. gov. uk/wp-content/uploads/2016/03/pap_tec20160322rmocritical-path. pdf.

48. Ofwat, 2016, *Eligibility Guidance on Whether Non-household Customers in England and Wales Are Eligible to Switch Their Retailer*, https://www. ofwat. gov. uk/wp-content/uploads/2016/07/pap_gud201607updatedretaileligibility.

pdf.

49. Ofwat, 2016, *Supplementary Guidance on Whether Non-household Customers in England and Wales Are Eligible to Switch Their Retailer*, https://www.ofwat.gov.uk/wp-content/uploads/2016/07/pap_gud201607suppretaileligibility.pdf.

50. Ofwat, 2016, *Enabling Effective Competition in the Provision of New Connections*, https://www.ofwat.gov.uk/wp-content/uploads/2015/09/pap_pos20160426developerservices.pdf.

51. Ofwat, 2016, *Costs and Benefits of Introducing Competition to Residential Customers in England*, https://www.ofwat.gov.uk/wp-content/uploads/2016/09/pap_tec20160919RRRfinal.pdf.

52. Ofwat, 2016, *Integrated Market Opening Plan*, https://www.ofwat.gov.uk/wp-content/uploads/2015/11/pap_tec20151104rmoplan.pdf.

53. Ofwat, 2015, *Open Water Programme-Roles of Different Organisations for Individual Pieces of Work*, https://www.ofwat.gov.uk/wp-content/uploads/2015/11/pap_pos201505openwaterwork.pdf.

54. Ofwat, 2015, *Roles, Responsibilities and Governance of the Open Water Programme and Transition Post May* 2015, https://www.ofwat.gov.uk/wp-content/uploads/2015/11/pap_pos201505openwatertrans.pdf.

55. Ofwat, 2015, *Extending Retail Competition to Residential Customers*, https://www.ofwat.gov.uk/regulated-companies/improving-regulation/extending-retail-competition-to-households/.

56. Ofwat, 2015, *New Appointments and Variations-a Statement of Our Process*, https://www.ofwat.gov.uk/wp-content/uploads/2015/12/pap_pos110228navprocess.pdf.

57. Ofwat, 2015, *Annual Report and Accounts* 2014/2015, https://www.ofwat.gov.uk/publication/annual-report-and-accounts – 2014 – 15/.

58. Ofwat, 2014, *New Appointments and Variations-a Statement of Our Policy*, https://www.ofwat.gov.uk/wp-content/uploads/2017/09/Statement-of-NAV-

policy. pdf.

59. Ofwat, 2014, *Improving Services for Customers on New Connections*, https://www. ofwat. gov. uk/wp-content/uploads/2015/11/prs_in1416newconnections. pdf.

60. Ofwat, 2011, *Guidance on Applying for a Water Supply Licence*, http://www. ofwat. gov. uk/regulated-companies/company-obligations/becoming-a-water-supply-licensee/applying-for-a-wsl/.

61. Ofwat, 2011, *New Appointments and Variation Applications-the Terms of Reference for Independent Professional Advisors Providing Site Status Reports*, https://www. ofwat. gov. uk/wp-content/uploads/2015/11/pap_pos110228navtor. pdf.

62. Ofwat, 2011, *Access Codes Guidance*, https://www. ofwat. gov. uk/competition/wsl/gud_pro_accesscodes. pdf.

63. Ofwat, 2010, *Annual Report* 2009/2010, https://www. ofwat. gov. uk/publication/annual-report - 2009 - 10/.

64. Ofwat, 2008, *Annual Report* 2007/2008, https://www. ofwat. gov. uk/publication/annual-report - 2007 - 08/.

65. Ofwat, 2007, *Annual Report* 2006/2007, https://www. ofwat. gov. uk/wp-content/uploads/2015/10/Annual-report - 2006 - 07. pdf.

66. Ofwat, 2006, *Annual Report* 2005/2006, https://www. ofwat. gov. uk/publication/ofwats-annual-report - 2005 - 2006/.

67. Ofwat, Defra, 2006, *The Development of the Water Industry in England and Wales*, https://www. ofwat. gov. uk/wp-content/uploads/2015/11/rpt_com_devwatindust270106. pdf.

68. Ofwat, 2005, *Annual Report* 2004/2005, https://www. ofwat. gov. uk/publication/annual-report-of-the-director-general-of-water-services - 2004 - 2005/.

69. Ofwat, 1995, *Competition in the Water Industry: Inset Appointment and Their Regulation*, British Library Document Supply Centre-DSC: GPC/06849.

70. OWP, 2013, *Open Water-The New Retail Market for Water and Sewerage Services: a Discussion Paper*, https://www. ofwat. gov. uk/wp-content/up-

loads/2016/02/prs_ inf20130627retailmarket – 1. pdf.

71. OWP, 2013, *The New Retail Market For Water And Sewerage Services: A Discussion Paper*, https://www. ofwat. gov. uk/wp-content/uploads/2016/02/prs_ inf20130627retailmarket – 1. pdf.

72. P. Scott, 2002, "Competition in Water Supply", *CRI Occasional Paper* 18, University of Bath, http://www. bath. ac. uk/management/cri/pubpdf/Occasional_ Papers/18_ Scott. pdf.

73. S. Cowan, 1997, "Competition in the Water Industry", *Oxford Review of Economic Policy*, Vol. 13, No. 1.

74. S. Priestley, D. Hough, 2016, "Increasing Competition in the Water Industry", *House of Commons: Briefing Papers*, Number CBP – 7259, 21 November, www. parliament. uk/commons-library | intranet. parliament. uk/commons-library.

75. Wales Government, 2017, *Charging Guidance to Ofwat Relating to Developer Charges, Bulk Supply Charges and Access Charges*, http://www. assembly. wales/laid%20documents/gen-ld11331/gen-ld11331 – e. pdf.

76. UK Parliament, 2014, *Water Act* 2014, http://www. legislation. gov. uk/ukpga/2014/21/pdfs/ukpga_ 20140021_ en. pdf.

77. UK Parliament, 2003, *Water Act* 2003, https://www. legislation. gov. uk/ukpga/2003/37/pdfs/ukpga_ 20030037_ en. pdf.

78. UK Parliament, 1992, *Competition and Service (Utilities) Act* 1992. http://www. legislation. gov. uk/ukpga/1992/43/pdfs/ukpga_ 19920043_ en. pdf.

79. UK Parliament, 1991, *Water Industry Act* 1991. http://www. legislation. gov. uk/ukpga/1991/56/pdfs/ukpga_ 19910056_ en. pdf.

80. UK Parliament, 1989, *Water Act* 1989. https://www. legislation. gov. uk/ukpga/1989/15/pdfs/ukpga_ 19890015_ en. pdf.

第八章

1. David Rooke、徐宪彪：《英格兰和威尔士的洪水风险管理策略》，《中国水利》2005 年第 20 期。

2. 何继军:《英国低碳产业支持策略及对我国的启示》,《金融发展研究》2009 年第 3 期。

3. 侯海涛:《英国如何管理水资源》,《城镇供水》2007 年第 6 期。

4. I. 巴克、张沙、张兰:《欧盟水框架指令下英格兰和威尔士水资源管理的创新》,《水利水电快报》2009 年第 9 期。

5. 矫勇、陈明忠、石波、孙平生:《英国法国水资源管理制度的考察》,《中国水利》2001 年第 3 期。

6. 景朝阳:《英国的节能减排:做法、经验及启示》,《经济与社会发展研究》2013 年第 3 期。

7. 可持续流域管理政策框架研究课题组:《英国的流域涉水管理体制政策及其对我国的启示》,《水利发展研究》2011 年第 5 期。

8. 李晶、王新义、贺骥:《英国和德国水环境治理模式鉴析》,《水利发展研究》2004 年第 1 期。

9. 李莎莎、翟国方、吴云清:《英国城市洪水风险管理的基本经验》,《国际城市规划》2011 年第 4 期。

10. 刘金清:《英国实行水资源的统一管理》,《中国水利》1988 年第 2 期。

11. 刘丽、陈丽萍、吴初国:《英国自然资源综合统一管理中的水资源管理》,《国土资源情报》2016 年第 3 期。

12. 罗少彤:《英国的水资源污染控制》,《人民珠江》1987 年第 6 期。

13. 毛春梅、蔡成林:《英国、澳大利亚取水费征收政策对我国水资源费征收的启示》,《水资源保护》2014 年第 3 期

14. N. 沃特森、朱庆云:《英国水资源综合管理的战略途径》,《水利水电快报》2015 年第 3 期。

15. P. B. Spillett:《英格兰和威尔士流域水资源综合管理发展进程》,中国水利部、英国泰晤士河水务局:中英流域水资源综合管理研讨会会议论文,2002 - 03 - 26。

16. 史芳斌:《英国的洪水风险管理》,《水利水电快报》2006 年第 24 期。

17. 孙义福、赵青、张长江:《英国水资源管理和水环境保护情况及其启示》,《山东水利》,2005 年第 3 期。

18. 万钧、柳长顺:《英国取水许可制度及其启示》,《水利发展研究》2014 年第 10 期。

19. 谢齐:《流域水资源开发管理和洪水管理的决策支持系统——MDSF》,《中国水利》2003 年第 18 期。

20. 刑鸿飞:《论作为财产权的水权》,《河北法学》2008 年第 2 期。

21. 张仁田、童利忠:《水权、水权分配与水权交易体制的初步研究》,《中国水利报》2002 - 06 - 26。

22. 张通:《英国政府推行节能减排的主要特点及其对我国的启示》,《经济研究参考》2008 年第 7 期。

23. 张卓群、肖强、于升峰:《国外流域综合管理典型案例研究及对我国的启示》,《江苏商论》2016 年第 25 期。

24. 宗世荣、赵润:《国际流域管理模式分析以及对我国流域管理的启示》,《环境科学导刊》2016 年第 s1 期。

25. 左英勇:《英国的水资源管理》,《河南水利与南水北调》2011 年第 9 期。

26. BEIS, 2014, *ECA Energy Technology List* 2014: *Water Source Split and Multi-split (including Variable Refrigerant Flow) Heat Pumps*, https://www.gov.uk/government/uploads/system/uploads/attachment_data/file/385494/2014_Water_source_split_multi_split.pdf.

27. Defra, 2018, *A Green Future*: *Our* 25 *Year Plan to Improve the Environment*, https://www.gov.uk/government/uploads/system/uploads/attachment_data/file/693158/25 - year-environment-plan.pdf.

28. Defra, 2018, *Water Abstraction Statistics*: *England*, 2000 *to* 2016, https://www.gov.uk/government/uploads/system/uploads/attachment_data/file/679918/Water_Abstraction_Statistics_England_2000_2016.pdf.

29. Defra, EA, 2018, *Surface Water Management*: *An Action Plan*, https://www.gov.uk/government/uploads/system/uploads/attachment_data/file/

725664/surface-water-management-action-plan-july –2018. pdf.

30. Defra, EA, 2018, *Rules for Farmers and Land Managers to Prevent Water Pollution*, https://www. gov. uk/guidance/rules-for-farmers-and-land-managers-to-prevent-water-pollution.

31. Defra, EA, 2018, *Discharges to Surface Water and Groundwater: Environmental Permits*, https://www. gov. uk/guidance/discharges-to-surface-water-and-groundwater-environmental-permits.

32. Defra, EA, Natural England, Rural Payments Agency, 2018, *Guide for Agreement Holders: Water Environment Grant*, https://www. gov. uk/government/publications/water-environment-grant-weg-handbooks-guidance-and-forms/guide-for-agreement-holders-water-environment-grant.

33. Defra, EA, Natural England, Rural Payments Agency, 2018, *Guide for Applicants: Water Environment Grant*, https://www. gov. uk/government/publications/water-environment-grant-weg-handbooks-guidance-and-forms/guide-for-applicants-water-environment-grant.

34. Defra, 2017, *Protecting our Water, Soil and Air*, https://www. gov. uk/government/uploads/system/uploads/attachment _ data/file/268691/pb13558 – cogap –131223. pdf.

35. Defra, Office of the Secretary of State for Wales, Rt Hon Alun Cairns MP, Rt Hon Michael Gove MP, 2017, *Intergovernmental Protocol on Water Resources, Water Supply and Water Quality*, https://assets. publishing. service. gov. uk/government/uploads/system/uploads/attachment_ data/file/659852/Signed_ Intergovernmental_ protocol_ English. pdf.

36. Defra, Welsh Government, Scottish Government, DAERA of Northern Ireland, 2017, *Environmental Impact Assessment-Joint Technical Consultation: Planning Changes to Regulations on Forestry, Agriculture, Water Resources, Land Drainage and Marine Works*, https://www. gov. uk/government/uploads/system/uploads/attachment_ data/file/669486/eia-consult-government-response-final. pdf.

37. Defra, EA, 2017, *Water Resources Planning: How Water Companies*

Ensure a Secure Supply of Water for Homes and Businesses, https://www.gov.uk/government/publications/water-resources-planning-managing-supply-and-demand/water-resources-planning-how-water-companies-ensure-a-secure-supply-of-water-for-homes-and-businesses.

38. Defra, Welsh Government, Wales Office, 2017, *Intergovernmental Protocol on Water Resources, Water Supply and Water Quality*, https://assets.publishing.service.gov.uk/government/uploads/system/uploads/attachment_data/file/659852/Signed_Intergovernmental_protocol_English.pdf.

39. Defra, 2016, *Enhanced Capital Allowance Scheme for Water: Water Technology Product List*, https://www.gov.uk/government/uploads/system/uploads/attachment_data/file/535274/water-technology-product-list-2016.pdf.

40. Defra, 2016, *Enhanced Capital Allowance Scheme for Water: Water Technology Criteria List*, https://www.gov.uk/government/uploads/system/uploads/attachment_data/file/535275/water-technology-criteria-list-2016.pdf.

41. Defra, EA, Natural England, Forestry Commission England, 2016, *Creating a Great Place for Living: Defra's Strategy to* 2020, https://assets.publishing.service.gov.uk/government/uploads/system/uploads/attachment_data/file/716897/defra-strategy-160219.pdf.

42. Defra, 2015, *Sustainable Procurement: the GBS for Water-using Products*, https://www.gov.uk/government/publications/sustainable-procurement-the-gbs-for-water-using-products.

43. Defra, EA, 2016, *Creating a Great Place for Living Enabling Resilience in the Water Sector*, https://www.gov.uk/government/uploads/system/uploads/attachment_data/file/504681/resilience-water-sector.pdf.

44. Defra, EA, 2015, *How to Write a Drought Plan*, https://www.gov.uk/government/collections/how-to-write-and-publish-a-drought-plan.

45. Defra, 2014, *Action Taken by Government to Encourage the Conservation of Water*, https://www.gov.uk/government/uploads/system/uploads/attachment_data/file/308019/pb14117-water-conservation-action-by-government.pdf.

46. Defra, 2014, *Procurer's Note: Water-Using Products*, https://www.gov.uk/government/uploads/system/uploads/attachment_data/file/341555/GOV.UK_GBS_Water_using_products_procurers_note.pdf.

47. Defra, 2011, *Water for Life: [White Paper]*, https://www.gov.uk/government/uploads/system/uploads/attachment_data/file/228861/8230.pdf.

48. Defra, 2010, *Surface Water Management Plan Technical Guidance*, https://www.gov.uk/government/uploads/system/uploads/attachment_data/file/69342/pb13546 – swmp-guidance – 100319.pdf.

49. Defra, 2010, *Environmental Permitting Guidance: Water Discharge Activities*, https://www.gov.uk/government/uploads/system/uploads/attachment_data/file/69345/pb13561 – ep2010waterdischarge – 101220.pdf.

50. Defra, 2010, *Environmental Permitting Guidance: Core guidance*, https://www.gov.uk/government/uploads/system/uploads/attachment_data/file/211852/pb13897 – ep-core-guidance – 130220.pdf.

51. Defra, 2010, *Environmental Permitting Guidance: Groundwater Activities*, https://www.gov.uk/government/uploads/system/uploads/attachment_data/file/69474/pb13555 – ep-groundwater-activities – 101221.pdf.

52. Defra, 2010, *Environmental Permitting Guidance-Water Discharge Activities: For the Environmental Permitting (England and Wales) Regulations* 2010, https://assets.publishing.service.gov.uk/government/uploads/system/uploads/attachment_data/file/69345/pb13561 – ep2010waterdischarge – 101220.pdf.

53. Defra, 2009, *Protecting Our Water, Soil and Air: A Code of Good Agricultural Practicefor Farmers, Growers and Land Managers*, https://assets.publishing.service.gov.uk/government/uploads/system/uploads/attachment_data/file/268691/pb13558 – cogap – 131223.pdf.

54. Defra, 2002, *Directing the Flow-Priorities for Future Water Policy*, http://www.defra.gov.uk/environment/quality/water/strategy/pdf/directing_the_flow.pdf.

55. EA, Natural England, 2018, *Water Environment Grant (WEG) Funding*

Agreement: Terms and Conditions, https://www.gov.uk/government/uploads/system/uploads/attachment_data/file/715498/weg-terms-and-conditions.pdf.

56. EA, 2018, *Water Companies: Water Treatment Works Discharge Limits for Environmental Permits*, https://www.gov.uk/government/publications/water-companies-water-treatment-works-discharge-limits-for-environmental-permits.

57. EA, 2018, *Water Companies: Operator Self Monitoring (OSM) Environmental Permits*, https://www.gov.uk/government/publications/water-companies-operator-self-monitoring-osm-environmental-permits.

58. EA, 2018, *Domestic Sewage: Discharges to Surface Water and Groundwater*, https://www.gov.uk/government/publications/domestic-sewage-discharges-to-surface-water-and-groundwater.

59. EA, 2018, *Water Companies: Control of Chemicals Used for Dosing at Waste Water Treatment Works*, https://www.gov.uk/government/publications/water-companies-control-of-chemicals-used-for-dosing-at-waste-water-treatment-works.

60. EA, 2018, *Abstraction Charges Scheme* 2018 *to* 2019, https://www.gov.uk/government/uploads/system/uploads/attachment_data/file/691736/Abstraction-Charges-Scheme - 2018 - 2019.pdf.

61. EA, 2018, *Water Abstraction: Application to Apportion an Abstraction Licence*, https://assets.publishing.service.gov.uk/government/uploads/system/uploads/attachment_data/file/452666/LIT_9917.pdf.

62. EA, 2018, *Water Abstraction: Application Form to Renew a Licence*, https://assets.publishing.service.gov.uk/government/uploads/system/uploads/attachment_data/file/724984/Form-WR327 - application-for-a-new-licence.pdf.

63. EA, 2018, *Water Abstraction: Transfer an Abstraction or Impoundment Licence*, https://assets.publishing.service.gov.uk/government/uploads/system/uploads/attachment_data/file/452664/LIT_9916.pdf.

64. EA, 2018, *Environment Agency Enforcement and Sanctions Policy*, https://www.gov.uk/government/publications/environment-agency-enforcement-

and-sanctions-policy.

65. EA, 2014, *River Basin Management Planning: Challenges and Choices Consultation Response Document*, https://www.gov.uk/government/uploads/system/uploads/attachment_data/file/538386/Challenges_and_choices_consultation_response_document.pdf.

66. EA, 2013, *River Basin Management: Working Together Consultation Response Document for England and Wales*, https://www.gov.uk/government/uploads/system/uploads/attachment_data/file/540979/Working_Together_National_consultation_response_document.pdf.

67. EA, 2009, *Water Resources Strategy for England and Wales: Water for People and the Environment*, http://www.environment-agency.gov.uk/research/library/publications/40731.aspx.

68. EA, 2008, *Intelligent Metering for Water: Potential Alignment with Energy Smart Metering*, https://www.gov.uk/government/uploads/system/uploads/attachment_data/file/290979/scho0508bobg-e-e.pdf.

69. EA, 2002, *Managing Water Abstraction: The Catchment Abstraction Management Strategy process*, http://www.environment-agency.gov.uk/cams.

70. NRW, 2018, *Our Charges: Water Resources Application Fees* 2017 – 2018, https://naturalresources.wales/permits-and-permissions/water-abstraction-and-impoundment/our-charges/? lang = en.

71. Wales Government, 2016, *The Water Resources Management Plan (Wales) Directions* 2016, https://gov.wales/docs/desh/publications/160405 – the-water-resources-management-plan-wales-directions-en.pdf.

72. Wales Government, 2016, *The Welsh Government Guiding Principles for Developing Water Resources Management Plans (WRMP's) for* 2020, https://gov.wales/docs/desh/publications/160405 – guiding-principles-for-developing-water-resources-management-plans-for – 2020 – en.PDF.

73. UK Government, 2011, *The Natural Choice: Securing the Value of Nature*, https://assets.publishing.service.gov.uk/government/uploads/system/up-

loads/attachment_ data/file/228842/8082. pdf.

第九章

1. ［美］阿瑟·赫尔曼：《苏格兰：现代世界文明的起点》，启蒙编译所译，上海社会科学院出版社 2018 年版。

2. ［英］安德鲁·甘布尔：《欧盟的不联盟》，楼苏萍编译，《马克思主义与现实》2006 年第 6 期。

3. 戴宗正：《苏格兰水务服务引入招投标》，《中国政府采购报》2011－03－24。

4. 韩昕：《英国大选中的苏格兰独立问题》，《世界知识》1992 年第 9 期。

5. ［英］玛格丽特·撒切尔：《通往权力之路：撒切尔夫人》，李宏强译，国际文化出版社 2005 年版。

6. 宋国明：《英国水资源及产业管理体制与特点》，http://www.mlr.gov.cn/zljc/201006/t20100621_722282. htm。

7. ［英］托尼·布莱尔：《新英国：我对一个年轻国家的愿望》，曹振寰译，世界知识出版社 1998 年版。

8. 杨义萍、申义怀：《苏格兰民族独立运动及其影响》，《现代国际关系》1992 年第 5 期。

9. 岳恒：《浅析英国国内的苏格兰民族主义》，《西安文理学院学报》2009 年第 6 期。

10. A. Sutherland, 2007, "Efficiency Incentives for Public Sector Monopolies: the Case of Scottish Water", *Competition & Regulation in Network Industries*, Vol. 8, No. 12.

11. B. Wagner, N. Fain, 2017, "Regulatory Influences on Innovation in the Public Sector: the Role of Regulatory Regimes", *Public Management Review*, Vol. 19, No. 2.

12. B. Walker, 2006, "A Handful of Heuristics and Some Propositions for Understanding Resilience in Social-Ecological Systems", *Ecology and Society*,

Vol. 11, No. 1.

13. C. Cooper, W. Dinan, T. Kane, D. Miller, S. Russell, 2006, *Scottish Water: the Drift to Privatisation and How Democratisation Could Improve Efficiency and Lower Costs*, http://www.stuc.org.uk/files/e-brief/20nov/202006/Waterreportfinal.pdf.

14. CMA, 2017, *Business Review* 2016/2017, http://www.cmascotland.com/about-us/.

15. D. C. North, 1990, *Institutions, Institutional Change and Economic Performance*, New York: Cambridge University Press.

16. D. Grimsey, M. K. Lewis, 2002, "Evaluating the Risks of Public Private Partnership for Infrastructure Projects", *International Journal of Project Management*, Vol. 14, No. 1.

17. D. Simpson, 2013, *Regulation and Competition in the Water Industry in Scotland: Some Lessons from Experience*, http://www.davidhumeinstitute.com/images/stories/Research.

18. D. Wilson, C. Game, 2011, *Local Government in the United Kingdom*, Hampshire and New York: Palgrave Macmillan.

19. DWQR, 2017, *Annual Report*, http://dwqr.scot/information/annual-report/.

20. DWQR, 2015, *Enforcement Policy*, http://dwqr.scot/about-us/.

21. DWQR, 2015, *Annual Report*. http://dwqr.scot/information/annual-report/.

22. DWQR, 2013, *Annual Report*, http://dwqr.scot/information/annual-report/.

23. DWQR, 2012, *Enforcement Policy*, http://dwqr.scot/about-us/.

24. DWQR, 2012, *Annual Report*, http://dwqr.scot/information/annual-report/.

25. F. Parker, S. Hendry, 2013, *Competition Without Privatisation: The Scottish Model of Governance and Regulation*, https://www.researchgate.net/

publication/295627410.

26. I. Byatt, 2006, *Balancing Regulation and Competition in the Water Business in Scotland*, David Hume Institute , 2006 – 04 – 19.

27. J. Cubbin, 2005, "Efficiency in the Water Industry", *Utilities Policy*, Vol. 13, No. 4.

28. J. J. Rouillard, K. V. Heal, T. Ball, A. D. Reeves, 2013, "Policy Integration for Adaptive Water Governance: Learning from Scotland's Experience", *Environmental Science & Policy*, Vol. 33, No. 12.

29. J. W. Sawkins, S. Reid, 2007, "The Measurement and Regulation of Cross Subsidy: the Case of the Scottish Water Industry", *Utilities Policy*, Vol. 15, No. 1.

30. J. W. Sawkins, V. A. Dickie, 2000, "Economic and Environmental Regulatory Reform: the Case of the Scottish Water Industry", *Hume Papers on Public Policy*, Vol. 8, No. 2. p. 74.

31. J. W. Sawkins, V. A. Dickie, 1999, "Regulating Scottish Water: Regulatory Reform in the Scottish Water Industry: Recent Progress and Future Prospects", *Utilities Policy*, Vol. 8, No. 4.

32. J. W. Sawkins, 1998, "The Restructuring and Reform of the Scottish Rater Industry: A Job Half Finished", *Quarterly Economic Commentary*, Vol. 23, No. 4.

33. J. W. Sawkins, 1997, "Reforming the Scottish Water Industry: One Year On", *Quarterly Economic Commentary*, Vol. 22, No. 3.

34. J. W. Sawkins, 1994, "The Scottish Water Industry: Recent Performance and Future Prospects", *Quarterly Economic Commentary*, Vol. 20, No. 1.

35. M. Black, 1996, "Thirsty Cities: Water, Sanitation and the Urban Poor", *WaterAid Briefing Paper*, https://www.ircwash.org/sites/default/files/Black – 1996 – Thirsty.pdf.

36. Ofwat, 2005, *Annual Report* 2004/2005, http://www.ofwat.gov.uk/publications/.

37. P. Coleshill, J. W. Sheffield, 2010, "Project Appraisal and Capital Investment Decision Making in the Scottish Water Industry", *Financial Accountability & Management*, Vol. 16, No. 1.

38. R. C. Ferrier, A. C. Edwards, 2002, "Sustainability of Scottish Water Quality in the Early 21st Century", *Science of The Total Environment*, Vol. 294, No. 1 – 3.

39. R. Parry, 1986, "Privatisation and the Tarnishing of the Scottish Public Sector", in D. McCrone ed., *Scottish Government Yearbook*, University of Edinburgh's Unit for the Study of Government in Scotland.

40. S. Hendry, 2016, "Scottish Water: a Public Sector Success Story", *Water International*. Vol. 41, No. 6.

41. S. Littlechild, 2014, "The Customer Forum: Customer Engagement in the Scottish Water Sector", *Utilities Policy*. Vol. 31, No. 12.

42. Scottish Government, 2002, *A Guide to Public Bodies in Scotland*, https://www.gov.scot/Publications/2002/04/gpbs/pdf.

43. Scottish Parliament, 2013, *Water Resources (Scotland) Act* 2013, http://www.legislation.gov.uk/asp/2013/5/pdfs/asp_20130005_en.pdf.

44. Scottish Parliament, 2010, *Public Services Reform Act* 2010, http://www.legislation.gov.uk/asp/2010/8/pdfs/asp_20100008_en.pdf.

45. Scottish Parliament, 2005, *Water Services etc. (Scotland) Act* 2005, http://www.legislation.gov.uk/asp/2005/3/pdfs/asp_20050003_en.pdf.

46. Scottish Parliament, 2003, *Water Environment and Water Services (Scotland) Act* 2003, http://www.legislation.gov.uk/asp/2003/3/pdfs/asp_20030003_en.pdf.

47. Scottish Parliament, 2002, *Water Industry (Scotland) Act* 2002, http://www.legislation.gov.uk/asp/2002/3/pdfs/asp_20020003_en.pdf.

48. Scottish Parliament, 2002, *Scottish Public Services Ombudsman Act* 2002, http://www.legislation.gov.uk/asp/2002/11/pdfs/asp_20020011_en.pdf.

49. SEPA, 2018, *Corporate Performance Measures Summaries*, https://

www. sepa. org. uk/media/375526/corporate_ performance_ measures_ summaries_ 2018_2019. pdf.

50. SEPA, 2018, *Annual Operating Plan* 2018/2019, https://www. sepa. org. uk/media/344288/annual-operating-plan – 2018 – 2019. pdf.

51. SEPA, 2017. *Corporate Plan* 2017 – 2022, https://www. sepa. org. uk/ media/286930/2017 – 2022 – corporate-plan. pdf.

52. SEPA, 2014, *Enforcement Report* 2013/2014, https://www. sepa. org. uk/media/340366/sepa-enforcement-report – 2013 – 14 – final-hi-res. pdf.

53. SW, 2018, *Scottish Water Structure*, http://www. scottishwater. co. uk/ about-us.

54. SW, 2002—2018, *The Scottish Water Annual Report*, https:// www. scottishwater. co. uk/about-us/publications/annual-reports/annual-report.

55. SW, 2007, *Costs and Performance Report* 2006/2007, http:// www. watercommission. co. uk/UserFiles/Documents.

56. SW, 2003, *Costs and Performance Report* 2002/2003, http:// www. watercommission. co. uk/UserFiles/Documents.

57. SW, SEPA, 2011, *Water Supply and Sanitation in Scotland*, Stru-Press.

58. SPSO, 2012, *Annual Report* 2011/2012, https://www. spso. org. uk/ annual-reports.

59. SPSO, 2017, *Annual Report* 2016/2017, https://www. spso. org. uk/ annual-reports.

60. WICS, 2003, *Annual Investment and Asset Management Report*: *Costs and Performance Report* 2002/2003, http://www. watercommission. co. uk.

61. W. R. D. Sewell, J. T. Coppock, A. Pitkethly, 2011, *Institutional Innovation in Water Management*: *the Scottish Experience*, CRC Press.

62. WWS, 2009, *Written Submission From Waterwatch Scotland*, http://archive. scottish. parliament. uk/s3/committees/ticc/inquiries/documents.

63. UK Parliament, 2003, *Local Government in Scotland Act* 2003, http://

www. legislation. gov. uk/asp/2003/1/pdfs/asp_20030001_en. pdf.

64. UK Parliament, 1995, *Environment Act* 1995, http://www. legislation. gov. uk/ukpga/1995/25/pdfs/ukpga_19950025_en. pdf.

65. UK Parliament, 1994, *Local Government etc.* (*Scotland*) *Act* 1994, http://www. legislation. gov. uk/ukpga/1994/39/pdfs/ukpga_19940039_en. pdf.

66. UK Parliament, 1991, *Water Industry Act* 1991, http://www. legislation. gov. uk/browse.

67. UK Parliament, 1973, 1975, *Local Government* (*Scotland*) *Act* 1973, 1975, http://www. legislation. gov. uk/browse.

68. UK Parliament, 1946, 1949, 1967, *Water* (*Scotland*) *Act* 1946, 1949, 1967, http://www. legislation. gov. uk/browse.

69. UK Parliament, 1944, *Rural Water Supplies and Sewerage Act* 1944, http://www. legislation. gov. uk/ukpga/1944/26/pdfs/ukpga_19440026_en. pdf.

70. UK Parliament, 1897, *Public Health* (*Scotland*) *Act* 1897, http://www. legislation. gov. uk/browse.

第十章

1. 刘绯：《英国的地方政府》，《欧洲》1993年第3期。

2. 刘金源：《布莱尔当政后的北爱尔兰和平进程》，《世界民族》2005年第1期。

3. 邱显平、杨小明：《北爱尔兰民族冲突化解途径分析》，《世界民族》2008年第6期。

4. 章毅君：《北爱尔兰和平进程述论》，《中央民族大学学报》2007年第4期。

5. Her Majesty's Most Honourable Privy Council, 1984, *The General Consumer Council* (*Northern Ireland*) *Order* 1984, http://www. legislation. gov. uk/browse.

6. Her Majesty's Most Honourable Privy Council, 2006, *The Water and Sewerage Services* (*Northern Ireland*) *Order* 2006, http://www. legislation. gov. uk/

browse.

7. Her Majesty's Most Honourable Privy Council, 1999, *The Departments (Northern Ireland) Order* 1999, http://www.legislation.gov.uk/nisi/1999/283/pdfs/uksi_19990283_en.pdf.

8. W. R. Darby, 2010, *Short History of Belfast's Mourne Water Supply*, http://www.earc.org.uk/ShortHistoryofBelfastWaterSupply.htm.

9. Northern Ireland Assembly, 2016, *Water and Sewerage Services Act (Northern Ireland)* 2016, http://www.legislation.gov.uk/.

10. Northern Ireland Parliament, 1945, *Water Supplies and Sewerage Act (Northern Ireland)* 1945, http://www.legislation.gov.uk/.

11. DAERA, 2017, *The Water Supply (Water Quality) Regulations (Northern Ireland)* 2017, http://www.legislation.gov.uk/.

12. NWI, 2007, 2008, 2018, *Water Service Annual Report and Accounts* 2006/2007, 2007/2008, 2017/2018, https://www.niwater.com/annual-report/.

13. Northern Ireland Water Service, 2005, *Annual Report and Accounts* 2004/2005, https://assets.publishing.service.gov.uk/government/uploads/system/uploads/attachment_data/file/273513/0120.pdf.

14. Northern Ireland Assembly, 2016, *Departments Act (Northern Ireland)* 2016, http://www.legislation.gov.uk/nia/2016/5/pdfs/nia_20160005_en.pdf.

15. Northern Ireland Assembly, 2016, *Water and Sewerage Services Act (Northern Ireland)* 2016, http://www.legislation.gov.uk/nia/2016/7/pdfs/nia_20160007_en.pdf.

16. The Utility Regulator, 2018, *Water and Sewerage Services Cost and Performance Report for* 2016/2017, https://www.uregni.gov.uk/publications/ni-water-cost-and-performance-report-2016-2017.

17. UK Parliament, 1998, *Northern Ireland Act* 1998, https://www.legislation.gov.uk/ukpga/1998/47/pdfs/ukpga_19980047_en.pdf.

后　记

我对市政公共服务市场化与监管体制改革问题的关注，始于 2003 年。彼时有一机缘与北京大学经济学院黄桂田教授合作，开展了一个博士后项目的研究，即“英国水务产业民营化及监管体制改革研究”。观察对象是英国城市自来水行业的发展与市场化改革，焦点则是政府在这一过程中所扮演的角色和功能，以及随着市场化的进展而重塑政府监管结构和监管规则的实践经验。当时之所以选择这一课题，首先是因为建设部于 2002 年出台了《关于加快市政公用行业市场化进程的意见》，这是国家层面第一个有关推动市政公共服务市场化改革的正式文件，明确鼓励国内外社会资本参与中国市政基础设施领域的建设，由此引发了社会资本投资市政公共服务的热潮。在此浪潮中，政府该如何发挥“元治理”的作用？如何提升对这一市场化进程及市场本身的监管水平和监管能力？如何平衡市政服务市场上各类利害相关者的不同利益主张？如何以公共利益代表者的身份，维护和保障市政公共服务的公益性？如何通过市政公共服务市场化带动经济社会发展的新的增长点？等等。这些问题既是现实问题，也是理论热点，而且迄今不衰。其次是因为，英国作为老牌的市场经济国家，在 20 世纪 80 年代末进行了“再市场化”改革，其中其城市自来水行业的私有化引起举世瞩目。与这一过程密不可分的是其政府行政改革，换言之，它通过与时俱进地重塑政府，从而始终保持政府拥有与市政服务市场化进度相匹配的监管力。因此，研究英国城市水政改革，也许从中可以获得有益的启示和借鉴。

2004 年，我有幸参与了中央财经大学法学院曹富国教授发起，并与国家建设部政策研究中心秦虹主任等共同组织的赴英考察活动，实地参观考察了伦敦、曼彻斯特等城市市政服务市场化的实践情况及英国中央政府相关监管体系的架构，获得了切身的体认。到 2005 年 6 月，完成了最初的研究论文及约 10 万字的研究报告，作为博士后出站成果。自此后，也一直对这一领域中的改革动向和学术动向保持关注。2009 年，指导研究生对国内城市供水行业市场化改革问题进行了专门研究；2011 年，本项研究获得了国家教育部人文社会科学研究规划基金项目支持。同年，曾再赴英国，对伦敦、约克等城市市政服务市场化与监管改革的新进展进行追踪观察，并建立了新的学术合作关系。在常年关注积累的资料基础上，到 2016 年 6 月，形成了本书第一稿。2017 年 8 月—2018 年 11 月，在第一稿的基础上，终成此稿。

本项研究历经了漫长的过程。现在得以完成，首先要感谢深圳大学城市治理研究院的伙伴们！置身于这个精诚团结、精进向上的团队中，常常令我感到生活很美好，可以心无旁骛，学术专攻。感谢我们的院长黄卫平教授，作为这个学术共同体的缔造者，从他那里总是能够汲取到源源不断的动力、鼓励、支持和智慧的启迪。感谢张定淮教授、汪永成教授，他们对“半公营部门”、对公共服务市场化风险问题进行过深入思考和分析，与他们曾经的讨论，对本项研究大有裨益；感谢那些意气风发的年轻伙伴们——陈家喜、陈文、程浩、谷志军、郭少青、劳婕、雷雨若、聂伟、王大伟、吴沛谦、张树剑及刚进的新人陈科霖、王莹莹、段哲哲、郑崇明等，与他们日常的交流和切磋，总能使我惊喜地收获灵感与能量。惟愿此著，能够为学院的建设添薪加力。

感谢当年的合作导师黄桂田教授、合作伙伴曹富国教授和柴红霞（Sabrina Chai）博士。正是前两位的引导和扶持，才得以拓展视野，涉足这一领域，并奠定了前期研究的基础。柴红霞博士是英国约克大学教师，她曾经对英国公共服务市场化改革做过系统研究。在本项研究开展期间，我为一些政策文献、产业数据甚至相关术语的正确翻译问题，而屡次求教于她，她总是在第一时间予以回复解答。

感谢深圳大学社科部主任田启波教授、王瑜副主任及曾坤才、王占军、李飞、石秀选、王宁、车达、李艳凌等同仁们。本研究作为教育部基金支持的课题，在开展期间得到了他们的指导和帮助。令我惭愧的是项目延期超时，十分感谢他们的耐心等待！

感谢原国家行政学院公共管理部刘熙瑞教授、中山大学政治与公共事务学院郭巍青教授、南方科技大学乐正教授、深圳市委党校傅小随教授、深圳市社科院刘红娟研究员，他们对本书稿的指点和评价，切实中肯，高屋建瓴。

感谢研究生魏楚丹，书中有关英国水务公司的地理分布图，是这个可爱的女孩和她的小伙伴帮助制作的。

深深感谢中国社会科学出版社朱华彬副编审！感谢他的诚挚和高效，感谢他为本著创造了面世的机会，更感谢他帮助我们学院拓展了更好的学术出版和交流空间。

唐娟

2018 年 11 月 10 日

深圳